Philipp Sthr

Lehrbuch der Histologie und der mikroskopischen Anatomie des Menschen

Mit Einschluss der mikroskopischen Technik

Philipp Sthr

Lehrbuch der Histologie und der mikroskopischen Anatomie des Menschen
Mit Einschluss der mikroskopischen Technik

ISBN/EAN: 9783743471733

Hergestellt in Europa, USA, Kanada, Australien, Japan

Cover: Foto ©berggeist007 / pixelio.de

Weitere Bücher finden Sie auf **www.hansebooks.com**

LEHRBUCH

DER

HISTOLOGIE

UND DER

MIKROSKOPISCHEN ANATOMIE

DES MENSCHEN

MIT EINSCHLUSS DER MIKROSKOPISCHEN TECHNIK

VON

DR. PHILIPP STÖHR,

A. O. PROFESSOR DER ANATOMIE ZU WÜRZBURG.

JENA.

VERLAG VON GUSTAV FISCHER.

1887.

Druck der Thein'schen Druckerei (Stürtz) in Würzburg.

Vorwort.

Vorliegendes Buch ist bestimmt, durch Anleitung zu mikroskopischen Präparirübungen den Studirenden in Stand zu setzen, auch hier von dem wichtigsten Lernmittel der Anatomie, dem Präpariren und dem Studium des Präparates, erfolgreichen Gebrauch zu machen.

Bei der Abfassung der technischen Vorschriften bin ich von der Voraussetzung ausgegangen, dass der Studirende durch den Besuch eines mikroskopischen Cursus mit den einzelnen Bestandtheilen des Mikroskopes und den einfachen Handhabungen derselben bekannt ist. Derartige Kenntnisse lassen sich mühelos durch directe Unterweisung, schwer aber und nur auf weiten Umwegen durch schriftliche Anleitung aneignen.

Bei der Auswahl aus dem reichen Schatze der mikroskopischen Methoden habe ich mich nur auf die Angabe einer möglichst kurzen Reihe möglichst einfacher Hilfsmittel beschränkt. Der Studirende wird durch die stets wiederholte Anwendung immer dieselben, genau vorgeschriebenen Methoden nicht nur rasch lernen, diese vollkommen zu beherrschen, sondern auch bald im Stande sein, nach anderen, in diesem Buche nicht angegebenen, nicht so genauen Vorschriften zu arbeiten. Aus diesem Grunde habe ich auf die Empfehlung vieler, selbst trefflicher Methoden verzichtet.

Die Handhabung des Mikrotoms glaubte ich vollkommen aus einer Technik für Studirende verbannen zu müssen. So unschätzbar dieses Instrument in mikroskopischen Laboratorien ist, für unsere Zwecke hier ist ein Mikrotom ganz entbehrlich; ein scharfes Rasirmesser leistet dieselben, ja noch bessere Dienste, da es nicht die zeitraubenden Vorbereitungen erfordert, wie das Mikrotom. Wer aber gelernt hat, mit einem Rasirmesser gute Schnitte zu machen, der wird auch dann, wenn ihm ein Mikrotom zur Verfügung steht, sich desselben nur im Nothfalle bedienen.

Wer gute Präparate anfertigen will, muss schon vorher Kenntniss der anatomischen Thatsachen besitzen. Ich habe desswegen einen kurzen Abriss der gesammten mikroskopischen Anatomie des Menschen beigefügt und denselben mit zahlreichen Abbildungen versehen. Auf die Anfertigung der Abbildungen habe ich eine ganz besondere Sorgfalt verwendet; sind sie ja doch nicht nur zur Erläuterung des Textes, sondern auch als Wegweiser beim Mikroskopiren die werthvollsten Hülfsmittel. Sämmtliche Figuren sind nach Präparaten[1]) gezeichnet, welche nach den hier angegebenen Methoden von mir angefertigt worden sind. Alle Zeichnungen sind mit Hülfe von Zeichenapparaten bei stets gleicher Höhe des Zeichentisches aufgenommen worden, können also bei Messungen mit einander verglichen werden.[2]) Ich habe mich dabei bestrebt, die Objecte in möglichster Treue wiederzugeben. Die beliebte Methode, Objecte bei schwachen Vergrösserungen zu zeichnen und die Details mit Hülfe starker Vergrösserungen nachzutragen, sowie das „Halbschematisiren" habe ich vermieden. Solche Abbildungen mögen in anderen Lehrbüchern Platz

---

[1]) Ich habe, wo immer nur möglich, zu den Organpräparaten Theile des menschlichen Körpers benützt; aus diesem Grund habe ich auch ein von Hans Virchow hergestelltes Retinapräparat (Fig. 170) und ein Nebennierenpräparat Gottschau's (Fig. 137 *B*) abgebildet. Sämmtliche Massangaben betreffen Theile des Menschen.

[2]) Die Präparate sind nicht nur z. B. bei 50- etc. facher Vergrösserung gezeichnet, sondern auch in der That 50fach vergrössert.

finden; hier wo es sich darum handelt, dem Mikroskopirenden zu zeigen, wie ein Object bei einer bestimmten Vergrösserung wirklich aussieht, würde die Anwendung derartiger Figuren zu Irrungen führen. Der Anfänger neigt ohnehin zu der unmöglichen Anforderung, dass ein Präparat Alles zeigen soll. Viele Figuren würden schöner sein, wenn ich sie in grösseren Dimensionen ausgeführt hätte; allein ich habe das absichtlich unterlassen; einmal, weil ich dem von Anfängern so beliebten vorwiegenden Gebrauch der stärkeren Vergrösserungen nicht Vorschub leisten wollte, und zweitens, weil ich dem Mikroskopirenden zeigen möchte, dass oft kleine Bezirke eines Präparates hinreichen, um sich über den Bau eines Organes zu unterrichten.

In Rücksicht darauf, dass dem Studirenden nur selten Mikroskope zu Gebote stehen, welche eine stärkere als 600fache Vergrösserung liefern, habe ich unterlassen, mit sehr starken Objectiven untersuchte Präparate zu zeichnen. Die Vergrösserungen 50—100 entsprechen den den gewöhnlichen Mikroskopen beigegebenen schwächeren Objectiven, die Vergrösserungen 240—560 den stärkeren Objectiven mit eingeschobenem oder mehr oder weniger ausgezogenem Tubus und schwachem oder mittlerem Ocular.[1]) Für Vergrösserungen unter 50 nehme man theils Lupen[2]), theils schwache Objective, die man auch durch Auseinanderschrauben des schwächeren Objectives (3 bei Leitz, 4 bei Hartnack) herstellen kann.[2])

Litteraturnachweise habe ich dem Texte nicht beigefügt; sie würden, wenn sie in brauchbarer Form gegeben worden

---

[1]) In den den neuen Mikroskopen von Leitz beigegebenen Tabellen sind sämmtliche Zahlen etwas höher, als die meinen Zeichnungen beigefügten Werthe. Der Grund liegt darin, dass ich bei der Anwendung der Zeichenapparate ein Ocular benützt habe, das schwächer ist, als Ocular I Leitz.

[2]) Statt der Lupe kann man sich bei fertigen Präparaten auch eines der Oculare bedienen. Man setzt das Ocular mit der oberen (sog. Ocular-) Linse auf die Rückseite des gegen das Licht gehaltenen Objectträgers und betrachtet von der unteren (sogen. Collectiv-)Linse des Oculares aus.

[3]) Dadurch wird eine ca. 20—40fache Vergrösserung erzielt. Man vergesse nicht, bei solchen Vergrösserungen den Planspiegel anzuwenden.

wären, den Umfang des Buches über Gebühr ausgedehnt haben. Wer sich in dieser Hinsicht weiter unterrichten will, der möge ausser den Hofmann-Schwalbe'schen (früher Henle-Meissner'schen) Jahresberichten die Lehrbücher von Kölliker,[1]) Schwalbe[2]) und Stricker[3]) zu Rath ziehen. Für technische Angaben sei ganz besonders Ranvier's treffliches technisches Lehrbuch der Histologie[4]) empfohlen. Werthvolles findet sich endlich in der Zeitschrift für wissenschaftliche Mikroskopie und für mikroskopische Technik.

Meinem Verleger, Herrn Gustav Fischer, sei hier mein ganz besonderer Dank ausgesprochen für die der Ausstattung des Buches zugewendete Sorgfalt, sowie für die Liberalität, welche mir die Beifügung so zahlreicher, aus der bekannten Anstalt von Tegetmeyer hervorgegangener Holzschnitte ermöglichte.

Würzburg, im September 1886.

Philipp Stöhr.

[1]) Mikroskopische Anatomie. Zweiter Band 1850—52 und Handbuch der Gewebelehre des Menschen. Leipzig 1867.

[2]) Lehrbuch der Anatomie von Hoffmann-Schwalbe. 2. Band, zweite und dritte Abtheilung.

[3]) Handbuch der Lehre von den Geweben. 1872.

[4]) Uebersetzt von Nicati und v. Wyss. Leipzig 1877.

Inhalts-Verzeichniss.

I. Abschnitt.

Allgemeine Technik.

pag.

II. Abschnitt.

Mikroskopische Anatomie und specielle Technik.

A. Die Zellen und ihre Abkömmlinge.

B. Die Organe.

X. Sehorgan (pag. 197—218).

Technik Nr. 147—161 (pag. 219—224).

XI. Das Gehörorgan (pag. 224—233).

I. Abschnitt.

Allgemeine Technik.

I. Die Einrichtung des Laboratorium.

1. Instrumente.

Das Mikroskop. Die optischen Werkstätten von Zeiss in Jena, Hartnack in Potsdam, Seibert in Wetzlar und Leitz in Wetzlar liefern vorzügliche Mikroskope, deren Leistungen ich schon vielfach erprobt habe. Ich empfehle gewöhnlich Leitz, dessen mittleres Mikroskop mit zwei Objektiven (Nr. 3 und 7) und zwei Okularen (I. und III.) für die meisten Untersuchungen vollständig genügt; [1]) noch besser ist das grosse Mikroskop, das bei der gleichen optischen Ausrüstung neben verschiedenen mechanischen Verbesserungen noch den Vortheil hat, dass sich der für bakteriologische Untersuchungen unentbehrliche Abbe'sche Beleuchtungsapparat anbringen lässt. Mit einem solchen Mikroskop habe ich sämmtliche für dieses Buch angestellte Untersuchungen vorgenommen. Es ist nicht rathsam, dass der Anfänger sich ein Mikroskop kaufe, ohne zuvor dasselbe einem Fachmanne zur Prüfung unterstellt zu haben. Zur guten Instandhaltung des Mikroskops ist es nöthig, dasselbe vor Staub zu schützen; bei häufigem Gebrauche ist es am Besten, das Mikroskop unter einer Glasglocke an einer dem Sonnenlicht nicht ausgesetzten Stelle aufzuheben. Der am Tubus sich bildende Schmutz wird mit einem trockenen Stückchen weichen Filtrirpapiers abgerieben; Verunreinigungen der Linsen [2]) und des Spiegels sind mit weichem Leder und wenn das nicht zum Ziele führt (z. B. bei Beschmutzung mit Damarfirniss) mit

[1]) Der Preis dieses Mikroskops (Nr. 1) beträgt (nach dem Preisverzeichniss 1885) 110 Mark, ein grosses Mikroskop (Nr. 7) kostet 180 Mark. Die entsprechend ausgerüsteten Mikroskope von Zeiss & Hartnack sind bedeutend theurer.

[2]) Die Objektivlinsen dürfen nicht auseinandergeschraubt werden.

einem weichen Leinwandläppchen zu entfernen, welches mit einem Tropfen reinen Spiritus befeuchtet ist. Bei letzterer Procedur sei man sehr vorsichtig, damit nicht etwa der Weingeist in die Fassung der Linsen eindringe und den Kanadabalsam auflöse, mit welchem die Linsen verkittet sind. Man wische desshalb schnell mit der befeuchteten Stelle des Läppchens den Schmutzfleck weg und trockne dann die Linse sorgfältig ab. Die Schrauben des Mikroskops sind mit Petroleum zu putzen.

Ein gutes Rasirmesser, dessen Klinge auf der einen Seite flach geschliffen ist. Das Messer ist immer scharf schneidend zu erhalten und muss vor jedesmaligem Gebrauche auf dem Streichriemen abgezogen werden. Das Schleifen des Messers auf dem Stein ist dem Instrumentenmacher zu überlassen. Man benütze das Rasirmesser nur zum Anfertigen der feinen Schnitte.

Ein feiner Schleifstein.

Eine feine gerade Scheere.

Eine feine, leicht schliessende Pincette mit glatten oder nur wenig gekerbten Spitzen.

Vier Nadeln mit Holzgriffen; zwei davon erhitze man, krümme sie dann leicht, erhitze sie abermals und steche sie in festes Paraffin, wodurch sie wieder gehärtet werden. Die beiden anderen müssen stets sauber und fein zugespitzt erhalten werden; bei feinen Isolirarbeiten spitze und polire man die Nadeln erst auf dem Schleifstein und dann auf dem Streichriemen. Sehr brauchbar sind die sogenannten Staarnadeln der Augenärzte.

Nicht absolut nothwendig, aber sehr brauchbar ist ein federnder Spatel aus Neusilber zum Uebertragen der Schnitte aus Flüssigkeiten auf den Objektträger. Man kann statt dessen auch ein mit breiter Klinge versehenes Messer aus dem anatomischen Präparirbesteck benützen.

Stecknadeln, Igelstacheln, ein feiner Malerpinsel, Bürste zum Gläserputzen.

Ein blauer Kreidestift zum Schreiben auf Glas[1]).

Objektträger (eines der gebräuchlichen Formate) sollen von reinem Glas und nicht zu dick (1—1,5 mm) sein; Deckgläschen von ca. 15 mm Seite sind für die meisten Fälle gross genug; ihre Dicke darf zwischen 0,1 bis 0,2 mm schwanken.

Glasfläschchen (sogen. Pulverflaschen), ein Dutzend, mit weitem Halse von 30 und mehr ccm Inhalt. Fläschchen mit Glasstöpsel sind zu theuer und nicht zu empfehlen, da die Stöpsel meist schlecht eingerieben sind.

Einige grössere Präparatengläser mit eingeschliffenem Glasdeckel, Höhe 7—10 cm, Durchmesser 6—10 cm.

Ein graduirtes Cylinderglas 100—150 ccm enthaltend. Ein Glastrichter von ca. 8—10 cm oberen Durchmessers.

---

[1]) Das sind besondere von A. W. Faber in Nürnberg hergestellte Stifte, mit denen man auf Glas leicht schreiben kann. Ist das Glas fett, so muss es zuvor mit etwas Weingeist gereinigt werden.

Eine Pipette; man kann sich kleine Pipetten selbst verfertigen, indem man sich ein ca. 1 cm dickes, ca. 10 cm langes Glasröhrchen an einem Ende spitz auszieht und am anderen Ende ein ca. 6 cm langes Stückchen Gummirohr aufsetzt, das am oberen Ende mit einem starken Bindfaden fest zugebunden wird.

Ein Dutzend Uhrgläser von ca. 5 cm Durchmesser.

Ein Dutzend Reagirgläschen von ca. 10 cm Länge und ca. 12 mm Weite.

Glasstäbe von ca. 3 mm Dicke, 15 cm Länge, z. Th. an einem Ende spitz ausgezogen.

Für Reagentien dienen alte Medicingläser, Weinflaschen etc., die man vorher gut gereinigt hat. [1])

Nicht absolut nöthig, aber sehr brauchbar sind Präparatenschalen mit Glasdeckel [2]) von 10—12 cm Durchmesser. Statt derselben lassen sich für viele Fälle Untertassen, Futternäpfchen für Vögel etc. verwenden.

Ein paar Bogen Filtrirpapier, [3]) eine Korkplatte, grosse und kleine gummirte Etiketten, weiche Leinwandlappen (alte Taschentücher), ein Handtuch.

Ein grosser Steinguttopf für die Abfälle.

2. Reagentien.[4])

Allgemeine Regeln. Man halte sich nicht zu grosse Quantitäten vorräthig, da viele Reagentien in verhältnissmässig kurzer Zeit verderben; einzelne Reagentien (s. unten) sind erst kurz vor dem Gebrauch zu beziehen resp. zuzubereiten. Jede Flasche muss mit einer grossen, ihren Inhalt anzeigenden Etikette versehen sein; es empfiehlt sich, nicht nur das Rezept der betreffenden Flüssigkeit, sondern auch die Art der Anwendung derselben auf der Etikette anzugeben. Sämmtliche Flaschen müssen fest mit Korken oder mit guten Glasstöpseln verschlossen sein. Die Flüssigkeit soll nicht bis zur Unterfläche des Korkes reichen.

---

[1]) Zum Reinigen genügt für die meisten Fälle das Ausbürsten der Flaschen mit Wasser, in anderen Fällen spüle man die Flaschen mit roher Salzsäure resp. mit Kalilauge aus, dann mit gewöhnlichem Wasser, dann mit destillirtem Wasser und zum Schluss mit Alkohol.

[2]) Die meisten hier aufgezählten Glasgegenstände (auch Objektträger) sind billig bei W. P. Stender, Leipzig, Dampfglasschleiferei zu beziehen. Für grössere Präparatengläser empfehle ich H. Syré in Schleusingen, Thüringen.

[3]) Das sog. schwedische Filtrirpapier ist zu dick; das für unsere Zwecke passende Filtrirpapier kostet in besseren Papierhandlungen 70 Pfennige per Buch.

[4]) Die Reagentien müssen aus guten Apotheken oder besonders empfohlenen Droguenhandlungen bezogen werden. In ersteren sind auch die meisten Farbstoffe zu haben. Vorzügliche Farbstoffe und Reagentien sind zu haben bei Dr. Grübler, physiol.-chem. Laboratorium, Leipzig, Dufourstrasse.

Anfänger wenden sich betreffs der verschiedenen Bezugsquellen immer am Besten an die Docenten der anatomischen Institute.

1. Destillirtes Wasser 3—6 Liter.

2. Kochsalzlösung 0,75 %. Aq. destill. 200 ccm.
Kochsalz 1,5 gr.

Der Kork der Flasche muss mit einem bis zum Flaschenboden reichenden Glasstabe versehen sein. Die Flüssigkeit verdirbt leicht, muss öfters neu bereitet werden.

3. Alkohol. a) Alkohol absolutus. 200 ccm vorräthig zu halten. Der käufliche absolute Alkohol ist ca. 96 %ig und ist in den allermeisten Fällen für mikroskopische Zwecke vollkommen genügend. Will man vollständig wasserfreien Alkohol erhalten, so werfe man in die Flasche einige Stückchen (auf 100 ccm Alkohol je 15 gr) weissgeglühten Kupfervitriols; ist derselbe blau geworden, so muss er durch neuen ersetzt oder von Neuem gebrannt werden. Auch frisch gebrannter Kalk dient zu gleichem Zwecke; nur wirkt dieser langsamer.

b) Reiner Spiritus, ca. 90% Alkohol enthaltend, 3 bis 5 Liter (90%iger Alkohol).

c) 70%iger Alkohol. 500 ccm sind herzustellen durch Vermischen von 390 ccm 90% Alkohols mit 110 ccm destillirten Wassers.

d) Ranvier's Drittelalkohol. 45 ccm Alkohol 90% + 85 ccm destillirten Wassers.

4. Essigsäure ca. 50 ccm. Die offizinelle Essigsäure ist 30%ig.

5. Eisessig (der in Apotheken käufliche ist 96%ig) ist kurz vor dem Gebrauch zu beziehen (ca. 10 ccm).

6. Salpetersäure. Man halte sich eine Flasche mit 100 ccm concentrirter Salpetersäure von 1,18 spez. Gewicht.

7. Reine Salzsäure 50 ccm.

8. Chromsäure. Man bereite sich eine 10 %ige Stammlösung (10 gr der frisch bezogenen krystallisirten Chromsäure in 90 ccm destillirten Wassers zu lösen). Davon bereite man sich a) Chromsäurelösung 0,1% (10 ccm der Stammlösung zu 990 ccm destillirten Wassers) und

b) Chromsäurelösung 0,5% (50 ccm der Stammlösung zu 950 ccm destillirten Wassers).

9. Doppelt chromsaures Kali. Man halte vorräthig: 25 gr in 1000 ccm destillirten Wassers gelöst. Löst sich langsam (nach ca. 3 bis 6 Tagen).

10. Müller'sche Flüssigkeit. 30 gr schwefelsauren Natrons und 60 gr pulverisirten doppeltchromsauren Kalis werden in 3000 ccm destillirten Wassers gelöst. Die Lösung erfolgt bei Zimmertemperatur langsam (in 3 bis 6 Tagen).

11. Pikrinsäure. Man halte vorräthig 50 gr der Krystalle und eine gesättigte wässrige Lösung (ca. 500 ccm). Die Krystalle müssen immer in 2 bis 3 mm hoher Schicht am Boden der Flasche liegen. Löst sich leicht.

12. Pikrinschwefelsäure (Kleinenberg). Zu 200 ccm gesättigter, wässriger Pikrinsäurelösung giesse man 4 ccm reiner Schwefelsäure; daraufhin erfolgt ein starker Niederschlag. Nach ca. 1 Stunde filtrirt man diese Mischung und verdünnt das Filtrat mit 600 ccm destillirten Wassers. Der auf dem Filter zurückgebliebene Rückstand ist in den Abfalltopf zu werfen.

13. Osmiumsäure. 50 ccm der 2 %igen wässrigen Lösung vor dem Gebrauch aus der Apotheke zu beziehen. (Sehr theuer, die genannte Lösung kostet 6 Mark.) Ist im Dunkeln oder im dunklen Glase aufzubewahren und, wenn gut verschlossen, viele Monate haltbar.

14. Chromosmiumessigsäure. Man bereite sich eine 1 %ige Chromsäurelösung (5 ccm der 10 % Lösung (pag. 4) zu 45 ccm destillirten Wassers) giesse dazu 12 ccm der 2 %igen Osmiumsäure, und füge noch 3 ccm Eisessig hinzu. Diese Mischung muss nicht im Dunkeln aufbewahrt und kann lange vorräthig gehalten werden.

15. Salpetersaures Silberoxyd. Man beziehe kurz vor dem Gebrauch aus der Apotheke eine Lösung von Argent. nitrit. 1 gr in 100 ccm destillirten Wassers. Die Flüssigkeit muss im Dunkeln oder in schwarzer Flasche aufbewahrt werden; ist lange haltbar.

16. Goldchlorid. Man beziehe kurz vor dem Gebrauche aus der Apotheke eine Lösung von 1 gr Aur. chlorat. in 100 ccm destillirten Wassers. Im Dunkeln oder in schwarzer (brauner) Flasche zu halten.

Zur Goldchloridfärbung bedarf man

17. Ameisensäure 50 ccm.

18. Concentrirte (35 %) Kalilauge 30 ccm. Das Fläschchen muss mit einem nichtvulkanisirten Kautschukpfropfen, der von einem Glasstabe durchbohrt ist, verschlossen sein. Aus der Apotheke zu beziehen.

19. Glycerin. 100 ccm reinen Glycerins vorräthig zu halten, sowie eine Lösung von 5 ccm reinen Glycerins in 25 ccm destillirten Wassers. Zur Verhütung der rasch in diesem Gemisch auftretenden Pilze kann man 5—10 Tropfen reiner 1 %iger Carbolsäurelösung zusetzen. Der Kork des Fläschchens muss mit einem Glasstab versehen sein, ebenso wie bei

20. Lavendelöl 20 ccm. Das vielfach verwendete (billigere) Nelkenöl verpestet das ganze Laboratorium und deren Insassen.

21. Damarfirniss. Von Dr. Fr. Schoenfeld & Co. in Düsseldorf, ist in Fläschchen von ca. 50 ccm in Handlungen für Malerutensilien käuflich und kann, wenn er zu dickflüssig ist, mit reinem Terpentinöl verdünnt werden. Er hat die richtige Consistenz, wenn von einem eingetauchten Glasstabe die Tropfen, ohne lange Faden zu ziehen, abfallen. Damarfirniss ist dem zu stark aufhellenden (mit Chloroform verdünnten) Kanadabalsam vorzuziehen, hat aber den Nachtheil des sehr langsamen Trocknens, während Kanadabalsam rasch trocknet. Der Kork der Flasche muss mit einem Glasstabe versehen sein.

22. Deckglaskitt. Venetianisches Terpentin, wird mit soviel Schwefeläther verdünnt bis das Ganze eine leicht tropfbare Flüssigkeit bildet; dann wird warm filtrirt (im heizbaren Trichter) und das Filtrat auf dem Sandbade eingedickt. Die richtige Consistenz ist erreicht, wenn ein mit einem Glasstabe auf einen Objektträger übertragener Tropfen sofort soweit erstarrt, dass er sich mit dem Fingernagel nicht mehr eindrücken lässt. Man lasse wegen Feuersgefahr den Kitt in der Apotheke anfertigen.

23. Haematoxylin. 1) 1 gr krystallisirten Haematoxylins (50 Pf.) wird in 10 ccm absoluten Alkohols gelöst. 2) 20 gr Alaun werden in 200 ccm destillirten Wassers warm gelöst und nach dem Erkalten filtrirt. Am nächsten Tage werden beide Lösungen zusammengegossen und bleiben 8 Tage in einem weitoffenen Gefässe stehen. Dann wird die Mischung filtrirt [1]) und ist von da ab verwendbar. Trübungen, Pilzentwicklung in der Flüssigkeit beeinträchtigen die Leistungsfähigkeit derselben nicht im Mindesten. Vorräthig zu halten.

24. Haematoxylin nach Weigert zur Darstellung der markhaltigen Nervenfasern des Gehirns und Rückenmarks. 1 gr krystallisirten Haematoxylins wird in 10 ccm Alkohol abs. + 90 ccm destillirten Wassers gebracht und gekocht. Nach dem Erkalten füge man 1—2 ccm einer kalt gesättigten Lösung von Lithion carbonic. zu.[2])

Die Anwendung dieser Farbe beansprucht eine Vorbehandlung mit einer

24a. Gesättigten Lösung von neutralem, essigsaurem Kupferoxyd 300 ccm.
und die Nachbehandlung mit einer

24b. Blutlaugensalzboraxlösung. 2 gr Borax und $2^1/_2$ gr Ferridcyankalium werden in 100 ccm destillirten Wassers gelöst.

25. Neutrale Carminlösung. Ein Gramm besten Carmins wird kalt gelöst in 50 ccm destillirten Wassers + 5 ccm Liq. ammon. caust. Die tiefkirschrothe Flüssigkeit bleibt so lange offen stehen bis sie nicht mehr ammoniakalisch riecht (ca. 2 Tage) und wird dann filtrirt. Vorräthig zu halten. Der Geruch dieser Lösung wird alsbald ein sehr übler; die Färbekraft wird dadurch nicht beeinträchtigt.

26. Pikrocarmin. Man giesse zu 50 ccm destillirten Wassers, 5 ccm Liq. ammon. caust., schütte in diese Mischung 1 gr besten Carmins. Umrühren mit dem Glasstab. Nach vollendeter Lösung des Carmin (ca. 5 Minuten) giesse man 50 ccm gesättigter Pikrinsäurelösung zu und lasse das Ganze

[1]) Nach dem Erkalten des Alauns, sowie nachdem die Haematoxylinalaunmischung 8 Tage offen gestanden hat, finden sich am Boden des Gefässes (besonders bei niederer Temperatur) Alaunkrystalle, die nicht weiter verwendet werden.

[2]) Das Lithion kann wegbleiben, wenn man die Lösung 6 Tage in offenem Glase stehen lässt.

zwei Tage in weit offenem Gefässe stehen. Dann filtrire man. Selbst reichliche Pilzentwicklung beeinträchtigt nicht die Färbekraft dieses vorzüglichen Mittels.

27. Boraxcarmin. 4 gr Borax werden in 100 ccm warmen, destillirten Wassers aufgelöst, nach dem Erkalten der Lösung werden 3 gr guten Carmins unter Umrühren zugefügt und dann 100 ccm 70% Alkohols (siehe pag. 4) zugegossen. Nach 24 Stunden filtrire man die Flüssigkeit, die sehr langsam (24 Stunden und noch länger) durch das Filter tropft.

Die Boraxcarminfärbung beansprucht die Nachbehandlung mit 70%igem, salzsaurem Alkohol, welcher bereitet wird durch Zufügen von 4—6 Tropfen reiner Salzsäure zu 100 ccm 70%igen (pag. 4) Alkohols.

Beides vorräthig zu halten.

28. Saffranin. 2 gr des Farbstoffes in 60 ccm 50%igen Alkohols (33 ccm 90%igen Alkohols + 27 ccm destillirten Wassers) zu lösen.

Die Saffraninfärbung erfordert die Nachbehandlung mit absolutem, salzsaurem Alkohol (8 —10 Tropfen reiner Salzsäure zu 100 ccm Alkoh. abs.)

Beides kann vorräthig gehalten werden.

29. Eosin. 1 gr des Farbstoffes in 60 ccm 50%igen Alkohols (33 ccm 90% Alk. + 27 ccm destillirten Wassers) zu lösen.

Vorräthig zu halten.

30. Vesuvin oder

31. Methylviolet B. etc. können in gesättigten wässrigen Lösungen (1 gr zu 50 ccm destillirten Wassers) vorräthig gehalten werden.

II. Das Herstellen der Präparate.

Einleitung.

Die wenigsten Organe des thierischen Körpers sind so beschaffen, dass sie ohne Weiteres der mikroskopischen Untersuchung zugänglich sind. Sie müssen einen gewissen Grad von Durchsichtigkeit besitzen, den wir dadurch erreichen, dass wir die Organe entweder in ihre Elemente zertheilen, die Elemente isoliren, oder in dünne Schnitte zerlegen, schneiden. Nun haben aber wiederum die wenigsten Organe eine Consistenz, welche sofortiges Anfertigen genügend feiner Schnitte gestattet; sie sind entweder zu weich, dann muss man sie härten oder zu hart (verkalkt), dann muss man sie entkalken. Härten und Entkalken kann jedoch nicht an frischen Objekten vorgenommen werden, ohne deren Struktur zu schädigen; es muss demnach beiden Proceduren ein Verfahren vorausgehen, welches eine rasche

Erstarrung und damit eine Festigung der kleinsten Theilchen ermöglicht; dieses Verfahren nennt man fixiren. Das Anfertigen feiner Schnitte ist demnach meist nur nach vorausgegangener Fixirung und Härtung (eventuell nachfolgender Entkalkung) des betreffenden Objektes möglich. Aber auch die Schnitte beanspruchen noch weitere Behandlung; sie können entweder sofort durchsichtig gemacht werden, durch Aufhellungsmittel, welche auch mit Erfolg bei frisch untersuchten Objekten angewendet werden oder sie können vor der Aufhellung gefärbt werden. Die Farbstoffe sind für die mikroskopische Untersuchung unschätzbare Hilfsmittel, sie lassen sich auch auf frische ja selbst auf lebende Organe appliciren; eine grosse Zahl der wichtigsten Thatsachen ist nur mit Hülfe der Farbstoffe aufgedeckt worden. In die Gefässe eingespritzt, injicirt, lehren sie uns die Vertheilung und den Verlauf der feinsten Verzweigungen derselben kennen.

1. Beschaffen des Materials.

Für Studien über die Formelemente und die sog. „einfachen Gewebe“ sind Amphibien: Frösche, Molche (am besten der gefleckte Salamander, dessen Elemente sehr gross sind) zu empfehlen, für Studien der Organe dagegen nehme man Säugethiere. Für viele Fälle genügen hier unsere Nagethiere (Kaninchen, Meerschweinchen, Ratte, Maus), ferner junge Hunde, Katzen etc. Doch versäume man keine Gelegenheit die Organe des Menschen sich zu verschaffen. Vollständig frisches Material ist in chirurgischen Kliniken zu haben; im Winter sind viele Theile selbst vor 2 — 3 Tagen Verstorbener noch vollkommen brauchbar.

Im Allgemeinen empfiehlt es sich, die Organe lebenswarm einzulegen. Um möglichst rasch dieser Aufgabe sich zu entledigen, ist es geboten, zuerst die zur Aufnahme der Objekte bestimmten Gläser mit der betreffenden Flüssigkeit zu füllen und mit einer Objekt, Flüssigkeit und Datum (ev. Stunde) anzeigenden Etikette zu versehen; darnach lege man die zur Sektion nöthigen Instrumente (das anatomische Präparirbesteck) zurecht und dann erst tödte man das Thier [1]).

2. Tödten und Seciren der Thiere.

Amphibien durchschneide man mit einer starken Scheere die Halswirbelsäule [2]) und zerstöre Hirn und Rückenmark vermittelst einer von der Wunde aus in die Schädelhöhle resp. in den Wirbelkanal eingestossenen Nadel. Säugethieren durchschneide man den Hals mit einem kräftigen bis zur Halswirbelsäule reichenden Schnitt oder man tödte sie mit Chloroform, das

[1]) Dem lebenden Thiere Theile zu entnehmen, ist eine ganz nutzlose Grausamkeit.

[2]) Frösche fasse man dabei mit der linken Hand mit einem Tuche an den Hinterschenkeln.

man auf ein Tuch giesst und so den Thieren vor die Nase drückt. Kleine, — 4 cm grosse Thiere, Embryonen, können im Ganzen in die Fixirungsflüssigkeit geworfen werden. Nach ca. 6 Stunden öffne man diesen die Bauch- und Brusthöhle durch Einschnitte. Bei der Section halte womöglich ein Gehilfe die Extremitäten; kleine Thiere kann man mit starken Stecknadeln an den Fussflächen auf Kork- oder Wachsplatten spannen. Die Organe müssen sauber herauspräparirt werden (am besten mit Pincette und Scheere), Quetschen und Drücken der Theile, Anfassen mit den Fingern ist vollkommen zu vermeiden. Die Pincette darf nur am Rande der Objekte eingreifen; anhängende Verunreinigungen, Schleim, Blut, Darminhalt dürfen nicht mit dem Skalpell abgekratzt werden, sondern sind durch langsames Schwenken in der betreffenden Fixationsflüssigkeit zu entfernen.

Bei den im Folgenden angegebenen Methoden ist es nicht zu vermeiden, dass Scheeren, Pincetten, Nadeln, Glasstäbe etc. mit den verschiedensten Flüssigkeiten z. B. mit Säuren benetzt werden. Man reinige die Instrumente sofort nach dem Gebrauche durch Abspülen in Wasser und Abtrocknen. Vor allem vermeide man, einen z. B. mit einer Säure oder mit einem Farbstoff beschmutzten Glasstab in eine andere Flüssigkeit zu tauchen. Abgesehen davon, dass die Reagentien dadurch verdorben werden, wird oft das Gelingen der Präparate in Folge dessen gänzlich vereitelt. Gläser, Uhrschalen etc. sind leicht zu reinigen, wenn dies sofort nach der Benützung geschieht; lässt man dagegen z. B. einen Farbstoffrest in einem Glase antrocknen, so ist das Reinigen immer sehr zeitraubend. Man versäume also nie, auch die Gläser sofort nach dem Gebrauche zu reinigen; Uhrschalen werfe man wenigstens in eine Schüssel mit Wasser.

Alle Gefässe, in denen man isolirt, fixirt, härtet, färbt etc. müssen geschlossen gehalten (Uhrschalen decke man mit einer zweiten Uhrschale zu, wenn die Manipulationsdauer 10 Minuten übersteigt,) und dürfen nicht in die Sonne gestellt werden.

3. Isoliren.

Man isolirt entweder durch Zerzupfen der frischen Objekte oder nach vorhergehender Behandlung der Objekte mit lösenden Flüssigkeiten, welche ein Zerzupfen ganz oder theilweise unnöthig machen. Es gehört zu den schwierigeren Aufgaben, ein gutes Zupfpräparat anzufertigen. Viel Geduld und genaue Erfüllung nachstehender Vorschriften sind unerlässlich. Die Nadeln müssen spitz und ganz rein sein; man spitze und polire sie zuvor auf dem angefeuchteten Schleifsteine. Das kleine Objekt (von höchstens 5 mm Seite) wird nun in einen kleinen Tropfen auf den Objektträger gelegt und wird, wenn es farblos ist, auf schwarzer, wenn es dunkel (etwa gefärbt) ist, auf weisser Unterlage zerzupft. Ist das Objekt faserig (z. B. ein Muskelfaserbündel), so setzt man beide Nadeln an dem einen Ende des Bündels an und zerreisst dasselbe der Länge nach in zwei Bündel[1]; das eine dieser Bündel wird auf dieselbe Weise, immer durch Ansetzen der Nadeln an das Ende wieder in zwei Bündel getrennt und so fort bis ganz feine einzelne Fasern erzielt sind. Durch Betrachtung des (unbedeckten) Präparates mit schwacher Vergrösserung kann man kontrolliren, ob der nöthige Grad von Feinheit erreicht ist.[2])

Als isolirende Flüssigkeiten sind zu empfehlen:

a. Für Epithelien

ist Ranviers Drittelalkohol (s. p. 4) ein ausgezeichnetes Isolationsmittel. Man legt Stückchen von 5 — 10 mm Seite (z. B. der Darmschleimhaut) in ca. 10 ccm dieser Flüssigkeit ein. Nach 5 Stunden (bei geschichtetem Pflasterepithel nach 10 — 24 Stunden und später) werden die Stückchen mit einer Pincette vorsichtig, langsam herausgehoben und ein paar Mal leicht auf einen Objektträger aufgestossen, der mit einem Tropfen der gleichen Flüssigkeit bedeckt ist. Durch das Aufstossen fallen viele Epithelzellen isolirt ab, manchmal ganze Fetzen, die man nur mit der Nadel leicht umzurühren braucht, um eine vollkommene Isolation zu erzielen. Nun legt man ein Deckglas auf (pag. 20) und untersucht. Will man das Objekt färben, so bringt man die ganzen Stückchen vorsichtig aus dem Alkohol in ca. 6 ccm Pikrocarmin (s. pag. 6). Nach 2—4 Stunden wird das Stückchen sehr vorsichtig in ca. 5 ccm destillirten Wassers gelegt und nach 5 Minuten auf den Objektträger aufgestossen, der diesmal mit einem Tropfen verdünnten Glycerins (s. pag. 5) bedeckt ist. Deckglas. Das Präparat kann conservirt werden.

b. Für Muskelfasern, Drüsen

eignen sich: 35% Kalilauge (s. pag. 5). Stückchen von 10—20 mm Seite werden in 10—20 ccm dieser Flüssigkeit eingelegt; nach etwa einer Stunde sind die Stückchen in ihre Elemente zerfallen, die mit Nadeln oder einer Pipette herausgefischt und in einem Tropfen der gleichen Kalilauge unter Deckglas betrachtet werden. Verdünnte Kalilauge wirkt ganz anders; würde man die Elemente in einem Tropfen Wasser betrachten wollen, so würden dieselben durch die nunmehr verdünnte Lauge in kürzester Zeit zerstört werden. Gelingt die Isolation nicht (statt dessen tritt zuweilen eine breiige Erweichung der Stückchen ein) so ist die Kalilauge zu alt gewesen. Man wende deshalb stets frisch bezogene Lösungen an. Auch die gelungenen Präparate lassen sich nicht conserviren.

---

[1]) Zuweilen ist es schwierig, das Bündel in zwei der ganzen Länge nach getrennte Hälften zu theilen; es genügt dann oft, nur $^3/_4$ der Gesammtlänge auseinandergezogen zu haben, so dass dann die isolirten Fasern am anderen Ende noch alle zusammenhängen.

[2]) In wenig Flüssigkeit liegende, nicht mit einem Deckglas bedeckte Präparate sehen oft unklar aus, zeigen schwarze Ränder etc., Fehler, die durch Zusatz eines hinreichend grossen Tropfens und durch ein Deckglas wieder ausgeglichen werden.

Ferner ist geeignet eine Mischung von chlorsaurem Kali und Salpetersäure. Man bereitet sich dieselbe, indem man in 20 ccm reiner Salpetersäure (s. pag. 4) so viel chlorsaures Kali (ca. 5 gr) wirft, dass ein ungelöster Satz am Boden bleibt. Nach ca. 14 Stunden (manchmal früher, oft später) ist das Objekt genügend gelockert und wird nun in 20 ccm destillirten Wassers übertragen, in dem es eine Stunde bleibt, aber ohne Schaden auch 8 Tage verweilen kann. Dann wird es auf den Objektträger übertragen, wo es in einem Tropfen dünnen Glycerins (s. pag. 5) mit Leichtigkeit zerzupft werden kann. Wenn die Salpetersäure gut ausgewaschen ist, lassen sich die Präparate conserviren und auch unter dem Deckglas färben (s. pag. 24). Einlegen der noch nicht zerzupften Stückchen in Pikrocarmin (s. die Isolation von Epithelien) gelingt nicht, da diese Farbflüssigkeit die Objekte brüchig macht.

c. Für Drüsenkanälchen

ist vorzüglich das Einlegen kleiner Stücke (von ca. 1 cm Seite) in 10 ccm reiner Salzsäure. Nach 10—20 Stunden werden die Stückchen in ca. 30 ccm destillirten Wassers gebracht, das innerhalb 24 Stunden mehrmals gewechselt werden muss. Die Isolation gelingt dann leicht durch vorsichtiges Ausbreiten des Stückchens mit Nadeln in einem Tropfen verdünnten Glycerins. Kann conservirt werden.

4. Fixiren.

Allgemeine Regeln. 1) Zum Fixiren muss stets reichliche, das Volum des zu fixirenden Objektes 50—100 mal übertreffende Flüssigkeit verwendet werden. 2) Die Flüssigkeit muss stets klar sein; sie muss, sobald sie trübe geworden ist, gewechselt, d. h. durch frische Flüssigkeit ersetzt werden. Die Trübung tritt oft schon eine Stunde nach dem Einlegen ein. 3) Die zu fixirenden Objekte sollen möglichst klein sein, im Allgemeinen 1—2 ccm nicht überschreiten. Sollte die Erhaltung des ganzen Objektes nöthig sein, (z. B. zur nachherigen Orientirung), so mache man wenigstens viele tiefe Einschnitte (5—10 Stunden nach dem ersten Einlegen) in dasselbe. Beim Fixiren zarter Objekte, bringe man auf den Boden des Gefässes eine dünne (ca. 1 cm hohe) Lage Watte.

1. Alkohol absolutus ist für Drüsen, Haut, Blutgefässe sehr geeignet. Er wirkt zugleich als Härtungsmittel. In absoluten Alkohol eingelegte Objekte können schon nach 24 Stunden geschnitten werden[1]. Er eignet sich desshalb zur raschen Herstellung von Präparaten ganz besonders. Zu beachten ist Folgendes: 1) Der absolute Alkohol muss, auch wenn er nicht getrübt ist, nach 3—4 Stunden gewechselt werden. 2) Man

[1] Man verschiebe die Verarbeitung der in Alk. abs. fixirten Objekte auf nicht zu lange Zeit, da die Elemente doch allmälig leiden; man schneide nach 1—8 Tagen.

vermeide, dass die eingelegten Objekte auf dem Boden des Glases fest aufliegen oder gar festkleben; [1]) man hängt deshalb die Objekte entweder an einem Faden im Alkohol auf, oder legt auf den Boden des Glases ein Bäuschchen Watte; für viele Fälle genügt schon öfteres Schütteln des Glases.

Nicht absoluter (z. B. 90 %iger) Alkohol wirkt ganz anders, schrumpfend und kann desshalb nicht statt des absoluten Alkohols verwendet werden.

2. Chromsäure kommt hauptsächlich in zwei wässrigen Lösungen zur Verwendung:

a) als 0,1—0,5%ige Lösung (s. pag. 4) ist sie besonders geeignet für Organe, die viel lockeres Bindegewebe enthalten. Diese starke Lösung verleiht dem Bindegewebe eine vorzügliche Consistenz, hat aber den Nachtheil, dass Färbungen erschwert werden. Die Objekte verweilen hier 1—8 Tage, werden dann 3—4 Stunden in fliessendes Brunnenwasser gebracht, oder wenn das nicht möglich ist, ebensolange in 3—4mal zu wechselndes Wasser, dann in destillirtes Wasser auf einige Minuten übertragen und endlich in allmälig verstärktem Alkohol (s. pag. 13) unter Ausschluss des Tageslichtes (pag. 13 Anmerk. 1) gehärtet.

b) als 0,05% Lösung, die man sich bereitet, indem man die 0,1% Lösung mit der gleichen Menge destillirten Wassers verdünnt. Behandlung wie Lösung a); doch verweilen die Objekte nur ca. 24 Stunden in Lösung b).

Chromsäurelösungen dringen langsam ein; es dürfen demnach bei 24stündiger Einwirkung nur kleine Stücke (von 5—10 mm Seite) eingelegt werden.

3. Kleinenberg's Pikrinschwefelsäure (s. pag. 5). Zarte Objekte (Embryonen) werden 5 Stunden, festere Theile 12—20 Stunden in diese Flüssigkeit eingelegt; dann zum Härten ohne vorhergegangenes Auswaschen mit Wasser in allmälig verstärkten Alkohol übertragen (s. pag. 13).

4. Müller'sche Flüssigkeit (s. pag. 4). Die Objekte werden 1—6 Wochen in grosse Quanten (—400 ccm) dieser Lösung eingelegt; danach 4—8 Stunden in (womöglich fliessendem) Wasser ausgewaschen, in destillirtem Wasser kurz abgespült und endlich unter Ausschluss des Tageslichtes in allmälig verstärkten Alkohol verbracht (s. pag. 13 Anmerk. 1). Wer nicht mit peinlicher Gewissenhaftigkeit die oben (pag. 11) angegebenen allgemeinen Regeln für das Fixiren befolgt, erzielt hier Misserfolge, für welche dann selbst von sonst erfahrenen Mikroskopikern die schuldlose Müller'sche Lösung verantwortlich gemacht wird.

5. Osmiumsäurelösung (s. pag. 5). Beim Gebrauch derselben nehme man sich vor dem Einathmen der die Schleimhäute sehr reizenden Dämpfe in Acht. Man fixirt entweder durch Einlegen sehr kleiner (—5 mm Seite) Stückchen in die (meist in 1%iger Lösung angewendete, also zur Hälfte

[1]) Die betreffenden Stellen erscheinen auf dem Schnitt stark comprimirt.

mit destillirtem Wasser zu verdünnende) Säure, die nur in kleinen Quanten (1—6 ccm) angewendet zu werden braucht, oder dadurch, dass man das feuchte Objekt den Dämpfen der Osmiumsäure aussetzt. Zu diesem Zweck giesst man in ein ca. 5 cm hohes Reagenzgläschen ca. 1 ccm der 2%igen Lösung, fügt ebensoviel destillirtes Wasser hinzu und steckt das Objekt mit Igelstacheln an die Unterseite des Korkstöpsels, mit welchem man das Reagenzgläschen fest verschliesst. Nach 10—60 Minuten (je nach der Grösse des Objekts) wird das Stückchen abgenommen und direkt in die in dem Gläschen enthaltene Flüssigkeit geworfen. In beiden Fällen verweilen die Objekte 24 Stunden in der Säure; dabei müssen die Gläser gut verschlossen und im Dunkeln gehalten werden. Dann werden die Objekte herausgenommen, in destillirtem Wasser ein paar Minuten abgespült und in allmälig verstärktem Alkohol gehärtet (s. pag. 13).

6. Chromosmiumessigsäure (s. pag. 5), vorzügliches Mittel für Fixirung der Korntheilungen. Man legt ganz frische, noch lebenswarme Stückchen von 2—5 mm Seite in 4 ccm dieser Flüssigkeit, woselbst sie 1, besser 2 Tage verweilen, aber auch noch länger liegen bleiben können. Dann werden die Stückchen 1 Stunde lang oder länger in (womöglich fliessendem) Wasser ausgewaschen, in destillirtem Wasser abgespült und in allmälig verstärktem Alkohol gehärtet (s. pag. 13).

Die zum Fixiren verwendeten Flüssigkeiten können nicht mehr weiter gebraucht werden; man giesse sie weg.

5. Härten.

Mit Ausnahme des absoluten Alkohols erfordern sämmtliche Fixirungsmittel eine nachfolgende Härtung. Das beste Härtungsmittel ist der Alkohol in steigender Verstärkung. Auch hier gilt die Regel reichlich Flüssigkeit zu verwenden, sowie trüb oder farbig gewordenen Alkohol zu wechseln[1]). Die genauere Handhabung ist folgende: Nachdem die Objekte (in einer der oben aufgezählten Flüssigkeiten) fixirt und in Wasser ausgewaschen sind[2]), werden sie auf 12—20 Stunden in Alkohol 70% übertragen und nach Ablauf

[1]) Die in Chromsäure und Müller'scher Flüssigkeit fixirten Stücke geben, wenn nicht lange ausgewaschen wurde — und das muss man wegen eintretender Schädigung vermeiden — noch in Alkohol Stoffe ab, die bei gleichzeitiger Einwirkung des Tageslichtes in Form von Niederschlägen auftreten; hält man dagegen den Alkohol im Dunkeln, so entstehen keine Niederschläge, sondern der Alkohol färbt sich nur gelb, bleibt aber klar. Aus diesem Grunde ist oben der Ausschluss des Tageslichtes empfohlen worden; es genügt, die betreffenden Gläser in einer dunklen Stelle des Zimmers aufzustellen. Auch der 90%ige Alkohol muss, solange er noch intensiv gelb wird, täglich einmal gewechselt werden.

[2]) Ausgenommen sind die in Pikrinschwefelsäure fixirten Objekte, die direkt aus dieser Flüssigkeit in den Alkohol 70% übertragen werden. Hier muss schon der 70%ige Alkohol während des ersten Tages mehrmals gewechselt werden.

dieser Zeit in 90%igen Alkohol gebracht, wo sich die Härtung nach weiteren 24—48 Stunden vollendet. In diesem Alkohol können die Objekte bis zur definitiven Fertigstellung Monate lang verweilen. Der zum Härten benutzte 90% Alkohol wird in einer eigenen Flasche gesammelt und zum Härten von Klemmleber oder zum Brennen verwendet.

6. Entkalken.

Die zu entkalkenden Objekte können nicht frisch in die Entkalkungsflüssigkeit eingelegt werden, sie müssen vielmehr vorher fixirt und gehärtet werden. Zu diesem Zwecke legt man kleine Knochen (bis zur Grösse von Metacarpen) und Zähne ganz, von grösseren Knochen ausgesägte Stücke (von 3—6 cm Länge) in ca. 300 ccm Müller'scher Flüssigkeit und nach 2—4 Wochen (nach vorhergegangenem Auswaschen) in ca. 150 ccm allmälig verstärkten Alkohols (s. p. 13). Nachdem der Knochen 3 Tage (oder beliebig länger) in 90%igem Alkohol verweilt hat, wird er in die Entkalkungsflüssigkeit: verdünnte Salpetersäure (reine Salpetersäure 9—27 ccm zu 300 ccm Aq. destill.) übertragen. Auch hier müssen grosse Quanten (mindestens 300 ccm) verwendet werden, die anfangs täglich, später alle 4 Tage zu wechseln sind, bis die Entkalkung vollendet ist. Man kontrolirt den Prozess durch Einstechen mit einer alten Nadel und Einschneiden mit einem Skalpell [1]). Entkalkter Knochen ist biegsam, weich und lässt sich leicht schneiden. Foetale Knochen, Köpfe von Embryonen etc. werden in schwächerer Salpetersäure (1 ccm der reinen Säure [s. pag. 4] zu 99 ccm destillirten Wassers) oder in 500 ccm gesättigter wässriger Pikrinsäurelösung (pag. 4) entkalkt. Der Entkalkungsprozess nimmt bei dicken Knochen mehrere Wochen in Anspruch, bei foetalen und kleinen Knochen 3—12 Tage.

Sobald die Entkalkung vollendet ist, werden die Knochen 6—12 Stunden in (womöglich fliessendem) Wasser ausgewaschen und abermals in allmälig verstärktem Alkohol gehärtet (s. pag. 13).

Anfängern begegnet es nicht selten, dass der Knochen noch vor vollständiger Entkalkung in Alkohol gebracht wird und dann bei Schneideversuchen sich noch unbrauchbar erweist. In solchen Fällen muss dann die ganze Entkalkungsprozedur wiederholt werden. Allzulanges Liegen der Objekte in der Entkalkungsflüssigkeit führt schliesslich zu gänzlichem Verderben.

7. Schneiden.

Das Rasirmesser (s. pag. 2) muss scharf sein; das Gelingen der Schnittpräparate hängt von der Schärfe des Messers ab. Beim Schneiden muss die Klinge mit Alkohol befeuchtet werden (nicht mit Wasser, welches die Klinge nur unvollkommen benetzt). Zu dem Zwecke tauche man das Messer vor jedem dritten oder vierten Schnitte in eine mit ca. 30 ccm 90%igen

[1]) Nadel und Skalpell sind sofort nach dem Gebrauche sorgfältig zu reinigen.

Alkohols gefüllte flache Glasschale, die zugleich zur Aufnahme der angefertigten Schnitte dient. Das Messer ist horizontal zu halten, leicht zu fassen, der Daumen gegen die Seite der Messerschneide, die übrigen Finger gegen die Messerrückenseite, die Handrückenfläche nach oben gerichtet. Zuerst stellt man an dem zu schneidenden Objekte eine glatte Fläche her, indem man ein Stück von beliebiger Dicke mit einem Zuge vom Objekte trennt. Dann beginnt das Herstellen der Schnitte, die immer mit einem leichten, nicht zu raschen Zuge[1]) möglichst glatt und gleichmässig dünn ausgeführt werden sollen. Es ist geboten, stets eine grössere Anzahl (10—20) von Schnitten anzufertigen, die mit einer Nadel oder durch Eintauchen des Messers in die Glasschale übertragen werden [2]). Dann stellt man die Schale auf eine schwarze Unterlage und sucht die besten Schnitte aus. Die dünnsten Schnitte sind nicht immer die brauchbarsten; für viele Präparate, z. B. für einen Durchschnitt durch sämmtliche Magenhäute, sind dickere Schnitte mehr zu empfehlen. Für Uebersichtsbilder fertige man grosse, dicke, für feinere Strukturen kleine, dünne Schnitte an; für letztere genügen oft allerkleinste, durch zu oberflächliche Messerführung erreichte Bruchstückchen von 1—2 mm Seite oder Randparthien etwas dickerer Schnitte.

Ist das zu schneidende Objekt zu klein, um nur mit den Fingern gehalten zu werden, so bettet man dasselbe ein. Die einfachste Methode ist das Einbetten in Leber.

Man nehme entweder Rindsleber oder besser menschliche Fett- oder Amyloidleber (aus patholog.-anatomischen Instituten zu erhalten), schneide sie in ca. 3 cm hohe, 2 cm breite und 2 cm dicke Stücke, die man sofort in 90 % Alkohol wirft, der am nächsten Tage gewechselt werden muss, nach weiteren 3—5 Tagen hat die Leber die erforderliche Härte. Nun schneidet man eines dieser Stücke von oben her zur Hälfte der Höhe ein, und klemmt das zu schneidende Objekt in die so entstandene Spalte. Ist das Objekt zu dick; so kann man mit einem schmalen Skalpell Rinnen in die Leber schneiden, in welche das Objekt eingepasst wird. Das Objekt bedarf keiner weiteren Fixirung (etwa durch Zubinden mit einem Seidenfaden oder dergl.)

Ich klemme die meisten Schnittobjekte in Leber; man kann so sehr feine Schnitte erzielen, sofern man nur einigermassen Uebung hat, und die kann man sich in wenigen Wochen leicht aneignen.

8. Färben.

Vor dem Gebrauch ist die betreffende Farbstofflösung stets zu filtriren. Die aus einem Stückchen Filtrirpapiers von 5 cm Seite bestehenden kleinen

[1]) Man darf das Messer nicht durch das Objekt drücken, man muss ziehen.

[2]) Sehr feine Schnitte kann man (wenn sie nicht gefärbt werden sollen, oder wenn sie schon durchgefärbt sind) am Besten von der geneigten Klinge direkt auf den Objektträger hinüberziehen oder spülen.

Trichter werden einfach durch zweimaliges Zusammenlegen hergestellt und in einen Korkrahmen gesteckt, den man sich durch Ausschneiden eines Stückes von ca. 2 cm Seite aus einer Korkplatte von ca. 5 cm Seite verfertigt hat. Der Korkrahmen wird auf 4 lange Stecknadeln gestellt. Solche Trichter können viele Male benutzt werden; Trichter und Rahmen sollen nur für ein und dieselbe Flüssigkeit in Anwendung kommen.

1. Kernfärbung mit Haematoxylin (s. pag. 6). Man filtrire ca. 3 bis 4 ccm der Farblösung in ein Uhrschälchen und bringe in dasselbe die Schnitte. Die Zeit, in welcher die Schnitte sich färben, ist eine sehr verschiedene. Schnitte in Alkohol fixirter und gehärteter Objekte färben sich in 1 bis 3 Minuten. War die Fixirung mit Müller'scher Flüssigkeit erfolgt, so müssen die Schnitte etwas länger (— 5 Minuten) liegen.[1]) Aus der Farbe werden die Schnitte zunächst in ein Uhrschälchen mit destillirtem Wasser gebracht, abgespült, d. h. mit der Nadel etwas bewegt, um sie von dem überschüssigen Farbstoff zu befreien, und nach 1—2 Minuten in eine grosse mit ca. 30 ccm destillirten Wassers gefüllte Schale übertragen. Hier müssen die Schnitte mindestens 5 Minuten lang verweilen, dabei geht ihre blaurothe Farbe allmälig in ein schönes Dunkelblau über, das um so reiner wird, je länger (— 24 Stunden) man die Schnitte im Wasser liegen lässt.[2])

Der benützte Farbstoff wird durch das Filter wieder in die Haematoxylinflasche zurückgegossen. Das Uhrschälchen ist sofort zu reinigen. Anfängern ist zu empfehlen, die Schnitte verschieden lange Zeit 1, 3, 5 Minuten in der Farbe zu belassen und dann zu controliren, welche Zeitdauer zu einer gelungenen Färbung die passende ist. Die Hauptsache bei der Haematoxylinfärbung ist das ordentliche Auswaschen.

2. Diffuse Färbung. Zum Färben des Protoplasma und der Intercellularsubstanzen.

a) Langsame Färbung. Ein kleiner Tropfen der neutralen Carminlösung (p. 6) wird mit dem Glasstab in eine mit 20 ccm destillirten Wassers gefüllte Schale gebracht, auf deren Grund ein Stückchen Filtrirpapier liegt[3]). Die Schnitte

[1]) Schnitte in starker Chromsäure fixirter oder sonst nicht ganz säurefreier Objekte färben sich oft sehr langsam, zuweilen gar nicht. Man kann diesem Uebelstand abhelfen entweder durch 2—3 Monate langes Aufbewahren in 2—3 mal zu wechselnden 90% Alkohol, oder dadurch, dass man solche Schnitte, bevor man sie in das Haematoxylin bringt, auf 5—10 Minuten einlegt in ein Uhrschälchen mit ca. 5 ccm destillirten Wassers, dem 3—7 Tropfen 35% Kalilauge zugesetzt sind. Dann überträgt man die Schnitte auf 1—2 Minuten in ein Uhrschälchen mit reinem destillirten Wasser und von da in das Haematoxylin Nach 5—10 Minuten färben sich auch solche Schnitte.

[2]) Anfangs sehen die Schnitte ganz verwaschen blau aus; meist nach 5 Minuten, manchmal erst nach Stunden erfolgt die Differenzirung, die schon manche Details mit unbewaffnetem Auge erkennen lässt.

[3]) Wird das versäumt, so färben sich die Schnitte nur auf der einen Seite.

kommen über Nacht in die Flüssigkeit. Je heller rosa die Flüssigkeit ist, desto länger braucht die Färbung, desto schöner wird sie auch. Der Anfänger ist stets geneigt, die blassrosa Flüssigkeit für zu dünn zu halten, als dass sie eine gute Färbung erzielen könnte, bis am andern Tage die dunkelrosa bis rothen Schnitte ihn eines Bessern belehren.

Diese Färbung ist allein für sich nur in seltenen Fällen verwendbar, dagegen für Doppelfärbungen sehr zu empfehlen. Man färbe zuerst mit der Carminlösung, dann mit Haematoxylin.

b) Schnelle Färbung. Man giesse ca. 10 Tropfen der Eosinlösung (pag. 7) zu 3—4 ccm destill. Wassers. Die Schnitte bleiben darin 1—5 Minuten, werden dann in einem Uhrschälchen mit destill. Wasser kurz „abgespült" (s. bei Haematoxylinfärbung) und auf ca. 10 Minuten in ca. 30 ccm destill. Wassers gebracht. Die Färbung ist allein und combinirt mit Haematoxylin anzuwenden; zuerst ist die ganze Procedur der Haematoxylinfärbung und dann die Eosinfärbung zu vollziehen.

3. Färbung der chromatischen Substanz (für Kerntheilungen). Die Objekte werden auf 16—48 Stunden (je länger, je besser) in nur 3 ccm der Saffraninlösung (s. pag. 7) eingelegt. Dann wird die Lösung sammt den Schnitten in eine Schale mit destill. Wasser gegossen, die ganz undurchsichtigen Schnitte (oder Häute) mit der Nadel herausgehoben und in ca. 5 ccm salzsauren Alkohols (s. bei Saffranin pag. 7) zum Entfärben eingelegt. Gibt der Schnitt nicht mehr viel Farbe ab (meist nach 1/2—2 Minuten), so wird er in 5 ccm reinen absoluten Alkohols übertragen und nach einer weiteren Minute aufgehellt und eingelegt (s. pag. 21). Zu langes Verweilen sowohl in dem salzsauren als in dem absoluten Alkohol kann bis zu völliger Entfärbung des Präparates führen. Wir wenden die Saffraninfärbung nur nach vorhergegangener Fixirung mit Chromosmiumessigsäure an.

4. Durchfärben. (Kernfärbung ganzer Organstücke vor Zerlegung derselben in Schnitte).

Die fixirten und gehärteten Objekte werden, wenn sie klein (ca. 5 mm Seite) sind, auf 24 Stunden, wenn sie grösser sind, auf 2—3 Tage in ca. 30 ccm Boraxcarmin gebracht; daraus werden sie direkt in ca. 25 ccm salzsauren 70 % Alkohols (pag. 7) übertragen; (das gebrauchte Boraxcarmin wird in die Flasche zurückgegossen), nach wenigen Minuten ist der Alkohol roth und muss nun durch neuen salzsauren Alkohol ersetzt werden, nach etwa 1/4 Stunde wird der Alkohol abermals gewechselt; dieser Wechsel wird so oft wiederholt, bis der Alkohol nicht mehr gefärbt ist.[1])

[1]) Das kann 1—3 Tage in Anspruch nehmen; während des ersten Tages wechsle man alle 2, während der folgenden Zeit alle 4 Stunden. Wenn man sparsam sein will, kann man mit einer Nadel das Objekt aus dem rothen Flüssigkeitshof, in dem es liegt, langsam hinausschieben und an eine andere ungefärbte Stelle der Flüssigkeit bringen.

Dann wird das Stück in 90 % Alkohol und, wenn es hier nach 24 Stunden nicht hart genug zum Schneiden geworden ist, auf 24 und mehr Stunden in absoluten Alkohol übertragen.

5. Pikrocarmin. Doppelfärbung: Kerne und Bindegewebe roth, Protoplasma gelb.

Ca. 5 ccm der Flüssigkeit werden in ein Uhrschälchen filtrirt. Die Zeitdauer, in welcher Pikrocarmin wirkt, ist für die einzelnen Objekte eine sehr verschiedene und kann nur bei den speziellen Anweisungen annähernd angegeben werden. Nach vollendeter Färbung wird die Farbe in die Flasche zurückfiltrirt und das Objekt auf 10—30 Minuten in ca. 10 ccm destillirten Wassers übertragen. (Fällt beim Färben unter dem Deckglas [pag. 24] natürlich weg.) Soll das Objekt z. B. ein Schnitt in Alkohol. absol. wasserfrei gemacht werden (s. pag. 21 unten), so darf derselbe nicht lange (1—2 Minuten) daselbst verweilen, da der Alkohol die gelbe Farbe auszieht.[1])

Vorzugsweise wird Pikrocarmin bei Untersuchungen frischer Objekte verwendet. Ist die Lösung gut, so erzielt man sehr hübsche Färbung, die besonders bei nachheriger Anwendung des angesäuerten Glycerins (s. pag. 24) scharf hervortritt.

6. Kernfärbung mit Anilinfarben.

Die besten Anilinfarben sind hiefür Vesuvin und Methylviolett B (s. pag. 7). Man filtrirt ca. 4 ccm der Flüssigkeit in eine Uhrschale; die hier eingelegten Schnitte färben sich nach 2—5 Minuten ganz dunkel, werden dann in 5 ccm destill. Wassers kurz abgewaschen und in ein Uhrschälchen mit absol. Alkohol gebracht, wo sie abermals viel Farbe abgeben; nach wenigen (3—5) Minuten sind die Schnitte heller geworden, man kann einzelne Theile (z. B. bei Haut die Drüsen) schon mit unbewaffnetem Auge erkennen; nun werden die Schnitte in eine zweite Uhrschale mit (5 ccm) absol. Alkohol gebracht und nach ca. 2 Minuten aufgehellt und in Damarfirniss eingeschlossen (pag. 21). Der Effekt ist eine sehr schöne Kernfärbung. Ueber die Haltbarkeit der Anilinfarbstoffe vermag ich keine Angaben zu machen, da ich dieselben wenig anwende. Vesuvin soll sich selbst in Glycerin halten. Ein Nachtheil liegt in dem starken Verbrauch von absolutem Alkohol.

7. Versilbern. Zur Darstellung von Zellengrenzen, Färbung der Kittsubstanzen.

Der Gebrauch von Metallinstrumenten ist zu vermeiden, man bediene sich der Glasstäbe; statt Stecknadeln nehme man Igelstacheln.

Das Objekt wird in 10—20 ccm der 1 %igen oder schwächeren (s. die speziellen Angaben) Lösung von Argent. nitric. (s. pag. 5. 15.) getaucht, nach $^1/_2$—10 Minuten (je nach der Dicke des Objektes) aus der Flüssigkeit, die

[1]) Man kann dieser Entfärbung vorbeugen, indem man in die Uhrschale mit absolutem Alkohol einen kleinen Pikrinsäurekrystall wirft.

sich unterdessen meist milchig getrübt hat, mit Glasstäben (nicht mit Stahlinstrumenten) wieder herausgenommen, abgespült und in einer grossen, weissen Schale einem Porzellanteller) mit ca. 100 ccm destillirten Wassers dem direkten Sonnenlichte ausgesetzt; nach wenigen Minuten wird eine leichte Bräunung eintreten, das Zeichen der gelungenen Reduktion. Sobald das Objekt dunkelrothbraun geworden ist (gewöhnlich nach 5—10 Minuten), wird es herausgenommen, in ein Uhrschälchen mit destillirtem Wasser, dem ein paar Körner Kochsalz zugefügt sind, gebracht und nach 5—10 Minuten in ca. 30 ccm 70 %igen Alkohols im Dunkeln aufbewahrt; nach 3—10 Stunden ersetzt man den 70 %igen durch 90 %igen Alkohol. Das Einlegen in die Silberlösung muss unter Ausschluss des Sonnenlichtes geschehen, die Reduktion dagegen soll nur bei Sonnenlicht vorgenommen werden.[1]) Scheint keine Sonne, so hebt man das aus der Silberlösung genommene und in destillirtem Wasser kurz abgewaschene Objekt im Dunkeln in ca. 30 ccm 70 %igen (später 90%igen) Alkohols auf, um es in diesem beim ersten Sonnenblick dem Lichte auszusetzen.

8. Vergolden. Zur Darstellung von Nervenendigungen.

Stahlinstrumente dürfen nicht in die Goldlösung getaucht werden; alle Manipulationen in der Goldlösung sind mit Glasnadeln oder Holzstäbchen vorzunehmen.

Man erhitze in einem Reagenzgläschen 8 ccm der 1 %igen Goldchloridlösung + 2 ccm Ameisensäure (pag. 5) bis zum Sieden. Die Mischung muss dreimal aufwallen. In die erkaltete Mischung werden sehr kleine Stückchen (von höchstens 5 mm Seite) eine Stunde lang eingelegt (im Dunkeln zu halten), dann in einem Uhrschälchen mit destillirtem Wasser kurz abgewaschen und in einer Mischung von 10 ccm Ameisensäure mit 40 ccm destillirten Wassers dem Lichte (es bedarf nicht des Sonnenlichtes) ausgesetzt. Die Reduktion (die Stückchen werden dabei aussen dunkelviolett) erfolgt sehr langsam (oft erst nach 24—48 Stunden), dann werden die Stücke in ca. 30 ccm 70 %igen Alkohols und am andern Tage in ebensoviel 90 %igen Alkohol übertragen, woselbst sie zur Verhinderung weiterer Reduktion im Dunkeln mindestens 8 Tage bis zur definitiven Verarbeitung verbleiben müssen.

9. Injiciren.

Das Füllen der Blut- und Lymphgefässe mit farbigen Massen ist eine besondere Kunst, die nur durch sehr viel Uebung erworben werden kann. Die Kenntniss der vielen, kleinen, hier zur Anwendung gelangenden Kunstgriffe lässt sich kaum durch die Lektüre selbst in aller Breite gegebener Anweisungen aneignen. Hier ist der praktische Unterricht unerlässlich. Dem entsprechend glaube ich in dem für Anfänger bestimmten Buche auf die Angabe einer ausführlichen Injektionstechnik verzichten zu müssen.

[1]) Die Reduktion erfolgt zwar auch bei gewöhnlichem Tageslicht, aber nur langsam und liefert dann weniger scharfe Bilder.

Wer sich im Injiciren versuchen will, muss eine gut schliessende, mit leicht beweglichem Stempel versehene Spritze und Kanülen von verschiedener Dicke haben. Als Injektionsmasse empfehle ich: Berlinerblau von Grübler (Adr. p. 3) 3 gr in 600 ccm destill. Wassers gelöst. Man beginne mit der Injektion einzelner Organe, z. B. der Leber, welche den Vorzug hat, dass selbst eine unvollkommene Füllung ihrer Gefässe noch brauchbare Resultate ergibt. Das injicirte Objekt fixire man 2—4 Wochen in Müller'scher Flüssigkeit (pag. 12) und härte es in Alkohol. Die Schnitte dürfen nicht zu dünn sein.

10. Einschliessen und Conserviren der Präparate.

Die fertigen Schnitte etc. werden nun zur mikroskopischen Untersuchung auf einen Objektträger übertragen und mit einem Deckglas bedeckt. Die Medien, in welchen sich die Schnitte befinden, sind entweder 1) Wasser, oder wenn man die Schnitte aufhellen und conserviren will: 2) Glycerin oder 3) Damarfirniss.

Das Uebertragen auf den Objektträger geschieht so, dass man in der Regel zuerst einen kleinen Tropfen der betreffenden Flüssigkeit auf die Mitte des Objektträgers bringt; dann fängt man mit dem Spatel den Schnitt auf und zieht ihn von da mit der Nadel auf den Objektträger. Sehr feine Schnitte werden besser mit der Spitze eines Glasstabes aufgefangen und durch Rollen desselben auf den Objektträger gebracht. Liegt der Schnitt glatt auf, so bedeckt man ihn mit einem Deckglas.[1]) Dieses muss an den Kanten, nicht an den Flächen angefasst werden, beim Bedecken wird das Deckglas mit der linken Kante auf den Objektträger aufgesetzt und nun langsam auf das Präparat gesenkt, indem man die Deckglasunterfläche mit einer in der rechten Hand gehaltenen Nadel stützt. Einfacher ist es noch, an die Unterfläche des Deckglases einen Tropfen der betreffenden Flüssigkeit anzuhängen und dann das Deckglas sanft auf das Präparat fallen zu lassen. Die Flüssigkeit, in welcher sich der Schnitt etc. befindet, muss genau den ganzen Raum zwischen Deckglas und Objektträger ausfüllen. Ist nicht genug Flüssigkeit da (das ist an grossen unter dem Deckglas befindlichen Luftblasen kenntlich), so setze man mit der Spitze eines Glasstabes noch einen Tropfen der Flüssigkeit an den Rand des Deckglases. Ist zuviel Flüssigkeit da — und darin pflegt der Anfänger ganz Besonderes zu leisten — so muss die über den Rand des Deckglases hinausgetretene Flüssigkeit mit Filtrir-

---

[1]) Untersuchungen mit schwachen Vergrösserungen ohne Deckglas sind nur zu allcroberflächlichster Orientirung, ob z. B. ein Objekt hinreichend zerzupft ist, zulässig. In allen anderen Fällen ist das Deckglas unentbehrlich. Um sich davon zu überzeugen, betrachte man einen unbedeckten Schnitt, decke ihn dann mit dem Deckglas zu und betrachte wieder. Manches gute Präparat, das man zu bedecken versäumt hat, erscheint unbrauchbar. Untersuchungen mit starken Objektiven (Nr. 7) ohne Deckglas sind überhaupt unzulässig.

papier aufgesogen werden. Die Oberfläche des Deckglases muss stets trocken sein. Kleine Luftblasen unter dem Deckglas entferne man durch öfteres vorsichtiges Heben und Senken desselben mit der Nadel (s. ferner pag. 22).

ad 1) Man versäume nie, ungefärbte wie gefärbte Schnitte in Wasser oder Kochsalzlösung (pag. 4) zu betrachten, da hier viele Struktureigenthümlichkeiten, z. B. Bindegewebsformationen scharf hervortreten, während dieselben unter dem aufhellenden Einflusse des Glycerins oder des Damarfirniss sich der Beobachtung fast gänzlich entziehen. In Wasser (oder auch in Kochsalzlösung) eingelegte Objekte lassen sich nicht aufheben.

ad 2) Die in Glycerin eingelegten Präparate lassen sich conserviren; um die leichte Verschiebung des Deckglases zu verhindern, fixirt man dasselbe mit Deckglaskitt (s. pag. 6). Vorbedingung: Der Rand des Deckglases muss vollkommen trocken sein; denn nur an trockener Glasfläche haftet der Kitt. Das Trocknen geschieht in der Weise, dass man zuerst mit Filtrirpapier das über den Deckglasrand heraustretende Glycerin absaugt und dann mit einem mit 90 %igem Alkohol befeuchteten Tuche, das man sich über die Fingerspitze stülpt, sorgfältig den Objektträger rings um das Deckglas abwischt, ohne letzteres zu berühren. Nun erhitzt man einen Glasstab und taucht ihn in den harten Kitt,[1]) bringt zunächst vier Tropfen an die Ecken des Deckglases und zieht dann einen vollständigen Rahmen, der so beschaffen sein muss, dass er einerseits das Deckglas, andererseits den Objektträger in einer Breite von 1—3 mm deckt. Schliesslich glätte man mit dem nochmals erhitzten Stabe die Oberfläche des Rahmens.

In Glycerin conservirte Präparate werden oft erst am zweiten oder dritten Tage schön durchsichtig. Haematoxylin und andere Farbstoffe verblassen darin nach einiger Zeit; Pikrocarmin und Carmin sind dagegen haltbar.

ad 3) Das Einlegen der Objekte in Damarfirniss ist die beliebteste Conservirungsmethode. Damarfirniss hat dem Glycerin gegenüber den Vortheil, dass er die Farben erhält, ein Nachtheil besteht aber darin, dass er viel stärker aufhellt, als das verdünnte Glycerin und mancherlei feine Strukturen dadurch vollkommen verschwinden macht.

Die in Wasser oder Alkohol befindlichen Schnitte können nicht ohne Weiteres in Damarfirniss eingelegt werden, sie müssen vorher wasserfrei gemacht werden. Zu dem Zwecke werden die Schnitte in ein bedecktes Uhrschälchen mit 4 ccm absoluten Alkohols gebracht, wo sie 2 Minuten (dünne Schnitte) — 10 Minuten (dickere Schnitte) oder beliebig länger ver-

[1]) Die Glasstäbe springen dabei sehr leicht, doch sind sie Metallstäben vorzuziehen, da letztere sich zu rasch abkühlen. Man kann dem Springen etwas vorbeugen, indem man die Glasstäbe unter fortwährendem Drehen lang, bis zum Rothglühen erhitzt; nur kurz erhitzte Glasstäbe springen sofort bei dem Eintauchen in den Kitt.

weilen können.[1]) Dann fischt man die Schnitte mit der Nadel (sehr feine Schnitte mit Spatel und Nadel) heraus und bringt sie zum Aufhellen in ein Uhrschälchen mit c. 3 ccm Lavendelöl.[2]) Stellt man das Schälchen auf schwarzes Papier, so kann man das allmälige Transparentwerden der Schnitte beobachten. Man vermeide in das Uhrschälchen zu hauchen, eine sofortige Trübung des Lavendelöles ist die Folge. Werden einzelne Stellen der Schnitte nach 2—3 Minuten nicht durchsichtig (solche Stellen erscheinen alsdann bei auffallendem Lichte trübweiss, bei durchfallendem Lichte schwarzbraun), so ist der Schnitt nicht wasserfrei gewesen und muss noch einmal in den absoluten Alkohol zurückgebracht werden. Nach vollzogener Aufhellung wird der Schnitt auf den trockenen Objektträger übertragen, das überflüssige Oel[3]) mit Filtrirpapier oder mit einem über den Zeigefinger gestülpten Leinwandlappen sorgfältig abgewischt[4]) und ein Deckglas aufgelegt, an dessen Unterfläche ein Tropfen Damarfirniss angehängt worden ist. Sollen mehrere Schnitte unter ein Deckglas gebracht werden, so ordne man zuerst die Schnitte mit der Nadel nahe zusammen, breite dann den Damarfirniss auf der Deckglasunterfläche mit einem Glasstabe in gleichmässig dünner Schicht aus und setze dann das Deckglas auf. Grosse Luftblasen werden durch Anfügen eines kleinen Tropfens Damarfirniss an den Deckglasrand vertrieben; am nächsten Tage sieht man, dass die Luftblase unter dem Deckglase hervorgetreten ist. Kleine Luftblasen verschwinden von selbst, können sich also überlassen werden.

Anfängern begegnet es nicht selten, dass der Firniss sich trübt und schliesslich das ganze Präparat oder Theile desselben undurchsichtig macht. Der Grund liegt darin, dass der Schnitt nicht vollkommen wasserfrei war. Bei geringer Trübung, die unter dem Mikroskop als aus kleinsten Wassertröpfchen bestehend sich erweist, genügt oft ein leichtes Erwärmen des Objektträgers, bei stärkeren Trübungen legt man den ganzen Objektträger in Terpentinöl, hebt das Deckglas nach einer halben Stunde vorsichtig ab, legt den Schnitt zwei Minuten in Terpentinöl, um den anhaftenden Firniss zu lösen

---

[1]) Anfängern ist zu empfehlen, die aus Wasser kommenden Schnitte zuerst in 4 ccm 90 %igen und dann erst in ebensoviel absoluten Alkohols zu bringen.

[2]) Man kann den Schnitt auch aus dem absoluten Alkohol direkt auf den Objektträger bringen, den überflüssigen Alkohol abwischen und einen Tropfen Lavendelöl daraufsetzen; anfangs wird das Oel immer vom Schnitt ablaufen und muss wiederholt mit einer Nadel zum Schnitt geleitet werden; nach vollendeter Aufhellung, die man unter dem Mikroskop bei schwacher Vergrösserung constatiren kann, wird das Oel möglichst abgewischt und ein Deckglas mit Damarfirniss aufgelegt. Beim Betrachten des unbedeckten, in Oel liegenden Schnittes trübt sich durch Anhauchen Schnitt und Oel; in solchen Fällen lasse man das trübe Oel ablaufen und setze einen Tropfen neuen Oeles auf.

[3]) Das zum Aufhellen benützte Oel in der Uhrschale kann wieder in die Flasche zurückgegossen werden.

[4]) Die Entfernung auch des Oels gelingt immer am leichtesten durch Neigen und nachheriges Abwischen des Objektträgers.

und dann zur vollkommenen Wasserentziehung in 4 ccm absoluten Alkohols, der nach 5 Minuten zu wechseln ist. Dann Lavendelöl und Damarfirniss.

Der Damarfirniss trocknet sehr langsam, die Objektträger dürfen desshalb nicht auf die Kante gestellt werden.

Die Reihe, welche somit ein frisches Objekt zu durchlaufen hat, bis es als fertig gefärbter Schnitt conservirt ist, ist sohin eine sehr lange. Wenn z. B. in der speziellen Technik angegeben wird: „Fixiren in Müller'scher Flüssigkeit 14 Tage, Härten in allmählig verstärktem Alkohol, Schnitt Färben in Carmin und Haematoxylin, Einschluss in Damarfirniss", so ist die Prozedur folgende:

Das frische ca. 1 ccm grosse Objekt wird eingelegt in 200 ccm[1]) Müller'scher Flüssigkeit, welche, sobald Trübung eingetreten ist, (gewöhnlich schon nach einer Stunde) gewechselt wird. Nach 24 Stunden abermaliges Wechseln der Flüssigkeit, in welcher nun das Objekt 14 Tage lang verbleibt.

Nach Ablauf derselben

Auswaschen in (womöglich fliessendem) Wasser — 1—4 Stunden lang,
dann Einlegen in 20 ccm destillirten Wassers — ca. 15 Minuten lang,
dann Einlegen in 50 ccm Alkohol 70 % und Dunkelstellen (s. pag. 13) — ca. 24 Stunden lang,
dann Einlegen in 50 ccm Alkohol 90 % — ca. 24 Stunden lang,
dann Wechseln des 90 %igen Alkohols.

Das nun fixirte und gehärtete Objekt kann nach beliebig langer Zeit, während welcher der 90 %ige Alkohol vielleicht noch einmal gewechselt wird, geschnitten werden. Der Schnitt kommt aus der Alkoholschale (pag. 14 unten) in

	30 ccm	dünner Carminlösung	—	ca. 24 Stunden lang,
dann in	5 ccm	destillirten Wassers	—	ca. 15 Minuten lang,
dann in	3 ccm	Hämatoxylin	—	ca. 5 Minuten lang,
dann in	20 ccm	destillirten Wassers	—	10—120 Minuten lang,
dann in	5 ccm	Alkohol absolut.	—	10 Minuten lang,
dann in	3 ccm	Lavendelöl	—	2 Minuten lang,

endlich Einschluss in Damarfirniss.

11. Untersuchung frischer Objekte.

Ich habe dieselbe an das Ende sämmtlicher Methoden gestellt, weil sie das Schwerste von Allem ist und ein schon etwas geübtes Auge voraussetzt. Diese Uebung lässt sich am leichtesten durch vorhergehende Untersuchung schon präparirter (gehärteter, gefärbter etc.) Objekte aneignen; hat man einmal Struktureigenthümlichkeiten deutlich gesehen und studirt, so ist es nicht so schwer, dieselben auch an frischen Objekten wieder aufzufinden, ob-

[1]) Die Massangaben sind nur für das eine 1 ccm grosse Stück berechnet, bei mehr oder bei grösseren Stücken muss natürlich mehr Fixirungs- und Härtungsflüssigkeit verwendet werden.

wohl die meisten Einzelheiten an Deutlichkeit manches zu wünschen übrig lassen. Zu beachten ist hier folgendes:

Objektträger und Deckglas dürfen nicht fett sein. Man reinige sie mit Alkohol und trockne sie mit einem ganz reinen Tuche. Dann bringt man einen Tropfen 0,75 %iger Kochsalzlösung (pag. 4) auf den Objektträger, legt dann ein kleines Stück des zu untersuchenden Gegenstandes ein und bedeckt dasselbe mit dem Deckglas. Dabei muss jeder Druck sorgfältig vermieden werden; bei sehr zarten Objekten (s. specielle Technik) bringe man zwei feine Papierstreifchen an die Seiten derselben, auf denen dann das Deckglas ruht, ohne das Objekt selbst zu drücken. Bedarf das Objekt keiner weiteren Behandlung, so umrahme man, um Verdunstung zu verhindern, das Deckglas mit Paraffin. Man schmilzt auf einem alten Skalpell oder dergl. ein etwa linsengrosses Stückchen Paraffin und lässt es nicht von der Spitze, sondern von der Schneide des Skalpells an den Deckglasrand fliessen, etwaige Lücken kann man mit nochmals erhitztem Skalpell verstreichen. In den meisten Fällen prüft man aber bei frischen Objekten die Einwirkung gewisser Reagentien (Essigsäure, Kalilauge, Farbstoffe) direkt unter dem Mikroskop. Es handelt sich also darum, einen Theil des Medium, in dem das Objekt sich augenblicklich befindet (also in unserem Falle die Kochsalzlösung) zu entfernen und durch eine andere Flüssigkeit zu ersetzen. Zu diesem Zwecke bringt man zuerst an den rechten Deckglasrand mit einem Glasstab einen Tropfen z. B. Pikrocarmin. Reicht der Tropfen nicht ganz bis an den Deckglasrand, so neige man nicht etwa den Objektträger, sondern man führe mit einer Nadel den Tropfen bis zum Rande des Deckglases. Man sieht nun, dass ein wenig des Farbstoffes sich mit der Kochsalzlösung mischt, aber ein ordentliches Fliessen der Farbflüssigkeit unter das Deckglas findet nicht statt. Um das zu ermöglichen, setzt man an den linken Rand des Deckglases etwas Filtrirpapier [1]) und alsbald sieht man das Pikrocarmin die ganze Unterfläche des Deckglases einnehmen.[2]) Nun schiebt man das Filtrirpapier zur Seite und lässt die Farbe wirken; ist die Färbung vollendet — das lässt sich ja stets unter dem Mikroskop controliren — so bringt man jetzt an den rechten Deckglasrand einen Tropfen z. B. Glycerin, dem man bei Pikrocarminfärbungen soviel Essigsäure zusetzt, als von einer einmal eingetauchten Stahlnadel abtropft (also einen ganz kleinen Tropfen), während links wieder das Filtrirpapier angesetzt wird. Auf diese Weise kann man eine ganze Reihe von Flüssigkeiten unter dem Deckglas durchleiten, und so ihre Wirkungen auf die Gewebe erproben. Einzelne der Flüssigkeiten, z. B. Pikrocarmin

---

[1]) Ich schneide ein c. 4 cm langes, 2 cm breites Stückchen aus, knicke es der Quere nach und stelle das so geformte Papierdach so auf den Objektträger, dass es mit dem einen 2 cm breiten, ganz gerade geschnittenen Rande den linken Rand des Deckglases berührt.

[2]) Wenn der erste Tropfen eingedrungen ist, setze man je nach Bedürfniss 2—3 weitere Tropfen an den rechten Deckglasrand.

nach vorhergegangener Osmiumfixirung, müssen sehr lange mit den Objekten in Berührung bleiben. Man verhindert alsdann die Verdunstung, indem man das Präparat in die feuchte Kammer verbringt. Zur Herstellung der feuchten Kammer braucht man einen Porzellanteller und einen kleinen Glassturz von mindestens 9 cm Durchmesser.[1]) In den Teller giesse man Wasser ca. 2 cm hoch, dann stellt man in die Mitte ein Glasnäpfchen oder eine auf vier Holzfüssen stehende Korkplatte; auf diese wird der Objektträger mit dem Präparat gelegt und das Ganze mit dem Glassturze bedeckt, dessen freier Rand überall in das Wasser taucht.

12. Aufbewahren der Dauerpräparate.

Die fertigen Präparate müssen sofort etikettirt werden. Man nehme keine gummirten Papieretiketten, sondern solche aus ca. 1,2 mm dicker Pappe, welche man mit Wasserglas [2]) aufklebt. Dadurch werden besondere Schutzleisten überflüssig: die Objektträger können aufeinander gelegt werden, ohne dass die Präparate gedrückt werden. Die Etiketten sollen möglichst gross (von ca. 2 cm Seite bei Objektträgern englischen Formates) und mit dem Namen des Thieres, des Organs und womöglich mit kurzer Andeutung der Methode versehen sein. Zum Aufbewahren wähle man nur solche Kästen, in denen die Objektträger liegen, nicht solche, in denen sie auf der Kante stehen.[3])

III. Handhabung des Mikroskops.

Gemäss der in der Einleitung erwähnten Voraussetzung kann hier auf eine eingehende Beschreibung der optischen und mechanischen Theile des Mikroskops nicht eingegangen werden. Figur 1 möge noch einmal die für die einzelnen Theile des Mikroskops üblichen Benennungen dem Leser ins Gedächtniss zurückrufen.

Die erste Bedingung ist vollkommene Reinheit sämmtlicher Bestandtheile des Mikroskops (s. auch pag. 1). Spiegel, Objektive und Oculare dürfen an den Oberflächen nicht mit den Fingern berührt werden. Die Objektive halte man mit dem unteren Ende gegen das Fenster und prüfe so die Klarheit des reflektirten Bildes. Das Anschrauben an den Tubus geschieht so, dass man das Objektiv festhält und den Tubus dreht (nicht um-

---

[1]) Ein Topf, ein grösseres Präparatenglas etc. thut dieselben Dienste.

[2]) Ist in allen Droguenhandlungen als eine syrupdicke Flüssigkeit zu haben (10 Pf.) und muss in gut verschlossenem Gefässe aufbewahrt werden.

[3]) Die besten und billigsten Kästen erhält man bei Th. Schroeter, Leipzig, grosse Windmühlenstrasse Nr. 37. Ich empfehle für Etuisform Sorte O (für ca. 300 Objektträger) zu 2 Mark; für Tafelform Sorte P mit flachgewölbten Klappdeckeln (für 12—20 Objektträger je nach der Grösse) zu 45 Pf.; die Tafelform hat den grossen Vorzug der Uebersichtlichkeit der Präparate.

gekehrt). Dann wird das Ocular eingesetzt; Verunreinigungen desselben erkennt man durch Drehen des Oculars im Tubus; klebt die Verunreinigung am Ocular, so dreht sie sich mit.

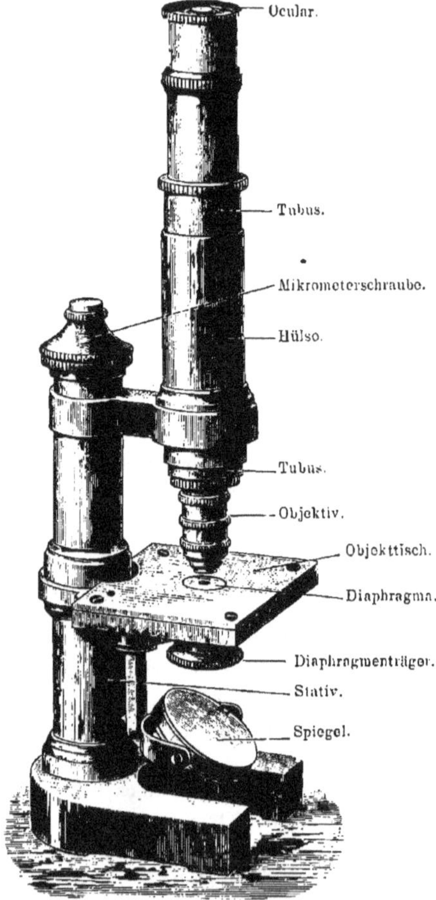

Fig. 1.
Mikroskop von Leitz Nr. III. 17. 1/2 natürl. Grösse.

Nun suche man sich das Licht. Zu dem Zwecke zieht man den Tubus aus der Hülse und sieht durch die leere Hülse und das Loch im Diaphragma in den Spiegel, den man so lange dreht, bis man die gewünschte Lichtquelle erblickt.[1]) Als Lichtquellen sind zu empfehlen eine weisse von der Sonne beleuchtete Wolke, oder weisse von der Sonne beschienene Vorhänge; weniger gut, aber noch brauchbar ist der blaue Himmel; direktes Sonnenlicht ist zu vermeiden. Arbeitet man Abends bei künstlicher Beleuchtung, so nehme man das Licht von der Innenfläche des weissen Lampenschirmes, nicht direkt von der Flamme. Eine grüne Glasplatte, vor den Spiegel gestellt, dämpft das künstliche Licht in wohlthuender Weise, ohne die Schärfe der Bilder wesentlich zu beeinträchtigen. Es ist selbstverständlich, dass auch der Mikroskopirende nicht im Sonnenschein sitze; man stelle das Mikroskop etwa 2 Meter vom Fenster entfernt auf.

Nun kann die Untersuchung beginnen. Stets untersuche man **zuerst mit schwachen, dann mit starken Vergrösserun-**

---

[1]) Die von dem so gestellten Spiegel reflektirten Lichtstrahlen treffen das Objekt senkrecht, man nennt diese Beleuchtungsart die *centrale Beleuchtung*. Zur Erkennung feiner Niveaudifferenzen wendet man mit Vortheil die *schiefe* oder *seitliche Beleuchtung* an, bei welcher der Spiegel so nach der Seite verschoben wird, dass die von ihm reflektirten Strahlen schräg auf das Objekt treffen. Bei dieser Beleuchtung müssen Diaphragma und Diaphragmenträger, sowie der meist verschiebliche Schlitten, in welchem letzterer steckt, weggenommen werden, so dass die Oeffnung im Objekttisch möglichst gross ist.

gen, ganz besonders sei gewarnt vor dem Gebrauch starker Oculare. Das den gewöhnlichen Mikroskopen beigegebene schwächste, event. das mittlere Ocular (bei Leitz Oc. I.) ist für die allermeisten Fälle ausreichend, zu starke Oculare verkleinern und verdunkeln das Gesichtsfeld und erschweren die Untersuchung in hohem Grade.[1]) Auch das Ausziehen des Tubus ist für viele Fälle entbehrlich. Bei schwachen Vergrösserungen nehme man das Diaphragma mit grösster, bei starken Vergrösserungen das Diaphragma mit kleinster Oeffnung. Für die gewöhnlichen Objektive Nr. 3 und Nr. 7 ist nur der Concavspiegel zu benutzen. Beim groben Einstellen, d. h. beim Senken des Tubus, bis die Contouren des Präparates undeutlich erscheinen, stosse man den Tubus nicht gerade herab, sondern senke ihn unter spiraliger Drehung. Dann folgt die feine Einstellung bis zur vollkommensten Schärfe des Bildes. Dabei halte die linke Hand den Objektträger, die rechte ruhe auf der Mikrometerschraube. Da wir nur die in einer Ebene liegenden Punkte des Präparates deutlich sehen, durchmustere man das Präparat unter feinem Heben und Senken des Tubus, d. h. unter leisem Drehen der Mikrometerschraube. Man gewöhne sich daran, beide Augen beim Mikroskopiren offen zu halten.

Ein unschätzbares Hülfsmittel ist das Zeichnen der mikroskopischen Objekte. Die Beobachtung wird dadurch ganz bedeutend verschärft, manche Details, die bis dahin vollkommen übersehen worden waren, werden beim Zeichnen entdeckt; selbst die aufmerksamste Betrachtung vermag die Vortheile, welche das Zeichnen bietet, nicht zu ersetzen. Auch der im Zeichnen wenig Geübte versuche die Objekte bei schwachen und starken Vergrösserungen zu skizziren. Man legt zu dem Zwecke das Zeichnenpapier in die Höhe des Objekttisches,[2]) sieht mit dem linken Auge ins Mikroskop, mit dem rechten auf Papier und Bleistiftspitze. Anfangs fällt das etwas schwer, bei einiger Uebung eignet man sich jedoch rasch die nöthige Fertigkeit an.

Zum Schlusse sei dem Mikroskopiker Geduld, viel Geduld empfohlen; misslingen Präparate, so suche er die Schuld nicht in der Mangelhaftigkeit der angegebenen Methoden — ich habe sie oft erprobt — sondern in sich selbst; wer sich nicht daran gewöhnen kann, die angegebenen Vorschriften gewissenhaft[3]) auszuführen, wer die zarten Objekte mit allen fünf Fingern anfasst, wer die Reagentien ineinander giesst, die in den Flüssigkeiten zu fixirenden Stücke der Sonne aussetzt oder eintrocknen lässt, hat nicht das Recht, gute Resultate seiner unsauberen Arbeit zu beanspruchen.

[1]) Sämmtliche den Abbildungen dieses Buches zu Grunde liegenden Präparate sind mit schwachen Ocularen untersucht und gezeichnet.

[2]) Gewöhnlich sind die Mikroskopkästen von annähernd gleicher Höhe wie der Objekttisch.

[3]) Die für Färben, Entwässern etc. im Einzelnen angegebene Zeitdauer kann nur annähernde Geltung beanspruchen. Sie wechselt in nicht unerheblichen Grenzen je nach der Dicke des Schnittes, der Concentration der Lösung etc. Uebung wird den Mikroskopirenden bald lehren, den richtigen Zeitpunkt herauszufinden.

II. Abschnitt.

Mikroskopische Anatomie und specielle Technik.

Die mikroskopische Anatomie hat die Aufgabe, die Beschaffenheit der kleinsten Bestandtheile des Körpers, der Elementartheile, darzulegen und zu zeigen, in welcher Weise dieselben mit einander verbunden werden. Demgemäss zerfällt die mikroskopische Anatomie 1) in die Lehre von den Elementartheilen d. s. die Zellen und deren Abkömmlinge und 2) in die Lehre von den aus einer gesetzmässigen Vereinigung der Elementartheile hervorgegangenen, mit bestimmten Verrichtungen betrauten Formationen, den Organen.

Manche Formationen bestehen fast ausschliesslich aus einer Art von Zellen; man hat daraus Veranlassung genommen, solche Formationen als einfache Gewebe[1]) von andern zu trennen, an deren Aufbau verschiedene Arten von Zellen sich betheiligen; letztere nennt man zusammengesetzte Gewebe. Als einfache Gewebe wurden Epithelgewebe, Gewebe der Bindesubstanz, Muskelgewebe und Nervengewebe aufgeführt. Zusammengesetzte Gewebe würde man die aus der Vereinigung verschiedener einfacher Gewebe hervorgegangenen Bildungen nennen müssen, Bildungen, welche mit dem besseren Namen „Organe" bezeichnet worden sind. Nun sind aber in Wirklichkeit auch die allermeisten einfachen Gewebe aus verschiedenen Geweben zusammengesetzt. So besteht z. B. das Muskelgewebe aus Muskelzellen, aus Gewebe der Bindesubstanz und aus Gefässen und Nerven, die selbst wieder aus den verschiedensten Geweben zusammengesetzt sind.

Mit Recht ist gegen diese künstliche Eintheilung Einspruch erhoben worden; es würde gerathen sein, den Namen „Gewebe" in diesem Sinne ganz fallen zu lassen.

A. Die Zellen und ihre Abkömmlinge.

I. Allgemeine Zellenlehre.

Sämmtliche Organe des thierischen Körpers bestehen aus Zellen und deren Abkömmlingen, den Intercellularsubstanzen. Unter Zelle, Cellula,

[1]) Die Erforschung dieser ist die Aufgabe der Gewebelehre, Histologie, welche somit nur einen Theil der mikroskopischen Anatomie bildet.

versteht man ein räumlich begrenztes Formelement, welches unter gewissen Bedingungen im Stande ist, sich zu ernähren, zu wachsen und sich fortzupflanzen. Wegen dieses Vermögens führt die Zelle den Namen „Elementarorganismus“.

Die wesentlichen Bestandtheile einer Zelle sind: 1) das Protoplasma, eine feinkörnige, weiche Substanz, die, in Wasser unlöslich, leicht quellungsfähig ist und hauptsächlich aus Eiweisskörpern, Wasser und Salzen besteht. 2) Der Kern (Nucleus), ein meist helles, scharf begrenztes Bläschen, das von einem Häutchen, der Kernmembran begrenzt wird und ein Netzwerk verschieden feiner Fädchen, das Kerngerüst, enthält. Verdickungen dieses Kerngerüstes heissen Kernkörperchen; in den Maschen des Kerngerüstes befindet sich Flüssigkeit: der Kernsaft. Kerngerüst und Kernkörperchen lassen sich durch viele Farbstoffe lebhaft färben; ihre Substanz heisst desshalb Chromatin. Der Kernsaft färbt sich dagegen nicht. Auch die Kerne bestehen aus Eiweisskörpern, aus Wasser und Salzen. Dazu kommt noch ein den Kernen eigenthümlicher Stoff, das Nucleïn.

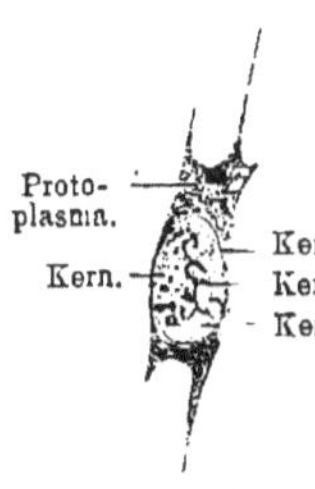

Fig. 2.

Bindegewebszelle aus der Cutis von Triton taeniatus. Flächenbild 560mal vergrössert. Nur die gröberen Fädchen des Kerngerüstes sind deutlich zu sehen: die feineren Fädchen erscheinen bei dieser Vergrösserung als Punkte. Technik Nr. 1.

Die meisten Zellen enthalten einen Kern, nur einzelne Zellen besitzen mehrere Kerne (Riesenzellen). Die kernlosen Zellen (verhornte Zellen der Epidermis, farbige Blutzellen der Säugethiere) besitzen ursprünglich einen Kern, verlieren jedoch denselben im Verlaufe der Entwicklung.

Als unwesentliche Bestandtheile der Zellen gelten: die Zellmembran, welche vielen Zellen fehlt und da, wo sie vorhanden ist, entweder die fester gewordene, peripherische Protoplasmaschicht ist oder als ein dünnes, meist strukturloses Häutchen erscheint; ferner die im Protoplasma einzelner Zellen befindlichen Pigmentkörnchen und Tropfen von Fett, von wässeriger und schleimiger Flüssigkeit.

Die Form der Zellen ist eine sehr mannchfaltige. Die Zellen können sein: kugelig, das ist die Grundform aller Zellen in embryonaler Zeit, beim Erwachsenen sind z. B. die Leucocyten kugelig; scheibenförmig z. B. die farbigen Blutkörperchen; polyedrisch z. B. die Leberzellen; cylindrisch z. B. die Epithelzellen des Dünndarmes; cubisch (sogen. Pflasterzellen) z. B. die Epithelzellen der Linsenkapsel; abgeplattet (sogen. Plattenzellen) z. B. die Endothelzellen; spindelförmig z. B. viele Bindesubstanzzellen; zu langen Fasern ausgezogen z. B. glatte Muskelfasern und sternförmig z. B. viele Ganglienzellen. Die Form der Kerne passt sich meistens der Form der Zellen an; sie ist abgerundet länglich bei cylindrischen, spindelförmigen und sternförmigen Zellen, rundlich bei runden und kubischen Zellen. Gelappte, sogen. polymorphe Kerne finden sich bei Leucocyten und bei Riesenzellen.

Die Grösse der Zellen schwankt von mikroskopisch kleinen, 4μ [1]) grossen Gebilden (farbige Blutzellen) bis zu makroskopischen Körpern (Eier von Vögeln, Amphibien).

Die vitalen Eigenschaften der Zellen können hier nur insoweit erörtert werden, als sie direkt mikroskopischer Beobachtung zugänglich sind; im Uebrigen muss auf die Lehrbücher der Physiologie verwiesen werden. Es kommen demnach hier in Betracht: die Bewegungserscheinungen, die Fortpflanzung der Zelle, sowie die an die Secretbildung geknüpften mikroskopischen Vorgänge.

Die Bewegungserscheinungen treten zu Tage in Form der amoeboiden [2]) Bewegung, der Flimmerbewegung und der Contraktionen gewisser Fasern (Muskelfasern). Die amoeboide Bewegung ist die wichtigste; weit verbreitet, ist sie bei fast allen Zellenarten des thierischen Körpers beobachtet worden. In ausgesprochenen Fällen, z. B. bei Leucocyten, äussert sie sich dadurch, dass das Protoplasma der Zelle feinere oder gröbere Fortsätze ausstreckt, die sich theilen, wieder zusammen fliessen und auf diese Weise die manchfaltigsten Gestalten erzeugen. Die Fortsätze können wieder zurückgezogen werden oder sie heften sich irgendwo an und ziehen gewissermassen den übrigen Zellenleib nach sich, die Folge davon sind Ortsveränderungen, die man „Wandern" der Zellen nennt, und die im Haushalt des thierischen Körpers eine grosse Rolle spielen. Die Fortsätze können Körnchen oder kleine Zellen umfliessen und so in den Zellenleib einschliessen, ein Vorgang, der „Fütterung" der Zelle genannt worden ist.[3]) Die amoeboiden Bewegungen erfolgen sehr langsam, bei Warmblütern nur bei künstlicher Erwärmung des Objektes. Flimmerbewegung und Contraktionserscheinung s. p. 34 u. p. 39.

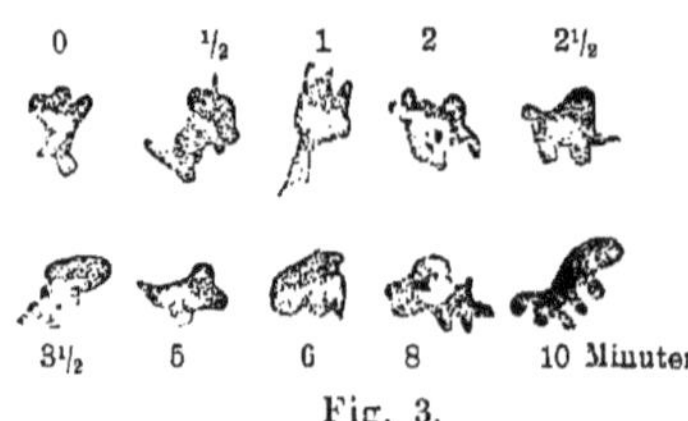

Fig. 3.

Leucocyt eines Frosches. 560mal vergrössert. Gestaltwechsel 10 Minuten lang beobachtet. 0 zu Beginn der Beobachtung. $^1/_2$, $1^1/_2$ Minute später, etc. Technik No. 63.

Es gibt noch eine andere Bewegungserscheinung, die nicht nur an der lebenden Zelle, sondern auch an der abgestorbenen beobachtet wird. Es ist dies die sog. Molecularbewegung, ein Oscilliren kleinster Körnchen in der Zelle, die Folge molekularer Flüssigkeitsströmungen. Man kann sie oft bei Speichelkörperchen beobachten.

Bildung und Fortpflanzung der Zellen. Früher unterschied man zwei Arten von Zellenbildung: die freie Entstehung der Zellen, (Urzeugung, Generatio aequivoca), und die Entstehung der Zellen durch Theilung. Nach der Lehre

[1]) Ein Mikron = μ = 0,001 mm.

[2]) Die Amoeben sind einzellige Organismen, welche die oben beschriebenen Bewegungen in ausgezeichneter Weise erkennen lassen.

[3]) Nicht zu verwechseln mit Ernährung der Zelle, welche durch eine ganze Reihe complicirter Vorgänge, chemische Prozesse im Innern der Zelle, diosmotische Strömungen, Imbibition, Druckwirkung etc. vermittelt wird.

von der Urzeugung sollten sich Zellen in einer geeigneten Flüssigkeit, dem Cytoblastema, bilden. Diese Lehre ist aber nun völlig verlassen; wir kennen jetzt nur mehr eine Art der Zellenentstehung, das ist die Bildung der Zellen durch Theilung schon vorhandener Zellen. „Omnis cellula e cellula.“ Bei der Theilung einer Zelle spielt der Kern eine wichtige Rolle. Die Theilung erfolgt nicht in einfacher Weise durch Zerfall zuerst des Kernes und dann des Protoplasmas in zwei Hälften (früher „direkte Theilung“ genannt), sondern stellt sich als ein complicirter Vorgang dar (früher „indirekte Theilung“). Der Process ist folgender: Das Chromatin des Kernes (s. p. 29) wird vermehrt und wird zu einem vielfach gewundenen Faden, „Spirem“ (Fig. 4. 2.), während Kernkörperchen und Kernmembran verschwinden. Dann theilt sich der Faden der Quere nach in Stücke, welche die Form von kurzen Schleifen annehmen. Die Schleifen sind anfangs unregelmässig gestellt (3), ordnen sich aber alsbald derart, dass die Scheitel der Schleifen gegen die helle Mitte des Kernes,

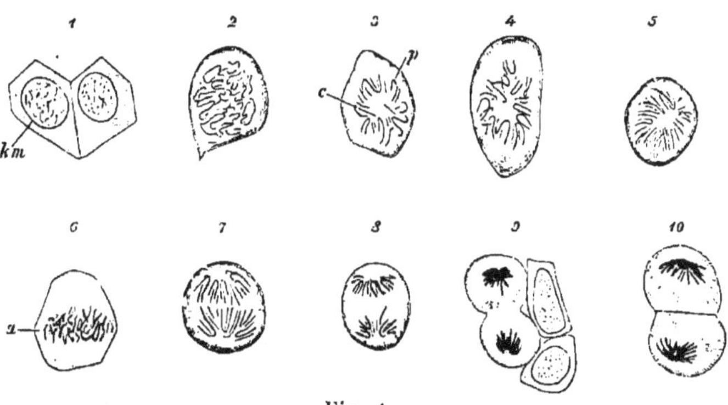

Fig. 4.

Korntheilungsbilder aus Flächenpräparaten des Hornhautepithels von Triton taeniatus 560 mal vergrössert. 1. Zwei Epithelzellen, deren Kerne die Kernmembran *km* und das dunkelgefärbte Netzwerk zeigen. 2. Kernmembran verschwunden, Spirem. 3. Kernfaden in Stücke zerfallen, Schleifenscheitel theils centralwärts *c*, theils nach der Peripherie *p* gekehrt. 4. Monaster, sämmtl. Schleifenscheitel centralwärts gewendet. 5. Die Schleifen sind dünn und zahlreicher geworden (Folge der Spaltung). 6. Aequatorialplatte *a*. 7. Tonnenform. 8. Dyaster. 9. Einschnürung des Protoplasmas der Zelle; die beiden nebenanliegenden Zellen zeigen Kerne, deren Netzwerk nicht erkennbar (weil ungenügend gefärbt) ist. 10. Vollendete Theilung der Zelle, die Kerne sind noch nicht in den Ruhestand zurückgekehrt. Technik Nr. 2.

die freien Enden der Schleifen gegen die Peripherie des Kernes gekehrt sind (4). Diese Form heisst Monaster oder Kranzform. Jetzt theilen sich die Schleifen der Länge nach, dadurch wird die Zahl der Schleifen verdoppelt, die Schleifen selbst dünner (5). Darauf erfolgt eine Umordnung der Schleifen, die mit der Bildung eines aus verworrenen Schleifen bestehenden, im Aequator des Kerns gelegenen, platten Körpers, der Aequatorialplatte (6 *a*) anhebt und rasch zu einer Theilung der Schleifen in zwei Gruppen führt; die so entstandene Figur heisst Tonnenform (7). Die Schleifengruppen stehen nunmehr jederseits mit dem Scheitel polwärts gekehrt und bilden, indem sie weiter auseinander rücken, einen Doppelstern, Dyaster (8). Nun beginnt am Aequator der Zelle eine Theilung des bis dahin einfachen Protoplasmas (9), welche bis zur vollkommenen Trennung in zwei Hälften führt (10). Die Schleifengruppe jeder Zelle bildet sich wieder zu einem Knäuel (ähnlich 2), Dispirem, und kehrt endlich in den Zustand des ruhenden Kerns zurück (ähnlich 1).

Die Dauer einer Zellentheilung schwankt von ½ Stunde (beim Menschen) bis 5 Stunden (bei Amphibien). Als besondere Modifikationen der Zellentheilung gelten die sogen. endogene Zellenbildung und die Knospung. Die endogene Zellenbildung kommt bei Zellen vor, die eine feste Hülle besitzen (Ei, Knorpelzellen). Der Theilungsvorgang ist ganz derselbe, wie oben beschrieben, nur bleiben die aus einer Zelle (Mutterzelle) durch wiederholte Theilung entstandenen (Tochter- resp. Enkel-) Zellen von einer gemeinsamen Hülle umgeben. Fig. 29 *B*. Von Knospung spricht man dann, wenn eine Zelle Sprossen treibt, die, sich abschnürend, zu selbstständigen Zellen werden.

Die jungen Zellen tragen stets den Charakter der Mutterzelle; Fälle der Art, dass z. B. aus einer Epithelzelle durch Theilung Bindegewebszellen entstünden, kommen nie vor.

Secretionserscheinungen. Die bei Bildung und Ausscheidung des Secretes sich abspielenden Vorgänge äussern sich durch gewisse Verschiedenheiten in Form und Inhalt der Drüsenzelle, welche den secretleeren und secretgefüllten Zustand der Zelle anzeigen. Bei vielen, z. B. den serösen Drüsenzellen beschränken sich diese Verschiedenheiten auf ein geringes Volum und ein dunkles Aussehen im secretleeren, auf ein vermehrtes Volum und ein helleres Aussehen im secretgefüllten Zustande. Bei andern Drüsenzellen, z. B. bei vielen Schleimdrüsenzellen, lässt sich dagegen die Bildung des Secretes genauer verfolgen. Beginnen wir mit dem secretleeren Zustande, in welchem die cylindrische Zelle durch ein körniges Protoplasma und einen etwa in der Mitte gelegenen, meist länglich-runden Kern gekennzeichnet ist (Fig. 5. *a*). Die Secretbildung hebt nun an der dem Drüsenlumen resp. der freien Oberfläche zugekehrten Seite der Zelle an und äussert sich durch Umwandlung des körnigen Protoplasmas in eine helle Masse (b*s*), die sich mehr oder weniger scharf gegen das noch nicht umgewandelte Protoplasma (b*p*) abgrenzt. Mit fortschreitender Secretbildung (c) werden immer grössere Mengen Protoplasmas zu Secret umgewandelt, Kern und Rest des nicht umgewandelten Protoplasma werden gegen die Basis der Zelle

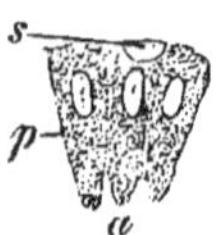

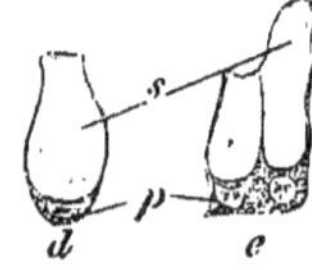

Fig. 5.

Secernirende Epithelzellen. Aus einem feinen Schnitt durch die Magenschleimhaut des Menschen. 560mal vergrössert. *p*. Protoplasma, *s*. Secret. *a*. Zwei secretleere Zellen; die zwischen diesen gelegene Zelle zeigt den Beginn der schleimigen Metamorphose. *e*. Die obere Wand der rechten Zelle ist geplatzt, der Inhalt tritt aus, das körnige Protoplasma hat sich wieder vermehrt, der Kern ist wieder rund geworden. Technik Nr. 85.

gedrückt, dabei wird der Kern allmählig rund oder selbst abgeplattet (d). Die ganze sekretgefüllte Zelle ist bedeutend grösser geworden. Endlich platzt die Zellenwand an der freien Oberfläche. Das Sekret tritt allmählig aus, während gleichzeitig das sich regenerirende Protoplasma, sowie der emporrückende Kern der nunmehr wieder verkleinerten Zelle das Aussehen des sekretleeren Zustandes verleihen. Die meisten Drüsenzellen gehen beim Sekretionsakte nicht zu Grunde, sondern sind im Stande, denselben Process mehrfach zu wiederholen; ausgenommen davon sind die Talgdrüsen, deren Secret durch zerfallende Zellen gebildet wird.

Die Lebensdauer aller Zellen ist eine beschränkte; die alten Elemente gehen zu Grunde, neue treten an deren Stelle. Indem man diesen Vorgang mit dem Secretionsprocess identificirte, gelangte man zu der irrthümlichen Auffassung, dass der Secretionsakt stets mit dem Untergang der secernirenden Zelle endige.

Das Wachsthum der Zellen betrifft vorzugsweise das Protoplasma und erfolgt nur selten nach allen Richtungen gleichmässig, wobei die ursprüngliche Form der Zelle erhalten bleibt (z. B. Eizelle); in der Regel findet ein ungleichmässiges Wachsthum statt. Dabei wird natürlich die ursprüngliche Form der Zelle verändert, die Zelle wird gestreckt oder abgeplattet oder verästelt etc. Die meisten Zellen sind weich und im Stande, unter mechanischen Einflüssen ihre Form zu verändern; so werden z. B. die in der leeren Harnblase cylindrischen Epithelzellen in der gefüllten Blase zu niedrig abgeplatteten Gebilden.

II. Arten der Zellen.

1. Die Leucocyten sind membranlose Zellen, welche aus einem körnigen, klebrigen Protoplasma und einem oder mehreren Kernen bestehen. Eine bestimmte Gestalt kann ihnen desshalb nicht zugeschrieben werden, weil sie während des Lebens in amoeboider Bewegung begriffen sind (s. p. 30); im Zustand der Ruhe sind sie kugelig (fig. 6), ihre Grösse schwankt zwischen 4 und 14μ. Die Leucocyten finden sich in den Lymph- und Chylusgefässen („Lymph- und Chyluskörperchen"), in den Blutgefässen („weisse oder farblose Blutkörperchen"), im Knochenmark („Markzellen"), im adenoiden Gewebe (s. p. 50), endlich zerstreut im Bindegewebe und zwischen Epithel- und Drüsenzellen, wohin sie vermöge ihrer amoeboiden Bewegungen gewandert sind; desshalb führen sie den Namen „Wanderzellen".

2. Die farbigen Blutzellen (farbige Blutkörperchen, Fig. 6) sind weiche, dehnbare, sehr elastische Gebilde und besitzen eine glatte, schlüpfrige Oberfläche. Sie haben beim Menschen und bei den Säugethieren die Gestalt meist platter, kreisrunder Scheiben [1]), die auf jeder Fläche leicht ausgehöhlt sind und desshalb biconcaven Linsen gleichen. Ausgenommen hievon sind

[1]) Ausserdem finden sich im menschlichen Blute noch kugelige, farbige Blutkörperchen, Fig. 6. A. 7.; sie sind kleiner (5μ) und nur in geringer Anzahl vorhanden.

Lama und Kameel, deren Blutkörperchen oval sind. Ihr Flächendurchmesser beträgt beim Menschen durchschnittlich 7,5 μ, ihr Dickendurchmesser 1,6 μ. Die farbigen Blutkörperchen unserer einheimischen Säugethiere sind alle kleiner, die grössten sind diejenigen des Hundes (7,3 μ). Die farbigen Blutkörperchen bestehen aus einem *Stroma* (Protoplasma), welches mit Blutfarbstoff, dem *Haemoglobin*, gefüllte Lücken enthält. Das Haemoglobin verleiht den Blutkörperchen die gelbe oder grünlich gelbe Farbe. Ein Kern, sowie eine eigentliche Zellenmembran fehlen. Die farbigen Blutkörperchen der Fische, Amphibien, Reptilien und Vögel unterscheiden sich von denen der Säugethiere durch ihre Gestalt, sie sind oval und biconvex, durch ihre meist bedeutende Grösse (beim Frosch 22 μ lang, 15 μ breit), sowie durch das Vorhandensein eines runden oder ovalen Kernes; im Uebrigen zeigen sie die gleichen Eigenschaften wie diejenigen der Säugethiere.

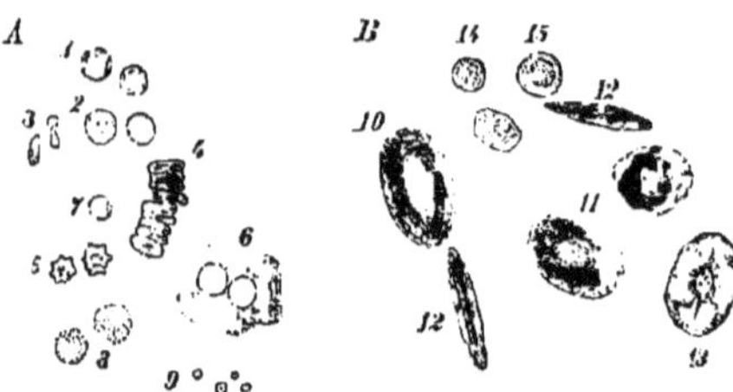

Fig. 6.

Blutkörperchen *A.* des Menschen, *B.* des Frosches 560mal vergrössert. 1—6 Scheibenförmige farbige Blutkörperchen. 1. Tiefe Einstellung. 2. Hohe Einstellung des Objektivs, 3 u. 4. von der Seite, 5. durch Verdunstung stechapfelförmig geworden, 6. nach Wasserzusatz, 7. kugeliges farbiges Blutkörperchen, 8. farblose Blutkörperchen. 9. Blutplättchen (s. pag. 99). 10—13. Farbige Blutkörperchen des Frosches. 10. Ganz frisch, Kern wenig deutlich. 11. Einige Minuten später, Kern deutlich sichtbar. 12. von der Seite gesehen, 13. nach Wasserzusatz. 14. Lebende, 15. todtes farbloses Blutkörperchen. Technik Nr. 59.

3. Die *Epithelzellen* sind scharf begrenzte, aus Protoplasma und Kern bestehende Zellen; eine Membran fehlt häufig, oft wird sie nur durch eine festere Beschaffenheit der peripherischen Protoplasmaschicht hergestellt. Die meisten Epithelzellen sind weich und leicht im Stande, sich umgebenden Druckverhältnissen anzupassen; daraus resultirt der Formenreichthum der Epithelzellen. Im Allgemeinen können wir zwei Hauptformen unterscheiden: die platte und die cylindrische (besser prismatische) Form. Zahlreiche Uebergänge verbinden diese beiden Extreme.

Die platten Epithelzellen, *Plattenzellen*, *Pflasterzellen*, sind nur selten regelmässig gestaltet; nur das Pigmentepithel (s. Retina) besteht aus ziemlich regulären, sechsseitigen Zellen, meistens ist der Contour sehr unregelmässig.

Die cylindrischen Epithelzellen, *Cylinderzellen*, sind von der Seite betrachtet gestreckte Elemente, deren Höhe die Breite bedeutend überwiegt, von oben her gesehen erscheinen sie polygonal, sie sind also in Wirklichkeit prismatisch. Epithelzellen, die so hoch wie breit sind, werden kubische Zellen genannt. Viele Cylinderzellen tragen an ihrer freien Oberfläche einen streifigen Saum (Fig. 7, 3 *s*), der ein Produkt der Zelle, eine Cuticularbildung ist. Andere Cylinderzellen sind an ihrer freien Oberfläche mit feinen Härchen (Wimpern, Flimmern) besetzt, die während des Lebens in lebhafter, nach einer bestimmten Richtung hin schwingender Bewegung begriffen sind. Man nennt diese Zellen *Flimmer-* oder *Wimperzellen*.

Die besonders differenzirten Sinnesepithelzellen werden bei den Sinnesorganen genauer beschrieben werden.

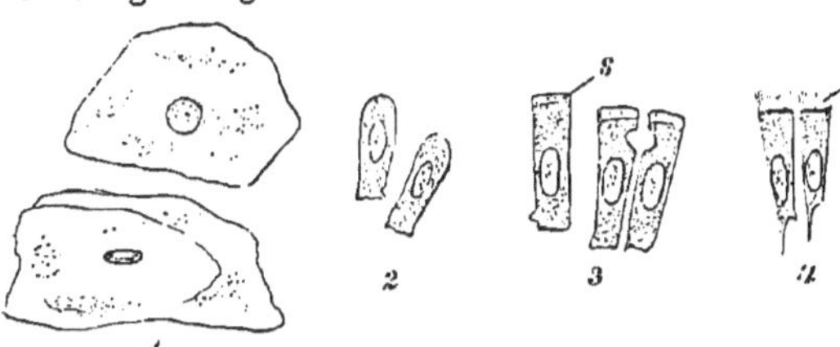

Fig. 7.
Epithelzellen des Kaninchens isolirt. 560mal vergr. 1. Pflasterzellen (Mundschleimhautepithel). 2. Cylinderzellen (Cornealepithel). 3. Cylinderzellen mit Cuticularsaum *s*. (Darmepithel). 4. Flimmerzellen. *h*. Wimpern. (Bronchusepithel). Technik Nr. 74, im Uebrigen nach pag. 10 a.

Die Epithelzellen sind der Art mit einander verbunden, dass sie entweder sich mit glatten Flächen berühren (d. h. durch Vermittlung der in sehr geringer Menge vorhandenen Zwischen- oder Kittsubstanz), oder mit verschieden gestalteten Fortsätzen (Druckeffekte) in einander eingreifen. Als solche Fortsätze wurden auch feine Stacheln und Leisten aufgefasst, welche an der Oberfläche gewisser Epithelzellen (s. unten) sichtbar sind. Dieselben sind jedoch Verbindungsfäden, welche die zwischen zwei Epithelzellen gelegene Kittsubstanz durchsetzen und einen innigen Zusammenhang mit Nachbarepithelzellen vermitteln. Mit solchen Stacheln und Leisten versehene Zellen werden Stachel- oder Riffzellen genannt: die Stacheln selbst bezeichnet man neuerdings mit dem geeigneten Namen „Intercellularbrücken“ (Fig. 8).

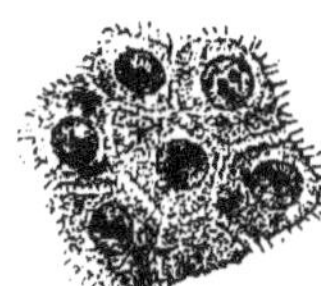

Fig. 8.
Aus einem senkrechten Schnitt durch das geschichtete Pflasterepithel des Stratum mucosum der Epidermis. 560mal vergr. Sieben Pflasterepithelzellen durch Intercellularbrücken miteinander verbunden. Technik wie Nr. 51.

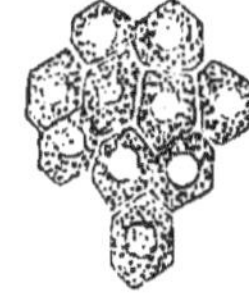

Fig. 9.
Einfaches Pflasterepithel (Pigmentepithel der Retina) des Menschen. 560mal vergrössert. Technik Nr. 146 b.

Fig. 10.
Einfaches Cylinderepithel (Darmepithel) des Menschen. 560mal vergr. *c*. Streifiger Cuticularsaum, *z*. Cylinderzelle, *tp*. Tunica propria. Dünndarmstückchen behandelt nach Technik Nr. 85.

Die Epithelzellen sind bald in einfacher, bald in mehrfacher Schicht angeordnet. Wir unterscheiden demnach:

1) einfaches Pflasterepithel, Fig. 9 (Pigmentepithel der Retina, Epithel der Lungenalveolen, des Bauchfelles, des Rete vasculos. Halleri, des häutigen Labyrinthes). Hieher wird auch das aus einer Lage kubischer Zellen gebildete Epithel gezählt, wie es als Bekleidung der Plexus chorioidei, ferner an der Innenfläche der Linsenkapsel, in der Schilddrüse und in den meisten anderen Drüsen gefunden wird;

2) einfaches Cylinderepithel, Fig. 10 (Epithel des Darmkanals, vieler Drüsenausführungsgänge);

3) einfaches Flimmerepithel (in den feinsten Bronchen, im Uterus, in den Tuben, den Nebenhöhlen der Nase, im Centralkanal des Rückenmarks) und

4) geschichtetes Pflasterepithel. Nicht alle Elemente desselben sind Pflasterzellen, die unterste Schicht besteht aus cylindrischen Zellen. Darauf folgen mehrere Lagen sehr verschieden gestalteter, meist unregelmässig polygonaler Stachelzellen (pag. 35), denen sich nach oben immer stärker abgeplattete Zellen anreihen (Fig. 11). Das geschichtete Pflasterepithel findet sich im Mund und in der Schlundhöhle, in der Speiseröhre, auf den Stimmbändern, auf der Conjunctiva bulbi, in der Scheide und in der weiblichen Urethra. Auch die äussere Haut ist mit geschichtetem Pflasterepithel überzogen; dasselbe ist aber dadurch charakterisirt, dass die Zellen der oberflächlichsten Schichten zu verhornten Schüppchen umgestaltet sind und ihren Kern verloren haben. Auch an Nägeln und Haaren finden sich verhornte, hier aber kernhaltige Schüppchen;

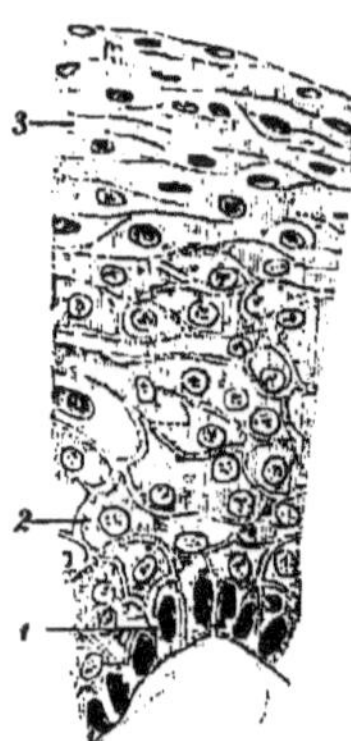

Fig. 11.
Geschichtetes Pflasterepithel (Kehlkopf des Menschen). 240mal vergr. 1. Cylindrische, 2. Stachel-, 3. platte Zellen. Technik Nr. 163.

5) geschichtetes Cylinderepithel, beim Menschen nur auf der Conjunctiva palpebrar. zu finden. Die Anordnung der Schichten ist die gleiche wie bei

6) geschichtetem Flimmerepithel, nur die oberflächlichsten Zellen sind cylindrisch und tragen Wimperhaare, in den tiefsten Schichten sind vorzugsweise rundliche, in den mittleren Schichten spindelförmige Elemente zu treffen (Fig. 12). Geschichtetes Flimmerepithel findet sich im Kehlkopf, in der Trachea und in den grossen Bronchen, in der Nasenhöhle und im oberen Theil des Schlundkopfes, in der Tuba Eustachii und im Nebenhoden.

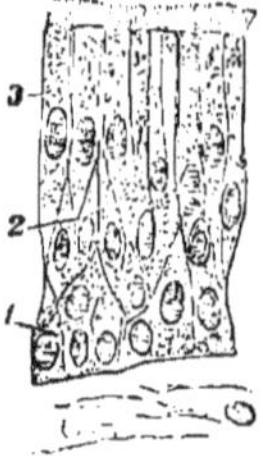

Fig. 12.
Geschichtetes Flimmerepithel, 1. länglich rundliche, 2. spindelförmige, 3. cylindrische Zellen. 560mal vergr. Nasenschleimhaut (Regio respirat.) des Menschen. Technik Nr. 166.

4. Die Bindesubstanzzellen sind nur durch ihren Fundort als solche zu erkennen. In ihrer Form sind sie ausserordentlich variable Gebilde; wir kennen platte, polygonale, nach verschiedenen Richtungen hin verbogene oder geknickte, ferner rundliche, ovale, spindel- und sternförmige Bindesubstanzzellen (vergl. Fig. 26). Sie sind im Gegensatz zu den Epithelzellen in der Regel durch ansehnliche Mengen von Intercellularsubstanzen von ihren Nachbarn getrennt (Fig. 25); eine Ausnahme hievon machen die „Endothelzellen", welche mit einfachem Plattenepithel die grösste Aehnlichkeit haben und nur durch ihren Fundort (in Gelenkhöhlen, Sehnenscheiden, Schleimbeuteln, Blut- und Lymphbahnen) von diesem unterschieden werden können. Der einen Kern einschliessende Protoplasmaleib der Bindesubstanzzellen kann Farbstoffkörnchen enthalten, die Zellen werden dadurch zu Pigmentzellen, die beim Menschen nur im Auge, bei niederen Thieren dagegen sehr verbreitet vorkommen; andre Bindesubstanzzellen können Fetttröpfchen enthalten, die, wenn sie sehr gross sind, der Zelle eine Kugelgestalt und den Namen Fettzelle verleihen. An solchen Fettzellen bildet das Protoplasma nur einen schmalen,

an der Peripherie gelegenen Saum; ebendaselbst befindet sich der stark abgeplattete Kern. Häufig ist der Saum so dünn, dass er nicht mehr zu sehen ist. Das gleiche Aussehen zeigen (Fig. 13).

5. die Fettgewebszellen, welche, den Fettzellen nahe verwandt, sich dadurch von ihnen unterscheiden, dass sie ohne Vermittlung einer entwickelten Zwischensubstanz sich an bestimmten Körperstellen zu einer von zahlreichen Blutgefässen, Lymphgefässen und Nerven durchzogenen Formation, dem Fettgewebe, das in physiologischer Beziehung (Stoffwechsel) eine sehr wichtige Rolle spielt, vereinen. Bei hohen Graden der Abmagerung findet man in einzelnen Fettgewebszellen das Fett bis auf kleine Tröpfchen verschwunden, ein blasses mit schleimiger Flüssigkeit vermengtes Protoplasma ist an dessen Stelle getreten; die Zelle ist nicht mehr kugelrund, sondern platt geworden. Man nennt solche Zellen seröse Fettzellen.

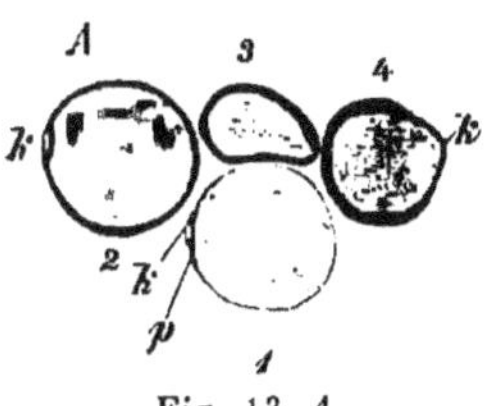

Fig. 13 A.

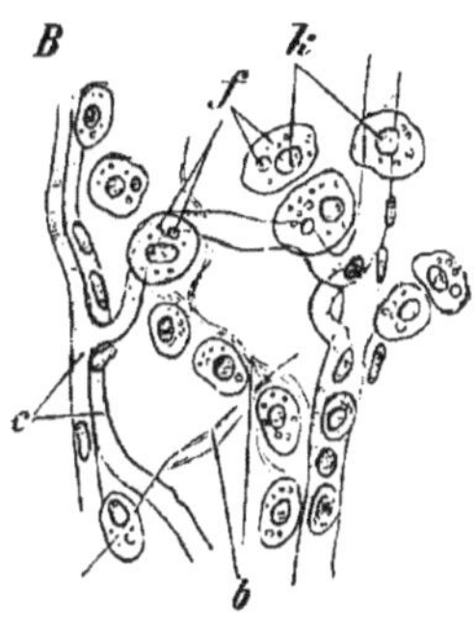

Fig. 13 B.

Fettgewebszellen aus der Achselhöhle. 240mal vergr. *A* eines nur wenig abgemagerten Individuums. 1. Bei Einstellung des Objektivs auf den Aequator der Zelle. 2. Objektiv etwas gehoben. 3. 4 Zellen durch Druck verunstaltet. *p* Spuren von Protoplasma in der Umgebung des platten Kernes *k* gelegen. *B* eines hochgradig abgemagerten Individuums. *k* Kern. *f* Fetttröpfchen. *c* Blutcapillaren. *b* Bindegewebsbündel. Technik Nr. 9.

6. Die Muskelfasern treten in zwei Formen auf, die wir glatte und quergestreifte nennen. Beide sind Zellen, deren Leib ausserordentlich in die Länge gestreckt ist.

Die glatten Muskelfasern (Fig. 14) (contractile Faserzellen) sind spindelförmige, cylindrische oder leicht abgeplattete Zellen, deren Enden zugespitzt sind. Ihre Länge schwankt zwischen 45 und 225 μ, ihre Breite zwischen 4 und 7 μ; im schwangeren Uterus hat man noch längere — $^{1}/_{2}$ mm messende, glatte Muskelfasern gefunden. Sie bestehen aus einem homogenen Protoplasma [1]) und einem gestreckten stäbchenförmigen Kern, der für glatte Muskelfasern charakteristisch ist. Die glatten Muskelfasern sind sehr fest mit einander verbunden und bilden vorzugsweise häutige Ausbreitungen; sie finden sich im Darmkanal, in den zuführenden Luftwegen, der Gallenblase, im Nierenbecken, in den Ureteren, in der Harnblase, in den Geschlechtsorganen, in Blut- und Lymphgefässen, im Auge und in der äusseren Haut. Ihre Contraction ist eine langsame und nicht dem Willen unterworfene.

Die quergestreiften Muskelfasern sind nur mit Hülfe der Entwickelungsgeschichte als Zellen zu erkennen. Durch ein colossales Wachs-

[1]) An einzelnen glatten Muskelfasern ist ein längsstreifiger Bau des Protoplasma nachgewiesen worden, welcher zur Annahme eines Aufbaues der Muskelfaser aus Fibrillen geführt hat.

thum in die Länge, durch wiederholte Theilung ihres Kernes, sowie durch eigenthümliche Differenzirung ihres Protoplasma sind sie zu höchst complizirten Gebilden geworden. Sie haben die Form langer, cylindrischer Fäden, die an den Enden gewöhnlich abgerundet oder stumpf zugespitzt, in einzelnen Fällen (Augenmuskeln, Muskeln der Zunge) aber verästelt sind (Fig. 15. 4); ihre Länge beträgt nur selten mehr als 4 cm, ihre Dicke schwankt zwischen 15 und 50 μ; die Muskeln des Gesichts haben feinere Fasern, als die Rumpfmuskeln.

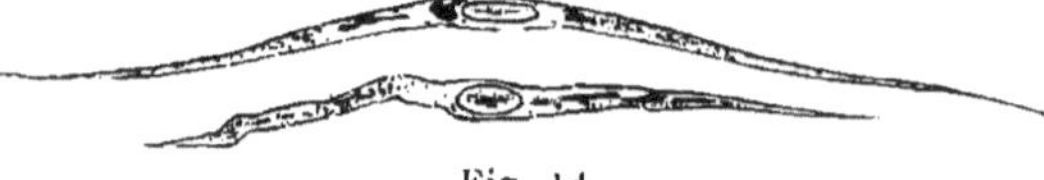

Fig. 14.

Zwei glatte Muskelfasern aus dem Dünndarm eines Frosches. Durch 35 % Kalilauge isolirt. Die Kerne haben durch die Kalilauge ihre charakteristische Form eingebüsst. Technik Nr. 33.

Jede quergestreifte Muskelfaser lässt zunächst als Bestandtheile erkennen: 1) eine structurlose Hülle, das Sarcolemma, welches als ein allseitig geschlossener Schlauch der quergestreiften Muskelsubstanz eng anliegt. 2) Ovale, parallel der Längsaxe der Muskelfaser gestellte Kerne, welche bei den Säugethieren zwischen Sarcolemma und Muskelsubstanz, bei den übrigen Wirbelthieren in der Muskelsubstanz selbst liegen und mit einer ganz geringen Menge Protoplasmas umgeben sind. Dieses Protoplasma ist der Rest des nicht in die Bildung der quergestreiften Muskelsubstanz aufgegangenen, ursprünglichen Zellenprotoplasma und ist besonders an den Polen der Kerne angehäuft; die körnigen Einlagerungen des Protoplasma werden interstitielle Körnchen genannt. 3) Die Muskelsubstanz; sie ist quergestreift, d. h. sie zeigt abwechselnd dunkle, breitere und helle, schmälere Querbänder. Die Substanz der dunklen Querbänder ist doppelbrechend (anisotrope Substanz), diejenige der hellen Querbänder ist einfachbrechend (isotrope Substanz). Bei stärkeren Vergrösserungen sind dunkle Querstreifen („Querlinien") wahrzunehmen (Fig. 16 q), welche die hellen Querbänder in zwei gleiche Hälften theilen; auch in den dunklen Querbändern hat man (helle)

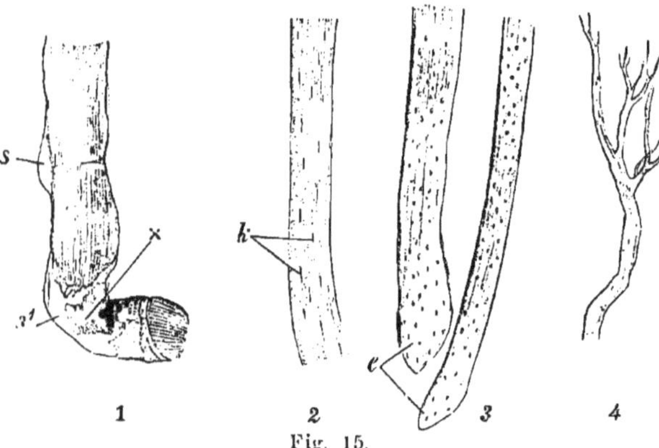

Fig. 15.

Stücke isolirter, quergestreifter Muskelfasern des Frosches 50 mal vergrössert. 1. Wasserwirkung s s¹ Sarcolemm. Bei × ist die Muskelsubstanz zerrissen, ihre Querstreifung ist nicht, die Längsstreifung dagegen deutlich zu sehen. 2. Essigsäurewirkung. k Kerne. Die feine Punktirung entspricht interstitiellen Körnchen. 3. Wirkung einer concentrirten Kalilösung, e abgerundete Enden, die zahlreichen Kerne erscheinen bläschenförmig gequollen, die Querstreifung der Muskelsubstanz ist in 2 und 3 bei dieser Vergrösserung nicht sichtbar. Technik Nr. 26, 27, 29. 4. Verästelte Muskelfasern aus der Froschzunge. Technik Nr. 30.

Querstreifen, die sogen. Mittelscheiben, beschrieben. Sämmtliche Streifen und Bänder (mit Ausnahme der Mittelscheiben) durchsetzen die ganze Dicke der Muskelfaser, sind also in Wirklichkeit Scheiben. Ausser der Querstreifung ist eine mehr oder minder ausgesprochene Längsstreifung der Muskelfasern zu beobachten. Gewisse Reagentien (z. B. Chromsäurelösung) lassen diese Längsstreifung noch deutlicher hervortreten und bewirken selbst einen Zerfall der Muskelfaser der Länge nach in feine ebenfalls quer gestreifte Fäden, die Fibrillen heissen; andere Reagentien (z. B. Salzsäurelösungen) heben die quere Streifung deutlicher hervor und können sogar einen Zerfall der Muskelfasern der Quere nach in Scheiben (Discs) bewirken. Fibrillen und Discs können in noch kleinere, rundlich-eckige, anisotrope Stückchen zerfallen, welche die primitiven Fleischtheilchen, Sarcous elements, genannt wurden. Die einen Autoren haben die Fibrillen, andere die Discs, wieder andere die Sarcous elements als die primären Formelemente der Muskelfaser angesprochen. In letzterem Falle hätte man sich den Aufbau so vorzustellen, dass die Fibrillen durch aufeinandergesetzte, die Discs durch nebeneinander gelagerte Sarcous elements gebildet werden.

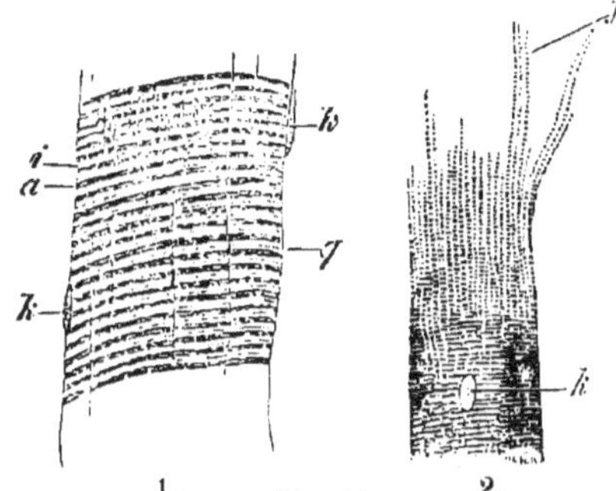

Fig. 16.
1. Muskelfaserstück des Menschen. 560 mal vergr. *a* anisotrope, *i* isotrope Querbänder, *g* Querlinie, *k* Kerne. Technik Nr. 25 a. 2. Ein Muskelfaserende des Frosches 240 mal vergr. Zerfall in Fibrillen *f*. *k* Kern. Technik Nr. 28.

Die quergestreiften Muskelfasern finden sich in den Muskeln des Stammes, der Extremitäten, des Auges, des Ohres, ferner in der Zunge, im Schlund, in der oberen Speiseröhrenhälfte, im Kehlkopf, in den Muskeln der Genitalien und des Mastdarmes. Bei manchen Thieren, z. B. beim Kaninchen lassen sich zweierlei Arten von quergestreiften Muskeln nachweisen: rothe (z. B. der Semitendinosus, der Soleus) und weisse (z. B. der Adductor magnus). Beide Arten verhalten sich der Elektrizität gegenüber verschieden: die rothen Muskeln contrahiren sich langsam, die weissen plötzlich, und zeigen auch mikroskopische Differenzen, indem die Fasern der rothen Muskeln eine weniger regelmässige Querstreifung, eine deutlichere Längsstreifung und eine sehr grosse Anzahl rundlicher Kerne besitzen. Während bei den einen Thieren die zwei Muskelfaserarten von einander geschieden in besonderen Muskeln auftreten, finden sie sich bei anderen (auch beim Menschen) gemischt in denselben Muskeln. Die Contraction der quergestreiften Muskeln ist (den glatten Muskelfasern gegenüber) eine schnelle und ist dem Willen unterworfen. Auf die vielen, zur Erklärung der Contraction aufgestellten Hypothesen kann hier nicht eingegangen werden, nur soviel möge bemerkt werden, dass das eigentliche Contractile das breite, dunkle Querband ist, welches bei der Zusammenziehung sein Volum verringert, während die hellen Scheiben und das schmale, dunkle Querband eine rein mechanische Rolle spielen.

Eine besondere Stellung nehmen die Muskelfasern des Herzens ein. Sie sind zwar quergestreift, allein die Entwicklungsgeschichte sowohl wie ihr mikroskopisches Verhalten ergeben, dass die Herzmuskelfasern als eine Modifikation der contractilen Faserzellen (p. 37) aufzufassen sind. Sie sind bei niederen Thieren (z. B. beim Frosch) spindelförmige, mit gestrecktem Kern versehene Fasern, deren Protoplasma deutlicher der Quere, als der Länge nach gestreift ist (Fig. 17 *A*); bei Säugethieren sind es kurze Cylinder, deren Enden oft treppenförmig abgestuft sind (Fig. 17 *B*). Das Protoplasma ist zu quergestreiften Fibrillen differenzirt, zwischen denen Reste nicht differenzirten Protoplasmas gelegen sind. Dadurch wird auch eine, oft sehr deutliche, Längsstreifung bedingt. Um den einfachen oder doppelten Kern liegen etwas grössere Mengen homogenen Protoplasmas und sehr häufig Fettkörnchen. Ein Sarcolemm fehlt. Charakteristisch für die Herzmuskelfasern höherer Thiere ist die Verbindung durch kurze, schiefe oder quere Abzweigungen der Muskelfasern (Fig. 17, ×).

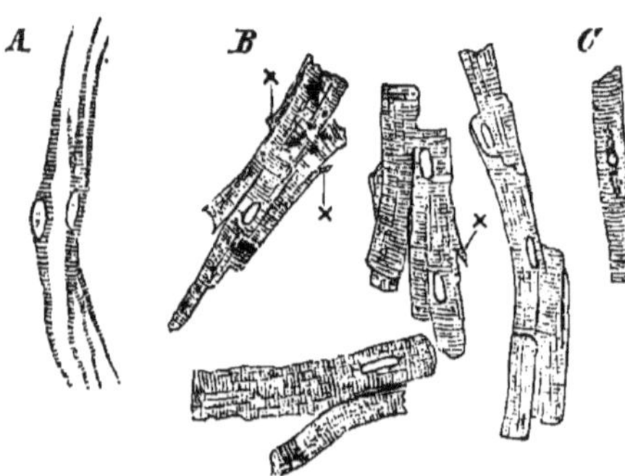

Fig. 17.

A und *B* Herzmuskelfasern in Kali isolirt, *A* vom Frosch, *B* vom Kaninchen, × schiefe Abzweigungen, Technik wie Nr. 29. *C* aus einem Längsschnitt durch einen Papillarmuskel des Menschen, Fettkörnchen an den Polen des Kerns. Technik Nr. 54. Alle Fasern 240mal vergrössert.

7. Die Nervenzellen (Ganglienzellen) sind sehr verschieden geformte Zellen von sehr wechselnder Grösse (10—100 μ). Es gibt kugelige und spindelförmige Ganglienzellen; sehr häufig ist die unregelmässige Sternform, d. h. das Protoplasma sendet mehrere Fortsätze aus. Die meisten derselben theilen sich wiederholt und gehen schliesslich in ein Gewirr feinster Fäserchen über; solche Fortsätze heissen Protoplasmafortsätze, (Fig. 18, *p*); ein Fortsatz aber verläuft auf lange Strecken ungetheilt und erhält eine Markscheide, wodurch er zur markhaltigen Nervenfaser (s. unten) wird. Dieser Fortsatz entspricht demnach einem Axencylinder und heisst desshalb Axencylinderfortsatz. Ganglienzellen mit zwei Fortsätzen heissen bipolare, Ganglienzellen mit mehreren Fortsätzen multipolare Ganglienzellen; man spricht auch von unipolaren und apolaren Ganglienzellen. Es lässt sich jedoch an Spinalganglien nachweisen, dass der einzige Fortsatz vieler unipolarer Ganglienzellen in Wirklichkeit aus zwei Fortsätzen besteht, die eine Strecke weit in gleicher Richtung verlaufen, dann aber meist unter rechtem Winkel von einander abbiegen. Sie werden Zellen mit Tförmigen Fasern genannt. Apolare, also fortsatzlose Ganglienzellen sind entweder Jugendformen oder durch

Abreissen der Fortsätze beim Isoliren entstandene Kunstprodukte. Jede Ganglienzelle besteht aus einem körnigen oder feinstreifigen Protoplasma, das nicht selten gelbbraune Pigmentkörnchen enthält (Fig. 18 *c*) und aus einem bläschenförmigen Kern, der ein anschnliehes Kernkörperchen einschliesst. Dieser Kern ist charakteristisch für Ganglienzellen. Eine Zellenmembran fehlt. Die Ganglienzellen finden sich im Centralnervensystem, in den sympathischen Ganglien, ferner im Verlauf sowohl cerebrospinaler, als sympathischer Nervenfasern.

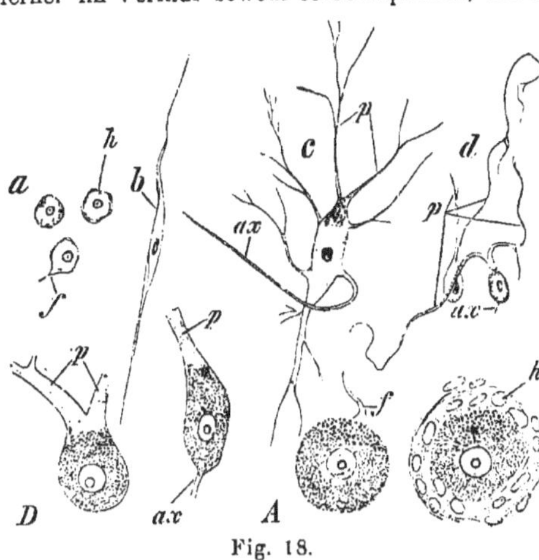

Fig. 18.

Verschiedene Formen von Ganglienzellen. *aA* kugelige, unipolare Ganglionzellen aus dem Ganglion Gasseri des Menschen. Technik Nr. 34. *a* 80mal, *A* 240 mal vergrössert. Nur zwei Zellen zeigen den Fortsatz, *f*, die zwei anderen Zellen sind von einer kernhaltigen Hülle *h* (s. pag. 80) umgeben. *b* Spindelförmige, *c* multipolare Ganglienzelle aus dem Rückenmark des Rindes 80mal vergrössert. Technik Nr. 35. *dD* multipolare (Purkinje'sche) Ganglienzellen aus der menschlichen Kleinhirnrinde. Technik Nr. 35. *d* 80mal, *D* 240mal vergrössert. *p* Protoplasmafortsätze. *ax* Axencylinderfortsatz. Die Kerne von *b*, *c* und *d* haben durch die Methode ihre charakteristische Form eingebüsst.

Eine Verbindung der Ganglienzellen findet in der Weise statt, dass das oben erwähnte Gewirr von Protoplasmafortsätzen mehrerer Ganglienzellen gebildet wird. Durch kurze Protoplasmabrücken verbundene Ganglienzellen werden als unvollendete Theilungen aufgefasst.

Anschliessend an die Nervenzellen müssen die Nervenfasern besprochen werden, obwohl deren zellige Natur noch Gegenstand lebhafter Controverse ist.

8. Die N e r v e n f a s e r n treten in zweierlei Formen auf, die wir als m a r k h a l t i g e und m a r k l o s e Nervenfasern bezeichnen. Beide Formen sind jedoch keineswegs als örtlich und genetisch scharf getrennte Arten zu betrachten, es ist vielmehr eine ganz gewöhnliche Erscheinung, dass ein und dieselbe Nervenfaser in ihrem Verlauf proximal markhaltig und distal marklos ist. Indessen befürworten praktische Erwägungen die oben getroffene Eintheilung.

a) Die m a r k h a l t i g e n Nervenfasern sind vollkommen gleichartige, matt glänzende Fasern, von 1—20 μ Dicke, deren Zusammensetzung erst mit Zuhülfenahme von Reagentien erkannt werden kann. Der wichtigste Theil ist ein in der Axe der Faser verlaufender, elastischer, cylindrischer Faden, der A x e n c y l i n d e r (Fig. 19 *a*). Feine Längsstreifen, die zuweilen an ihm beobachtet werden, sind der Ausdruck einer Zusammensetzung aus Fibrillen; eine sehr deutliche Querstreifung (Fig. 20), die nach Behandlung mit Höllensteinlösung sichtbar wird, ist in ihrer Bedeutung noch nicht aufgeklärt. Der Axencylinder ist rings umgeben von der M a r k s c h e i d e, die aus einer flüssigen, stark lichtbrechenden, fettartigen Substanz, dem Myelin, besteht.

Unter günstigen Umständen sieht man, dass die Markscheide nicht continuirlich ist, sondern in etwas unregelmässigen Abständen durch schräge Einschnitte (Lantermann'sche Einkerbungen) in die („cylindrokonischen") Segmente ge-

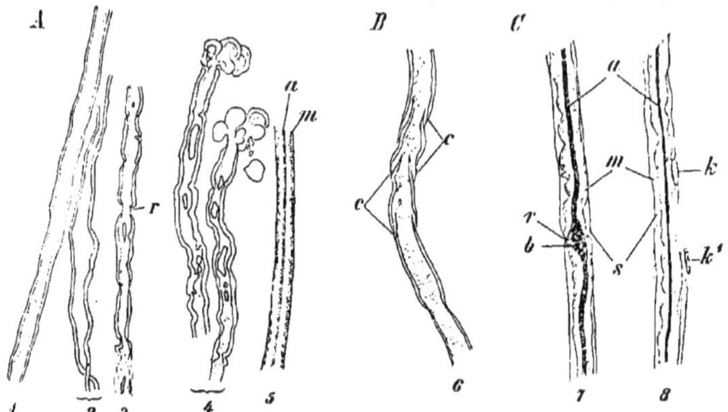

Fig. 19.
A Markhaltige Nervenfasern aus dem N. ischiadicus des Frosches. 240 mal vergr. 1, 2, 3 Frisch mit Kochsalzlösung. Technik Nr. 36 a. 3 Faser mit Schnürring *r*. 4 Nervenfasern unter Einwirkung von Wasser. Technik Nr. 37. 5 Nervenfaser mit absolutem Alkohol behandelt. Technik Nr. 37 a. *m* geronnenes Mark, *a* Axencylinder. — *B* und *C* Markhaltige Nervenfasern des Kaninchens. 560 mal vergr. 6 Frisch, *c* cylindrokonische Segmente. 7, 8 gehärtet. Technik Nr. 40 a. *a* Axencylinder. *b* biconische Anschwellung. *r* Schnürring. *m* Mark [1]) geronnen und abgehoben von *s* der Schwann'schen Scheide. *k* Kern der Schwann'schen Scheide. *k*¹ Kern des Endoneurium (s. p. 79).

theilt wird (Fig. 19, *B*). Das im Leben ganz homogene Mark erfährt im Absterben auf Zusatz verschiedener Reagentien eine theilweise Umwandlung; anfangs wird die Nervenfaser doppelt contourirt [2]), später gestaltet sich das Mark zu eigenthümlich kugelig zusammengeballten Massen (3, 4). Der Markscheide liegt auf: ein feines, strukturloses Häutchen, die **Schwann'sche Scheide** (Neurilemm); der Innenfläche derselben liegen längsovale, von einer geringen Menge Protoplasmas umgebene Kerne an. An bestimmten, ringförmig eingeschnürten Stellen fehlt fehlt die Markscheide, so dass Axencylinder und Schwann'sche Scheide sich berühren. Man nennt diese Stellen **Schnürringe** (*r*). Der Axencylinder ist in der Nähe der Schnürringe mit einer biconischen Anschwellung (*b*) versehen. Behandlung mit Höllensteinlösungen ergibt ferner die Ansammlung von Kittsubstanz an den Schnürringen. (Fig. 20, *r*.) Jede markhaltige Nervenfaser ist mit Schnürringen versehen, die in regelmässigen Abständen angeordnet, die Nervenfasern in („interannuläre") Segmente theilen.

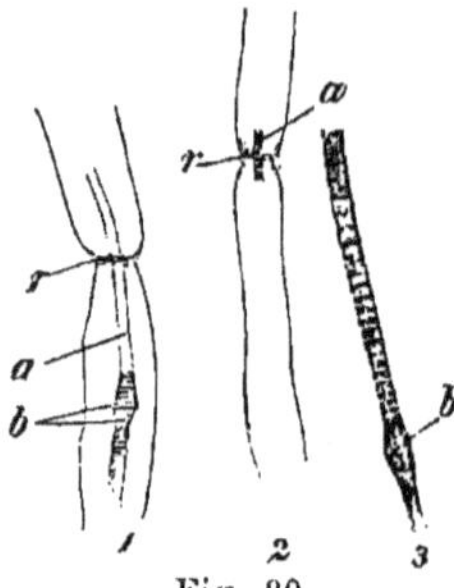

Fig. 20.
Markhaltige Nervenfasern des Frosches mit Höllensteinlösung behandelt, 560 mal vergrössert. 1. *r* Schnürring, *a* Axencylinder nur eine kleine Strecke geschwärzt. *b* biconische Anschwellung beim Isoliren hat sich der Axencylinder nach unten verschoben. 2. *a* Axencylinder in situ nur eine kurze Strecke geschwärzt. 3. Axencylinder mit Querstreifung. Das Mark ist nicht zu sehen, bei 3 war auch die dazu gehörige Faser nicht zu unterscheiden. Technik Nr. 38.

[1]) Der von *m* rechts abgehende Strich ist ein wenig zu kurz gerathen.

[2]) Daher der alte Name: „doppelt contourirte oder dunkelrandige Nervenfaser."

Die markhaltigen Nervenfasern finden sich in Stämmen und Aesten der cerebrospinalen Nerven, sind aber auch in sympathischen Nerven vorhanden. Weiterhin kommen sie vor im Hirn und Rückenmark, woselbst sie der Schwann'schen Scheide entbehren. Die Dicke einer Nervenfaser gestattet keinen Schluss auf die motorische oder sensitive Beschaffenheit derselben, dagegen ist konstatirt, dass die Fasern um so dicker sind, einen je längeren Verlauf sie haben. Theilung markhaltiger Nerven findet erst am peripherischen Ende derselben statt. Auch die markhaltigen Nervenfasern haben eine beschränkte Lebensdauer. Sie degeneriren, indem Mark und Axencylinder allmählig in eine körnige Masse, die reich an Kernen ist zerfallen; aus dieser Masse entstehen von Neuem Markscheide und Axencylinder.

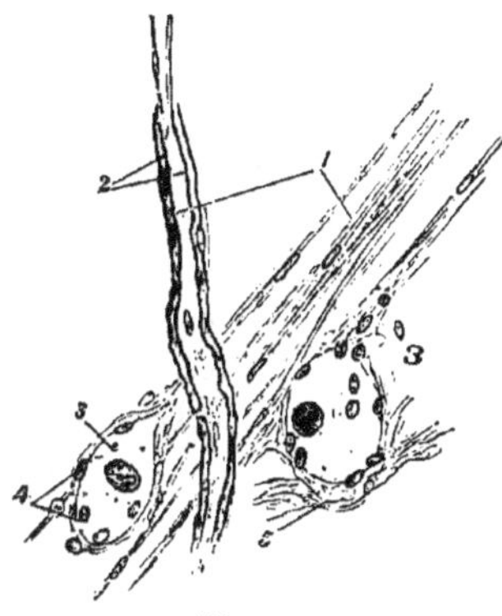

Fig. 21.
Zupfpräparat des N. sympath. vom Kaninchen, 240mal vergr. 1. marklose, 2. dünne markhaltige Nervenfasern. 3. Ganglienzellen; das charakteristische Aussehen der grossen Kerne ist durch die Osmiumsäure verloren gegangen. 4. Kerne bindegewebiger Hüllen. 5. Feine Bindegewebsfasern. Das die Kerne der blassen Nervenfasern umgebende Protoplasma ist bei dieser Vergrösserung nicht zu sehen. Technik Nr. 89.

b) Die marklosen (blassen) Nervenfasern, Remak'schen Fasern, sind durchscheinende, fein längsgestreifte Fäden von wechselnder Dicke. Sie bestehen aus feinen Fibrillen und aus Kernen, welche, umgeben von einer geringen Menge Protoplasmas, in gewissen Abständen auf der Oberfläche der Fasern liegen.[1]) Die marklosen Fasern finden sich im Centralnervensystem, in den Endausbreitungen der cerebrospinalen Nerven und vorzugsweise im sympathischen Nervensystem.

Die marklosen Fasern verlaufen nicht einfach neben einander wie die markhaltigen Nervenfasern, sondern bilden, indem sie sich theilen und wieder vereinen, langmaschige Geflechte.

III. Die Intercellularsubstanzen.

In früh-embryonaler Zeit besteht der thierische Leib lediglich aus Zellen, während späterhin zwischen den Zellen eine geringere oder grössere Menge ungeformter oder geformter Zwischensubstanz gefunden wird: diese „Intercellularsubstanz" ist durch Vermittlung der Zellen entstanden und zwar ist sie entweder eine Ausscheidung der Zellen oder durch eine Umwandlung der peripherischen Schichten des Zellenprotoplasma — in andern Fällen selbst durch totale Umgestaltung der Zellen — gebildet. Es ist sehr schwierig, zu entscheiden, ob die einzelnen Intercellularsubstanzen auf diese oder jene Weise gebildet worden sind; viele Punkte sind in dieser Hinsicht noch Gegenstand lebhafter Controverse.

[1]) Aus der Anwesenheit dieser Kerne hat man früher auf das Vorhandensein einer Schwann'schen Scheide geschlossen.

Die Intercellularsubstanzen treten entweder in geringer Menge auf, dann spricht man von „Kittsubstanz"; diese ist ungeformt und findet sich zwischen Epithel, Bindegewebszellen und glatten Muskelfasern etc. Oder die Intercellularsubstanzen kommen in grösseren, die Masse der Zellen übertreffenden Mengen vor, dann heissen sie Grundsubstanzen. Die Grundsubstanz ist entweder ungeformt (z. B. die gallertige Grundsubstanz des Nabelschnurgewebes) oder geformt. Zu der geformten Grundsubstanz zählen:

1) Die Grundsubstanz des fibrillären Bindegewebes; die Elemente dieser Substanz sind die Bindegewebsfibrillen, äusserst feine Fäden, welche durch eine geringe Menge ungeformter Kittsubstanz zu verschieden dicken Bündeln, den Bindegewebsbündeln, verbunden werden. Diese Bündel sind weich, biegsam, wenig dehnbar und charakterisirt durch ihre blassen Contouren, ihre Längsstreifung, ihren welligen Verlauf,[1]) sowie durch ihr chemisches Verhalten: sie zerfallen durch Behandlung mit Pikrinsäure in ihre Fibrillen, quellen auf Zusatz verdünnter Säuren, z. B. von Essigsäure, bis zu vollkommener Durchsichtigkeit auf, werden durch alkalische Flüssigkeiten zerstört und geben beim Kochen Leim (Glutin).

Fig. 22.
Verschieden dicke Bindegewebsbündel des intermuskulären Bindegewebes des Menschen. 240mal vergrössert. Technik Nr. 5.

Da, wo fibrilläres Bindegewebe an Epithel stösst, kommt es nicht selten zur Bildung structurloser Häute, die als Grundmembranen (Basement membrane), als Membranae propriae und als Glashäute beschrieben werden.[2]) Sie sind Modifikationen des Bindegewebes.

Der Grundsubstanz des fibrillären Bindegewebes dürfte die Grundsubstanz des hyalinen Knorpels anzureihen sein, welche zwar bei den gewöhnlichen Untersuchungsmethoden ungeformt, durchaus gleichartig erscheint, aber bei gewissen Manipulationen (z. B. bei künstlicher Verdauung) in Faserbündel zerfällt. Auch das Verhalten bei polarisirtem Lichte spricht für eine fibrilläre Structur der Grundsubstanz des hyalinen Knorpels. Sie ist sehr fest, sehr elastisch und gibt beim Kochen Knorpelleim (Chondrin).

2) Die Grundsubstanz des Knochens besteht ebenfalls aus leimgebenden Fibrillen, aber dieselben enthalten Kalksalze (vorzugsweise basisch phosphorsauren Kalk), wodurch ein bedeutender Grad von Festigkeit und Härte erzielt wird. Aehnlich beschaffen ist die Grundsubstanz des Zahnbeins, nur ist diese noch härter.

[1]) Daher der Name „welliges oder lockiges Bindegewebe".

[2]) Die Membranae propriae vieler Drüsen, z. B. der Speicheldrüsen, bestehen dagegen aus abgeplatteten, kernhaltigen Zellen, welche die Drüsenbläschen korbartig umfassen.

3) Die elastische Substanz; ihr Formelement ist die elastische Faser (Fig. 23), welche durch ihre scharfen, dunklen Umrisse, durch ihr starkes Licht-

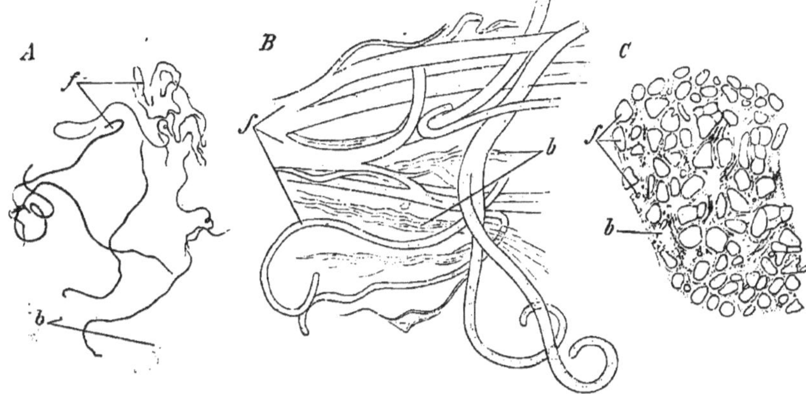

Fig. 23.
Elastische Fasern 560mal vergrössert. *A* feine elast. Fasern (*f*) aus intermuscul. Bindegewebe des Menschen. *b* durch Essigsäure gequollene Bindegewebsbündel. Technik Nr. 10. — *B* sehr dicke elast. Fasern (*f*) aus dem Nackenbande des Rindes. *b* Bindegewebsbündel. Technik Nr. 11. — *C* aus einem Querschnitt des Nackenbandes des Rindes. *f* elastische Fasern. *b* Bindegewebsbündel. Technik Nr. 12.

brechungsvermögen, sowie durch ihre bedeutende Widerstandsfähigkeit gegen Säuren und Alkalien charakterisirt ist. Die elastischen Fasern sind von sehr verschiedener Dicke (bis zu 11 μ) und kommen meist in Form feinerer oder gröberer Netze vor, die wieder bald engmaschig, bald weitmaschig sind. Aus dicken, elastischen Fasern gewebte, engmaschige Netze bilden den Uebergang zu elastischen Häuten (Fig. 24), welche homogen oder feinstreifig, von verschieden grossen Löchern durchbrochen sind (daher der Name „gefensterte Membranen") und wohl aus der Verschmelzung breiter, elastischer Fasern hervorgehen.

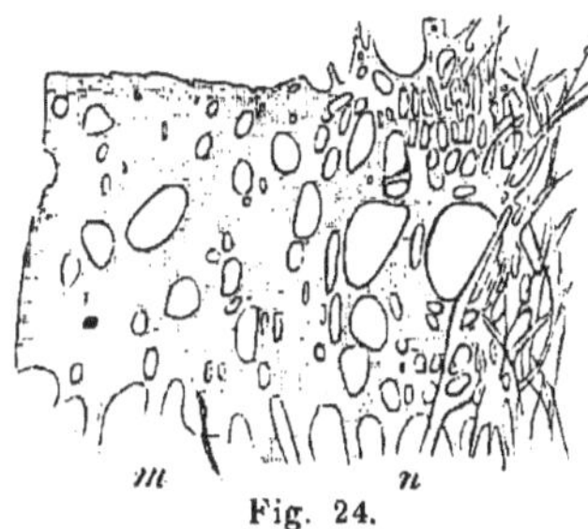

Fig. 24.
Netzwerk *n* dickerer elastischer Fasern, nach links in eine gefensterte Membran *m* übergehend. Aus dem Endocard des Menschen. 560mal vergr. Technik Nr. 13.

Den Intercellularsubstanzen sind endlich anzureihen die Cuticularbildungen, d. s. ächte, auf der Oberfläche von Zellen befindliche Ausscheidungen.

TECHNIK.

Nr. 1. Zu Studien über Kernstrukturen und -theilungen eignen sich am Besten Amphibienlarven. Am Leichtesten kann man sich die Larven unserer Molche (der sogen. Wassersalamander) verschaffen, die in den Monaten Juni und Juli in Massen jeden kleinen Tümpel bevölkern. Man wirft die frischgefangenen 3—4 cm langen Exemplare in ca. 20 cm Chromosmiumessigsäure, in der sie rasch sterben. Nach 1—2 Tagen schneidet man ein ca. 1 cm langes Stück des Schwanzes ab, sucht mit zwei Pincetten ein Stückchen der

Schwanzhaut abzuziehen; ist das gelungen, so kratzt man vorsichtig mit einem Skalpell das Epithel weg, der Rest, die dünne Cutis, wird in ca. 50 ccm allmählig verstärkten Alkohols gehärtet (pag. 13), in Sarffanin gefärbt (pag. 17) und in Damarfirniss conservirt (pag. 21). Schöne Kernstrukturen bei starken Vergrösserungen. Fig. 2.

Auch quergestreifte Muskeln des Schwanzes und glatte Muskelfaserhäute, welch' letztere man sich leicht durch Abziehen der Darmmuskularis verschaffen kann, liefern schöne Bilder.

Nr. 2. Für Kerntheilungen, die schon bei der vorerwähnten Behandlung vereinzelt zur Beobachtung gelangen, empfehle ich folgendes: Nach 2tägiger Fixirung in der Chromosmiumessigsäure werden die Molchlarven ca. 1 Stunde in (womöglich fliessendem) Wasser ausgewaschen und in allmählig verstärktem Alkohol gehärtet (s. pag. 13). Nach weiteren 2 Tagen umschneidet man mit einer feinen Scheere den Hornhautrand und zieht mit einer feinen Pincette die Hornhaut, eine dünne Scheibe, ab, was ganz leicht gelingt; färbt in Saffranin (pag. 17) und conservirt in Damarfirniss. Das Präparat muss so liegen, dass die convexe Hornhautseite nach oben gekehrt ist; im Epithel sieht man schon bei schwacher Vergrösserung viele Kerntheilungsbilder, welche sich durch ihre intensiv rothe Farbe verrathen; bei starker Vergrösserung Bilder wie in Figur 4.

Nr. 3. Lebende Flimmerzellen erhält man, wenn man einen Frosch tödtet (pag. 8), ihn auf den Rücken legt und mit einer Scheere den Unterkiefer abschneidet, so dass das Dach der Mundhöhle frei vorliegt. Von der Schleimhaut dieses Daches nehme man mit einer feinen Scheere einen schmalen, ca. 5 mm langen Streifen ab, bringe ihn in einige Tropfen Kochsalzlösung auf den Objektträger und bedecke ihn mit einem Deckglas. Bei schwacher Vergrösserung wird nun der Neuling kaum etwas wahrnehmen, wenn nicht Strömungen, in denen die grossen Blutkörperchen schwimmen (Fig. 6 *B*), ihn auf die richtige Stelle leiten; man nehme desshalb starke Vergrösserung und suche die Ränder des Präparates ab. Im Anfang ist die Bewegung der Flimmerhaare noch so lebhaft, dass der Beobachter die einzelnen Haare nicht sieht, der ganze Haarsaum wogt; man hat das Bild passend mit einem vom Winde bewegten Kornfelde verglichen; nach wenigen Minuten schon nimmt die Schnelligkeit ab, die Härchen werden deutlich. Ist die Bewegung erloschen, so kann man sie vermittelst Durchleiten (pag. 24) eines Tropfens concentrirter Kalilauge von Neuem anfachen; der Effekt ist jedoch ein kurz vorübergehender, so dass das Auge des Beobachters während des Durchleitens das Ocular nicht verlassen darf. Wasserzusatz hebt die Flimmerbewegung sofort auf.

B. Die Organe.

I. Organe der Stütz- und Bindesubstanz.

Hieher gehören 1) das Bindegewebe, 2) der Knorpel, 3) der Knochen und das Zahnbein. Die Zusammengehörigkeit dieser Organe ergibt sich 1) aus der gemeinschaftlichen Herkunft: sie entstammen dem mittleren Keimblatt; 2) aus dem gemeinschaftlichen Bau: die zelligen Elemente stehen an Zahl und Ausdehnung meist gegen die ansehnlich entwickelte Intercellularsubstanz zurück, und 3) aus der gemeinschaftlichen Funktion: sie sind Stütz- und Bindemittel des ganzen Körpers. Die Zusammengehörigkeit erhellt ferner aus der Thatsache, dass die zu dieser Gruppe gehörenden Theile sich in der Thierreihe vertreten; so ist z. B. die Sklera bei vielen Fischen knochig, bei manchen Vögeln zum Theil knöchern, bei Säugethieren dagegen bindegewebig.

1. Das Bindegewebe.

Dasselbe lässt mehrere Arten unterscheiden: a) Das gallertartige Bindegewebe, b) das fibrilläre und c) das reticuläre Bindegewebe.

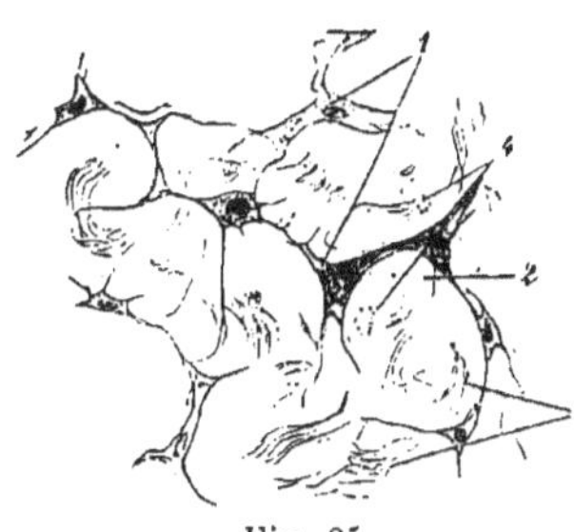

Fig. 25.

Aus einem Querschnitt des Nabelstranges eines ca. 4 Monate alten menschl. Embryo. 240mal vergröss. 1. Zellen. 2. Zwischensubstanz. 3. Bindegewebsbündel meist schräg getroffen, bei 4. rein quer durchschnitten. Technik Nr. 4.

a) Das gallertartige Bindegewebe besteht aus einer grossen Menge ungeformter, „schleimhaltiger", feine Bindegewebsbündel einschliessender Zwischensubstanz und aus runden oder sternförmig verästelten Zellen. Es findet sich bei höheren Thieren nur im Nabelstrang sehr junger Embryonen, ist dagegen bei niederen Thieren sehr verbreitet.[1])

b) Das fibrilläre Bindegewebe besteht aus reichlicher Grundsubstanz, die zu Fibrillen geformt ist, ferner aus Zellen und aus elastischen Fasern. Die Grundsubstanz ist schon p. 44 geschildert; zwischen den Bindegewebsbündeln finden sich verschieden ausgedehnte, spaltartige Räume, die Bindegewebsspalten, die mit einer schleimhaltigen Flüssigkeit erfüllt sind und in naher Beziehung zum Lymphgefässsystem stehen sollen. Die Zellen (Fig. 26 *A*) sind unregelmässig polygonal oder sternförmig, stark abgeplattet, verschiedenartig gebogen oder geknickt. Die Abplattung und Knickung erklärt sich aus der Anpassung der Bindegewebszellen an die zwischen Bindegewebsbündeln befindlichen engen Räume.

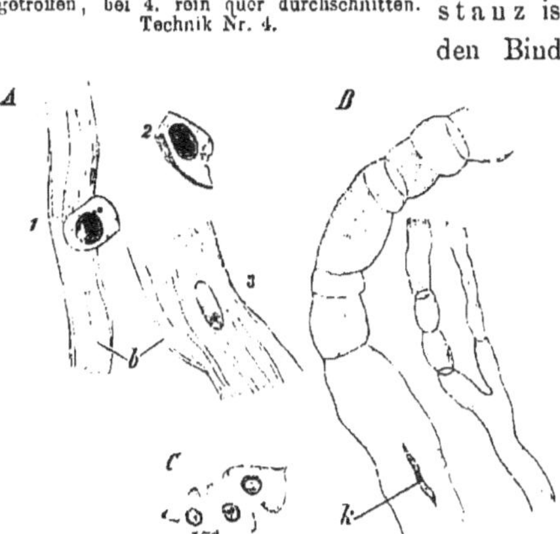

Fig. 26.

A Bindegewebszellen aus intermuskulärem Bindegewebe. 2. geknickte Zelle. 3. Zelle, deren Protoplasma nicht sichtbar ist. *b* Bindegewebsbündel. Technik Nr. 6. — *B* Von Zellenausläufern umsponnene Bindegewebsbündel. *k* Kern. Technik Nr. 8. — *C* Plasmazellen aus dem Augenlid eines Kindes. Technik Nr. 157.

Nicht selten umgreifen sternförmige Bindegewebszellen mit

---

[1]) Ueber den von manchen Autoren hieher gerechneten Glaskörper s. bei „Glaskörper".

ihren Ausläufern den ganzen Umfang eines Bindegewebsbündels. Behandelt man ein solches Bündel mit Essigsäure, so quillt es auf, bis auf die Stellen, wo die Zellenausläufer liegen, dort erscheint das Bündel wie eingeschnürt; man hielt die Zellenausläufer früher für Fasern und nannte sie „umspinnende Fasern" (Fig. 26 *B*). Andere Bindegewebszellen sind rundlich, protoplasmareich, grobkörnig und von verhältnissmässiger Grösse; sie werden Plasmazellen genannt und finden sich vorzugsweise in der Nähe kleiner Blutgefässe (Fig. 26 *C*). In die gleiche Kategorie gehören die Mastzellen, die durch ihre leichte Färbbarkeit mit Anilinfarbstoffen ausgezeichnet sind. Alle bisher beschriebenen Zellen werden unter dem Namen fixe Bindegewebszellen zusammengefasst. Ihnen stehen gegenüber die Wanderzellen, Leucocyten gleichende Gebilde, die ebenfalls, jedoch in geringerer Menge im fibrillären Bindegewebe vorkommen. Menge und Vertheilung beider Zellenarten unterliegen bedeutenden Schwankungen.

Die elastischen Fasern sind fast in jedem fibrillären Bindegewebe enthalten; Zahl und Dicke derselben verhalten sich sehr wechselnd.

Als accessorischer Bestandtheil des fibrillären Bindegewebes muss das Fett erwähnt werden, das in Form von Tropfen sich in den platten Bindegewebszellen entwickelt und diese zu Fettzellen (s. oben p. 37) umwandelt.

Die verschiedenen Elemente des fibrillären Bindegewebes vereinen sich, entweder ohne eine bestimmte Gestaltung zu erfahren: „formloses Bindegewebe", oder indem sie in bestimmte Formen geprägt werden: „geformtes Bindegewebe". Das formlose Bindegewebe ist durch lockere Fügung und mannigfaltigste Richtung seiner Bindegewebsbündel ausgezeichnet; es findet sich als Verbindungs- und Ausfüllungsmasse zwischen benachbarten Organen. (Desswegen auch: „Interstitialgewebe".) Die Zellen des formlosen Bindegewebes enthalten nicht selten Fett. Das geformte Bindegewebe ist durch innigere Verbindung und gesetzmässigeren Verlauf seiner Bündel charakterisirt. Zum geformten Bindegewebe gehören: Die Lederhaut, die Schleimhäute, serösen Häute, die derben Hüllen des Nervensystems, der Blutgefässe, des Auges, vieler Drüsen, das Periost und das Perichondrium. Diese Theile sollen bei den betreffenden Organen beschrieben werden. Ferner gehören zum geformten Bindegewebe: die Sehnen, Fascien und Bänder.

Die Sehnen sind durch den parallelen Verlauf ihrer Fasern, durch ihre feste Vereinigung, sowie durch die Armuth an elastischen Fasern charakterisirt. Sie bestehen aus straffaserigen Bindegewebsbündeln, Sehnenbündeln, welche von lockerem Bindegewebe zusammen gehalten werden.

Jedes dieser (sog. secundären) Bindegewebsbündel besteht aus einer Anzahl ganz gerade verlaufender Fibrillen, die durch eine geringe Menge von Kittsubstanz zu kleineren (sog. primären) Bündeln vereinigt werden. Zwischen den primären Bündeln sind zellige Elemente der Sehnen, platte, reihenweise hinter einander gestellte Bindegewebszellen gelegen, welche hohlziegelartig gekrümmt die primären Bündel unvollkommen umfassen und sich durch platte

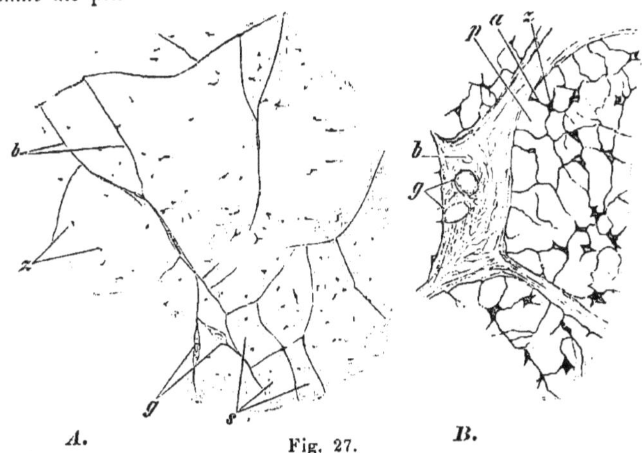

Fig. 27.

Aus einem Querschnitt einer Sehne eines erwachsenen Menschen. *A* 80mal vergr. *s* Sehnenbündel. *b* lockeres Bindegewebe bei *g* Blutgefässquerschnitte enthaltend. *z* Zellen. Technik Nr. 14. — *B* 240mal vergr. *p* primäre Bündel, umfasst von den Ausläufern *a* der Zellen *z*. *b* lockeres Bindegewebe. *g* Blutgefässquerschnitte. Technik Nr. 15.

Ausläufer mit Nachbarzellen verbinden. Elastische Fasern sind nur im lockeren Bindegewebe in grösserer Menge vorhanden, in den straffen Sehnenbündeln selbst sind sie nur sehr spärlich in Form feiner weitmaschiger Netze zu finden. Die Blutgefässe sind nur in dem lockeren, die Sehnenbündel umhüllenden Bindegewebe enthalten, die Lymphgefässe finden sich vorzugsweise an der Oberfläche der Sehnen. Die spärlichen Nerven sollen als marklose Fasern in Endapparate sich einsenken, welche den motorischen Endplatten (s. pag. 85) ähneln.

Fig. 28.

Aus einem geschüttelten Schnitt einer menschlichen Lymphdrüse. 560mal vergr. *n* Netzwerk. *z* Bindegewebszellen. *l* Leucocyten. Technik Nr. 68.

Die Fascien sind ebenso gebaut wie die Sehnen.

Die Bänder unterscheiden sich von den Sehnen nur durch ihren mehr oder minder grossen Gehalt an elastischen Fasern.

c) Das reticuläre Bindegewebe. Die Ansichten über den Bau des reticulären Bindegewebes sind sehr getheilte: Nach der einen Meinung besteht dasselbe aus sternförmigen Zellen, die mit einander anastomosirend ein feines Netzwerk bilden. Dieser Auffassung entspricht der Name „cytogenes", das ist aus Zellen gebildetes Gewebe. [1]) Nach der anderen Ansicht wird das Netzwerk nur

[1]) Als cytogenes Gewebe könnte demnach auch das gallertartige Bindegewebe angesprochen werden.

von Bindegewebs**fasern** gebildet, denen platte kernhaltige Zellen anliegen. Es gelingt in der That, bei höheren Wirbelthieren mittelst complicirter Methoden, die Umrisse der platten Zellen auf den Fasern nachzuweisen, auch spricht die Thatsache, dass fibrilläres Gewebe selbst noch beim Erwachsenen sich in reticuläres Gewebe umzuwandeln vermag, ebenso wie der Umstand, dass die Anlagerung platter Zellen an Faserbündel eine für das Bindegewebe fast ausnahmlose Regel ist, sehr zu Gunsten der letzteren Ansicht. Die Maschen des reticulären Bindegewebes sind mit dichtgedrängten Leucocyten gefüllt. Das reticuläre, mit Leucocyten gefüllte Bindegewebe kommt hauptsächlich in Lymphdrüsen (besser Lymphknoten) vor; desswegen wird es auch **adenoides**, d. i. drüsenähnliches Gewebe genannt.

2. Der Knorpel.

Der Knorpel ist fest, elastisch, leicht schneidbar, von milchweisser oder gelblicher Farbe und besteht aus **Zellen** und aus **Grundsubstanz**. Die **Zellen** zeigen wenig charakteristische Gestaltung, rundliche oder einseitig abgeplattete Formen sind die häufigsten. Sie liegen in Höhlen der Grundsubstanz, welche sie vollkommen ausfüllen und sind von einer stark lichtbrechenden, zuweilen concentrisch gestreiften Schale, der **Knorpelkapsel**, umgeben. Die **Grundsubstanz** ist entweder gleichartig, homogen, oder mit elastischen Fasern durchwebt oder sie wird von fibrillärem Bindegewebe hergestellt. Danach unterscheiden wir a) hyalinen Knorpel, b) elastischen Knorpel, c) Bindegewebsknorpel.

ad a) Der **hyaline Knorpel** ist von leicht bläulicher, milchglasartiger Farbe. Er findet sich in den Knorpeln des Respirationsapparates,

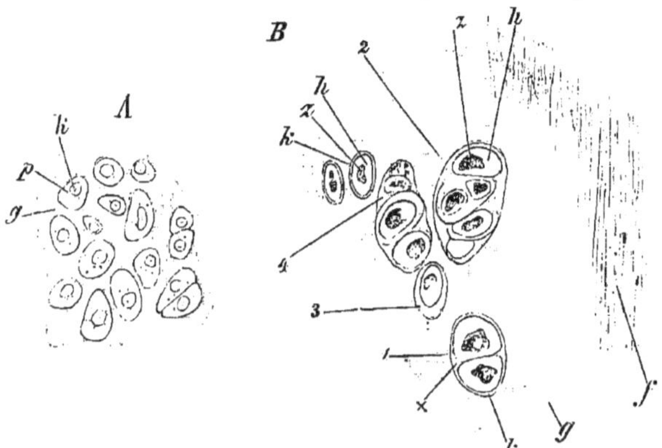

Fig. 29.

Hyaliner Knorpel. 240 mal vergrössert.

A Flächenbild des Proc. ensiform. des Frosches, frisch. *k* Kern. *p* Protoplasma der Knorpelzelle, welche die Knorpelhöhle vollkommen ausfüllt. *g* hyaline Grundsubstanz. Technik Nr. 16.

B Aus einem Querschnitt eines menschlichen Rippenknorpels mehrere Tage nach dem Tode in Wasser untersucht. Das Protoplasma der Knorpelzellen *z* hat sich von der Wand der Knorpelhöhle *h* zurückgezogen, der Kern der Knorpelzelle ist nicht zu sehen. 1. Zwei Zellen in einer Knorpelkapsel *k*, bei × beginnt die Entwicklung einer Scheidewand. 2. Fünf Knorpelzellen von einer Kapsel umfasst, die unterste Zelle ist herausgefallen, so dass man die leere Knorpelhöhle sieht. 3. Knorpelkapsel schräg angeschnitten, dieselbe erscheint deshalb auf der einen Seite dicker. 4. Knorpelkapsel gar nicht angeschnitten, die Knorpelzelle schimmert durch. *g* Hyaline Grundsubstanz bei *f* zu starren Fasern umgewandelt. Technik Nr. 17.

der Nase, der Rippen, der Gelenke, ferner in den Synchondrosen und beim Embryo an vielen Stellen, die späterhin durch Knochen ersetzt werden. Er ist charakterisirt durch seine gleichartige Grundsubstanz (s. auch p. 44). Diese kann in besonderen Fällen eigenthümliche Modifikationen erfahren. So wird die Grundsubstanz an Rippen und Kehlkopfknorpeln stellenweise in starre Fasern umgewandelt, die dem Knorpel einen schon makroskopisch sichtbaren, asbestähnlichen Glanz verleihen. Ferner finden sich im höheren Alter in der hyalinen Grundsubstanz Einlagerungen von Kalksalzen, die anfangs in Form kleiner Körnchen, dann als vollständige, um die Knorpelzellen gelegene Schalen auftreten. Die Zellen des hyalinen Knorpels zeigen sehr häufig Formen, welche ihre Ursache in Wachsthumsvorgängen haben. So sieht man zwei Zellen in einer Knorpelkapsel (Fig. 29. 1); sie sind durch (indirekte) Theilung einer Knorpelzelle entstanden, in anderen Fällen sieht man zwischen zwei solchen Zellen schon eine dünne Scheidewand hyaliner Substanz entwickelt. In wieder anderen Fällen kommt es nicht alsbald zur Bildung einer Scheidewand; die zwei Zellen können sich wiederholt theilen, dann sieht man Gruppen von 4, 8 und noch mehr Knorpelzellen von einer einzigen Kapsel umgeben (Fig. 29. 2). Solche Erscheinungen wurden zur Aufstellung eines besonderen Zelltheilungsmodus, der sog. „endogenen Zelltheilung" verwerthet. Knorpelzellen erwachsener Personen enthalten nicht selten Fetttröpfchen.

ad b) Der elastische Knorpel ist von leicht gelblicher Farbe. Er kommt nur am Ohre, am Kehldeckel, an den Wrisberg'schen und Santorini'schen Knorpeln und am Proc. vocal. der Giessbeckenknorpel vor. Er zeigt dasselbe Gefüge wie der hyaline Knorpel, nur ist seine Grundsubstanz von verschieden dichten Netzen bald feinerer, bald gröberer elastischer Fasern durchsetzt. Die elastischen Fasern entstehen nicht direkt aus den Zellen,

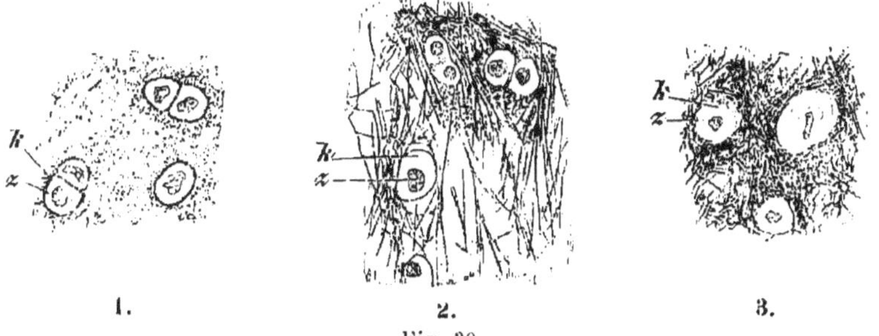

Fig. 30.

Elastischer Knorpel. 240mal vergr. z Knorpelzelle (Korn nicht sichtbar), k Knorpelkapsel. 1. Aus einem Schnitt durch den Proc. vocal. des Giessbeckenknorpels einer 30jährigen. Elastische Substanz in Form von Körnchen. 2. und 3. Aus einem Schnitt durch die Epiglottis einer 60jährigen Frau. 2. Feineres Netz. 3. Dichteres Netz. Technik Nr. 18.

sondern durch Umwandlung der Grundsubstanz und treten in der Umgebung der Knorpelzellen zuerst als Körnchen auf (Fig. 30. 1), die späterhin in Längsreihen verschmelzend zu Fasern werden.

ad c) Der Bindegewebsknorpel kommt in den Lig. intervertebralia, in den Labra glenoidea der Gelenke und in den Gelenkzwischenknorpeln vor, ferner da, wo Sehnen über Knochen hingleiten. Die Grundsubstanz des Bindegewebsknorpels ist fibrilläres Bindegewebe (Fig. 31. *g*), dessen lockere Bündel nach den verschiedensten Richtungen verlaufen. Die nur spärlichen dickwandigen Knorpelzellen (z) liegen zu kleinen Gruppen oder Zügen vereint in grossen Abständen. Im Centrum der Lig. intervertebralia findet sich eine weiche, gallertartige Masse, die grosse Gruppen von Knorpelzellen enthält; sie entspricht den Resten der Chorda dorsalis, des embryonalen Vorläufers der Wirbelsäule.

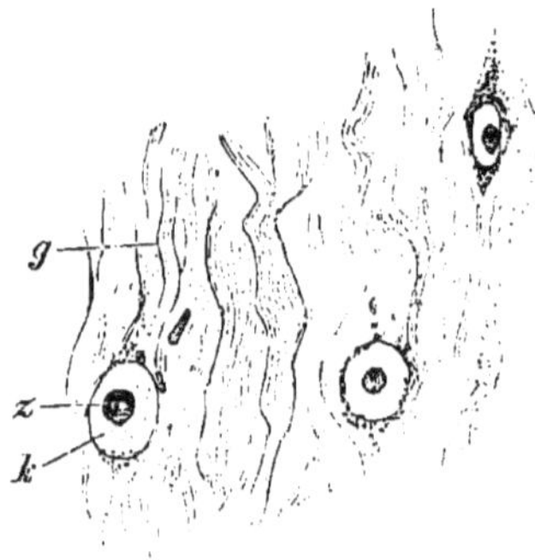

Fig. 31.
Aus einem Horizontalschnitt des Lig. intervertebr. des Menschen. 240 mal vergröss. *g* Bindegewebige Grundsubstanz. *z* Knorpelzelle (der Kern ist nicht zu unterscheiden). *k* Knorpelkapsel umgeben von Kalkkörnchen. Technik Nr. 19.

Alle Knorpel mit Ausnahme der Gelenkknorpel sind an ihrer Oberfläche mit einer fasrigen Haut, dem Perichondrium, überzogen, welches aus nach verschiedenen Richtungen verlaufenden Bindegewebsbündeln und elastischen Fasern besteht. Da, wo Knorpel und Perichondrium sich berühren, erfolgt ein allmähliger Uebergang der einen Gewebsart in die andere; in Folge dessen haftet das Perichondrium sehr fest am Knorpel. Das Perichondrium ist der Träger der Blutgefässe, welche bei wachsendem Knorpel auch in diesem selbst in eingegrabenen Kanälen liegen. Beim Erwachsenen ist der Knorpel gefässlos; die Ernährung erfolgt dann durch Diffusion von der Oberfläche her; ob es eigene kanalartige Bahnen, ähnlich denen des Knochens, gibt, in denen die ernährende Flüssigkeit circulirt, ist trotz verschiedentlicher Behauptungen noch zweifelhaft.

3. Der Knochen.

Durchsägt man einen frischen Röhrenknochen, so sieht man ohne Weiteres, dass dessen Gefüge nicht allenthalben das gleiche ist; die Hauptmasse der Peripherie wird gebildet von einer sehr festen, harten Substanz, die auf den ersten Blick ganz gleichartig zu sein scheint; wir nennen diese Substantia compacta. Gegen die axiale Höhle des Knochens finden wir dagegen feine Knochenplättchen und -bälkchen, die unter den verschiedensten Richtungen zusammenstossend ein unregelmässiges Maschenwerk bilden; diese Substanz heisst Substantia spongiosa. Die Maschen der Substantia spongiosa sind mit einer weichen Masse, dem Knochenmark, ausgefüllt; die Oberfläche des Knochens wird von einer faserigen Haut, dem Perioste, überzogen. Das Verhältniss zwischen compacter und spongiöser Substanz ist etwas anders bei kurzen Knochen, indem diese vorwiegend aus spongiöser Substanz bestehen und die compacte Substanz nur auf eine schmale Zone an der Peripherie beschränkt ist. Platte Knochen haben bald dickere, bald dünnere Rinden compacter Substanz, während das Innere von spongiöser Substanz erfüllt wird. Die Epiphysen der Röhrenknochen verhalten sich in dieser Hinsicht wie kurze Knochen, bestehen also vorwiegend aus spongiöser Substanz.

Feinerer Bau des Knochens.

1) Die Substantia spongiosa wird durch feine Knochenplättchen aufgebaut, welche aus einer Grundsubstanz und einem diese durchziehenden Kanalwerk bestehen. Die Grundsubstanz (s. auch p. 44) besteht aus einer innigen Vermengung organischer und anorganischer Theile, wodurch ein hoher Grad von Härte, Festigkeit und Elasticität erzielt wird. Sie erscheint homogen oder leicht streifig und enthält zahlreiche, kürbiskernähnliche, 15—27 μ lange Hohlräume, die Knochenhöhlen (früher „Knochenkörperchen"), Fig 32 *h*, welche durch zahlreiche verästelte, feine Ausläufer, die Knochenkanälchen (*k*) sowohl unter einander communiciren, als auch frei auf der Oberfläche des Knochenplättchens münden. Auf diese Weise wird ein die ganze Grundsubstanz durchziehendes, feines Kanalsystem hergestellt. In den Knochenhöhlen liegen kernhaltige Zellen (Fig. 33 *z*), welche eine plattovale Gestalt haben. Ob die Zellen Fortsätze in die Knochenkanälchen sendend mit einander zusammenhängen, ist sehr zweifelhaft. Die Knochenplättchen der Substantia spongiosa enthalten keine Gefässe.

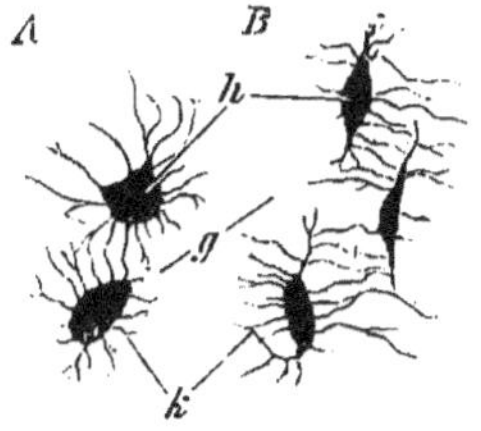

Fig. 32.
Aus einem trockenen Knochenschliff des erwachsenen Menschen. 560mal vergrössert. *h* Knochenhöhlen. *A* von der Fläche, *B* von der Seite gesehen. *k* Knochenkanälchen. *g* Knochengrundsubstanz. Technik Nr. 20.

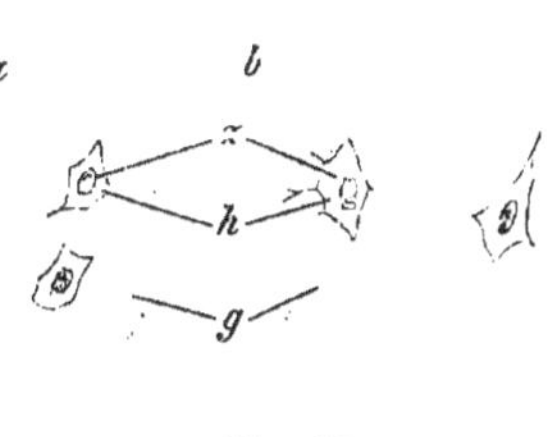

Fig. 33.
Aus Schnitten *a* des Humerus eines 4monatlichen menschlichen Embryo, *b* der mittleren Muschel eines erwachsenen Menschen. 560mal vergrössert. Knochenzellen *z* in den Knochenhöhlen *h* liegend, die Knochenkanälchen sind nur zum geringsten Theile zu sehen. *g* Grundsubstanz. Technik Nr. 24.

2) Die Substantia compacta ist etwas complicirter gebaut. Sie enthält nämlich ausser dem oben erwähnten feinen Kanalsystem ein System gröberer, 22—110 μ weiter Kanäle, welche sich ab und zu dichotomisch theilen und ein weitmaschiges Netzwerk bilden. Diese gröberen Kanäle enthalten die Blutgefässe und heissen die Havers'schen Kanäle. Ihre Verlaufsrichtung ist in den Röhrenknochen, in den Rippen, im Schlüsselbein und im Unterkiefer eine der Längsaxe des Knochens parallele; in kurzen Knochen wiegt eine Richtung vor, z. B. bei Wirbelkörpern die senkrechte; in platten Knochen endlich verlaufen die Havers'schen Kanäle der Oberfläche der Knochen gleich, nicht selten in Linien, die von einem Punkte sternförmig ausstrahlen, z. B. am Tuber parietale. Die Havers'schen Kanäle münden an der äussern (Fig. 34 ×), wie innern (Fig. 34 ××), gegen die Substantia spon-

giosa gekehrten Fläche frei aus. Die Grundsubstanz der compacten Substanz ist zu Lamellen geschichtet und zwar lassen sich drei Systeme (Fig. 35) unterscheiden: ein System ringförmig um die Havers'schen Kanäle verlaufender Lamellen, sie erscheinen an Querschnitten als eine Anzahl (8—15) concentrisch um den Havers'schen Kanal gelegter Ringe. Man nennt diese Lamellen die Havers'schen oder Speziallamellen. Die Durchschnitte der Havers'schen Lamellensysteme stossen zum Theil aneinander, zum Theil aber werden sie von Knochen auseinandergehalten, der in anderer Richtung geschichtet ist. Wir nennen diese mehr unregelmässig zwischen den Havers'schen Lamellensystemen verlaufenden Lamellen die interstitiellen oder Schaltlamellen; sie hängen mit einem dritten oberflächlichen Lamellensystem zusammen, das der äusseren Oberfläche des Knochens gleich verläuft: das ist das System der äusseren Grundlamellen; an der inneren Oberfläche findet man zuweilen ähnlich verlaufende Lamellen, welche innere Grundlamellen heissen. Die Knochenhöhlen haben in der Substantia compacta ganz bestimmte Stellungen. In den Havers'schen Lamellensystemen stehen sie mit ihrer Längsaxe der Längsaxe der Havers'schen Kanäle parallel, der Fläche nach gebogen, so dass sie auf Querschnitten zum Querschnitt des Havers'schen Kanals concentrisch gekrümmt erscheinen. In den interstitiellen Lamellen sind die Knochenhöhlen unregelmässig, in den Grundlamellen aber der Art gestellt, dass sie mit ihren Flächen den Flächen dieser Lamellen gleich laufen.

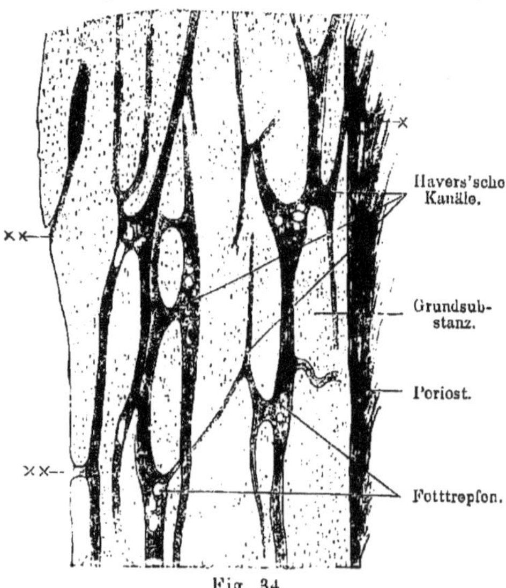

Fig. 34.
Stück eines Längsschnittes durch einen Metacarpusknochen des Menschen. 80mal vergrössert. Im Präparat sind in den Havers'schen Kanälen Fetttropfen zu sehen. Bei × ×× münden die Havers'schen Kanäle auf die Oberfläche. Technik Nr. 21.

3) Das Knochenmark nimmt die axialen Höhlen der Röhrenknochen ein, füllt die Maschen der spongiösen Substanz aus und findet sich selbst noch in grösseren Havers'schen Kanälen. Es ist entweder von rother oder gelber Farbe, man unterscheidet desshalb rothes und gelbes Mark. Die Unterschiede werden nur bedingt durch einen reichen Fettgehalt des gelben Markes, sonst sind die Elemente beider Sorten dieselben. Das rothe Mark findet sich in der spongiösen Substanz der kurzen und platten Knochen, sowie in den Epiphysen der Röhrenknochen (auch in den ganzen Röhrenknochen kleiner Thiere), das gelbe Mark erfüllt die Markhöhle der Röhrenknochen. Bei alten

und kranken Personen wird das Mark schleimig, röthlichgelb und wird dann **gelatinöses** Knochenmark genannt; es ist lediglich durch seine Armuth an Fett charakterisirt.

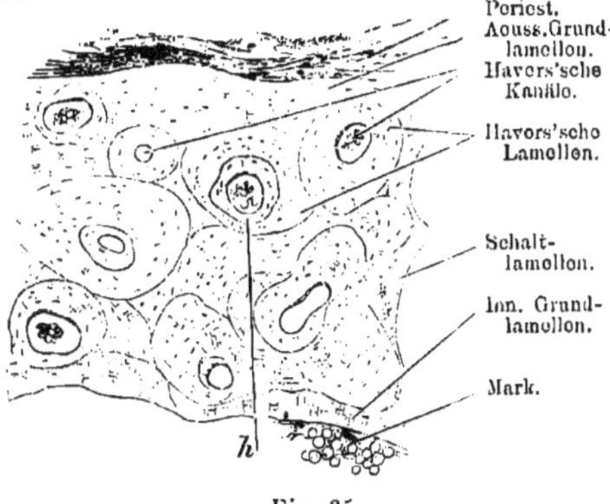

Fig. 35.

Stück eines Querschnittes eines Metacarpusknochen des Menschen 50mal vergrössert. In den Havers'schen Kanälen findet sich noch zum Theil Mark (Fettzellen). *h* Havers'sche Räume (pag. 66). Technik Nr. 21.

Die Elemente des Knochenmarks sind: Eine geringe Menge fibrillären Bindegewebes, Fettzellen, Leucocyten, welche hier Knochenmarkzellen genannt werden, und Riesenzellen (Myeloplaxen); letztere sind grosse, äusserst unregelmässig gestaltete Gebilde, welche aus Protoplasma und einem oder mehreren Kernen bestehen. Es gibt Riesenzellen mit hellen und Riesenzellen mit glänzenden, sich intensiv färbenden Kernen. Die Form der Kerne ist sehr vielgestaltig, bald rund, bald gelappt, band-, ringförmig (Fig. 36. 2. *r*) oder ein Netzwerk bildend. Aus einkernigen Riesenzellen können durch Abschnürung einzelner Kernpartikel vielkernige Zellen werden (Fig. 36. 3. *r*) oder es schnürt sich mit einem Kerntheil auch eine entsprechende Partie Protoplasma ab, woraus einkernige Zellen resultiren. Es ist das ein eigener, von dem gewöhnlichen Kerntheilungsmodus abweichender Vorgang, der **Fragmentirung** genannt worden ist.[1]) Endlich gibt es im rothen Knochenmark kernhaltige Zellen mit gelb gefärbtem, den rothen Blutkörperchen gleichendem Protoplasma; sie werden als Mutterzellen („Haematoblasten") der rothen Blutkörperchen angesehen. Gelbliche in verschiedenen Zellen vorkommende Pigmentkörnchen werden als Reste zu Grunde gegangener rother Blutkörperchen betrachtet.

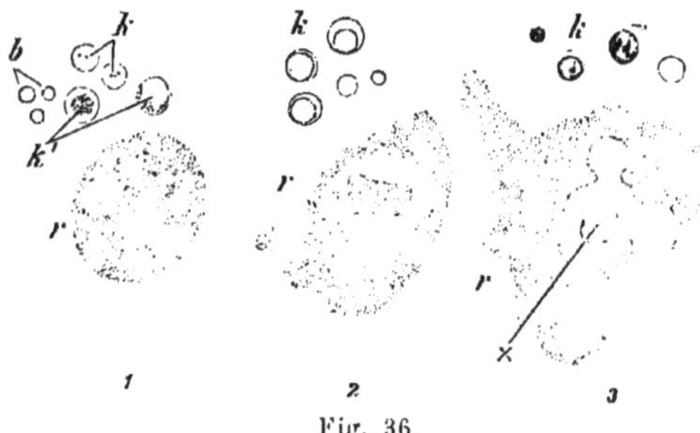

Fig. 36.

Elemente des Knochenmarks frisch aus einem Kalbswirbel isolirt, 560mal vergr., 1. in Kochsalzlösung, 2. mit Pikrocarmin gefärbt, 3. nach Zusatz von angesäuertem Glycerin, *k* Knochenmarkzellen. *k'* zwei Knochenmarkzellen Pigmentkörnchenhaufen enthaltend, der rechte von der Seite, der linke von der Fläche gesehen, *b* farbige (kernlose) Blutkörperchen, *r* Riesenzellen. Die rechte zeigt zwei sich abschnürende Kerne von der Seite und einen ebensolchen von der Fläche ×. Technik Nr. 22.

[1]) Es ist übrigens nicht unmöglich, dass die als Theilung aufgefassten Vorgänge Erscheinungen eines in umgekehrter Reihenfolge verlaufenden Processes, also Verschmelzung mehrerer Zellen zu einer einzigen, sind.

4) Das **Periost** (Beinhaut) ist eine aus derben Bindegewebsfasern bestehende Haut, an welcher wir zwei Lagen unterscheiden können. Die äussere ist charakterisirt durch ihren Reichthum an Blutgefässen und stellt die Verbindung mit Nachbargebilden (Sehnen, Fascien etc.) her; die innere ist arm an Blutgefässen, dagegen sehr reich an elastischen Fasern; an ihrer Innenfläche findet sich stellenweise eine Lage kubischer Zellen, die für die Entwickelung des Knochens von Bedeutung sind. Das Periost ist bald fester, bald lockerer mit dem Knochen verbunden, die Verbindung wird hergestellt durch die in den Knochen ein- resp. austretenden Blutgefässe, sowie durch eigenthümliche in die Grundlamellen sich einbohrende Bindegewebsbündel, die **Sharpey'schen Fasern**.

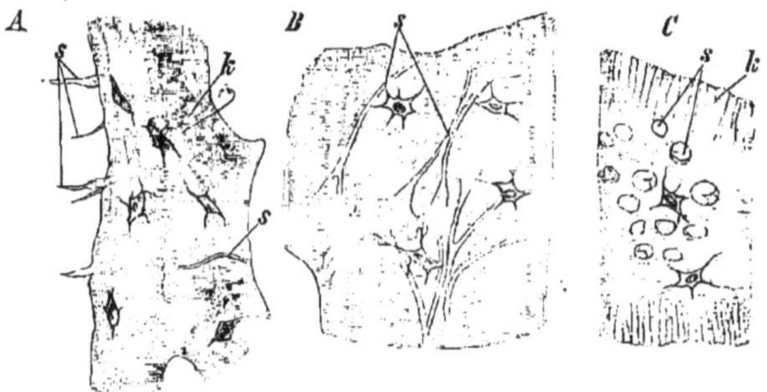

Fig. 37.
Stücke von Querschnitten der Diaphyse des Humerus eines neugeborenen Kindes, 240mal vergr. *s* Sharpey'sche Fasern, *A* aus einem Zupfpräparat *B* der Länge, *C* der Quere nach zu sehen. *k* Knochenkanälchen. Technik Nr. 23.

Die **Blutgefässe** des Knochens, des Markes und der Beinhaut stehen untereinander in ausgiebigster Verbindung, wie sie auch mit ihrer Umgebung in Zusammenhang stehen. Von den zahlreichen venösen und arteriellen Gefässen des Periosts treten überall in die Havers'schen Kanälchen kleine Aeste (keine Capillaren), welche an der Innenfläche des Knochens mit den Gefässen des Marks zusammenhängen. Dieses bezieht sein Blut durch die Aa. nutritiae welche auf dem Wege durch die Substantia compacta an diese Aeste abgeben und sich im Mark in ein reiches Blutgefässnetz auflösen. Die aus den Capillaren des Markes hervorgehenden Venen sind klappenlos. Es ist sehr wahrscheinlich, dass die Blutgefässe innerhalb des Knochenmarks an einzelnen Stellen einer eigenen Wandung entbehren.

Die **Nerven** sind theils im Periost gelegen, wo sie zuweilen in Vater'schen Körperchen (pag. 84) endigen, theils treten sie in die Havers'schen Kanäle und in das Knochenmark. Sie sind theils markhaltig, theils marklos.

Entwickelung der Knochen.

Die Knochen sind verhältnissmässig spät auftretende Bildungen. Es gibt eine embryonale Zeit, in welcher Muskeln, Nerven, Gefässe, Hirn, Rückenmark etc. schon wohl gebildet sind, vom Knochen aber noch keine Spur vorhanden ist. In jener Zeit wird das Skelet des Körpers durch hyalinen

Knorpel gebildet. Mit Ausnahme einiger Theile des Schädels und des Gesichtes sind alle später knöchernen Theile des Skelets erst durch Knorpel vertreten; so finden wir z. B. bei der oberen Extremität Humerus, Radius, Ulna, Carpus und die Skelettheile der Hand als Knorpelstücke, die aber nicht wie der spätere Knochen hohl, sondern durchaus solid sind. An die Stelle dieses Knorpelskeletes tritt nun allmählich das knöcherne Skelet; man nennt alle jene Knochen, die in embryonaler Zeit durch Knorpel vertreten waren, knorpelig vorgebildete oder primäre Knochen. Die anderen Knochen, welche keine knorpeligen Vorläufer haben, heissen secundäre oder Bindegewebsknochen.

Zu den primären Knochen gehören: sämmtliche Knochen des Stammes, der Extremitäten, der grösste Theil der Schädelbasis (Hinterhauptbein mit Ausnahme des oberen Theiles der Schuppe desselben, Keilbein, Felsenbein und die Gehörknöchelchen, Siebbein und die untere Nasenmuschel).

Zu den secundären Knochen gehören: die Seitentheile des Schädels, Schädeldach und fast alle Gesichtsknochen.

a. Entwickelung der primären Knochen.

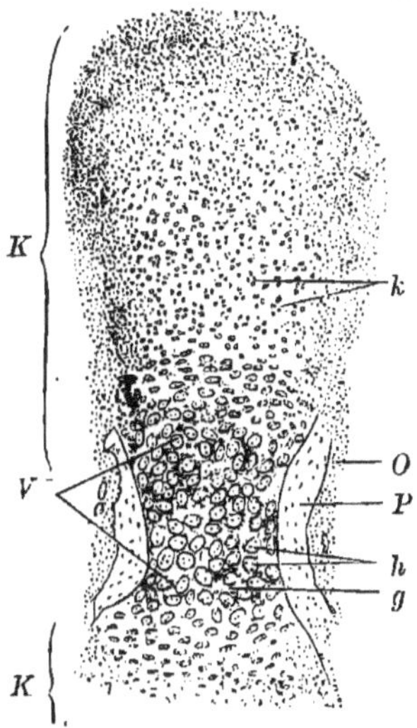

Fig. 38.
Aus einem dorsoplantaren Längsschnitt der grossen Zehe eines 4monatlichen menschlichen Embryo. Zwei Drittel der ersten Phalanx gezeichnet. 50mal vergr. *V* Verkalkungspunkt. *h* Knorpelhöhlen vergrössert, viele mehrere Knorpelzellen enthaltend. Die Zellen selbst sind hier bei der schwachen Vergrösserung nicht zu erkennen, sondern nur deren punktförmige Kerne. *g* Verkalkte Knorpelgrundsubstanz. *K* Hyaliner Knorpel, bei *k* wachsender Knorpel; man sieht die Knorpelzellen in Gruppen von 3–4 Zellen gelagert, jede Gruppe ist durch wiederholte Theilung einer Knorpelzelle hervorgegangen. *O* Osteogenes Gewebe. *P* Perichondraler Knochen. Technik Nr. 21.

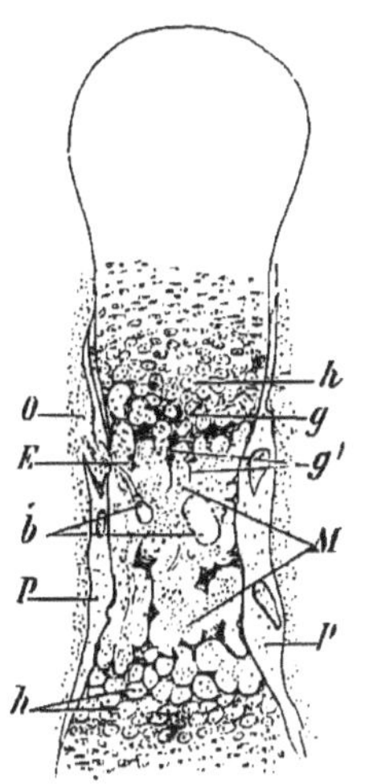

Fig. 39.
Aus einem dorsopalmaren Längsschnitt eines Fingers eines 4monatlichen menschlichen Embryo. Zwei Drittel der zweiten Phalanx gezeichnet. 50mal vergrössert. *M* Primordialer Markraum Knorpelmark und Blutgefässe *b* enthaltend. *h* Vergrösserte Knorpelhöhlen. *g* Verkalkte Knorpelsubstanz, in Form zackiger Fortsätze *g'* in den Markraum ragend. *O* Osteogenes Gewebe. *P* Perichondraler Knochen. *E* Enchondraler Knochen ist nur in Form feiner Blättchen gebildet. (S. starke Vergrösserung Fig. 40.) Technik Nr. 24.

Hier sind zwei Vorgänge zu betrachten: 1. Bildung von Knochensubstanz im Innern des vorhandenen Knorpels, enchondrale (endochondrale)

Ossification und 2. Knochenbildung in der unmittelbaren Umgebung, also auf dem Knorpel, periostale oder besser perichondrale Ossification. Beide heben fast gleichzeitig an (die perichondrale oft etwas früher), sollen aber getrennt beschrieben werden.

1. Enchondrale Ossification. Die ersten Veränderungen bestehen darin, dass an einer bestimmten Stelle des Knorpels die Zellen sich vergrössern, sich theilen, so dass mehrere in einer Knorpelhöhle liegen, die Grundsubstanz selbst feinkörnig getrübt wird durch Einlagerung von Kalksalzen (Fig. 38 *V*). Solche Stellen sind bald mit unbewaffnetem Auge zu bemerken und heissen Ossificationspunkte (oder besser Verkalkungspunkte). Die vom Verkalkungspunkte entfernteren Knorpelpartien wachsen weiter in die Dicke und Länge, während am Verkalkungspunkt kein Wachsthum mehr stattfindet; dadurch bildet sich an jener Stelle eine Einschnürung des Skeletstückes (Fig. 38). Unterdessen ist an der Oberfläche des Verkalkungspunktes ein an jungen Zellen und Gefässen reiches Gewebe, das osteogene[1]) Gewebe, aufgetreten. Dieses dringt in den Knorpel ein und bringt die verkalkte Knorpelgrundsubstanz zum Zerfall; die Knorpelzellen werden frei und mischen sich den Zellen des osteogenen Gewebes bei; so ist eine kleine Höhle im Verkalkungspunkt entstanden, sie heisst der primordiale Markraum.

Die nächste Umgebung desselben macht nun die gleichen Processe durch wie zu Beginn, d. h. die Knorpelgrundsubstanz verkalkt, die Knorpelzellen vergrössern sich. Allmählich erfolgt eine immer mehr vorschreitende Vergrösserung des Markraumes, indem neue Partien des Knorpels einschmelzen. Ganze Knorpelzellengruppen werden dabei eröffnet, während die zwischen diesen gelegene, verkalkte Knorpelsubstanz sich noch in Form zackiger, in den Markraum ragender Fortsätze (Fig. 39 *g'*) erhält. Der Markraum ist jetzt eine buchtige Höhle, gefüllt mit Blutgefässen und Zellen, die Knorpelmarkzellen genannt wurden. Das Schicksal dieser Zellen gestaltet sich nun im weiteren Verlaufe der Entwicklung sehr verschieden. Die Zellen werden entweder mit Beibehaltung ihrer Form zu Markzellen des Knochens oder sie werden zu Fettzellen, oder und

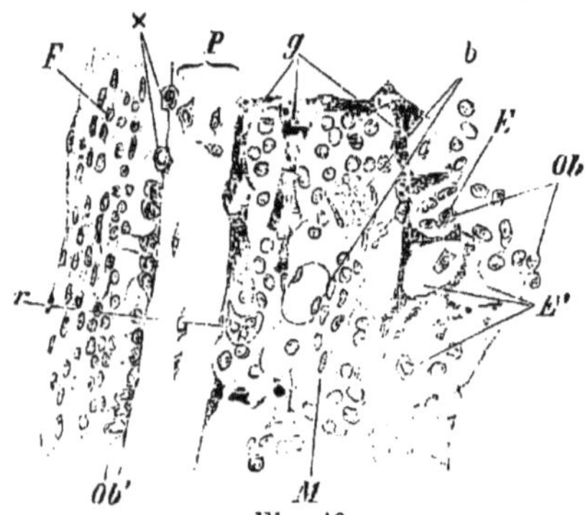

Fig. 40.

Aus einem Längsschnitt der ersten Fingerphalanx eines 4monatlichen menschlichen Embryo; 240mal vergr. *M* Buchten des primordialen Markraumes gefüllt mit Knorpelmarkzellen und *b* Blutgefässen, *r* Riesenzelle, *g* Verkalkte Knorpelgrundsubstanz. *E* Junge enchondrale Knochensubstanz von der Seite gesehen, *E'* von der Fläche betrachtet. Hier sieht man schon zackige Knochenhöhlen mit Knochenzellen. *Ob* Osteoblasten noch wenig geordnet. *P* Perichondraler Knochen. *Ob'* Osteoblasten schon zu einer Lage geordnet; die beiden obersten Osteoblasten × sind schon zur Hälfte von Knochengrundsubstanz umgeben. *F* Periost. Technik Nr. 24.

[1]) Ein schlechter Name, denn das Gewebe ist nicht vom Knochen entstanden, sondern soll erst zu Knochen werden.

das ist das Wichtigste — sie werden Knochenbildner, **Osteoblasten**, d. h. eine Anzahl Zellen legt sich nach Art eines einschichtigen Epithels an die Wände des Markraumes an und erzeugt daselbst Knochengrundsubstanz (Fig. 40).

Anfangs liegen die Osteoblasten alle der Knochengrundsubstanz noch auf, später kommen sie theilweise in die Substanz selbst zu liegen und werden damit zu Knochenzellen. Bald ist nun der Markraum durch die Thätigkeit der Osteoblasten mit einer dünnen, allmählich dicker werdenden Knochentapete ausgekleidet; die obenerwähnten zackigen Blätter verkalkter Knorpelgrundsubstanz (Fig. 39 *g'*) werden rings von jungem Knochen umgeben (Fig. 39 *E*). So wird nach und nach das früher solide Knorpelstück in spongiösen Knochen umgewandelt, dessen Bälkchen noch Reste verkalkter Knorpelgrundsubstanz enthalten (Fig. 41 *E*, *g*).

2. **Perichondrale Ossification.** Sie erfolgt ebenfalls durch Osteoblasten, welche aus dem oben erwähnten, an der Oberfläche des Verkalkungspunktes befindlichen osteogenen Gewebe hervorgegangen sind (Fig. 38 *O*). Durch die Thätigkeit der Osteoblasten werden Schichten von Knochensubstanz auch auf der Oberfläche des Knorpels gebildet (Fig. 38 *P*); diese Knochenmassen unterscheiden sich aber dadurch von den enchondral gebildeten Knochen, dass sie **keine** Reste verkalkter Knorpelsubstanz enthalten, da ja die Knochenbildung hier nur im **Umkreis**, nicht im Innern des Knorpels erfolgt. An perichondralen Knochen lässt sich auch die Bildung der ersten Havers'schen Kanälchen verfolgen (Fig. 41). Die perichondrale Knochenrinde entsteht nämlich nicht in fortlaufender, gleichmässig dicker Schicht, sondern man bemerkt an vielen Stellen Vertiefungen der Knochenrinde (Fig. 41 *h*. *h*), in denen Blutgefässe, umgeben von Osteoblasten liegen; anfangs sind die Vertiefungen nur gegen die Peripherie offene Rinnen; mit immer vorschreitender Verdickung der perichondralen Knochenschichten werden die Rinnen von aussen geschlossen (*h'*) und stellen nun gefässhaltige Kanäle, Havers'sche Kanäle dar.

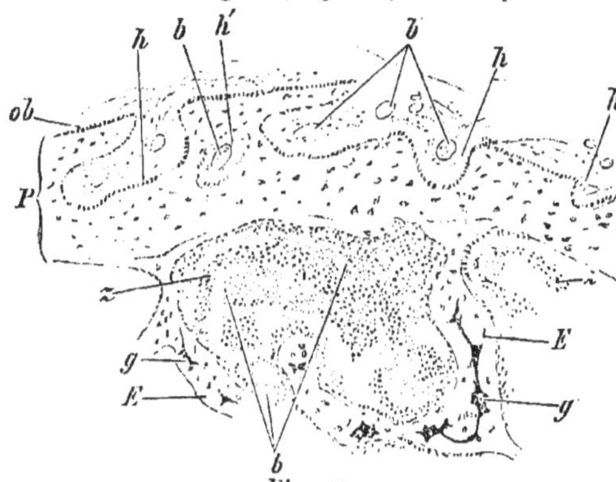

Fig. 41.

Stück eines Querschnittes durch die Humerusdiaphyse eines 4 monatl. menschl. Embryo. 80mal vergr. *P* Periostale Knochenbalken an den Rändern mit Osteoblasten *ob* besetzt. *h h h* Havers'sche Kanälchen in Bildung begriffen. *h'* Havers'sches Kanälchen geschlossen. *E* Enchondrale Knochenbalken ebenfalls mit Osteoblasten besetzt und Reste verkalkter Knorpelgrundsubstanz *g* enthaltend. *z* Markzellen. *b* Blutgefässe. Die Wandungen derselben sind theilweise nicht deutlich. Technik Nr. 21.

Durch die Thätigkeit der in die Havers'schen Kanäle eingeschlossenen Osteoblasten werden neue Knochenschichten (die späteren Havers'schen Lamellen) gebildet.

Aus dem Knorpelstück ist durch Auflösung des Knorpels und durch Ersatz desselben durch Knochen (enchondrale Ossification), sowie durch Auflagerung neuer Knochenmassen von aussen (perichondrale Ossification) ein Knochen geworden. Das Wesen der vorstehend beschriebenen Processe besteht in einer Auflösung des ursprünglichen knorpeligen Skeletstückes und in einer Neubildung desselben durch Entwicklung von Knochensubstanz. Man nennt diesen Modus der Knochenbildung den **neoplastischen Typus** im Gegensatz zu einem nur selten (z. B. am Unterkieferwinkel) vorkommenden Modus, nach welchem der Knorpel nicht zerstört, sondern einfach zu Knochen wird, indem die Knorpelgrundsubstanz zu Knochengrundsubstanz, die Knorpelzellen zu Knochenzellen werden. Dieser Modus heisst **metaplastischer Typus** (Fig. 42).

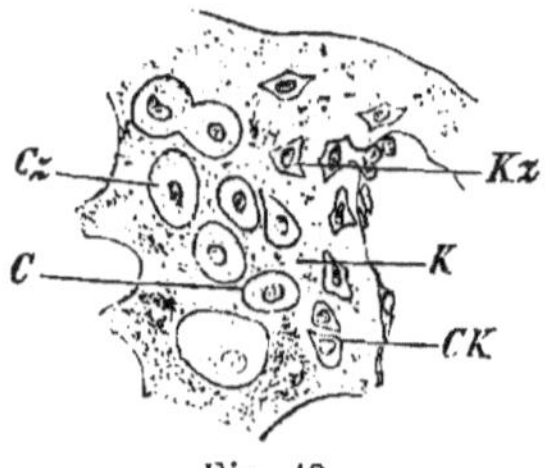

Fig. 42.

Aus einem Querschnitt des Unterkiefers eines neugeborenen Hundes. 240 mal vergr. **Metaplastischer Typus.** *C* Knorpelgrundsubstanz direkt übergehend in *K* Knochengrundsubstanz. *Cz* Knorpelzellen. *Kz* Knochenzellen. *Ck* Uebergangsform von Knorpelzellen zu Knochenzellen. Technik Nr. 24.

b. Entwickelung der secundären Knochen.

Hier ist die Grundlage, auf welcher die Knochenbildung erfolgt, nicht Knorpel, sondern Bindegewebe. Einzelne Bindegewebsfasern verkalken, an diese legen sich aus embryonalen Zellen hervorgegangene Osteoblasten (Fig. 43) und bilden auf die oben beschriebene Weise Knochen.

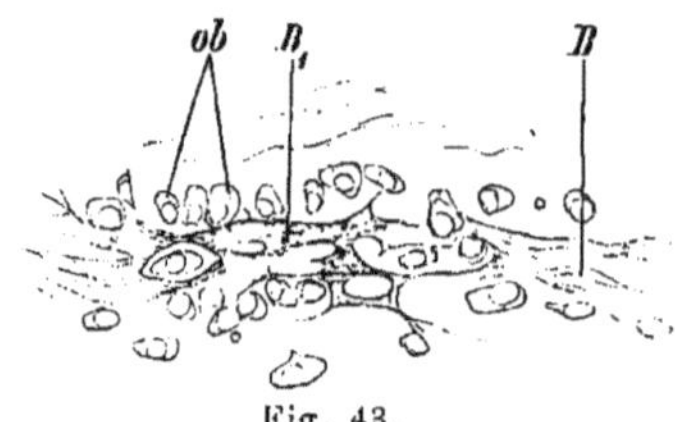

Fig. 43.

Aus einem Flächenschnitt des Scheitelbeines eines menschlichen Embryo. 240 mal vergr. *B* Bindegewebsbündel bei B_1 verkalkt, *ob* Osteoblasten. Technik Nr. 24.

Im Vorstehenden sind nur die an die erste Entstehung des Knochens geknüpften mikroskopischen Vorgänge beschrieben. Das weitere Wachsthum der Knochen erfolgt nun z. B. an Röhrenknochen in der Weise, dass das Längenwachsthum durch Ausdehnung des primordialen Markraumes und enchondrale Ossification auf Grund des immer wachsenden Knorpels, das Dickenwachsthum durch Anlagerung immer neuer periostaler Knochenschichten sich vollzieht.[1])

Platte Bindegewebsknochen wachsen durch Bildung immer neuer Knochenmassen an den Rändern (flächenhaftes Wachsthum) und an den Oberflächen (Dickenwachsthum). Das Wachsthum aller Knochen erfolgt indessen wahrscheinlich nicht allein durch Anlagerung neuer Knochenschichten („**appositionelles**“ Wachsthum), sondern auch durch Expansion der bereits gebildeten Knochensubstanz („**interstitielles**“ Wachsthum).

[1]) Bezüglich Auftretens mehrerer Verkalkungspunkte und des Epiphysenfugenknorpels muss auf die Handbücher der makroskopischen Anatomie verwiesen werden.

Endlich muss noch bemerkt werden, dass die einmal gebildete Knochensubstanz keineswegs bestehen bleibt, sondern zum Theil sehr frühzeitig wieder eine Einschmelzung erfährt. Diese Einschmelzung findet nicht nur zur Bildung der Hohlräume der Röhrenknochen und an typischen Resorptionsflächen, sondern auch an solchen Stellen statt, an denen später noch einmal neue Knochensubstanz gebildet wird. (Vergl. Technik Nr. 21).

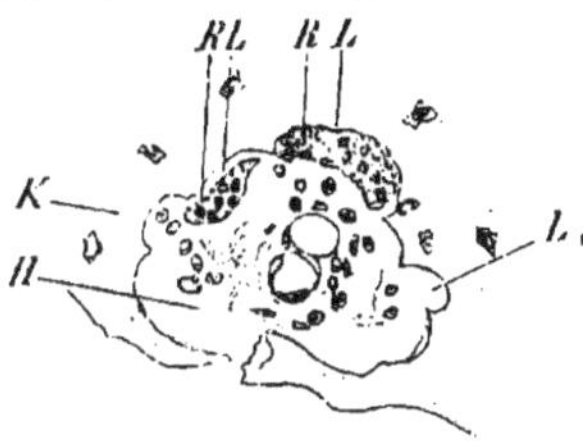

Fig. 44.

Aus einem Querschnitt des Humerus einer neugeborenen Katze. 240mal vergröss. Havers'sches Kanälchen zwei Gefässe und Markzellen enthaltend. *K* Knochen. *L* Howship'sche Lakunen, in denen *R* Riesenzellen (Ostoklasten) liegen. L_1 leere Lakune. Technik Nr. 24.

Ueberall, wo eine Resorption von Knochensubstanz stattfindet, sieht man Riesenzellen in grubigen Vertiefungen (Howship'sche Lakunen) des Knochens gelegen. Die Riesenzellen führen hier den Namen „Ostoklasten".

TECHNIK.

Nr. 4. Gallertartiges Bindegewebe. Man fixire den Nabelstrang 3 bis 4 monatlicher menschlicher Embryonen (oder 3—6 cm langer Schweinsembryonen) in 100 ccm Müller'scher Flüssigkeit (pag. 12) 3—4 Wochen und härte in ca. 30 ccm allmählig verstärkten Alkohols. Der Strang wird noch immer sehr weich sein; um brauchbare Querschnitte von ihm zu erhalten, muss er in Leber geklemmt und beim Schneiden mit den Fingern etwas zusammengepresst werden; die Schnitte färbe man in Pikrocarmin (12 Stunden) oder mit Haematoxylin (5 Minuten). Man betrachte das Objekt in einem Tropfen destillirten Wassers (Fig. 25); in Glycerin oder in Damarfirniss sind die feinen Zellenausläufer und die Bindegewebsbündel unsichtbar. In der Nähe der Gefässdurchschnitte sind die Zellennetze weniger schön. Man wähle deshalb von den Gefässen entfernte Stellen. Je älter der Embryo war, um so grösser ist die Zahl der Bindegewebsbündel. Zum Conserviren nehme man dünnes Glycerin.

Nr. 5. Fibrilläres Bindegewebe, Bindegewebsbündel. Intermuskuläres Bindegewebe, z. B. das dünne zwischen M. serratus und den Mm. intercost. liegende Blatt wird in kleinen, 1—2 cm langen Streifen abpräparirt, ein kleines Stückchen davon auf dem trockenen Objektträger mit Nadeln rasch ausgebreitet (s. „halbe Eintrocknung" Nr. 36 a) und mit einem Tropfen Kochsalzlösung und einem Deckglas bedeckt. Man sieht die wellig verlaufenden, blassen Bindegewebsbündel (Fig. 22); bei einiger Uebung kann man auch die schärfer contourirten, glänzenden elastischen Fasern schon jetzt unterscheiden, an günstigen Stellen auch die Kerne der Bindegewebszellen.

Nr. 6. Zellen des fibrillären Bindegewebes macht man sichtbar durch Zusatz eines Tropfens Pikrocarmin zu Präp. Nr. 5 unter dem Deckglas (pag. 24). In den meisten Fällen wird man nur den rothen Kern der Zelle wahrnehmen, besonders dann, wenn die Zelle ganz auf dem Bindegewebsbündel aufliegt (Fig. 26 *A* 3). In selteneren Fällen sieht man auch den blassgelben, verschieden gestalteten Leib der Zelle (Fig. 26 *A* 1 u. 2).

Nr. 7. Fibrillen. Man lege ein ca. 2 cm langes Stück einer Sehne in 100 ccm gesättigter wässeriger Pikrinsäurelösung. Am andern Tage reisse man mit zwei Pincetten die Sehne der Länge nach etwas auf, entnehme dem Innern der Sehne ein ca. 5 mm langes Bündel und ziehe dasselbe auf trockenem Objektträger (vergl. Nr. 36 a) auseinander, bedecke alsdann mit einem Tropfen destill. Wassers und einem Deckglas und untersuche mit starker Vergrösserung; die Fibrillen erscheinen als feinste, blasse Fäserchen.

Nr. 8. Umspinnende Zellen. Man schneide von dem in dem Circul. art. Willisii ausgespannten Bindegewebe ein ca. 1 □ cm grosses Stückchen mit der Scheere aus, wasche es in einem Uhrschälchen mit Kochsalzlösung kurz ab und breite es in einem Tropfen dieser Lösung mit Nadeln aus. Deckglas! Schon bei schwacher Vergrösserung wird man ausser zahlreichen feinen Blutgefässen und gewöhnlichen Bindegewebsbündeln schärfer contourirte, glänzende Bündel finden, welche sich deutlich von dem übrigen Bindegewebe abheben und bei Anwendung stärkerer Vergrösserung und enger Blende sich ebenfalls aus fibrillärem Bindegewebe bestehend erweisen. Ein solches Bündel stelle man ins Gesichtsfeld und leite dann einige Tropfen Essigsäure unter das Deckglas (pag. 24). Sobald die Säure das Bündel erreicht, quillt es auf, die fibrilläre Zeichnung verschwindet, statt dessen erscheinen langgestreckte Kerne. Die Aufquellung ist keine regelmässige, sondern durch Einschnürungen in verschieden grosse Abschnitte getheilt. Bei schwacher Beleuchtung sieht man die die Einschnürung bedingenden „Fasern" (Zellenfortsätze) (Fig. 26 *B*). Zum Nachweis der Zellen selbst nehme man das gleiche Objekt von Neugeborenen. Die Behandlung ist dieselbe, wie beim Erwachsenen.

Nr. 9. Fettgewebszellen. Man nehme aus der Achselhöhle eines recht abgemagerten Individuums ein kleines Stückchen des röthlich-gelben gelatinösen Fettes, breite davon ein linsengrosses Stückchen in möglichst dünner Schicht mit Nadeln schnell auf einem trockenen Objektträger aus, setze dann rasch einen Tropfen Kochsalzlösung zu und bedecke mit dem Deckglas. Dünne Stellen zeigen Fettzellen, wie in Fig. 13. *B.*; man kann unter dem Deckglas mit Pikrocarmin (pag. 24) färben und in verdünntem Glycerin conserviren. Gewöhnliche Fettzellen, von beliebigen Stellen des Körpers genommen, untersuche man gleichfalls in Kochsalzlösung. Man betrachte die kugeligen Zellen bei wechselnder Einstellung (vergl. Fig. 13. *A.*).

Nr. 10. Feine elastische Fasern sind leicht zu erhalten, wenn man Präp. Nr. 5 anfertigt und einige Tropfen Essigsäure unter das Deckglas zufügt (pag. 24). Die Bindegewebsbündel quellen bis zu vollkommener Durchsichtigkeit auf, die elastischen Fasern bleiben dagegen unverändert und treten scharf contourirt hervor (Fig. 23 *A*).

Nr. 11. Stärkere elastische Fasern erhält man durch Zerfasern eines ca. 1 cm langen, stecknadeldicken Stückchens des frischen Nackenbandes eines Rindes in einem Tropfen Kochsalzlösung (Fig. 23 *B*). Man kann das Präparat mit Pikrocarmin färben (pag. 24) und in verdünntem Glycerin conserviren.

Nr. 12. Querschnitte starker elastischer Fasern erhält man, indem man ein ca. 10 cm langes, 1—2 cm dickes Stück des Nackenbandes trocknet (nach 4—6 Tagen schon brauchbar) und behandelt wie Nr. 14.

Nr. 13. Gefensterte Membranen erhält man, indem man Stückchen (von 5mm Seite) des Endocards abpräparirt, in einem Tropfen Wasser auf den Objektträger bringt und 1—2 Tropfen Kalilauge unter das Deckglas fliessen lässt (pag. 24). Man betrachte die Ränder des Präparates (Fig. 24).

Auch die Art. basilaris gibt gut gefensterte Membranen; man schneidet ein ca. 1 cm langes Stück der Arterie ab, bringt es auf den Objektträger, öffnet es der Länge nach mit der Scheere, setzt einen Tropfen Wasser zu und sucht durch Schaben mit einem Scalpell die Arterie in Lamellen zu zerlegen, was leicht gelingt. Deckglas, Kalilauge zufliessen lassen (p. 24). Die kleinen Löcher der Membran sehen wie glänzende Kerne aus.

Nr. 14. Sehnen. Man schneide ein 5—10 cm langes Stück einer Sehne aus und lasse dasselbe an der Luft (nicht an der Sonne) trocknen. Dünne Sehnen (z. B. die des M. flexor. digit. pedis) sind bei Zimmertemperatur schon nach 24 Stunden hinreichend trocken, dickere bedürfen mehrere Tage. Dann stelle man mit dem Scalpell (nicht mit dem Rasirmesser) eine glatte Querschnittfläche dar, und schnitzle feine Spähne von der Sehne, indem man den Daumen der rechten Hand an die eine Seite der Sehne, das von den übrigen Fingern gehaltene Scalpell an die andere Seite der Sehne ansetzt. Die meist sehr kleinen Spähne werden in ein Schälchen mit Wasser geworfen und nach 2 Minuten in 3 ccm Pikrocarmin (5 Minuten lang) gefärbt und in verdünntem Glycerin (pag. 21) eingeschlossen (Fig. 27 *A*). Sehr häufig sieht man auf dem Querschnitt eine das ganze Präparat durchziehende Streifung, welche durch die Messerführung entstanden ist.

Einen zweiten Schnitt bringe man ungefärbt in einem Tropfen Wasser auf den Objektträger und lasse dann unter dem Deckglas einen Tropfen Essigsäure zufliessen. Die Randpartien des Querschnittes werden alsbald zu gewundenen Bändern aufquellen.

Nr. 15. Zum Studium des feineren Baues der Sehne, der Zellen und ihrer Ausläufer lege man möglichst frische, dünne Sehnen (z. B. vom M. palmar. long.) in ca. 3 cm langen Stücken in 200 ccm 0,5 % Chromsäure auf mindestens 4 Wochen. Mehrmaliger Wechsel der Chromsäure während dieser Zeit zu empfehlen. Dann werden die Stücke 1—2 Stunden in (womöglich fliessendem) Wasser ausgewaschen und in 40 ccm allmählig verstärkten Alkohols gehärtet (pag. 13). Die Querschnitte sind mit sehr scharfem Messer anzufertigen, denn oft sind die Sehnen noch sehr spröde und blättern beim Schneiden. Die Schnitte selbst brauchen nicht sehr dünn zu sein. Man conservire sie ungefärbt in verdünntem Glycerin. Schon schwache Vergrösserung ergibt zierliche Bilder, die bei auffallendem Lichte (bei verhülltem Spiegel) sehr gut aussehen. Starke Vergrösserungen zeigen Bilder wie Fig. 27 *B*. Die schwarzen, zackigen Hohlräume (z) sind theilweise von den Sehnenzellen eingenommen.

Nr. 16. Hyaliner Knorpel. Man schneide den sehr dünnen Schwertfortsatz des Frosches mit einer Scheere aus, bringe ihn auf einen trockenen Objektträger, bedecke ihn mit einem Deckglas und untersuche rasch mit starker Vergrösserung. Die Knorpelzelle füllt die Knorpelhöhle vollkommen aus. Fig. 29 A. Bei längerer Beobachtung lasse man einen Tropfen Kochsalzlösung zufliessen.

Nr. 17. Hyaliner Rippenknorpel. Ohne weitere Vorbereitung lassen sich mit trockenem Rasirmesser feine Schnitte anfertigen, die man in einigen Tropfen Wassers unter Deckglas bringt. Man suche sich die im Durchschnitt des Rippenknorpels glänzenden Stellen aus, welche die starren Fasern enthalten. (Fig. 29 B).

Will man conserviren, so lasse man einige Tropfen verdünnten Glycerins zufliessen.

Zu Färbungen sind frische Knorpel wenig geeignet, man lege sie zuvor in Alkohol abs. oder in Müller'sche Flüssigkeit und dann in Alkohol (pag. 13) und färbe endlich mit Haematoxylin (pag. 16). Einschluss in Damarfirniss hellt stark auf und lässt die feineren Details verschwinden.

Nr. 18. Elastischer Knorpel. Man nehme einen Giessbeckenknorpel des Menschen (besser noch des Rindes); die gelbliche Farbe des Proc. vocal. verräth den elastischen Knorpel. Man schneide so, dass die Grenze zwischen elastischem und hyalinem Knorpel in den Schnitt fällt und betrachte die Schnitte in Wasser. Conservirung wie Nr. 17. Die Entwickelung der elastischen Fasern lässt sich oft auch noch an Knorpeln erwachsener Personen, besonders an Epiglottis und am Proc. vocal. cartil. arytän. studiren. (s. Fig. 30 1.)

Nr. 19. Bindegewebsknorpel. Ligam. intervertebr. des erwachsenen Menschen wird in Stücke von 1—2 cm Seite zerschnitten, in 100 ccm Kleinenberg'scher Pikrinsäure (pag. 12) 24 Stunden lang fixirt und in 50 ccm allmählig verstärkten Alkohols gehärtet (pag. 13). Nach 3tägigem Liegen in 90 % Alkohol in toto mit Boraxcarmin gefärbt (pag. 17), wieder in Alkohol gehärtet und geschnitten. Conserviren in Damarfirniss (Fig. 31). Schnitte durch Randpartien ergeben auch hyalinen Knorpel; Schnitte durch centrale Theile der Bandscheibe zeigen die (pag. 52) erwähnten Gruppen von Knorpelzellen.

Nr. 20. Knochenschliffe. Die zu Schliffen zu verwendenden Knochen dürfen nicht vor der Maceration getrocknet sein, sondern müssen frisch auf mehrere Monate in Wasser, das mehrmals gewechselt wird, eingelegt werden. Dann werden sie getrocknet, ein Stück zwischen zwei Korkstücken oder zwischen Tuch in einen Schraubstock geklemmt und mit einer Laubsäge ein 1—2 mm dickes Blatt der Quere resp. der Länge nach abgeschnitten. Das Blatt wird mit Siegellack auf die Unterfläche eines Korkstöpsels fest angeklebt (der Siegellack muss das Blatt rings umgeben), das Ganze einen Moment in Wasser getaucht und dann mit einer flachen, feinen Feile ganz eben gefeilt; dann löst man durch Erwärmen des Siegellacks das Knochenblatt ab und klebt es mit der andern, geebneten Seite auf den Stöpsel. Jetzt wird das Blatt mit der Feile so lange bearbeitet, bis es so dünn geworden ist, dass der Siegellack durchscheint. Alsdann bringt man das Ganze in 90 % Alkohol, wo sich binnen wenigen Minuten das Knochenblatt leicht ablösen lässt. Nun nimmt man einen groben Schleifstein, befeuchtet ihn mit Wasser, stellt durch Reiben mit einem zweiten Schleifstein etwas Schmirgel her, legt das Knochenblatt hinein und schleift es auf beiden Seiten in kreisförmiger Bewegung, indem man einen glatten (keine Risse tragenden) Korkstöpsel einfach auf das Knochenblatt aufsetzt; ein Ankleben des Blattes ist nicht nöthig. Hat der Schliff die nöthige Dünne erreicht — man überzeugt sich davon, indem man ihn zwischen Filtrirpapier abtrocknet und dann bei schwacher Vergrösserung betrachtet —, dann glättet man ihn auf einem feinen Schleifstein (die Manier ist dieselbe wie das Schleifen auf dem groben Steine) auf beiden Seiten, trocknet ihn dann mit Filtrirpapier ab und polirt ihn. Zu letzterem Zwecke nagele man ein Stückchen Rehleder (Waschleder) glatt auf ein Brett, bestreiche das Leder mit Kreide, und reibe den mit etwas Speichel an die Fingerspitze geklebten Schliff auf und ab. Der bisher matte Schliff wird dadurch eine glänzende Oberfläche erhalten. Zuletzt entferne man die anhaftende Kreide durch Streichen auf reinem Waschleder. Der fertige Schliff wird trocken unter ein Deckglas gebracht, welches man mit Kitt (pag. 21) umrahmt. (Fig 32.)

Nr. 21. Für Havers'sche Kanälchen und Knochenlamellen mache man Längs- und Querschnitte durch Knochen, welche man nach vorhergegangener Fixirung und Härtung in 3—9 % Salpetersäure entkalkt (pag. 14) und dann wieder gehärtet hat. Man wählt dazu einen Metacarpusknochen eines völlig erwachsenen Individuums: compakte Stücke grösserer Knochen (z. B. des Femur) erfordern zu lange Zeit (mehrere Wochen) zur Entkalkung. Das Periost lasse man am Knochen sitzen. Für Längsschnitte der Havers'schen Kanäle müssen sehr dicke (0,5 mm und mehr) Schnitte angefertigt werden, welche in verdünntem Glycerin zu conserviren sind (Fig. 34). Für Querschnitte und Lamellensysteme braucht man ebenfalls keine sehr dünnen Schnitte; die Lamellen sieht man am besten, wenn man den Schnitt in einigen Tropfen destillirten Wassers betrachtet und den Spiegel so dreht, dass das Objekt nur halb beleuchtet ist; dann sieht man auch die von den Knochenkanälchen herrührenden feinen Streifen, die senkrecht zu den Lamellen verlaufen (Fig. 35). Man conservire in verdünntem Glycerin, das indessen die Lamellensysteme theilweise undeutlich macht. Nicht jede Stelle des Knochens zeigt sämmtliche Lamellensysteme; so fehlen häufig die äusseren und auch die inneren Grundlamellen; macht man Schnitte nahe den Epiphysen, so sieht man, wie sich die compakte Substanz in die Bälkchen der Substantia spongiosa fortsetzt.

Nicht selten findet man, dass die concentrischen Ringe der Havers'schen Lamellen durch eine unregelmässige Linie unterbrochen werden. Bis zu dieser Linie war der schon gebildete Knochen wieder resorbirt worden (pag. 61). Alles, was innerhalb der Linie liegt, ist neuangesetzte Knochenmasse. Diese Bildungen sind unter dem Namen der Havers'schen Räume bekannt (Fig. 35 *h*).

No. 22. Knochenmark. Man verschaffe sich aus dem Schlachthause einen halbirten Wirbel eines frisch getödteten Kalbes, kratze mit einem Skalpell die spongiöse Knochensubstanz ab und nehme von der nun blosgelegten tieferen Schichte der Spongiosa etwas von dem rothen Knochenmark heraus. Man wird nur sehr wenig, die Spitze des Messers eben bedeckendes Mark erhalten; zwei, drei Messerspitzen voll genügen. Sie werden in einem Tropfen Kochsalzlösung auf den Objektträger gebracht, umgerührt und nachdem man ein Stückchen Haar auf das Präparat gelegt hat, mit einem Deckglas bedeckt. Gewöhnlich liegen einige Knochenbälkchen der Spongiosa im Präparat, die ein glattes Auflegen des Deckglases verhindern; die grösseren Bälkchen sind vor dem Bedecken vom Präparat mit der Nadel zu entfernen. Untersucht man dann mit starker Vergrösserung, so sieht man ausser den erwähnten kleinen Knochenbälkchen, Fettzellen und rothen Blutkörperchen Markzellen in verschiedener Grösse und Riesenzellen, aber nicht oder nur selten deren Kerne (Fig. 36. *1*). Nun lässt man einige Tropfen Pikrocarmin zufliessen (pag. 24); die Kerne werden schon nach 1—2 Minuten roth, sind aber noch blass (Fig. 36. *2*). Ersetzt man das Pikrocarmin erst durch Kochsalzlösung und dann durch verdünntes, angesäuertes Glycerin (pag. 24), so werden die Kerne dunkel, scharf contourirt (Fig. 36. *3*). Das zugefügte Haar verhindert das Wegschwimmen vieler Zellen.

Nr. 23. Sharpey'sche Fasern. Man entkalke (pag. 14) einen gehärteten Humerus (mit Periost) eines neugeborenen Menschen[1]) in 3%iger Salpetersäure (6 Ccm Salpetersäure, 200 Aq. dest.) und mache feine Querschnitte durch die Diaphyse, welche man in einem Tropfen Kochsalzlösung zerzupft. Bei starker Vergrösserung sieht man an einzelnen Stellen die blassen

[1]) Metacarpus eines Kalbes ist ebenfalls zu empfohlen.

Fasern frei herausstehen (Fig. 37 A). Auch an nicht zerzupften Schnitten sind die Fasern zu sehen, doch gehört dazu etwas Uebung, da die Fasern ungemein blass sind und sich wenig von der Umgebung abheben.[1]) Man findet an Querschnitten der Länge, sowie der Quere nach durchschnittene dicke Fasern (Fig. 37 B, C). Färbungen bieten wenig Vortheil, da Fasern und Knochen sich gleich färben. Man wähle Pikrocarmin und conservire in verdünntem (nicht angesäuertem) Glycerin.

Nr. 24. Zu Präparaten über Knochenentwickelung sind menschliche Embryonen aus dem 4—5. Monat und thierische Embryonen, Schaf, Schwein oder Rind von 10—14 cm Länge[2]) geeignet. Letztere sind unschwer aus Schlachthäusern zu beschaffen. Man bestelle sich die ganzen Uteri („Tragsäcke"). Man lege die ganzen Embryonen (2—3 Stück in 1 Liter) in Müller'sche Flüssigkeit auf 4 Wochen. Oefter wechseln (pag. 11). Dann lege man dieselben auf 1 Stunde in (womöglich fliessendes) Wasser und härte sie in 200—400 ccm allmählig verstärkten Alkohols (pag. 13). Nachdem die Embryonen 1 Woche oder länger in 90%igem Alkohol gelegen haben, schneide man den Kopf, die Extremitäten dicht am Rumpfe[3]) ab und lege sie zum Entkalken (pag. 14) in ca. 200 ccm destillirten Wassers, welchem man 2—4 ccm reiner Salpetersäure zugesetzt hat. Nach 2—5 Tagen, während welcher man die Entkalkungsflüssigkeit etwa 3mal gewechselt hat, werden die Extremitäten herausgenommen (der Kopf wird noch nicht ganz entkalkt sein und muss noch einige Tage in der 2%igen Salpetersäure liegen bleiben), in (womöglich fliessendem) Wasser 1—2 Stunden ausgewaschen und abermals in allmählig verstärktem Alkohol (pag. 13) gehärtet. Nach etwa 5tägigem Liegen in 90%igem Alkohol schneide man die Extremitäten in ca. 1 cm lange Stücke, die man, wenn sie noch zu weich sein sollten, auf 1—2 Tage in ca. 30 ccm Alkohol. absol. einlegen kann.

Zu Präparaten über die ersten Vorgänge der Knochenentwicklung (Fig. 38, 39, 40, 43) mache man von der Beugeseite zur Streckseite gerichtete (sagittale) Längsschnitte durch die in Leber eingeklemmten Phalangen und die (bei den genannten Thieren sehr langen) Metacarpen; gute Schnitte müssen die Axe der Extremitäten treffen, Randschnitte geben unklare Bilder.

Für vorgeschrittenere Stadien mache man vorzugsweise Querschnitte durch Humerus und Femur. Schnitte durch die Diaphyse liefern mehr perichondralen, Schnitte durch die Epiphysen mehr enchondralen Knochen.

Die schönsten Osteoblasten erhält man an Unterkieferquerschnitten, die auch zu Präparaten über Zahnentwicklung zu verwerthen sind.

Für noch spätere Stadien sind Skeletstücke neugeborener Thiere zu verwenden, deren Phalangen zum Theil noch ziemlich frühe Vorgänge erkennen lassen.[4]) Die Entkalkung nimmt hier etwas mehr Zeit (— 8 Tage) in Anspruch.

Für Bindegewebsknochen lege man Flachschnitte durch Scheitel- und Stirnbein der Embryonen.

Sämmtliche Schnitte werden auf ca. 10 Minuten in ca. 4 ccm Haematoxylin (pag. 16) eingelegt, auf 10 Minuten in ca. 10 ccm destillirten Wassers übertragen, dann 10 Minuten lang in ca. 4 ccm Pikrocarmin (pag. 18) gefärbt, auf ¼—1 Stunde in ca. 20 ccm destillirten Wassers gebracht und zur Conservirung in Alkohol absol., Lavendelöl, Damarfirniss (pag. 21) eingelegt.

[1]) In der Figur 37 sind die Fasern zu deutlich gezeichnet.
[2]) Von der Schnauzenspitze bis zur Schwanzwurzel gemessen.
[3]) Stücke der Wirbelsäule, Rippen geben ebenfalls instruktive Bilder.
[4]) Die Carpalknochen zeigen noch die ersten Anfänge.

Ist die Färbung gelungen, so sind Knorpel (besonders die verkalkten Partien) blau, Knochen roth. Zuweilen färbt sich der Knorpel nicht lebhaft blau, alsdann lege man die Schnitte anstatt in die gewöhnliche Haematoxylinlösung in 5 ccm destill. Wassers + 5 Tropfen der filtrirten Haematoxylinlösung. Nach 6—14 Stunden wird der Knorpel blau sein. Die Pikrocarminfärbung des Knochens ist oft nicht gleichmässig, die jüngsten Knochenpartien, z. B. die Ränder der Knochenbälkchen sind oft am lebhaftesten gefärbt.

II. Organe der activen Bewegung.

1. Quergestreifte Muskulatur.

Nachdem die Elemente der quergestreiften Muskeln schon oben (p. 37) geschildert worden sind, erübrigt nurmehr die Vereinigung der Fasern zu Muskeln, ihre Verbindung mit Sehnen und fibrösen Häuten, sowie ihre Gefässe und Nerven zu besprechen.

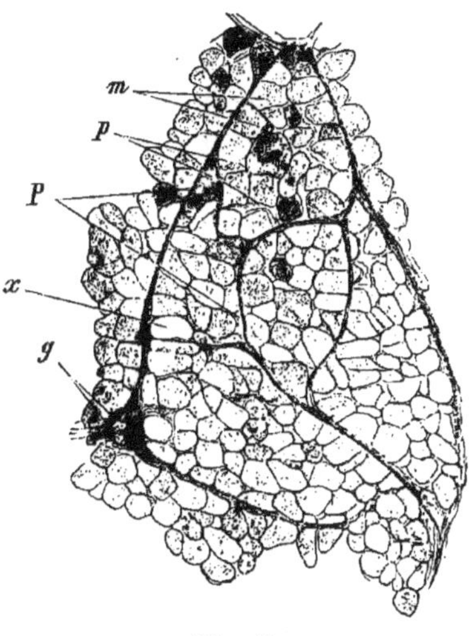

Die Vereinigung der Muskelfasern unter einander erfolgt in der Regel der Art, dass sich dieselben der Länge nach neben und hinter einander legen und durch lockeres Bindegewebe, das Perimysium, zusammengehalten werden; quere Durchflechtungen kommen nur selten (z. B. in der Zunge) vor. Niemals berühren sich benachbarte Muskelfasern direkt, sondern jede einzelne Muskelfaser ist von einer zarten, bindegewebigen Hülle, dem Perimysium der einzelnen Muskelfaser (Fig. 45 *p*) umgeben, welche mit den Nachbarhüllen zusammenhängt.

Fig. 45.

Stück eines Querschnittes durch einen Schenkelmuskel (Adductor) des Kaninchens, 60mal vergr. *P* Perimysium intern., bei *g* zwei Blutgefässdurchschnitte enthaltend. *m* Muskelfasern; sie sind an vielen Stellen auseinandergewichen, so dass man *p* das Perimysium der einzelnen Muskelfasern sehen kann. Bei *x* ist eine Muskelfaserquerschnitt herausgefallen. Technik Nr. 31.

Indem eine sehr verschieden grosse Anzahl von Fasern durch eine etwas dickere Bindegewebshülle (Perimysium intern. *P*) umfasst wird, kommt es zur Bildung eines Muskelbündels.

Eine Summe von Muskelbündeln[1]) bildet alsdann einen Muskel, der an seiner Oberfläche von einer noch dickeren Bindegewebshülle, dem Perimysium extern., umgeben wird. Sämmtliche Perimysien hängen unter sich zusammen.

Die Verbindung der Muskeln mit Sehnen und fibrösen Häuten (Periost, Fascien) erfolgt so, dass das Perimysium der einzelnen Muskelfaser in das

[1]) Die Eintheilung in secundäre Bündel, die in einer gewissen Anzahl tertiäre Bündel bilden, aus deren Vereinigung endlich ein Muskel sich aufbauen soll, ist eine durchaus willkürliche und lässt sich an vielen Präparaten gar nicht erkennen.

Gewebe der Sehne (resp. des Periosts etc.) übergeht; das Sarcolemm hat dabei keinen Antheil, sondern endet, der Muskelfaser eng anliegend, als ein geschlossener Schlauch (Fig. 46).

Das Perimysium besteht aus fibrillärem Bindegewebe, elastischen Fasern, enthält zuweilen Fettzellen und ist der Träger der Nerven, Blut- und Lymphgefässe. Im Perimysium der einzelnen Muskelfaser sind nur Capillaren und die Endäste der Nerven enthalten.

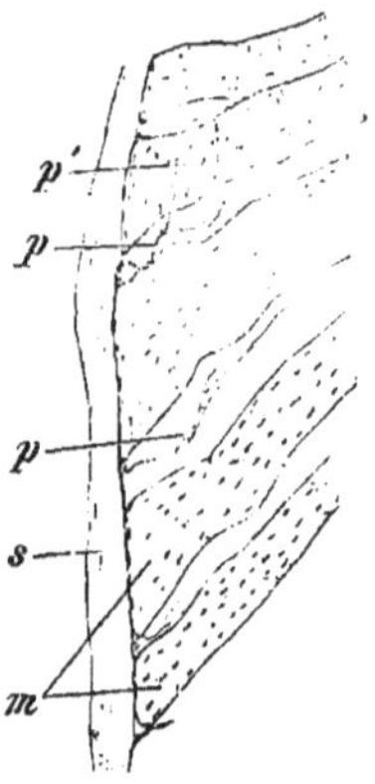

Die Blutgefässe der quergestreiften Muskeln sind sehr zahlreich, die Capillaren gehören zu den feinsten des menschlichen Körpers und bilden ein Netz langgestreckt rechteckiger Maschen. Die Lymphgefässe verlaufen mit den Verästelungen der kleineren Blutgefässe.

Nerven s. b. Nervenendigungen.

Fig. 46.
Stück eines sagittalen Längsschnittes des Musc. gastrocnemius des Frosches 50mal vergr. *s* Sehne, *p* Perimysium der einzelnen Muskelfaser von der Seite, bei *p'* als quere Linien von der Fläche gesehen, *m* Muskelfasern. Technik Nr. 32.

2. Glatte Muskulatur.

Die glatten Muskelfasern sind durch eine strukturlose Kittmasse sehr fest mit einander verbunden. Bindegewebige Scheidewände finden sich nur in grösseren Abständen (Fig. 47).

Die Vereinigung erfolgt entweder zu parallelfaserigen Häuten (Darmmuskeln) oder zu complicirten Flechtwerken (Harnblase, Uterus). Die grösseren Blutgefässe verlaufen in den bindegewebigen Scheidewänden; die Capillaren dagegen dringen zwischen die Fasern selbst ein und bilden dort langgestreckte Netze. Die ähnlich verlaufenden

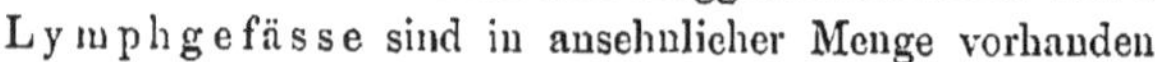

Lymphgefässe sind in ansehnlicher Menge vorhanden.

Nerven s. bei Nervenendigungen.

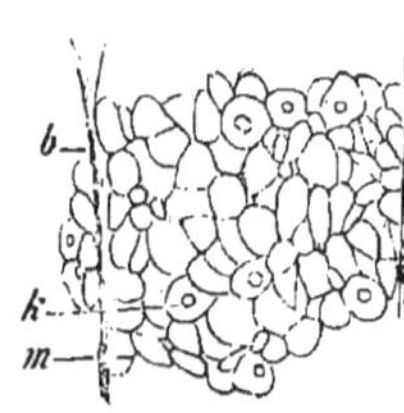

Fig. 47.
Stück eines Querschnittes der Ringmuskelschicht des menschlichen Darmes 600mal vergr. *m* Glatte Muskelfasern, deren Kerne bei *k* quer durchschnitten sind, *b* bindegewebige Scheidewände. Technik Nr. 86.

TECHNIK.

Nr. 25. Quergestreifte Muskelfasern a) des Frosches. Man schneide mit flach aufgesetzter Scheere in der Richtung des Faserverlaufes aus den Adductoren eines soeben getödteten Frosches ein ca. 1 cm langes Muskelstückchen, zerzupfe (pag. 9) einen kleinen, von der Innenfläche des Stückchens entnommenen Theil in einem kleinen Tropfen Kochsalzlösung, setze alsdann einen zweiten grösseren Tropfen derselben Flüssigkeit zu und bedeckt, ohne zu drücken, das Präparat mit einem Deckgläschen. Bei schwacher Vergrösserung (50mal) sieht man die cylindrische Gestalt (Fig. 15), die verschiedene Dicke, zuweilen auch schon die Querstreifung der isolirten Muskelfasern. Bei starker Vergrösserung (240mal) sieht man deutliche Querstreifung, zuweilen blasse Kerne und glänzende Körnchen. Sehr zahlreiche Körnchen enthaltende Muskelfasern sind pathologisch. Da, wo die Muskelfasern quer durchschnitten sind, sieht man nicht selten die Muskelsubstanz pilzförmig aus dem Sarcolemmschlauch hervorquellen.

b) des Menschen. Sehr schöne Querstreifung habe ich oft an menschlichen, dem Präparirsaal entnommenen Muskeln gefunden (Fig. 16. *1*). Die Leichen waren mit Carbolsäure injicirt worden.

Will man conserviren, so färbe man unter dem Deckglas (pag. 24) mit Pikrocarmin und verdränge nach vollendeter Färbung (ca. 5 Min.) dasselbe durch verdünntes Glycerin.

Nr. 26. Sarcolemm. Man lasse zu Präparat 25 a ein paar Tropfen Brunnenwasser zufliessen (pag. 24). Nach 2—5 Minuten sieht man bei schwacher Vergrösserung (50 mal), wie sich das Sarcolemm in Form durchsichtiger Blasen (Fig. 15. *s*) abgehoben hat; an anderen Stellen, wo sich die zerrissene Muskelsubstanz retrahirt hat, erscheint das Sarcolemm als feiner Streifen (Fig. 15. *s'*).

Nr. 27. Kerne. Präparat 25 a anfertigen. Dann lasse man einen Tropfen Essigsäure zufliessen (pag. 24). Schon bei schwacher Vergrösserung erscheinen die geschrumpften aber scharf contourirten Kerne als dunkle, spindelförmige Striche (Fig. 15. *2*).

Nr. 28. Fibrillen. Man lege einen frischen Froschmuskel in 20 ccm Chromsäure 0,1 % (pag. 12). Nach ca. 24 Stunden erhält man beim Zerzupfen in einem Tropfen Wasser Fasern, deren Enden in Fibrillen aufgefasert sind (Fig. 16. *2*). Will man ein Dauerpräparat herstellen, so lege man den Muskel in Wasser (1 Stunde lang), dann in 20 ccm Alkohol 33 % 10—20 St., zerzupfe sofort oder bewahre ihn dann in 70 % Alkohol beliebig lange auf bis zum Verarbeiten. Zerzupfen (weiter s. p. 9). Wenn die Chromsäure durch längeres, mehrwöchentliches Liegen in öfters gewechseltem Alkohol ausgezogen ist, kann man dem Zupfpräparat Pikrocarmin zufliessen lassen (pag. 24) und nach vollendeter Färbung (in feuchter Kammer pag. 24) dieses durch verdünntes Glycerin ersetzen.

Nr. 29. Enden der Muskelfasern. Man lege einen frischen Froschgastrocnemius in 20 ccm concentrirter Kalilauge (Gläschen zudecken). Nach ca. 30—60 Minuten (in kaltem Zimmer etwas später) zerfällt der Muskel bei leichter Berührung mit dem Glasstab in seine Fasern. Tritt diese Wirkung nicht ein, so ist die Lauge zu geringprocentig gewesen (s. pag. 10). Man überträgt nun eine Anzahl Fasern in einem Tropfen derselben Lauge auf den Objektträger (die Fasern können nicht in Wasser oder Glycerin untersucht werden, da die hiedurch verdünnte Kalilauge alsbald die Fasern zerstört) und bedeckt vorsichtig mit einem Deckglas. Man sieht bei schwacher Vergrösserung die Enden der Muskelfasern und zahlreiche, bläschenförmig gewordene, glänzende Kerne (Fig. 15. *3*).

Nr. 30. Verästelte Muskelfasern. Man schneide einem soeben getödteten Frosch die (vorn am Unterkiefer angewachsene, nach hinten freie) Zunge aus und bringe sie in 20 ccm reiner Salpetersäure, welcher ca. 5 gr chlorsauren Kalis (es muss noch ungelöstes Kali am Boden des Gefässes liegen bleiben) zugesetzt sind. Nach ca. 15 Stunden hebt man die Zunge mit Glasstäben vorsichtig heraus und legt sie in ca. 30 ccm dest. Wassers, das man öfter wechselt. Hier kann die Zunge bis zu 8 Tagen liegen bleiben, aber auch schon nach 24 St. verarbeitet werden. Zu dem Zwecke bringt man dieselbe in ein zur Hälfte mit Wasser gefülltes Reagenzgläschen und schüttelt einige Minuten; die Zunge zerfällt dabei. Nun giesst man das Ganze in ein Schälchen und bringt nach ca. 1 Stunde oder später etwas von dem unterdessen gebildeten Bodensatz in einem Tropfen Wasser auf den

Objektträger. Hier kann man mit Nadeln noch etwas isoliren, was jedoch in den meisten Fällen überflüssig ist. Schwache Vergrösserung. Pikrocarminfärbung unter dem Deckglas (pag. 24). Conserviren in verdünntem Glycerin (pag. 24). Fig. 15. 4.

Nr. 31. Bündel quergestreifter Muskeln. Man mache mit einem scharfen Rasirmesser in einen parallelfaserigen Muskel (z. B. in einen Adductor des Kaninchens) einen tiefen, quer zum Faserverlauf gerichteten Einschnitt und 2—3 cm abwärts von diesem einen zweiten Schnitt, verbinde beide durch Längsschnitte und präparire, ohne zu zerren, das so umschriebene Stück vorsichtig heraus. Fixiren in 100 ccm 0,1 % Chromsäure (pag. 12), nach 14 Tagen 2—3 St. in fliessendem Wasser auswaschen, und dann in 50 ccm allmählig verstärkten Alkohols härten (pag. 13). Querschnitte ungefärbt in verdünntem Glycerin betrachten (Fig. 45). Man sieht sehr verschieden dicke Muskelfasern, die ganz dünnen sind querdurchschnittene Enden. Obwohl die Muskelfasern cylindrisch sind, also im Durchschnitt rund sein sollen, erscheinen sie hier durch gegenseitigen Druck unregelmässig polygonal. Die Farbe der Querschnitte ist sehr verschieden, einzelne ganz dunkel, andere ganz hell; der Grund dieser Erscheinung ist mir unbekannt. Das Perimysium der einzelnen Muskelfaser ist besser bei starken Vergrösserungen (240 mal) zu sehen.

Nr. 32. Muskel und Sehne. Man präparire einem soeben getödteten Frosche die Haut des Unterschenkels ab, schneide mit einer Scheere das Bein über dem Kniegelenk (dem Ursprung des M. gastrocnemius) ab und fixire Unterschenkel und Fuss in 50 ccm. Kleinenberg'scher Pikrinschwefelsäure (pag. 12). Nach ca. 24 Stunden direkt in 50 ccm Alkohol 70 % zur allmähligen Härtung (pag. 13); nach ca. 6 Tagen schneide man den M. Gastrocnemius mit einem Stück der Achillessehne ab und bringe ihn zum Durchfärben in Boraxcarmin (pag. 17); dann abermaliges Härten mit 90 % Alkohol. Beim Schneiden (sagittale Längsschnitte) setze man das Rasirmesser zuerst an die auf der Hinterfläche des Muskels befindliche Sehne. Conserviren in Damarfirniss (pag. 21). Die Querstreifung ist an den Muskelfasern oft spurlos verschwunden (Fig. 46).

Nr. 33. Glatte Muskelfasern isolirt man am besten, wenn man ein Stückchen Magen oder Darm eines soeben getödteten Frosches in 20 ccm Kalilauge bringt und weiter behandelt wie Nr. 29. Fig. 14.

III. Organe des Nervensystems.

Nachdem die Elemente des Nervensystems, die Nervenfasern und Nervenzellen schon (pag. 41) beschrieben worden sind, erübrigt noch, die Art und Weise ihrer Vereinigung zum Aufbau des centralen und peripherischen Nervensystems zu schildern.

1. Centralnervensystem.

Rückenmark.

Das Rückenmark besteht aus zwei, schon mit unbewaffnetem Auge unterscheidbaren Substanzen, einer weissen und einer grauen, deren Lagerungsbeziehungen am besten an Querschnitten des Rückenmarks erkannt werden können.

Die weisse Substanz schliesst die graue Substanz rings ein und wird durch einen tiefen vorderen Längsspalt, die Fissura longitudin. anterior und ein hinteres Septum (früher „Fiss. long post.") unvollständig in eine rechte und linke Hälfte getrennt. Jede Hälfte zerfällt durch die Austrittsstellen der vorderen und hinteren Nervenwurzeln in einen grossen Seitenstrang, in einen Vorder- und einen Hinterstrang. Im unteren Hals- und oberen Brusttheile des Rückenmarkes lässt jeder Hinterstrang zwei Abtheilungen unterscheiden, von denen die mediale zarter (Goll'scher, Funic. gracil.), die laterale Keil-Strang (Funiculus cuneatus) heisst.

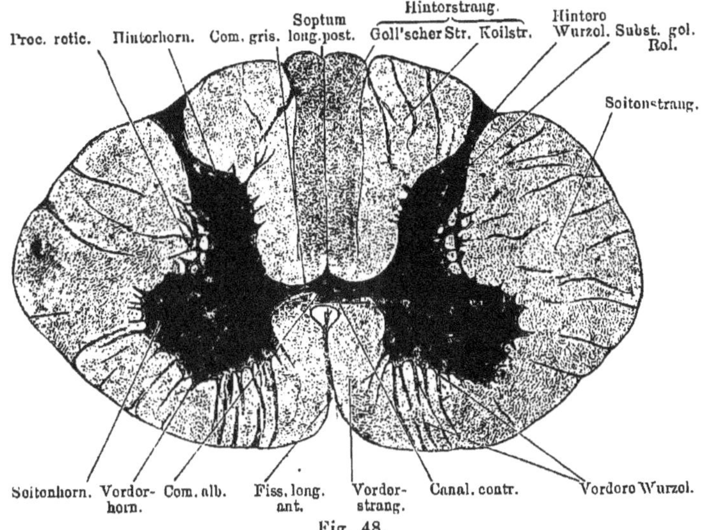

Fig. 48.

Querschnitt des menschlichen Rückenmarkes in der Gegend der unteren Halsnerven, 8 mal vergrössert. Weisse Substanz hell, graue Substanz dunkel. Die in die Seiten- und Hinterstränge sich von aussen hereinziehenden Linien sind gröbere Fortsetzungen der Pia mater. Die grossen Ganglienzellen des Vorder- und Seitenhorns sind schon bei dieser Vergrösserung sichtbar. Technik Nr. 42.

Die graue Substanz erscheint auf dem Querschnitt in Form eines H, besteht also im Ganzen aus zwei seitlichen Säulen, welche durch ein frontal gestelltes Blatt, die graue Commissur, mit einander verbunden werden. An jeder Säule unterscheiden wir ein dickeres Vorderhorn und ein schlankeres Hinterhorn. Am lateralen Theile des Vorderhorns findet sich das, besonders im unteren Halsmark deutlich ausgeprägte, Seitenhorn. Vom vorderen Umfang der Vorderhörner entspringen in mehreren Bündeln die vorderen, vom hinteren Umfang der Hinterhörner die hinteren Wurzeln der Spinalnerven. An der lateralen Seite der Hinterhornbasis finden sich verflochtene Fortsätze der grauen Substanz, der Process. reticularis. Etwas rückwärts von diesem liegt eine, besonders makroskopisch gut wahrnehmbare, gallertartige Masse, die Subst. gelatinosa Rolandi. In der grauen Commissur liegt der Querschnitt des das ganze Rückenmark durchziehenden Centralkanales, welcher von einer ähnlichen Masse, der Substantia gelatinosa centralis, umgeben ist. Der Centralkanal ist 0,05—1 mm weit und nicht selten obliterirt. Der vor dem Centralkanal liegende Abschnitt der grauen Commissur wird vordere, der hinter dem Kanal befindliche Theil hintere Commissur genannt. Die graue Substanz ist im Hals- und Lendentheil des Rückenmarks mächtiger als im Brusttheile entwickelt; dem entsprechen Formvariationen der H-Figur. Das Ende des Conus medullaris besteht nur aus weisser Substanz.

Was den feineren Bau des Rückenmarks betrifft, so besteht die weisse Substanz nur aus markhaltigen Nervenfasern (pag. 41), bei denen die Schwann'sche Scheide jedoch nicht nachweisbar ist. Die Dicke der Fasern ist sehr verschieden; die dicksten Fasern finden sich in den Vordersträngen und an den lateralen Theilen der Hinterstränge, die feinsten in den medialen Theilen der Hinterstränge, und in den Seitensträngen da, wo die weisse Substanz an die graue stösst. In den übrigen Partien sind dicke und dünne Fasern gemischt vorhanden. Die meisten Nervenfasern verlaufen der Längsaxe des Rückenmarks parallel, sind also im Querschnitt quer getroffen. Ausserdem kommen schräg verlaufende Fasern vor. Solche liegen vor der grauen Commissur und bilden, sich spitzwinkelig kreuzend, die weisse Commissur.

Die graue Substanz besteht nicht nur aus Nervenfasern, sondern auch aus Nervenzellen. Die Nervenfasern sind zum Theil markhaltig, zum Theil marklos. Erstere verästeln sich vielfach und treten zum Theil in die weisse Substanz über; ein anderer Theil der markhaltigen Fasern wird zu marklosen Fasern, die endlich in ein sehr feines Gewirr feinster Fibrillen übergehen. Man nimmt an, dass mit diesem Gewirr die Ausläufer der Protoplasmafortsätze der Ganglienzellen (pag. 41) in Verbindung stehen. Die Nervenzellen sind multipolare Ganglienzellen von sehr verschiedener Grösse, deren Axencylinderfortsätze in markhaltige Nervenfasern übergehen. Sie finden sich theilweise vereinzelt, theilweise in Gruppen. Solche Gruppen sind vorzugsweise im Vorderhorn, das auch die grössten Ganglienzellen enthält, gelegen. Im unteren Brust- und oberen Lendentheil des Rückenmarks ist jederseits eine Gruppe von Zellen als Clarke'sche Säule bekannt. Sie befindet sich in der medialen Hälfte des Hinterhorns nahe der grauen Commissur.

Das Stützgerüst des Rückenmarks wird durch zwei genetisch scharf getrennte Bildungen hergestellt: 1) durch Fortsetzungen der bindegewebigen Pia mater, welche als Hüllen von Gefässen in die weisse Substanz eindringen und hier ein Bündel von Nervenfasern umhüllende Scheidewände bilden (s. Fig. 49). Dieses bindegewebige Stützgerüst wird gegen die graue Substanz zu immer dünner und erstreckt sich nicht in diese hinein. 2) Durch den Nervenkitt, Neuroglia, einer weichen, gleichartigen Substanz epithelialer Abkunft. Die Neuroglia ist zwischen den einzelnen Nervenfasern und Ganglienzellen gelegen, wie die Kittsubstanz zwischen Epithelien, und enthält platte oder sternförmig verästelte, kernhaltige Zellen, die **Gliazellen**, in sehr wechselnder Menge. Die Neuroglia gerinnt nach dem Tode und erscheint alsdann in Form eines feinen Netzwerkes. An der Oberfläche des Rückenmarks, des Gehirns und in der Substantia gelatinosa findet sich ebenfalls ein feines Netzwerk, welches auch epithelialer Abkunft ist, aber aus Hornsubstanz besteht: die **granulirte Substanz** oder die **Hornspongiosa**. Auch sie enthält kernhaltige Zellen. Endlich sind noch epithelialer Abkunft die cylindrischen Zellen, welche in einfacher Lage des Lumen des Centralkanales auskleiden. Sie sind in der Jugend mit Flimmerhaaren besetzt; später kommt es nicht selten zu einer vollkommenen Obliteration des Centralkanals, wobei die Cylinderzellen selbst sehr verändert sind. Die nächste Umgebung des Centralkanales (Subst. gel. centr.) besteht nur aus Hornspongiosa. Cylinderzellen und Hornspongiosa werden auch **centraler Ependymfaden** des Rückenmarks genannt. Die Substantia gelat. Roland. enthält neben Hornspongiosa durchtretende Nervenfasern und multipolare Ganglienzellen.

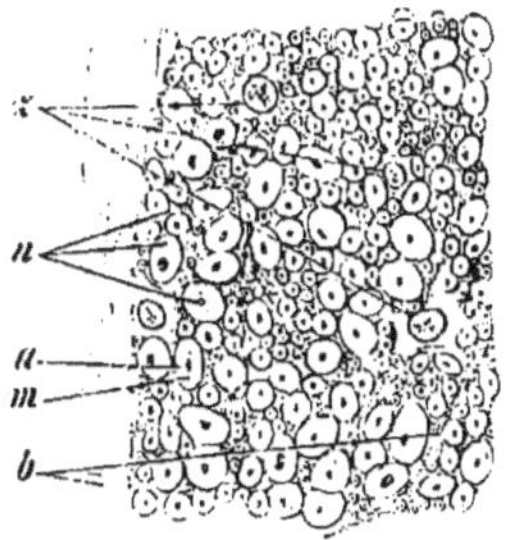

Fig. 49.

Aus einem Querschnitt des menschlichen Rückenmarks. Weisse Substanz. 560mal vergr. *b* Bindegewebe (Pia). *z* Gliazellenkerne. *n* dicke und dünne Nervenfasern der Quere nach durchschnitten, so dass man den Axencylinder *a* und das Mark *m* sieht („Sonnenbildchen"). Technik Nr. 42.

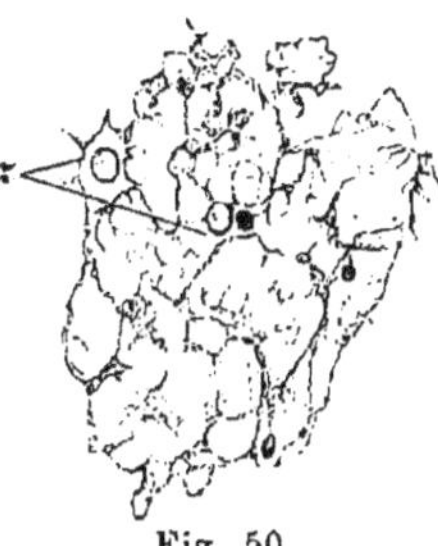

Fig. 50.

Aus einem dünnen Querschnitt des menschlichen Rückenmarks, 560mal vergrössert. Neuroglia mit zwei Gliazellen *z*. Die Nervenfaserquerschnitte sind ausgefallen. Technik Nr. 45.

Gehirn.

Die verhältnissmässig einfache Gruppirung der Theile des Rückenmarks erfährt schon in der Medulla oblongata eine namhafte Complication und zwar durch Umlagerung der schon vorhandenen Gebilde sowie durch Auftreten neuer grauer Substanzmassen, die „Kerne" (z. B. **Nucleus** dentatus olivae) genannt werden. Und doch sind die daselbst bestehenden Complicationen gering zu nennen im Vergleich mit den in Klein- und Grosshirn bestehenden Einrichtungen. Hier reichen die der mikroskopischen Anatomie zur Verfügung stehenden Mittel nicht aus, hier sind wir auf die Hülfe der Entwicklungsgeschichte, sowie auf die Erfahrungen angewiesen, welche wir aus dem Studium des erkrankten Centralnervensystems (der unter gewissen Bedingungen eintretenden secundären Degenerationen) schöpfen. Eine eingehende Benutzung dieser Hülfsmittel, ein Wiedergeben der durch sie gewonnenen Resultate würde von unserem hier gesteckten Ziele weitabführen und den Umfang dieses Buches über Gebühr ausdehnen. Unter diesen Umständen kann die Beschreibung des Gehirnes nur in fragmentarischer Behandlung zur Ausführung gelangen.

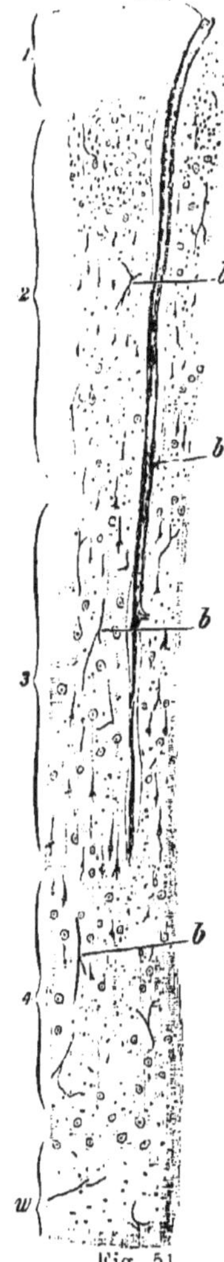

Fig. 51.

Stiick oinos sonkrochton Schnittos dor Grosshirnrinde dos Monschon, 50 mal vorgr. Zollonpräparat. 1. Zollonarmo Schicht. 2. Schicht dor kloinon Pyramidonzollon. 3. Schicht dor grosson Pyramidonzollon. 4. Schicht dor kloinon Norvonzollon. *w* Stroifon dor woisson Substanz. *b* Blutgofässo. Tochnik Nr. 44.

Das Gehirn besteht wie das Rückenmark aus weisser und grauer Substanz, welche hinsichtlich ihres feineren Baues im Ganzen mit jenen des Rückenmarks übereinstimmen. Die Vertheilung der beiden Substanzen aber ist im Gehirn eine viel manchfaltigere, als im Rückenmark.

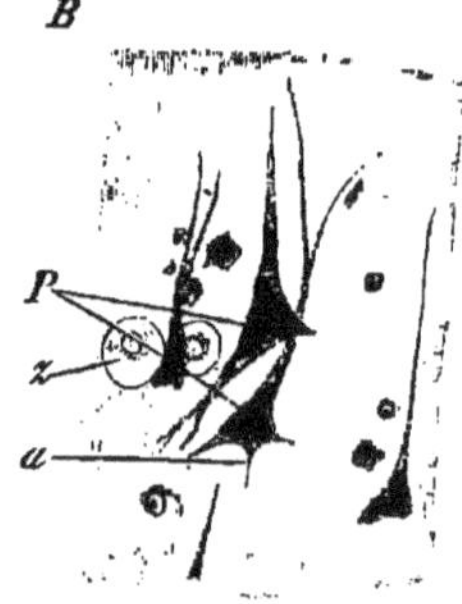

Fig. 52.

Thoile dos Schnittes Fig. 51, 240mal vorgr. *A* Aus dor Schicht dor kloinon Pyramidonzollon (*p*). *B* Aus dor Schicht dor grosson Pyramidonzollen (*P*.) *a* Axoncylinderfortsatz. Die blasigon Zollen *z* sind wahrschoinlich Kunstprodunkte. S. nähoros Tochnik Nr. 44.

Die graue Substanz kommt im Gehirn in vier Anhäufungen vor:

a) Als eine die gesammte Oberfläche der Grosshirnhemisphären überziehende Ausbreitung, die **Grosshirnrinde**,

b) in Form diskreter Herde, welche in den Grosshirnganglien (Streifenhügel, Sehhügel und Vierhügel) ihren Sitz haben,

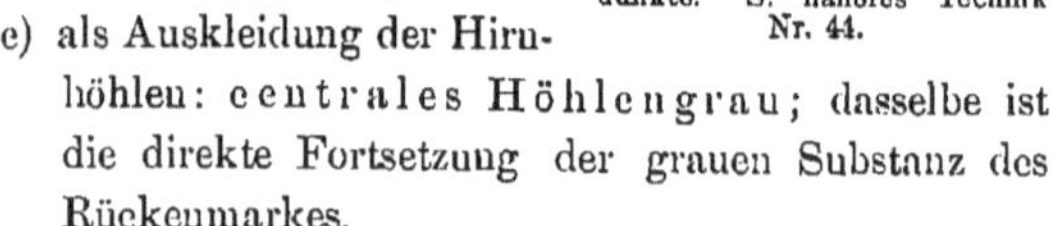

c) als Auskleidung der Hirnhöhlen: **centrales Höhlengrau**; dasselbe ist die direkte Fortsetzung der grauen Substanz des Rückenmarkes,

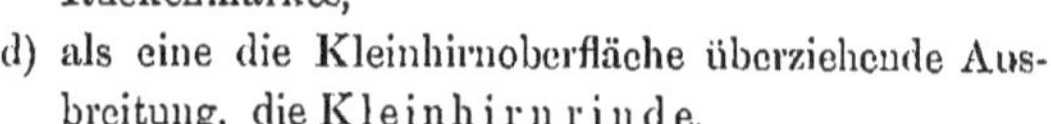

d) als eine die Kleinhirnoberfläche überziehende Ausbreitung, die **Kleinhirnrinde**.

Auch im Innern des Kleinhirns finden sich diskrete Herde.

Alle diese Anhäufungen stehen durch Faserzüge weisser Substanz mit einander in vielfacher Verbindung.

ad a) Grosshirnrinde.

Sie besteht aus zwei Hauptzonen, deren jede wieder in zwei nicht scharf von einander abgegrenzte Schichten zerfällt.

Die **äussere Hauptzone** besteht: 1. aus der **zellenarmen Schicht**; diese enthält nur eine geringe Anzahl kleiner, eckiger Ganglienzellen; ihr Hauptbestandtheil wird gebildet durch markhaltige Nervenfasern von verschiedener Dicke, welche ein dichtes Flechtwerk bilden. Die Richtung der Fasern ist meist eine der Oberfläche parallele.

2. Aus der Schicht der kleinen Pyramidenzellen. Hier finden sich ausser einem Flechtwerk dünner, markhaltiger Nervenfasern und kleinen, unregelmässig gestalteten Ganglienzellen (sog. „Körner") kleine Ganglienzellen von pyramidenförmiger Gestalt; die Spitze derselben ist der Gehirnoberfläche, die Basis, aus welcher der Axencylinderfortsatz entspringt, der weissen Substanz (dem Mark) zugewendet. Zwischen dieser und der nächsten (der inneren Hauptzone angehörigen) Schicht findet sich ein dichtes Flechtwerk markhaltiger Nervenfasern.

Die innere Hauptzone besteht: 1. (3) aus der Schicht der grossen Pyramidenzellen. Diese Ganglienzellen haben die gleiche Form wie die kleinen Pyramidenzellen und unterscheiden sich von diesen nur durch ihre bedeutende Grösse. (Die Länge schwankt zwischen 11 und 120 μ.) Auch in dieser Schicht sind markhaltige Nervenfasern, welche in Bündel vereint, senkrecht in die Höhe steigen, vorhanden. Sie stammen aus der nächstunteren Schicht (4) und lösen sich gegen die Oberfläche der grossen Pyramidenzellenschicht in ein Flechtwerk auf. 2. (4) aus der Schicht der kleinen Nervenzellen. Hier sind zahlreiche kleine Ganglienzellen „Körner") gelegen, an denen bis jetzt noch kein Axencylinderfortsatz nachgewiesen werden konnte. Diese letzte Schicht wird von ansehnlichen Bündeln markhaltiger Nervenfasern durchsetzt, welche von der weissen Substanz, dem Marke, her in senkrechter Richtung in die Höhe steigen.

Ausserdem betheiligen sich an dem Aufbau der Grosshirnrinde noch die von der Pia her eindringenden, Blutgefässe führenden, bindegewebigen Fortsetzungen, ferner Neuroglia (Hornspongiosa) und ein Filz feinster markloser Nervenfasern, der aus den Protoplasmafortsätzen der verschiedenen Ganglienzellen hervorgegangen ist.

ad b) Grosshirnganglien.

Die graue Substanz der Grosshirnganglien besteht aus Ganglienzellen von verschiedener Grösse, markhaltigen Nervenfasern und Neuroglia. Die makroskopisch zu Tag tretenden Farbenunterschiede beruhen auf verschiedenen Mischungsverhältnissen von multipolaren Ganglienzellen und Nervenfasern; Reichthum an Ganglienzellen macht sich durch eine dunkle, rothbraune, Reichthum an Nervenfasern durch eine helle, gelbgraue Farbe bemerklich.

ad c) Centrales Höhlengrau.

Dasselbe erstreckt sich vom Boden der Rautengrube durch den Aquaeductus Sylvii bis in die mittlere Gehirnkammer und bis zu dem Tuber cinereum und dem Infundibulum. Das Höhlengrau ist als die Ursprungsstätte der Hirnnerven besonders bemerkenswerth. Es besteht aus Neuroglia, Nervenfasern und Ganglienzellen, die meist multipolar sind, an einzelnen Stellen aber durch ihre Grösse (z. B. im Hypoglossuskern) oder durch ihre eigenartige Gestalt (kugelige Ganglienzellen im oberen Vierhügelpaar) ausgezeichnet sind.

Wie der Centralkanal des Rückenmarkes von Neuroglia und Cylinderzellen ausgekleidet wird, so wird auch die Fortsetzung desselben (Boden der Rautengrube, Aquaeductus Sylvii, innere Oberfläche der mittleren und der seitlichen Gehirnkammern) von dem Ependym der Ventrikel ausgekleidet, dessen cylindrische oder cubische Zellen bei Neugeborenen und z. Th. auch noch bei Erwachsenen Flimmerhaare tragen.

ad d) Kleinhirnrinde.

Sie besteht aus drei Schichten, von denen die äusserste und die innerste schon makroskopisch, die mittlere dagegen nur mikroskopisch erkennbar ist.

1. Die äusserste „graue" Schichte ist durch ihre graue Farbe charakterisirt. Sie besteht vorwiegend aus Neuroglia (Hornspongiosa) und aus einzelnen Zellen, die wahrscheinlich nicht nervöser Natur sind. Dazu kommt ein dichtes Netzwerk feiner Nervenfasern, welches aus den Verästelungen der Protoplasmafortsätze der Ganglienzellen der

2. mittleren Schicht hervorgegangen ist. Sie besteht nur aus einer einfachen Lage grosser, rundlicher, multipolarer Ganglienzellen („Purkinje'sche Zellen"). Von der der Kleinhirnoberfläche zugewendeten Seite der Zellen gehen meist zwei (Protoplasma-) Fortsätze aus, deren nächste Verästelungen mit der Form eines Hirschgeweihes grosse Aehnlichkeit haben. Von der entgegengesetzten Seite entspringt der Axencylinderfortsatz, welcher die innerste Schichte durchziehend in die weisse Substanz des Kleinhirns übergeht. An der Grenze zwischen äusserster und mittlerer Schicht verlaufen in horizontaler Richtung markhaltige Nervenfasern.

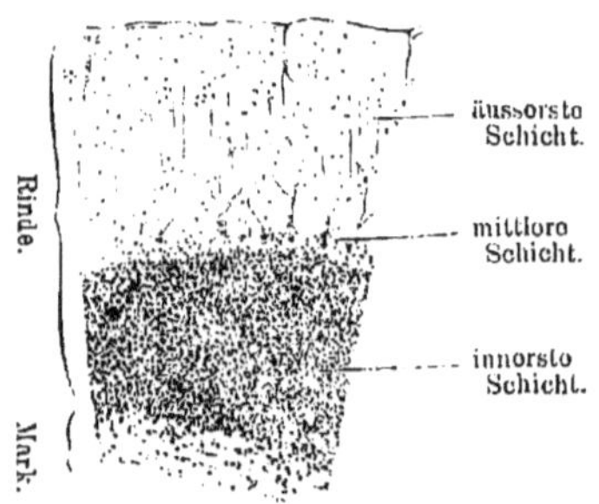

Fig. 53.
Stück eines senkrechten Schnittes durch die Kleinhirnrinde des Menschen, 50mal vergrössert. Technik Nr. 44.

3) Die innerste Schicht (rostfarbene oder Körnerschicht) besteht aus vielen Lagen kleiner Zellen, deren Kern gross, deren Protoplasma nur gering entwickelt ist. Die Zellen sind zum Theil bipolare Ganglienzellen, zum Theil gehören sie wohl auch der Stützsubstanz an. In dieser Schicht findet sich ein Geflecht markhaltiger Nervenfasern.

Die weisse Substanz des Gross- wie des Kleinhirns, das „Mark", besteht abgesehen von den Elementen der Stützsubstanz, durchaus aus markhaltigen Nervenfasern, deren Dicke zwischen 2, 5 und 7 μ schwankt. Die Schwann'sche Scheide fehlt.

Die Hypophysis cerebri besteht aus zwei genetisch verschiedenen Theilen: 1) einem hinteren, kleineren Lappen, der dem Gehirn (Fortsetzung des Infundibulum) angehört, aber nur wenig Nervenfasern, sondern meist

Bindegewebe und Blutgefässe enthält; 2) einem vorderen grösseren Lappen, welcher einer Ausstülpung der embryonalen Mundbucht sein Dasein verdankt. Dieser Lappen enthält eingebettet in lockeres, Gefässe tragendes Bindegewebe, Drüsenschläuche, die meist von kubischen bald helleren, bald dunkleren Epithelzellen ausgefüllt werden (Fig. 54). Ein Lumen ist nur an wenigen Stellen (an der Grenze gegen den kleineren Lappen) vorhanden.

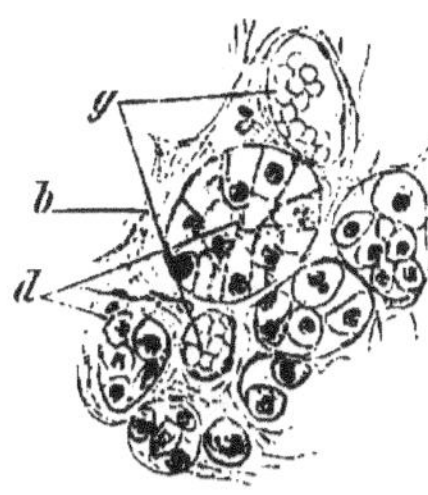

Fig. 54.
Aus einem Schnitt der Hypophysis cerebri des Menschen, 240mal vergrössert. *d* Mit kubischen Zellen ausgefüllte Drüsenschläuche. *g* Blutgefässquerschnitte, Blutkörperchen enthaltend. *b* Bindegewebe. Technik Nr. 42.

Die Zirbeldrüse (Gland. pinealis) ist aus einer Falte der primitiven Hirnwand hervorgegangen und besteht aus (Epithel-) Zellen, die theilweise mit zarten Ausläufern versehen sind, und einer bindegewebigen Hülle, von welcher Fortsetzungen ins Innere der Drüse gehen. In der Zirbeldrüse finden wir fast regelmässig den Hirnsand, acervulus cerebri, sehr verschieden grosse, rundliche Concretionen mit unebener maulbeerartiger Oberfläche (Fig. 55). Sie bestehen aus einer organischen Grundlage und kohlensaurem Kalk nebst phosphorsaurer Magnesia.

Fig. 55.
Hirnsand aus der Zirbeldrüse einer 70jährigen Frau, 50mal vergrössert. Technik Nr. 46.

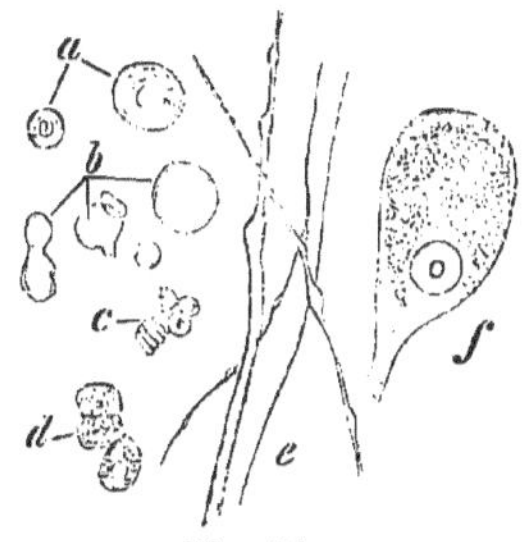

Fig. 56.
Aus einem Zupfpräparat der grauen Schicht des Menschen, 240mal vergrössert. *a* Corpuscula amylacea. *b* Myelintropfen. *c* Rothe Blutkörperchen. *d* Ependymzellen. *e* Markhaltige Nervenfasern. *f* Ganglienzelle. Technik Nr. 47.

Nicht selten (besonders im Alter) finden sich in der Hirnsubstanz runde oder biscuitförmige Körper (Fig. 56 *a*) mit deutlicher Schichtung, welche sich mit Jod und Schwefelsäure violett färben, also dem Amylum verwandt sind. Diese Corpuscula amylacea sind fast regelmässig an den Wänden der Hirnhöhlen, aber auch noch an vielen anderen Orten, sowohl in der grauen, wie in der weissen Substanz vorhanden.

Hüllen des Centralnervensystems.

Zwei bindegewebige Häute umschliessen Hirn und Rückenmark: die harte und die weiche Hirn- (resp. Rückenmarks-) Haut.

Die harte Rückenmarkshaut (Dura mater spinalis) besteht aus straffaserigem Bindegewebe und vielen elastischen Fasern, dazu kommen platte Bindegewebs- und Plasmazellen (s. pag. 48). Ihre innere Oberfläche ist mit einer einfachen Endothelzellenlage überzogen. Sie ist arm an Blutgefässen und Nerven.

Die harte Hirnhaut (Dura mater cerebralis) ist zugleich Periost der inneren Schädelfläche und besteht aus zwei Schichten: 1) aus einer inneren welche der Dura mater spinal. entspricht und ebenso gebaut ist wie diese und 2) aus einer äusseren Schicht, welche dem Periost des Wirbelkanales entspricht. Sie besteht aus den gleichen Elementen, wie die innere Schichte, nur verlaufen die äusseren Fasern in einer die inneren Fasern kreuzenden Richtung. Die äussere Schicht ist reich an Blutgefässen, welche von da in die Schädelknochen eindringen.

Die weiche Hirn- (resp. Rückenmarks-) Haut ist ein zweiblätteriger Sack. Das äussere Blatt („Arachnoidea" der Autoren) ist an seiner freien Oberfläche mit einer einfachen Endothelzellenschicht bekleidet und steht mit der Dura mater in keiner festen Verbindung. Das innere Blatt („Pia mater") liegt der Hirn- (resp. Rückenmarks-) oberfläche fest auf und schickt gefässhaltige Fortsätze in die Substanz dieser. Arachnoidea und Pia sind durch zahlreiche von der Innenfläche der Arachnoidea zur Oberfläche der Pia ziehende Bälkchen und Blättchen mit einander verbunden. Von der Oberfläche der Arachnoidea erheben sich an bestimmten Stellen (zu Seiten des Sinus longitud. sup.) hernienartige Ausbuchtungen, welche die verdünnte Dura mater vor sich herstülpend in die venösen Sinus der letzteren hineinragen. Das sind die sogenannten Arachnoidealzotten, welche unter dem Namen Pacchionischer Granulationen lange Zeit für pathologisch gehalten wurden. Die weiche Hirnhaut besteht aus feinen Bindegewebsbündeln und platten Zellen, welche die Innenfläche der Arachnoidea und die oben erwähnten Bälkchen überkleiden.

Die Telae chorioideae und Plexus chorioidei bestehen aus Bindegewebe und zahlreichen Blutgefässen, deren feine Verästelungen in Läppchen vereint in die Hirnhöhlen hinabhängen. Sie sind von einer einfachen Lage kubischer, beim Neugeborenen flimmernder Epithelzellen überzogen, welche Pigmentkörnchen oder auch Fetttropfen einschliessen.

Die Blutgefässe des Centralnervensystems bilden ein in der grauen Substanz engmaschiges, in der weissen Substanz weites Netz von Capillaren, welche überall mit einander zusammenhängen. Die Wand der venösen Sinus durae matris wird nur durch eine aus platten Endothelzellen gebildete Haut hergestellt. Sämmtliche Blutgefässe besitzen noch eine zweite sog. adventitielle Scheide, welche oft nur aus platten Endothelzellen hergestellt wird (s. ferner pag. 79).

Lymphbahnen des Centralnervensystems:

1) Zwischen Dura und Arachnoidea findet sich ein capillarer Spalt, der Subduralraum, welcher mit den tiefen Lymphgefässen und Lymphknoten des Halses (wenigstens bei Kaninchen und Hund), ferner mit den Lymphbahnen der peripherischen Nerven, mit den Lymphgefässen der Nasenschleimhaut, mit feinen Spalten (Saftbahnen) in der Dura und endlich um die Arachnoidealzotten mit den venösen Durasinus zusammenhängt. Die im Subduralraum befindliche Flüssigkeit ist eine sehr spärliche.

2) Der Subarachnoidalraum, das ist der von Balken und Blättchen durchzogene Raum zwischen beiden Blättern der weichen Hirnhaut. Er hängt zusammen mit den Saftbahnen der peripherischen Nerven, mit den Lymphgefässen der Nasenschleimhaut, mit dem Binnenraum der Hirnventrikel und des Centralkanals. Die im Subarachnoidalraum befindliche Flüssigkeit ist eine sehr reichliche, sie heisst Liquor cerebrospinalis.

3) Vom Subarachnoidalraum aus lassen sich noch die innerhalb der adventitiellen Scheide der Blutgefässe (pag. 78) befindlichen Räume injiciren, Sie heissen adventitielle Lymphräume.

Zum Lymphgefässsystem können nicht zugezählt werden Räume, welche durch Injection in die Hirnsubstanz selbst gefüllt werden. Diese Räume finden sich 1) in der Umgebung der grösseren Ganglienzellen der Grosshirnrinde, pericelluläre Räume, 2) ausserhalb der adventitiellen Blutgefässscheiden, perivasculäre R., 3) zwischen Pia und Hirnsubstanz, epicerebrale R. Sie könnten als ein eigenes Saftbahnsystem bezeichnet werden; es ist indessen noch nicht entschieden, ob wir es mit wirklichen, präexistirenden Räumen oder mit Kunstprodukten zu thun haben.

2. Peripherische Nerven.

Die cerebrospinalen Nerven bestehen zumeist aus markhaltigen Nervenfasern verschiedener Dicke und nur vereinzelten marklosen Nervenfasern. Die Art und Weise ihrer Vereinigung zeigt viele Uebereinstimmung mit derjenigen der quergestreiften Muskelfasern. Dem entsprechend umgibt ein aus lockerem Bindegewebe gebildetes Perineurium externum (Epineurium) (Fig. 57) den ganzen Nerven. Ins Innere des Nerven ziehende, bindegewebige Fortsetzungen des Epineurium umhüllen die (sogen. secundären) Nervenfaserbündel, deren jeder von concentrischen Bindegewebslamellen, dem Perineurium (internum) umfasst wird. Von diesem ausgehende Septa dringen ins Innere des (secundären) Nervenfaserbündels; man hat sie Endoneurium genannt. Endlich zweigen sich von diesen wiederum feine Blätter ab, welche (entsprechend dem Perimysium der einzelnen Muskelfaser) jede

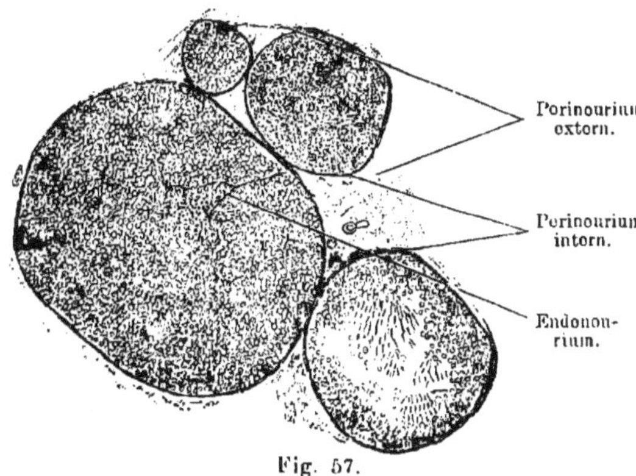

Fig. 57.
Stück eines Querschnittes eines peripherischen (Spinal-) Nerven des Kaninchens, 50 mal vergr. Im linken obern Nervenfaserbündel sind die Nervenfaserquerschnitte theils herausgefallen, theils durch Druck auf die Seite gelegt. Vergl. Technik Nr. 40b.

einzelne Nervenfaser umgeben. Die genannten Hüllen stehen mit Fortsetzungen der harten und weichen Hirnhaut in direkter Verbindung. Das Perineurium besteht nicht nur aus Bindegewebsfasern, sondern auch aus elastischen Fasern und aus zwei (bei dünneren Nerven einem) Endothelhäutchen, der sog. Henle'schen Scheide, deren Zellengrenzen durch Höllensteinlösungen sichtbar gemacht werden können. Theilungen der Nervenfasern kommen während des Verlaufes nicht vor (erst an der Peripherie); dagegen zweigt sich nicht selten eine verschieden grosse Anzahl von Nervenfasern von einem Nervenfaserbündel ab, um mit einem andern Nervenfaserbündel in Verbindung zu treten. Daraus resultirt ein spitzwinkeliges Geflecht von Faserbündeln.

Die sympathischen Nerven sind theils von mehr weisser, theils von mehr grauer Farbe, welches von der mehr oder weniger grossen Anzahl feiner markhaltiger Nervenfasern herrührt. So enthalten z. B. die Nn. splanchnici viele markhaltige Nervenfasern; in den grauen Sympathicusnerven, z. B. in den Zweigen der Bauch- und Beckengeflechte sind sehr wenig feinste markhaltige, dagegen viele marklose Nervenfasern vorhanden. Ihre Vereinigung geschieht durch Perineurium, durch welches sie zu Bündeln zusammengehalten werden. Die grossen Aeste der sympathischen Nerven der Leber, Niere und Milz sind nicht zu soliden Bündeln geordnet, sondern zu Röhren, welche einen axialen Raum (Lymphraum ?) begrenzen.

Die Blutgefässe verlaufen innerhalb des Epineurium in longitudinaler Richtung und bilden langgestreckte Capillarnetze, deren Träger das Peri- und das Endoneurium sind.

Die Lymphbahnen finden sich in den capillaren Spalten zwischen den Lamellen des Perineurium und zwischen den einzelnen Nervenfasern, so dass jede Nervenfaser von Lymphe umspült ist. Sie stehen nur in Zusammenhang mit dem Subdural- und Subarachnoidealraum; gegen die die Nerven umgebenden Lymphgefässe sind sie geschlossen.

3. Die Ganglien.

Unter Ganglien verstehen wir im Verlaufe der peripherischen Nerven eingeschaltete Ganglienzellengruppen, die meist makroskopisch sichtbar sind. Alle Ganglien bestehen aus Nervenfasern, die zu kleinen Bündeln vereint sind und zwischen sich die theils in Längsreihen, theils in rundlichen Gruppen gelagerten Ganglienzellen umfassen. Eine bindegewebige Hülle, die Fortsetzung des Perineurium, umgibt die äussere Oberfläche des Ganglion und sendet Nerven und Ganglienzellen umfassende Fortsetzungen ins Innere des Ganglion. Die Ganglien sind sehr reich an Blutgefässen, deren Capillaren die einzelnen Zellen umspinnen. Hinsichtlich des feineren Baues bestehen Unterschiede zwischen den Spinalganglien und den sympathischen Ganglien.

Die Spinalganglien enthalten meist grosse, rundliche Ganglienzellen, welche von einer kernhaltigen Hülle (Fig. 18 *A*) umgeben werden; diese Hülle besteht aus platten Endothelzellen, welche in concentrischen Lagen der Ganglienzelle aufliegen und von einer Fortsetzung der Schwann'schen Scheide herrühren. Die Ganglienzellen der Spinalganglien sind unipolar, der Fortsatz erhält sehr bald nach dem Austritt eine Markscheide. Nicht selten theilt sich der Fortsatz nach kurzem Verlaufe T förmig in zwei Aeste. Die Nervenfasern der Spinalganglien sind markhaltig und besitzen eine Schwann'sche Scheide. Ueber den Zusammenhang der Fasern mit den Zellen sind unsere Kenntnisse noch sehr lückenhaft. Sicher ist, dass die motorischen Nervenfasern mit den Ganglienzellen nichts zu thun haben, von den T förmigen Fasern ist es wahrscheinlich, dass der eine Ast centralwärts, der andere peripheriewärts verläuft. Demgemäss würden die Ganglienzellen mit dem noch ungetheilten Fortsatz in den Verlauf sensibler Fasern eingeschaltet sein.

Den gleichen Bau wie die Spinalganglien besitzen: das Gangl. Gasseri, Gangl. jugul. n. vagi, Gangl. petros. n. glossopharyngei, die Ganglien im Stamme des N. acusticus und vielleicht das G. genicul. nerv. facial.

Die sympathischen Ganglien enthalten kleinere, ebenfalls mit einer kernhaltigen Hülle umgebene Ganglienzellen, die mit 1 oder 2 (Kaninchen, Meerschweinchen) Kernen ausgestattet sind. Die Ganglienzellen der sympathischen Ganglien sind multipolar.[1]) Die Nervenfasern sind theils feine markhaltige, theils marklose (Remak'sche). Ueber die Verbindung derselben mit den Ganglienzellen wissen wir noch nichts.

4. Peripherische Nervenendigungen.

Endigungen der sensitiven Nerven.

Die Endigungen der sensitiven Nerven sind sehr verschiedenartige. Es gibt 1. freie Nervenendigungen; 2. Nervenendigungen in Terminalkörperchen; 3. Nervenendigungen an (in?) stäbchenförmigen Zellen, an den Sinneszellen.

Ad 1. Die freien Endigungen finden in der Weise statt, dass die Nervenfasern nach Verlust ihrer Markscheide sich wiederholt theilend in feine Spitzen auslaufen. Derartige Endigungen kommen vorzugsweise im geschichteten Epithel vor. Sie sind mit Sicherheit im Hornhautepithel (s. Fig. 178) gefunden worden, ferner in der Schleimhaut der Mundhöhle (s. Fig. 195) und in den tieferen Schichten der Epidermis. In letzteren sieht man auch mit langen, verästelten Ausläufern versehene Zellen, die Langerhans'schen Zellen, die wahrscheinlich zu den Nervenendigungen in näheren Beziehungen stehen (Fig. 58).

Ad 2. Die Terminalkörperchen sind selten aus einer Zelle, meist aus mehreren eigenthümlichen Zellen geformte Gebilde, an welche sich das

[1]) Die sympathischen Ganglienzellen der Fische sind bipolar.

verschieden gestaltete Nervenende anlegt. Wir unterscheiden a) einfache Tastzellen, b) zusammengesetzte Tastzellen, c) Tastkörperchen, d) Endkolben.

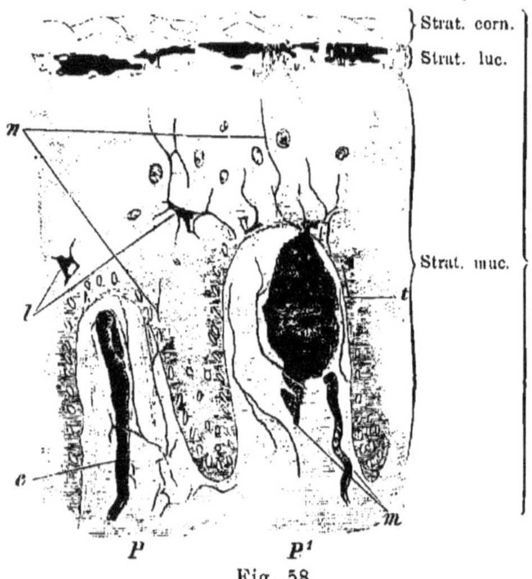

Fig. 58.

Senkr. Schnitt durch die Haut der grossen Zehe eines 25jähr. Mannes, 240mal vergr. Zellenkerne des Strat. muc. nur in der tiefsten Schichte deutlich. *l* Langerhans'sche Zellen. *n* Intraepitheliale Nervenfasern. *P P¹* Zwei Cutispapillen. *P* enthält eine Capillarschlinge *c*, von der nur ein Schenkel sichtbar ist. *P¹* enthält ein Tastkörperchen *t*, an welches zwei markhaltige Nervenfasern *m* herantreten. Ausserdem sind in beiden Papillen marklose Nervenfasern gelegen. Technik Nr. 50.

Ad a) Die **einfachen Tastzellen** sind ovale, kernhaltige, 6—12 μ grosse Zellen (Fig. 59 *tz*), welche entweder in den tiefsten Schichten der Epidermis oder in den angrenzenden Partien des Corium gelegen sind. Marklose Nervenfasern legen sich mit einer schalenförmigen Verbreiterung, dem **Tastmeniscus** (*tm*), an die Unterfläche der Tastzellen.

Ad b) Die **zusammengesetzten Tastzellen** (Grandry'sche, Merkel'sche Körperchen) bestehen aus zwei oder mehreren kuchenförmigen Zellen, deren jede, grösser wie die einfachen Tastzellen, 15 μ hoch und 50 μ breit ist und einen bläschenförmigen Kern enthält. Eine markhaltige Nervenfaser (Fig. 60 *n*) tritt an die zusammengesetzte Tastzelle und senkt sich mit dem Axencylinder (*a*) in eine flache Scheibe (*ts*), **Tastscheibe**, die zwischen zwei Tastzellen (*tz*) gelegen ist. Das Nervenmark hört an der Eintrittsstelle der Faser auf, die Henle'sche Scheide setzt sich in die bindegewebige Umhüllung (*h*) der zusammengesetzten Tastzelle fort. Die aus zwei Tastzellen bestehenden Gebilde heissen Zwillingstastzellen (*B* 2), die aus mehreren, 3, 4 Tastzellen aufgebauten werden einfache Tastkörperchen genannt (*A*, *B* 1). Die zusammengesetzten Tastzellen sind bis jetzt nur in der Haut des Schnabels, sowie in der Zunge der Vögel, besonders der Schwimmvögel, gefunden worden; sie haben ihren Sitz fast ausschliesslich in den höchsten Schichten des Corium.

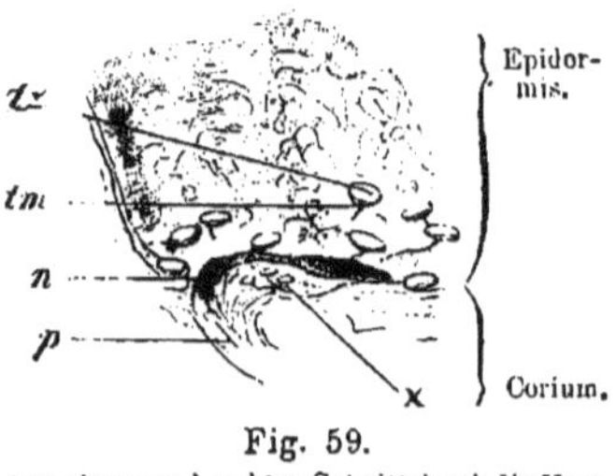

Fig. 59.

Aus einem senkrechten Schnitt durch die Haut der grossen Zehe eines 25jährigen Mannes, 240mal vergr. Grenzcontouren der Zellen und Kerne der Epidermis (Strat. muc.) nur undeutlich zu sehen. *tm* Tastmeniscus (von der Seite gesehen) sich an die Unterfläche der hellen Tastzelle anlegend, deren Kern nicht sichtbar ist. Die Verbindung mit dem Nerven ist durchschnitten. Ein Tastmeniscus ist zu sehen im Zusammenhang mit der Nervenfaser *n*, welche nur auf kurze Strecke getroffen ist, während links unten nur die bindegewebige Hülle *p* des Nerven angeschnitten ist. × Tastzellen im Corium, den Verästelungen einer feinen Nervenfaser aufsitzend. Technik Nr. 50.

Ad c) Die Tastkörperchen (Wagner'sche, Meissner'sche Körperchen) sind elliptische 40—200 μ lange, 30—60 μ breite Gebilde, welche durch eine quere Streifung charakterisirt sind. An jedes Tastkörperchen treten eine oder zwei markhaltige Nervenfasern (Fig. 61 *n*), welche in quergestellten Touren den unteren Pol des Tastkörperchens umkreisen, sich vielfach theilen und als marklose Nerven mit abgeplatteten Anschwellungen (*e*) enden. Das Tastkörperchen selbst besteht aus abgeplatteten Zellen, deren Grenzen, ebenso wie deren quergestellte Kerne die obenerwähnte Querstreifung bedingen. Indem man die Zellen mit den Tastzellen der Vögel, die Nervenanschwellungen mit Tastscheiben verglich, gelangte man zu der Auffassung, dass die Tastkörperchen aus einer grösseren Zahl von Tastzellen und Tastscheiben aufgebaut seien; dieser Auffassung entspricht der Name zusammengesetztes Tastkörperchen. Das Perineurium der Nervenfaser setzt sich in die bindegewebige Hülle (*h*) des Tastkörperchens fort. Die Tastkörperchen liegen in den Cutispapillen und werden vorzugsweise an der Hohlhand, an den Fingerspitzen und an der Fusssohle gefunden.

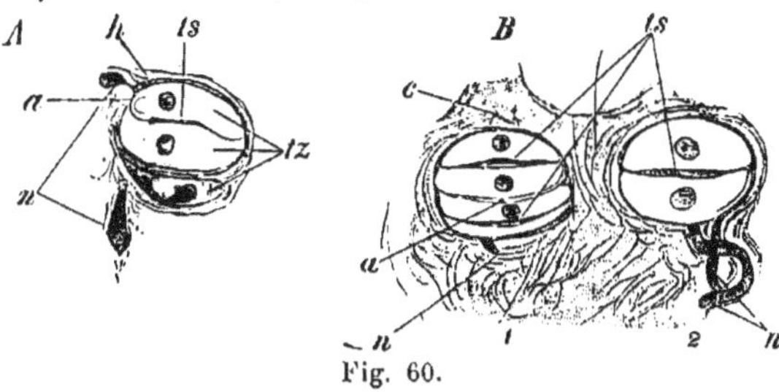

Fig. 60.

Aus senkrechten Schnitten durch die Wachshaut des Oberschnabels einer Gans, 240mal vergr. *A* Zusammengesetzte Tastzelle (einfaches Tastkörperchen) parallel der Nerveneintrittsstelle durchschnitten. *n* Markhaltiger Nerv nur stückweise vom Schnitt getroffen. *a* Axencylinder. *ts* Tastscheibe senkrecht durchschnitten. *h* Bindegewebige Hülle. *tz* Tastzellen, die unterste nur wenig angeschnitten. *B* Zwei zusammengesetzte Tastzellen quer zur Nerveneintrittsstelle durchschnitten. 1. Aus 4 Tastzellen bestehendes „einfaches Tastkörperchen". 2. Zwillingstastzelle. *ts* Tastscheiben. *a* Axencylinderquerschnitt. *n* Markhaltige Nerven. *c* Corium. Technik Nr. 51.

Fig. 61.

Tastkörperchen aus einem senkrechten Schnitt der grossen Zehe eines 25jähr. Mannes, 560mal vergrössert. *n* Markhaltige Nervenfasern. *e* Endverästlung mit platten Anschwellungen. *h* Bindegewebige Hülle. Kerne nicht sichtbar. Technik Nr. 50.

Als den Tastkörperchen verwandte Gebilde müssen die kugeligen Endkolben Krause's angesehen werden; sie bestehen aus einer grösseren Anzahl von Zellen, zwischen denen die zwei oder mehr geschlängelten Nervenfasern enden, und einer bindegewebigen Hülle. Ihre Fundorte sind die Conjunctiva bulbi des Menschen, die Schleimhaut der Mundhöhle, Eichel und Clitoris. Eben dahin gehören die Gelenknervenkörperchen, welche sich nur durch ihre bedeutendere Grösse, sowie durch längliche Gestalt auszeichnen, und die Wollustkörperchen, die aus mehreren kugeligen Endkolben zusammengesetzt sind und an Glans penis et clitoridis, sowie an den Labia minora vorkommen.

Ad d) Die Endkolben sind langovale Körper, in deren einem Pol sich eine Nervenfaser einsenkt. Es gibt zwei Formen von Endkolben, eine einfachere und eine complicirtere. Die einfachere Form, die sogen. cylindrischen Endkolben, besteht zum grossen Theile aus einer modificirten Fortsetzung der eintretenden Nervenfaser: 1) aus einer bindegewebigen Hülle, der Fortsetzung des Perineurium; 2) aus dem Innenkolben, einer feinkörnigen Masse, welche concentrische Schichtung zeigt und spärliche Kerne einschliesst. Natur und Bedeutung dieses Gebildes sind noch Gegenstand der Controverse; es soll aus platten Bindegewebszellen bestehen; 3) aus dem Axencylinder; die Nervenfaser verliert beim Eintritt in den Innenkolben ihr Mark, ihr Axencylinder steigt jedoch als ein plattes Band in demselben in die Höhe und endet nahe dessen oberem Pole frei oder mit einer knopfförmigen Verdickung. Die cylindrischen Endkolben finden sich in der Tunica propria von Schleimhäuten, z. B. in der Conjunctiva bulbi von Säugethieren, in der Schleimhaut der Mundhöhle.

Die complicirtere Form ist unter dem Namen der Vater'schen oder Pacini'schen Körperchen bekannt. Es sind elliptische, 2—3 mm lange, 1—2 mm dicke durchscheinende Gebilde und bestehen wie die cylindrischen Endkolben aus Hülle, Innenkolben und Axencylinder. Letztere sind von gleichem Bau, wie die der cylindrischen Endkolben, die Hülle dagegen ist anders gebildet; sie besteht nämlich aus einer grossen Anzahl ineinander geschachtelter Kapseln, deren jede von ihrer Nachbarin durch eine einfache Lage platter Endothelzellen geschieden ist. Jede Kapsel enthält Flüssigkeit und theils längs-, theils querverlaufende Bindegewebsfasern. Wie die Hülle des cylindrischen Endkolbens, so gehen auch die Kapseln aus der Bindegewebsscheide (Perineurium) der eintretenden Nervenfaser hervor. Die Kapseln sind um so schmäler, je näher sie dem Innenkolben liegen. An dem dem Nerveneintritt entgegengesetzten Pole hängen sie nicht selten durch einen in der Richtung des Innenkolbens verlaufenden Strang, das Ligam. interlamellare, zusammen.

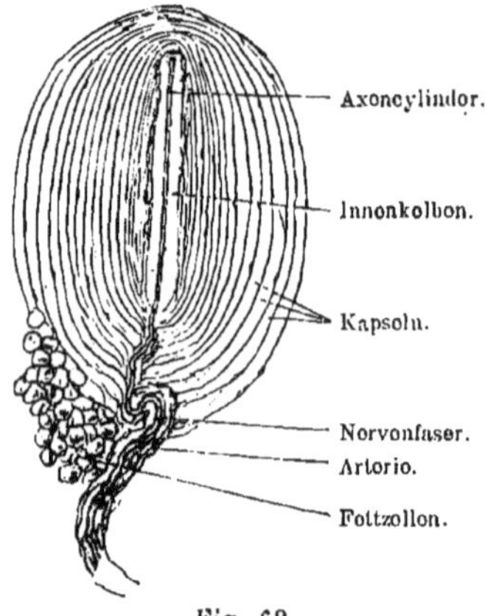

Fig. 62.
Kleines Vater'sches Körperchen aus dem Mesenterium einer Katze, 50mal vergr. Die zwischen den Kapseln gelegenen Zellen sind an ihren dunkelgezeichneten Kernen zu erkennen. Man sieht das Nervenmark bis zum Innenkolben reichen. Technik Nr. 52.

Mit der Nervenfaser tritt auch eine kleine Arterie in das Vater'sche Körperchen, welche sich in ein zwischen den peripherischen Kapseln gelegenes Capillarnetz auflöst.

Die Vater'schen Körperchen finden sich theils oberflächlich (im subcutanen Bindegewebe der Vola manus und der Fusssohle, am N. dorsal penis et clitoridis), theils in der Tiefe (in der Umgebung der Gelenke), endlich in der Nachbarschaft des Pankreas, im Mesenterium und a. a. O.

Die bei den Vögeln vorkommenden Herbst'schen Körperchen sind ebenfalls Vater'sche Körperchen, die sich nur durch ihre viel geringere Grösse und durch eine dem Innenkolben entlang ziehende, doppelte Kernreihe auszeichnen.

Endigung der motorischen Nerven.

Die an die quergestreiften Muskeln herantretenden Nervenstämmchen zerfallen in Aeste, diese wieder in Zweige, die mit einander anastomosirend ein Geflecht, den intermusculären Nervenplexus, bilden. Von den Zweigen entspringen feine, aus einer Nervenfaser bestehende Aestchen, die sich theilen und endlich mit je einer Muskelfaser sich verbinden. Dies geschieht in der Weise, dass die bis dahin noch markhaltige Nervenfaser sich zuspitzt und unter Verlust ihrer Markscheide sich auf die Muskelfaser auflegt; dabei geht die Schwann'sche Scheide in das Sarcolemm der Muskelfaser über, der Axencylinder zerfällt in leicht gewundene, kolbig angeschwollene Endästchen (Fig. 63), welche mit einander anastomosirend die sogen. motorische Platte bilden und auf einer rundlichen, feinkörnigen, zahlreiche bläschenförmige Kerne enthaltenden Scheibe gelegen sind.

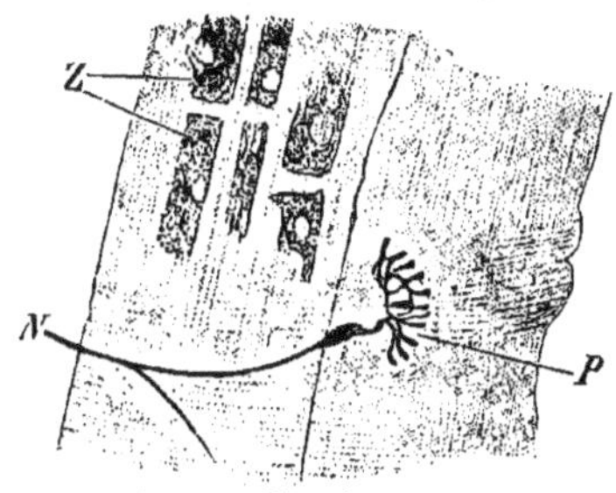

Fig. 63.

Motorische Nervenendigung an einer Intercostalmuskelfaser eines Igels, 240 mal vergrössert. Die Querstreifung beider Muskelfasern ist nicht überall deutlich zu sehen. Auf der linken Muskelfaser liegen platte, mit hellen Kernen versehene (Bindegewebs-) Zellen *Z*. *N* Markhaltige Nervenfasern (das Mark ist bei dieser Methode nicht erkennbar), sich theilend. *P* Endverästelung (motorische Platte). Technik Nr. 53a.

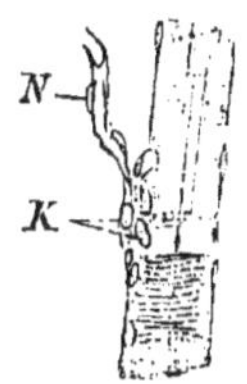

Fig. 64.

Motorische Nervenendigung an einer Augenmuskelfaser des Kaninchens, 240-mal vergr. *N* Markhaltige Nervenfaser. *K* Kerne der Scheibe. Die Querstreifung der Muskelfaser ist nur in der unteren Hälfte deutlich. Technik Nr. 53b.

Die an die glatten Muskeln tretenden Nerven bilden ein Geflecht, aus dem marklose Nervenfaserbündel hervorgehen; letztere theilen sich wiederholt und bilden mehrfache Netze, aus denen endlich feinste Nervenfäserchen entspringen. Diese sollen mit den glatten Muskelfasern in Verbindung stehen. Eigentliche Endapparate sind hier noch nicht nachgewiesen.

TECHNIK.

Nr. 34. Ganglienzellen, frisch. Man zerzupfe ein Stückchen des Ganglion Gasseri in einem Tropfen Kochsalzlösung und färbe unter dem Deckglas (pag. 24) 2 Minuten mit Pikrocarmin. Die Fortsätze reissen meist ab.

Ebenso kann man Ganglienzellen der Gross- und Kleinhirnrinde erhalten, nur gehen ebenfalls die Fortsätze leicht verloren. Fig. 18 *D*.

Für Ganglienzellen der Klein- und Grosshirnrinde empfiehlt sich auch das Verfahren Nr. 35; für Ganglienzellen des Sympathicus siehe auch Nr. 39 und Fig. 21.

Nr. 35. Multipolare Ganglienzellen des Rückenmarks. Man befreit frisches Rückenmark (des Rindes) mit der Scheere so gut als möglich von der weissen Substanz und legt den grauen Rest in 1—2 cm langen Stücken in 50 ccm einer sehr verdünnten Chromsäurelösung (5 ccm der 0,05 % Lösung (pag. 12) zu 45 ccm destillirten Wassers). Die Flüssigkeit darf nicht gewechselt werden. Nach ca. 3—8 Tagen (wechselt sehr je nach der äusseren Temperatur) ist das Rückenmark zu einem weichen Brei macerirt, der mit einem Spatel vorsichtig auf 12—20 Stunden in die unverdünnte Carminlösung (pag. 6. 25) übertragen wird. Dann wird der Brei in ca. 50 ccm destill. Wassers übertragen, um einen Theil der Farbe auszuwaschen und nach ca. 5 Minuten in dünner Schicht auf einen trockenen Objektträger aufgestrichen. Man kann jetzt schon bei einiger Uebung die Ganglienzellen an ihren lebhaft roth gefärbten Kernen unterscheiden, vom Zellenkörper und den Fortsätzen ist noch nichts zu sehen. Nun lässt man die Schicht vollständig trocknen und bedeckt sie dann direkt mit einem Deckglas, an dessen Unterseite ein Tropfen Damarfirniss aufgehängt ist. Fig. 18 *c*, *d*.

Nr. 36. Frische markhaltige Nervenfasern. Man lege den N. ischiadicus eines eben getödteten Frosches bloss und schneide denselben unten in der Kniekehle und ca. 1 cm höher oben mit einer feinen Scheere durch und zerzupfe (pag. 9) in einem Tropfen Kochsalzlösung.

Nr. 36 a. Besser ist es, das Zerzupfen auf dem trockenen Objektträger ohne Zusatz (sog. „halbe Eintrocknung") vorzunehmen. Indem man am unteren Ende des Nerven die Nadeln ansetzt, spannt sich beim Auseinanderziehen ein glänzendes Häutchen zwischen den etwa zur Hälfte der Länge auseinandergezogenen Nervenbündeln, das nun mit einem Tropfen Kochsalzlösung und einem Deckglas bedeckt wird. Das Häutchen enthält zahlreiche, hinreichend isolirte Nervenfasern. Die Manipulation muss sehr schnell (in ca. 15 Sekunden) vorgenommen werden, damit die Nervenfasern nicht eintrocknen. Man halte sich nicht mit dem Isoliren in einzelne Bündel auf. Resultat Fig. 19, *1*, *2*.

Nr. 37. Veränderungen der Markscheide. Man lasse zu Präparat Nr. 36 a einen Tropfen Wasser vom Rande des Deckglases zufliessen. Schon nach einer Minute tritt die Bildung der Marktropfen ein (Fig. 19, *3*, *4*).

Nr. 37 a. Axencylinder. Trocken zerzupfen (wie Nr. 36 a) und statt Kochsalzlösung einen Tropfen Alkohol absol. zusetzen; das Auffinden der Axencylinder erfordert Uebung im Sehen (s. ferner Nr. 40 a).

Nr. 38. Schnürring, Axencylinder. Vorbereitung: 10 ccm der 1 % Lösung von Argent. nitr. sind zu 20 ccm destill. Wassers zu giessen. Nun tödtet man einen Frosch, eröffnet durch einen Querschnitt die Bauchhöhle, präparirt sämmtliche Eingeweide heraus, so dass die an der Seite der Wirbelsäule herabsteigenden Nerven sichtbar werden. Jetzt spült man durch Aufgiessen destill. Wassers die Bauchhöhle aus und giesst, nachdem das Wasser abgelaufen, etwa 1/3 der Höllensteinlösung auf die Nerven. Nach zwei Minuten schneide man die feinen Nerven vorsichtig heraus und lege sie auf ca. 1/2 Stunde in den Rest der Höllensteinlösung. Dann überträgt man sie in ca. 10 ccm destill. Wassers, wo sie 1—24 Stunden verweilen können. Betrachtet man alsdann den Nerven in einem Tropfen Wasser, so erkennt man bei schwacher Vergrösserung die Endothelscheide (Henle'sche Scheide pag. 80) und zahlreiche Pigmentzellen; oft liegt noch ein Blutgefäss dem Nerven an. Nun zerzupft man den Nerven, bedeckt ihn dann mit einem Deckglas und setzt an den Rand desselben einen kleinen Tropfen dünnen Glycerins. Untersucht man nun bei starker Vergrösserung, so wird man im Anfang wenig von gefärbten Schnürringen und Axencylindern sehen, lässt man aber das Präparat einige Stunden im Tageslicht liegen (im Sonnenlicht nur wenige Minuten), so tritt die Schwärzung der genannten Theile ein. Dem Ungeübten wird es im Anfang schwer fallen, die biconischen Anschwellungen, die durch das Zerzupfen oft weit vom Schnürring verschoben worden sind, zu erkennen, bei einiger Uebung sieht man leicht Bilder, wie sie Fig. 20 zeigt.

Nr. 39. Marklose Nervenfasern. N. vagus eines Kaninchens wird trocken (Nr. 36 *a*) zerzupft, dann mit einigen Tropfen einer 1 % Osmiumlösung bedeckt; nach 5—10 Minuten sind die markhaltigen Nerven geschwärzt; (man überzeuge sich davon bei schwacher Vergrösserung). Nun lässt man die Osmiumlösung ablaufen, und bringt statt deren einige Tropfen destill. Wassers darauf, das nach 5 Min. durch neues Wasser ersetzt wird. Nach abermals 5 Minuten giesst man das Wasser ab, setzt einige Tropfen Pikrocarmin auf das Präparat, bedeckt es mit einem Deckglas und bringt es auf 24—48 Stunden in die feuchte Kammer; dann verdrängt man das Pikrocarmin durch angesäuertes Glycerin [1]) (pag. 24). Bei starker Vergrösserung sieht man die markhaltigen Nerven blauschwarz, die marklosen sind blassgrau fein längsgestreift, die Maschen sind oft schwer zu sehen, nicht selten scheinen die blassen Nervenfasern grosse Strecken parallel zu laufen. Noch zahlreichere marklose Nervenfasern liefert die gleiche Behandlung des Sympathicus. Nur ist dieser Nerv etwas schwerer aufzufinden. Es empfiehlt sich, das grosse Zungenbeinhorn, sowie den N. hypoglossus zu durchschneiden und auf die Seite zu drängen; hinter dem N. vagus findet man den Sympathicus, der an seinem 3—4 mm grossen, länglichovalen, gelblich durchscheinenden Ganglion cervical. suprem. erkennbar ist. Zerzupft man das dicht unter dem Ganglion befindliche Stück, so erhält man auch die meist zweikernigen [2]) Ganglienzellen; es ist sehr schwer, letztere so zu isoliren, dass die von ihnen ausgehenden Fortsätze deutlich sichtbar werden. Fig. 21.

Nr. 40. Nervenfaserbündel. Man lege den N. ischiadicus eines frisch getödteten Kaninchens [3]) bloss, ohne ihn zu berühren, dann wird ein Streichhölzchen parallel der Längsaxe unter den Nerven geschoben, der Nerv vermittelst Ligaturen an das obere und untere Ende des Stäbchens befestigt, dann erst der Nerv jenseits der Ligaturen durchschnitten und endlich mit dem Hölzchen in 100 ccm einer 0,1%igen Chromsäurelösung (s. pag. 12) eingelegt.

a) Axencylinder. Nach ca. 24 Stunden werden die Ligaturen durchschnitten, ein 0,5—1 cm langes Stückchen abgeschnitten und in feine Bündel (nicht in Fasern) zerzupft. Die Bündel kommen wieder in die Chromsäurelösung zurück und werden nach weiteren 24 Stunden in 50 ccm destill. Wassers übertragen und nach 2—3 Stunden in ca. 30 ccm allmählig verstärkten Alkohols gehärtet (pag. 13). Es ist gut, wenn die Bündel längere Zeit, 1—8 Wochen, in 90%igem Alkohol verweilen, weil sie sich dann leichter färben.

[1]) Man kann auch nach vollendeter Färbung nochmals zerzupfen, was wegen der deutlicheren Sichtbarkeit der Elemente jetzt leichter ist.

[2]) In Fig. 21 ist zufällig nur die seltnere Form der einkernigen Ganglienzellen zu sehen.

[3]) Das Kaninchen besitzt ein nur gering entwickeltes Endoneurium (s. pag. 79), besser sind in dieser Hinsicht möglichst frische Nerven des Menschen.

Nach vollendeter Härtung werden die Bündel in einem Tropfen Pikrocarmin fein zerzupft und nach vollendeter Färbung, welche je nach der Zeitdauer der vorhergegangenen Alkoholhärtung ½—3 Tage (feuchte Kammer! pag. 25) in Anspruch nehmen kann, durch Zusetzen angesäuerten Glycerins (pag. 24) conservirt. Die Schnürringe sind nicht so deutlich wie am frischen und Osmiumpräparat, sondern nur als feine Querlinien zu erkennen (Fig. 19 7). Die etwas geschrumpften Axencylinder und Kerne sind schön roth gefärbt. Nicht selten verschiebt sich der Axencylinder, so dass die biconische Anschwellung nicht mehr am Schnürring, sondern darüber oder darunter liegt.

b) Querschnitte der Nervenfaserbündel. Zu diesem Zweck muss das Stück des N. ischiadicus, das nicht zur Herstellung der Zupfpräparate verwendet worden ist, noch weitere 6 Tage in der Chromsäure verbleiben. Dann wird das Stück in (womöglich fliessendem) Wasser 1—2 Stunden ausgewaschen und dann in allmählig verstärktem Alkohol (pag. 13) gehärtet. Ist die Härtung vollendet, so fertige man mit **scharfem** Messer feine Querschnitte an.[1]) Der Schnitt wird in Pikrocarmin gefärbt (Zeitdauer der Färbung sehr verschieden) und in Glycerin conservirt. Die Schnitte müssen sehr sorgfältig behandelt werden, besonders ist jeder Druck mit dem Deckglas zu vermeiden, denn sonst legen sich alle querdurchschnittenen Fasern, die ja keine Scheiben, sondern kurze Säulen sind, auf die Seite und man erblickt keinen einzigen Faserquerschnitt (vergl. Fig. 57). Ist der Schnitt gelungen, so sieht man den meist etwas zackig geschrumpften Axencylinder, wie einen rothen Kern umgeben von dem gelblichen Mark, das seinerseits wieder von einer röthlichen Hülle (Schwann'sche Scheide und Endoneurium) umfasst wird. Die Querschnitte der Nervenfasern hat man „Sonnenbildchenfigur" genannt (s. auch Fig. 49).

Nr. 41. Rückenmark, Färbung der markhaltigen Fasern. Das Gelingen des Präparats hängt von dem Erhaltungszustande dieses Organs ganz besonders ab; je frischer dasselbe eingelegt wird, um so besser ist es. Im Allgemeinen gilt auch hier die Regel, dass die einzulegenden Stücke nicht zu gross sein sollen; will man jedoch zu späterer Orientirung das ganze Rückenmark einlegen, so darf das nur geschehen unter gleichzeitigem Anlegen tiefer, querer Einschnitte und unter häufigem (die erste Woche täglichem) Wechsel der in grossen Quanten zu verwendenden Flüssigkeit. Als solche ist in erster Linie Müller'sche Flüssigkeit zu empfehlen.

Ca. 2 cm lange Stücke des frischen Marks aus 1) der unteren Halsgegend, 2) der mittleren Brustgegend, 3) der Lendengegend werden in 200—500 ccm Müller'scher Flüssigkeit eingelegt (noch besser aufgehängt). Nach 4–6 Wochen, während welcher Zeit die Flüssigkeit mehrmals gewechselt werden muss, kommen die Stücke direkt, ohne vorher ausgewässert zu werden, in ca. 150 ccm 70% und am nächsten Tage in ebensoviel 90% Alkohols. Das Glas ist im Dunkeln zu halten (pag. 13); der Alkohol während der ersten 8 Tage mehrmals zu wechseln. Dann kann das Rückenmark weiter verarbeitet werden.

[1]) Einbetten in Leber ist rathsam, noch besser aber Einbetten in Hollundermark. Man bohrt zu diesem Zwecke in das trockene Hollundermark mit der Nadel ein Loch und fügt den Nerven vorsichtig ein; legt man nun das Ganze ca. ½ Stunde in Wasser, so quillt das Hollundermark und umschliesst fest den Nerven.

Zuerst werden die Rückenmarkstücke in 30 ccm einer gesättigten Lösung des neutralen, essigsauren Kupferoxyds (pag. 6) + 30 ccm destillirten Wassers eingelegt. Hier verbleiben sie 3 Tage, dann werden sie in 60 ccm 90%igen Alkohols übertragen und können am nächsten Tage geschnitten werden. Die Schnitte kommen in ca. 10 ccm des Weigert'schen Haematoxylin, (pag. 6), woselbst sie alsbald schwarz werden. Nach 2 Stunden wird die Uhrschale sammt den Schnitten in eine grössere, mit destillirtem Wasser gefüllte Schale gelegt, die tief schwarzen Schnitte werden sofort herausgeschoben und in 30 ccm der Blutlaugensalzboraxmischung + 30 ccm destill Wassers übertragen. [1]) Hier erfolgt die theilweise Entfärbung, die mindestens ½ Stunde, oft auch länger dauert; sie ist vollendet, sobald die graue Substanz gelb, die weisse Substanz schwarz oder tiefblau erscheint. Nun kommen die Schnitte in ca. 30 ccm destill. Wassers, wo sie, wenn man sie nicht gleich weiter verarbeiten kann, stundenlang aufbewahrt werden können. (Lange Aufbewahrung in Alkohol schadet dagegen.) Nach ca. 5 Minuten werden die Schnitte in ein Uhrschälchen mit 90% Alkohol, nach einer Minute in ebensoviel absoluten Alkohol übertragen und wieder nach ½—2 Minuten in ein Uhrschälchen mit Xylol (statt des Lavendelöls) gebracht. Aus dem Xylol werden die Schnitte mit Spatel und Nadel auf den Objektträger gelegt, das überflüssige Xylol wird abgewischt und ein Deckglas mit einigen Tropfen Canadabalsams, der mit Xylol verdünnt ist (statt des Damarfirniss), aufgelegt. Der Reichthum der tiefblauen oder schwarzen Nervenfasern ist ein so grosser, dass er auf kleineren, für Holzschnitte bestimmten Zeichnungen gar nicht wiedergegeben werden kann.

Nr. 42. Rückenmark; Färbung der Axencylinder und der Zellen. Fixiren von Stücken in Müller'scher Flüssigkeit, Härten in Alkohol wie Nr. 41. Es ist gut, wenn die Stücke längere Zeit (mehrere Monate) in Alkohol gelegen haben, da die Zellen sich alsdann leichter färben. Die Querschnitte werden 1—3 Tage lang in einem Schälchen mit ca. 10 ccm Pikrocarmin gefärbt und in Damarfirniss (pag. 21) conservirt. Ist die Färbung gelungen, so ist die graue Substanz rosa, die Nervenzellen und die Axencylinder sind roth, das Mark gelb gefärbt.

Statt des Pikrocarmins kann man auch mit Vortheil die Rückenmarkschnitte ebenso lang in 10 ccm der unverdünnten Carminlösung (pag. 6. 25). einlegen, die, wenn sie schon gefault hat, vorzüglich wirkt (Fig. 47 und 48).

Nr. 43. Gehirn, Färbung der markhaltigen Nervenfasern. Man wende die Nr. 41 angegebene Methode an. Legt man ein ganzes Gehirn des Menschen ein, so müssen viele, tiefe Einschnitte gemacht und entsprechend mehr (— 3 Liter) Müller'sche Flüssigkeit verwendet werden. Zur Sichtbarmachung der feinsten Fasern der Rindenoberfläche müssen die Schnitte — 24 Stunden lang im Haematoxylin verweilen; die übrigen Partien sind dann zu schwarz gefärbt. Zur Herstellung der zwischen den Pyramidenzellen aufsteigenden Faserbündel genügt ein 2stündiges Verweilen in der Farbe.

Nr. 44. Gehirn, Zellen. Man lege Stücke (von 2—3 cm Seite) der Grosshirnrinde (Centralwindung) und der Kleinhirnrinde in 40 ccm absoluten Alkohols. Wechseln! Nach mehreren (3—5) Tagen fertige man feine senk-

[1]) Das gebrauchte Haematoxylin und die Blutlaugensalzboraxlösung sind nicht mehr zu benützen, sondern wegzugiessen.

rechte Schnitte an, die mit Haematoxylin (und Eosin ad libit. pag. 17) gefärbt und in verdünntem Glycerin conservirt werden. Ausser den beschriebenen Zellenformen findet man auch blasige Hohlräume in sehr verschiedener Menge, welche Reste von Zellen (Protoplasma und Kern) enthalten. Ich halte diese Bildungen für Kunstprodukte, durch postmortale Veränderung der Hirnsubstanz hervorgerufen (Fig. 52).

Auch in Müller'scher Flüssigkeit fixirte und in Alkohol gehärtete Präparate lassen sich zu Schnitten für Zellen verwenden. Färbung und Conservirung wie Nr. 42.

Nr. 44a. Hypophysis cerebri behandeln wie Nr. 42.

Nr. 45. Neuroglia. Möglichst feine Schnitte der weissen Substanz des Rückenmarks (es reichen kleine Fragmente hin) werden 24 Stunden in 5 ccm Saffranin (pag. 17, *3* gefärbt, in Alkohol absol. entfärbt und in Damarfirniss (pag. 21) conservirt. (Fig. 49.)

Nr. 46. Hirnsand. Man zerzupfe die Gl. pinealis in einem Tropfen Kochsalzlösung. Ist viel Hirnsand vorhanden, so kann man beim Zupfen schon das Knirschen der Körnchen hören und die grössten auch mit unbewaffnetem Auge wahrnehmen. Betrachten mit schwacher Vergrösserung ohne Deckglas (Fig. 55). Dann streift man die grössten Körnchen mit der Nadel zur Seite, bedeckt einige kleine mit dem Deckglas und lässt 2—3 Tropfen Salzsäure zufliessen (pag. 24). Die scharfen Contouren der Körnchen verschwinden alsbald unter Entwicklung von Blasen.

Nr. 47. Corpuscula amylacea. Gehirn älterer Personen. Man streiche mit einem Skalpell über die mediale dem 3. Ventrikel zugekehrte Fläche des Sehhügels und zertheile den so gewonnenen Brei mit Nadeln in einigen Tropfen Kochsalzlösung. Deckglas! Die Corpuscula sind, wenn vorhanden, leicht zu finden und durch ihre bläulichgrüne Farbe und die Schichtung erkennbar. Fig. 56. Man verwechsle sie nicht mit Tropfen ausgetretenen Nervenmarks (*b*), die stets hell und nur doppelt contourirt sind. Ausserdem finden sich in solchen Präparaten zahlreiche rothe Blutkörperchen, Ependymzellen (*d*), markhaltige Nervenfasern von verschiedener Dicke (*e*) und Ganglienzellen, letztere sind oft sehr blass und nur durch ihre Pigmentirung aufzufinden (*f*). Selbst nicht mehr ganz frische, menschliche Gehirne sind noch tauglich.

Nr. 48. Ein ca. 1 cm grosses Stück des Plexus chorioides wird in einem Tropfen Kochsalzlösung ausgebreitet, mit einem Deckglas bedeckt. Man sieht die gewundenen rothen Blutgefässe und das Epithel des Plexus.

Nr. 49. Ganglien. Man fixire das Ganglion Gasseri und das Ganglion cervicale supremum N. symp. in ca. 100 ccm Müller'scher Flüssigkeit und härte nach ca. 14 Tagen in 50 ccm allmählig verstärkten Alkohols. Längs- und Querschnitte färbe man mit Pikrocarmin (pag. 18) und conservire sie in Damarfirniss (p. 21).

Nr. 50. Einfache Tastzellen, intraepitheliale Nervenfasern, Langerhans'sche Zellen, Tastkörperchen. Zuerst bereite man sich eine Mischung von Goldchlorid und Ameisensäure (pag. 19), koche sie und lasse sie erkalten. Dann schneide man von der Volarseite eines frisch amputirten Fingers (einer Zehe) mit flach aufgesetzter Scheere mehrere kleine ca. 5 mm lange und breite, ca. 1 mm dicke Stückchen der Epidermis und der obersten Schichten des Corium ab (etwa anhaftendes Fett der unteren Coriumschichten muss sorgfältig entfernt werden) und lege sie in die Goldameisensäure auf 1 Stunde. Im Dunkeln zu halten! Dann bringe man die Stückchen mit Glasnadeln in ca. 10 ccm destill. Wassers und nach einigen Minuten in destill. Wasser, dem man Ameisensäure zugesetzt hat (pag. 19), und setzt das Ganze dem Tageslicht (Sonne unnöthig) aus. Nach 24—48 Stunden sind die Stückchen dunkelviolett geworden; sie werden nun in ca. 30 ccm. allmählig verstärkten Alkohols (pag. 13) gehärtet. Nach acht Tagen können die Stückchen in Leber eingeklemmt und geschnitten werden. Conserviren in Damarfirniss (pag. 21). Die Epidermis ist rothviolett in verschiedenen Nuancen, die Kerne sind nur stellenweise deutlich, oft gar nicht wahrzunehmen; das Corium ist weiss, die Capillaren, die Ausführungsgänge der Knäueldrüsen und die Nerven sind dunkelviolett bis schwarz. Für die einfachen Tastzellen sind möglichst feine Schnitte anzufertigen. Man findet sie oft in der Nähe der Knäueldrüsenausführungsgänge. Man hüte sich vor Verwechslungen mit geschrumpften Epithelzellenkernen. Fig. 59.

Die intraepithelialen Nervenfasern erscheinen als feine Fäden; ihr Zusammenhang mit den in der Cutis verlaufenden Nervenfasern ist nur schwer zu finden. Ausläufer von Langerhans'schen Zellen können an feinen Schnitten zur Verwechslung mit intraepithelialen Nervenfasern führen. Fig. 58.

Langerhans'sche Zellen und Tastkörperchen sind leicht zu sehen; an dicken Schnitten sind die Tastkörperchen tief schwarz (Fig. 58), an dünnen Schnitten rothviolett (Fig. 61).

Nr. 51. Zusammengesetzte Tastzellen. Man schneide vom Schnabel einer frisch getödteten Ente oder Gans die gelbe, den Seitenrand des Oberschnabels überziehende Haut ab und lege 1—2 mm dicke, ca. 1 cm lange Stückchen in 3 ccm der 2%igen Osmiumlösung + 3 ccm destill. Wassers und stelle das Ganze auf 18—24 Stunden in's Dunkle. Dann wäscht man die Stückchen in (womöglich fliessendem) Wasser 1 Stunde lang aus und überträgt sie in ca. 20 ccm 90%igen Alkohols. Schon nach 6 Stunden sind die Objekte schneidbar. Man klemme die Stückchen in Leber und schneide in der Richtung vom Corium gegen das Epithel (nicht umgekehrt!). Die Schnitte können ungefärbt in Damarfirniss conservirt werden. Die olivgrünen Tastzellen sind leicht, selten ist dagegen die Eintrittstelle der Nervenfaser zu sehen (Fig. 60). Ausserdem finden sich in den Schnitten Herbst'sche Körperchen (pag. 84). Will man färben, so nehme man Kernfärbungsmittel (pag. 16).

Nr. 52. Die Vater'schen Körperchen entnimmt man am besten dem Mesenterium einer frisch getödteten Katze. Sie sind dort mit unbewaffnetem Auge meist leicht als milchglasartig durchscheinende, ovale Flecke zu erkennen, die zwischen den Fettsträngen des Mesenterium liegen. Ihre Anzahl wechselt sehr, zuweilen sind sie nur spärlich vorhanden und von so geringer Grösse [1]), dass ihr Auffinden schon genaues Zusehen erfordert. Man schneide mit der Scheere das das Körperchen enthaltende Stückchen Mesenterium heraus, breite es in einem Tropfen Kochsalzlösung auf dem Objektträger (schwarze Unterlage!) aus und suche es mit Nadeln von den anhaftenden Fetttr äubchen zu befreien. Man hüte sich, dabei das Körperchen selbst anzustechen. Bei schwacher Vergrösserung (ohne Deckglas) überzeuge man

[1]) Dieser Fall lag bei der Anfertigung des Fig. 62 abgebildeten Präparates vor; das Körperchen ist sehr klein.

sich, ob das Körperchen hinreichend isolirt ist und bedecke es dann nochmals mit einem Tropfen Kochsalzlösung und einem Deckglas. Druck muss sorgfältig vermieden werden (Fig. 62).

Bei starken Vergrösserungen sieht man deutlich die Kerne der zwischen den Kapseln gelegenen Zellen; undeutlich blass, oft gar nicht dagegen die im Innenkolben befindlichen, länglichen Kerne. Will man conserviren, so lasse man 1—2 Tropfen der 1%igen Osmiumsäure unter dem Deckglas zufliessen (pag. 24) und ersetze die Säure, nachdem das Nervenmark schwarz, der Innenkolben braun geworden ist, durch sehr verdünntes Glycerin.

Nr. 53. Motorische Nervenendigungen. a) Endverästelung. Man schneide ca. 1 cm lange dünne Stücke von Muskeln einer Eidechse oder kurze Muskeln (Intercostales, Augenmuskeln) kleiner Säugethiere aus und behandle sie in der Nr. 50 angegebenen Weise. Nachdem die dunkelvioletten Stückchen 3—6 Tage in Alkohol gelegen haben, zerzupfe man ca. 2 mm dicke Bündel der Muskelfasern in einem Tropfen verdünnten Glycerins, dem man einen ganz kleinen Tropfen Ameisensäure zugesetzt hat. Es gelingt das wegen der Brüchigkeit der Muskelfasern nur schwer und unvollkommen. Ein auf das Deckglas ausgeübter leichter Druck ist oft von Vortheil. Schwache Vergrösserung (50 mal) zeigt Muskelfasern von zart rosarother bis tief purpurner, andere von rothvioletter bis lichtblauvioletter Farbe; in letzteren Muskelfasern sehe ich die Endverästelung am deutlichsten. Zum Aufsuchen derselben verfolge man die schon bei schwacher Vergrösserung kenntlichen, tiefschwarzen Nervenfasern. (Fig. 63.)

b) Kerne der motorischen Platte. Man lege die vorderen Hälften der Augenmuskeln eines frisch getödteten Kaninchens in 97 ccm destill. Wassers + 3 ccm Essigsäure. Nach 6 Stunden übertrage man die Muskeln in destill. Wasser, schneide ein flaches Stückchen mit der Scheere ab und breite es auf dem Objektträger aus. Schon mit unbewaffnetem Auge sieht man die Verästelungen der weiss aussehenden Nerven deutlich; bei schwachen Vergrösserungen (50 mal) erblickt man die Anastomosen der Nervenbündel, sowie die durch ihre quergestellten Kerne (der glatten Muskelfasern) leicht kenntlichen Blutgefässe. Das Auffinden der Endplatten ist wegen der grossen Anzahl der scharf contourirten Kerne, welche den Muskeln, dem intermusculären Bindegewebe etc. angehören, nicht leicht. Verfolgt man eine Nervenfaser, so sieht man bald, dass deren doppelt contourirte Markscheide plötzlich aufhört und sich in eine Gruppe von Kernen verliert. Das sind die Kerne der motorischen Platte, deren übrige Details nicht deutlich sichtbar sind. Die Querstreifung der Muskelfasern, die sehr blass sind, ist oft sehr wenig deutlich. (Fig. 64.)

IV. Circulationsorgane.

I. Blutgefässsystem.

Die Blutgefässe bestehen aus Elementen des Bindegewebes, elastischen Fasern und vegetativen Muskelfasern, welche Theile in sehr verschiedenen Verhältnissen gemengt in Schichten angeordnet sind. Im Allgemeinen herrscht in den Schichten eine gewisse Richtung vor; so die longitudinale Richtung in der innersten und äussersten, die circuläre in der Mittelschicht. Eine

Ausnahme hievon macht durch seinen complicirten Bau das Herz, durch ihren einfachen Bau die Capillaren.

Herz.

Die Herzwand besteht aus drei Häuten: 1) dem Endocardium, 2) der gewaltig entwickelten Muskelhaut und 3) dem Pericardium.

ad 1) Das Endocardium ist eine bindegewebige Haut, welche sich durch ihren Reichthum an elastischen Fasern auszeichnet; letztere sind besonders in den Vorhöfen stark entwickelt und bilden daselbst entweder dichte Fasernetze oder sind selbst zu gefensterten Häuten verschmolzen (Fig. 24). Die der Herzhöhle zugewendete freie Oberfläche ist mit einem einschichtigen Endothel überzogen.

ad 2) Die nackten Muskelfasern, deren Bau oben beschrieben worden ist (s. pag. 40), sind von einem feinen Perimysium umgeben. Ihre Vereinigung erfolgt durch zahlreiche quere oder schräge Abzweigungen (s. Fig. 17).

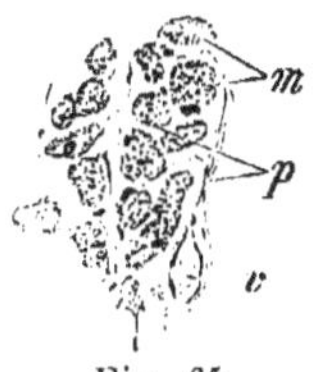

Fig. 65.

Stück eines Querschnittes eines Papillarmuskels des menschlichen Herzens. 240mal vergr. *m* Querschnitte der Muskelfasern, deren jeder aus kleinen Kreisen (den Querschnitten der Fibrillen) zusammengesetzt erscheint. An zwei Durchschnitten ist der Kern der Muskelfaser getroffen. *p* Perimysium mit kleinen (dunkelgefärbten) Kernen. *v* Blutgefäss. Technik Nr. 54.

Der Verlauf der Muskelfasern ist ein sehr complicirter. Die Muskulatur der Vorkammern ist von jener der Kammern vollkommen getrennt. An den Vorkammern kann man eine beiden Vorkammern gemeinschaftliche, äussere quere und eine jeder Vorkammer eigenthümliche, innere longitudinale (besonders im rechten Vorhof, Mm. pectinati) Lage unterscheiden. Ausserdem finden sich viele kleine, in andern Richtungen verlaufende Muskelbündel. Viel unregelmässiger ist die Muskulatur der Kammern, deren Bündel in den verschiedensten Richtungen, oft in Form von Achterzügen, verlaufen. Zwischen Vorkammern und Kammern liegen derbe Sehnenstreifen, die Annuli fibrocartilaginei, von denen der rechte stärker ist als der linke. Ebensolche, jedoch schwächer entwickelte Streifen, liegen an den Ostia arteriosa der Kammern; zahlreiche Muskelfasern entspringen von sämmtlichen Streifen.

ad 3) Das Pericardium ist eine bindegewebige, mit elastischen Fasern durchsetzte Haut, welche an der Aussenfläche (des visceralen Blattes) resp. an der Innenfläche (des parietalen Blattes) von einem einschichtigen Endothel überzogen ist. Im visceralen Blatt sind Fettzellen gelegen, das parietale Blatt ist bedeutend dicker.

Die Herzklappen bestehen aus faserigem Bindegewebe, welches mit dem der Annuli fibrocartilaginei zusammenhängt, und sind an ihren Flächen vom Endocard überzogen. Muskelfasern sind nur in den Ursprungsrändern der Klappen enthalten.

Die zahlreichen Blutgefässe des Herzens verlaufen in der Muskulatur nach der für Muskeln typischen Anordnung (s. pag. 68). Auch Pericard und Endocard (letzteres nur in seinen tieferen Schichten) besitzen Blutgefässe.

Lymphgefässe finden sich in kolossaler Menge im Herzen; sie stellen ein alle freien Räume zwischen Muskelbündeln und Blutgefässen einnehmendes System dar.

Die dem Vagus und Sympathicus entstammenden, theils marklosen, theils markhaltigen Nerven enthalten in ihrem Verlauf zahlreiche Ganglienzellen.

Arterien.

Die Wandung der Arterien besteht aus drei Häuten: 1) der Tunica intima, 2) der T. media, 3) der T. adventitia. Die Tunica media zeigt Querrichtung, die beiden andern vorwiegend Längsrichtung ihrer Elemente. Bau und Dicke dieser Häute wechseln nach der Grösse der Arterien. Aus diesem Grunde empfiehlt sich eine Eintheilung in kleine, mitteldicke und grosse Arterien.

Unter kleinen Arterien verstehen wir die Arterien kurz vor ihrem Uebergang in die Capillaren. Ihre Intima besteht aus langgestreckten, spindelförmigen Endothelzellen und einer strukturlosen elastischen Haut, der sog. elastischen Innenhaut, die bei etwas grösseren Arterien den Charakter einer gefensterten Membran annimmt. Die Media wird durch eine einfache, bei etwas grösseren Arterien mehrfache, Lage glatter Ringmuskelfasern hergestellt. Die Adventitia besteht aus feinfaserigem, längsverlaufendem Bindegewebe und feinen elastischen Fasern. Sie geht ohne scharfe Grenze in das die Arterien tragende Bindegewebe über.

Zu den mitteldicken Arterien zählen wir sämmtliche Arterien des Körpers, mit Ausnahme der Aorta und der Pulmonalis.

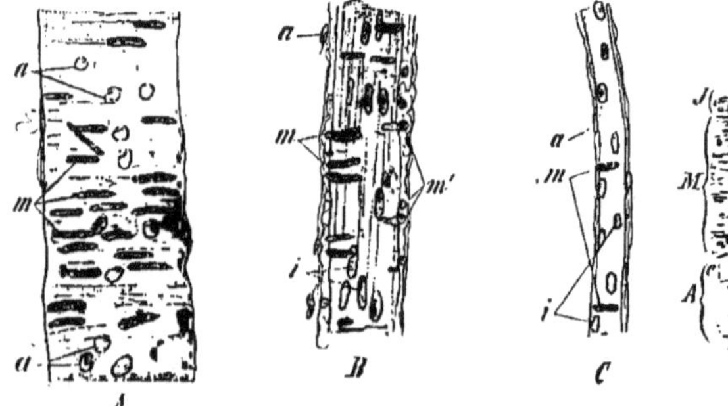

Fig. 66.

Stücke kleiner Arterien des Menschen, 240mal vergrössert. *i* Kerne der T. intima, die Contouren der Zellen selbst sind nicht zu sehen; *m* T. media an den quergestellten Kernen der glatten Muskelfasern kenntlich; *a* Kerne der T. adventitia. *A* Arterie, Einstellung auf die Oberfläche. *B* Arterie, Einstellung auf das Lumen. Man sieht bei *m'* die Musculariskerne von dem einen Pole her, im optischen Querschnitt. *C* Kleine Arterie kurz vor dem Uebergang in Capillaren. Die T. media besteht hier nur aus vereinzelten Muskelzellen. Technik Nr. 55a.

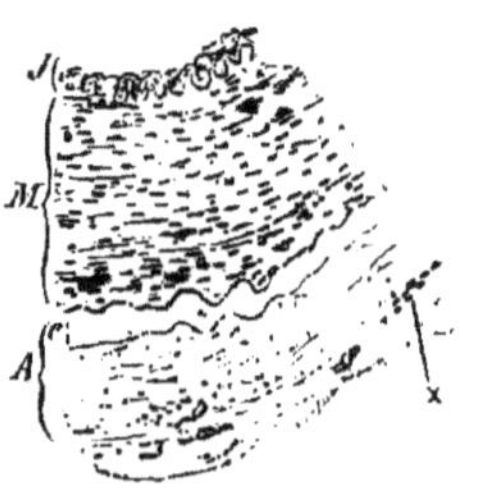

Fig. 67.

Stück eines Querschnittes der Arter. brachialis des Menschen, 50mal vergr. *J* Intima. Die geschlängelte Linie ist die elastische Innenhaut. *M* Media. Die stäbchenförmigen Kerne der Muskelfasern gut zu sehen. *A* Adventitia mit Vasa vasorum, *e* elastische Haut derselben, bei × Querschnitte einiger Längsmuskelbündel. Technik Nr. 51.

Die Intima hat hier eine Verdickung erfahren, indem zwischen den Endothelzellen und der elastischen Innenhaut noch Netze feiner elastischer Fasern, sowie eine, abgeplattete Zellen einschliessende, streifige Bindesubstanz aufgetreten sind, welche beide der Länge nach verlaufen. Die Media besteht nicht mehr allein aus glatten Ringsmuskelfasern,[1]) die hier in mehreren Schichten übereinanderliegen, sie enthält auch noch weitmaschige Netze feiner elastischer Fasern. Die Adventitia ist ebenfalls dicker geworden. Stärkere elastische Fasern finden sich in besonders reichlicher Menge an der Grenze der T. media und bilden daselbst bei vielen Arterien eine eigene Lage, die als elastische Haut der Adventitia (Fig. 67 e) bezeichnet worden ist. Als neue Elemente treten in der Adventitia mitteldicker Arterien glatte Muskelfasern auf, die zu längs verlaufenden einzelnen Bündeln, niemals zu einer geschlossenen Schicht geordnet sind.

Bei den grossen Arterien (Aorta, Pulmonalis) zeigt die Intima kürzere, mehr der polygonalen Form sich nähernde Endothelzellen; dicht darunter liegen die schon bei den mittelstarken Arterien vorkommenden streifigen Bindesubstanzlagen, die auch hier abgeplattete sternförmige oder rundliche Zellen, sowie elastische Fasernetze einschliessen. Diese Fasernetze sind um so dichter, je näher sie der T. media liegen und gehen endlich in eine gefensterte Membran über, welche der elastischen Innenhaut kleinerer und mitteldicker Arterien entspricht. Die T. media der grossen Arterien ist durch reich entwickelte, die muskulösen Elemente an Menge übertreffende, elastische Elemente charakterisirt. An Stelle dünner Fasernetze finden sich hier entweder dichte Netze starker elastischer Fasern oder gefensterte Häute[2]), welche regelmässig mit Schichten glatter Muskelfasern abwechseln. Die elastischen Elemente haben wie die Muskelfasern einen circulären Verlauf; schräg die

Fig. 68.
Stück eines Querschnittes der Brustaorta des Menschen, 50mal vergr. J Intima. M Media, die hellen Streifen dazwischen entsprechen den elastischen Elementen. A Adventitia. Technik Nr. 54.

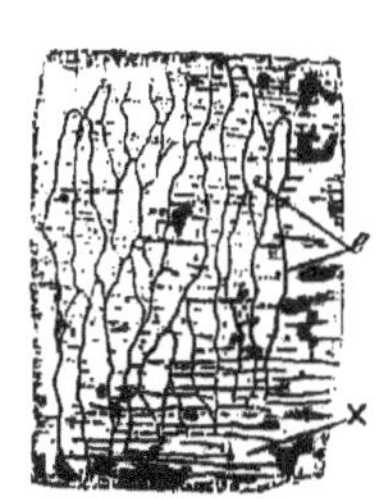

Fig. 69.
e Endothel der A. lienalis einer neugeborenen Katze in situ, 240-mal vergrössert. Unten × ist die durchschimmernde Kittsubstanz der glatten Muskelfasern der Tunica media gezeichnet. Technik Nr. 56.

[1]) An der innern Grenze der Media kommen auch längs verlaufende Muskelfasern vor; sie sind besonders entwickelt in der A. subclavia.

[2]) Die elastischen Häute finden sich schon bei den grösseren mitteldicken Arterien; besonders gut sind sie bei den Carotiden ausgeprägt, die bezüglich ihres Baues den grossen Arterien am nächsten stehen.

Muskelschichten durchsetzende Fasern und Häute stellen eine Verbindung aller elastischen Elemente der T. media her. Die Adventitia grosser Arterien zeigt keine wesentlichen Eigenthümlichkeiten, sie unterscheidet sich nur wenig von der mittelstarker Arterien. Eine elastische Haut der Adventitia fehlt; glatte Muskelfasern kommen daselbst nur bei Thieren vor.

Venen.

Die Wandung der Venen steht hinsichtlich ihrer Dicke nicht in bestimmtem Verhältnisse zur Grösse der Venen, so dass eine Eintheilung nach der Grösse, wie bei den Arterien, zwecklos ist. Das Charakteristicum der Venen liegt in dem Vorwiegen der bindegewebigen Hüllen und in der geringen Ausbildung der muskulösen und elastischen Elemente. Auch an den Venen können wir drei Hüllen unterscheiden.[1])

Die Intima besteht aus einer einfachen Lage platter Endothelzellen, die nur bei den kleinsten Venen von gestreckter, sonst von polygonaler Gestalt sind. Bei mittleren 2—9 mm im Durchmesser zeigenden Venen folgen darauf kernhaltige Bindesubstanzlagen, die sich bei ganz grossen Venen (V. cava sup., v. femor., v. poplit.) zu deutlich streifigen Lagen entwickeln. Daran schliesst sich eine elastische Innenhaut, die bei kleinen Venen strukturlos ist, bei mittleren und grossen Venen durch elastische Netze dargestellt wird. In der Intima der V. femoralis und V. poplitea finden sich auch einzelne schräg oder längs verlaufende, glatte Muskelfasern.

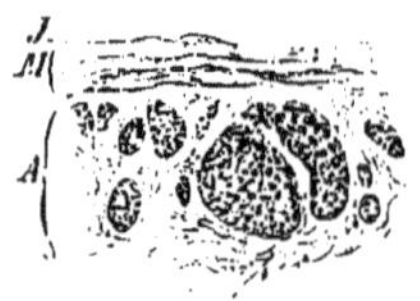

Fig 70.
Querschnitt der Wand der V. renalis des Menschen, 50mal vergr. J Intima. M Sehr schwache Media. A Adventitia mit quer durchschnittenen Längsmuskelbündeln. Technik Nr. 54.

Die T. media zeigt grosse Schwankungen. Sie besteht aus querverlaufenden Muskelfasern, elastischen Netzen und fibrillärem Bindegewebe und ist am Besten entwickelt in den Venen der untern Extremität (besonders in der Vena poplitea), weniger in den Venen der obern Extremität, noch geringer in den grossen Venen der Bauchhöhle; sie fehlt endlich bei einer grossen Anzahl von Venen (den Venen der Pia und Dura mater, den Knochenvenen, Retinavenen, der V. cava superior, sowie den aus den Capillaren hervorgehenden Venen). Hier finden sich nurmehr schräg und quer gestellte Bindegewebsbündel.

Die meist gut entwickelte Adventitia besteht aus gekreuzten Bindegewebsbündeln, elastischen Fasern und längs verlaufenden glatten Muskelfasern, die bei den Venen viel reicher entwickelt sind, als bei den Arterien.

---

[1]) Die geringe Entwicklung der Tunica media hat sogar einzelne Histologen veranlasst, nur zwei Hüllen, T. intima und adventitia zu unterscheiden und die Schichten, die gewöhnlich als T. media aufgefasst werden, der T. adventitia zuzurechnen.

Einzelne Venen (V. portar., V. renal.) besitzen eine fast vollkommene, ansehnliche Längsmuskelhaut. (Fig. 70).

Die Venenklappen sind Bildungen der Intima, die an beiden Seiten von, (an der dem Blutstrom zugekehrten Seite längsgestellten, an der der Venenwand zugekehrten Seite quergestellten), Endothelzellen überzogen werden. Unter den längsgestellten Zellen liegt ein dichtes elastisches Netzwerk, unter den quergestellten Zellen ein feinfaseriges Bindegewebe.

Capillaren.

Die Capillaren stellen — wenige Fälle, z. B. die Corpora cavernosa der Geschlechtsorgane ausgenommen — die Verbindung zwischen Arterien und Venen her. Bei dem Uebergang der ersteren in die Capillaren erfolgt eine allmählige Vereinfachung der Gefässwand (Fig. 66 *C*) und zwar in der Weise, dass die Tunica media immer dünner und von weit auseinanderstehenden Quermuskelfasern gebildet wird, die schliesslich vollkommen verschwinden; auch die Tunica adventitia wird feiner; sie besteht aus einer dünnen Lage kernhaltigen Bindegewebes, das schliesslich ebenfalls verschwindet, so dass zuletzt von der Gefässwand nichts mehr übrig bleibt, als die Intima, die, in ihren Schichten ebenfalls reducirt, einzig allein von den platten, kernhaltigen Endothelzellen aufgebaut wird. Die Wandung der Capillaren besteht somit nur aus einer einfachen Lage von Endothelzellen, deren Gestalt sich am besten mit einer an jedem Ende zugespitzten Stahlfeder vergleichen lässt. Diese Zellen werden durch eine geringe Menge von Kittsubstanz an den Rändern miteinander verbunden.

Die Capillaren theilen sich ohne Caliberverminderung und bilden durch Anastomosen mit Nachbarcapillaren Netze, deren Maschenweite sehr wechselnd ist. Die engmaschigsten Netze finden sich in absondernden Organen, z. B. in Lunge und Leber; weitmaschige Netze kommen vor z. B. in Muskeln, serösen Häuten, in den Sinnesorganen. Umgekehrt verhält sich das Caliber der Capillaren; die weitesten Capillaren finden sich in der Leber, die engsten Capillaren in der Retina und in den Muskeln.

Neubildung von Capillaren. Hier sollen nur die postembryonalen Entwicklungsvorgänge besprochen werden. Von der Wand einer schon fertigen Capillare erhebt sich eine konische Protoplasmamasse, die mit breiter Basis der Capillare aufsitzt und mit fein zulaufender Spitze frei endigt. Im weiteren Verlaufe der Entwickelung vereinigt sich diese Spitze mit einem anderen ihr entgegenkommenden Ausläufer, der auf gleiche Weise an einer anderen Stelle der Capillarwand entstanden ist. Diese anfangs solide Bildung wird von der Capillarwand aus hohl und die Wände des so entstandenen Rohres differenziren sich zu Endothelzellen. Die Entwickelung neuer Capillaren vollzieht sich nach dieser Darstellung immer im Zusammenhang mit schon vorhandenen Capillaren. In neuerer Zeit ist ein zweiter Bildungsmodus behauptet worden, demzufolge gänzlich isolirte Zellen (sog. „vasoformative" Zellen) zu einem Netzwerk zusammentreten, in ihrem Innern farbige kernlose Blutkörperchen bilden und dann erst mit dem Blutgefässnetz sich verbinden. Es ist indessen die Möglichkeit nicht ausgeschlossen, dass die vasoformativen Zellennetze sich rückbildende Blutgefässbezirke sind.

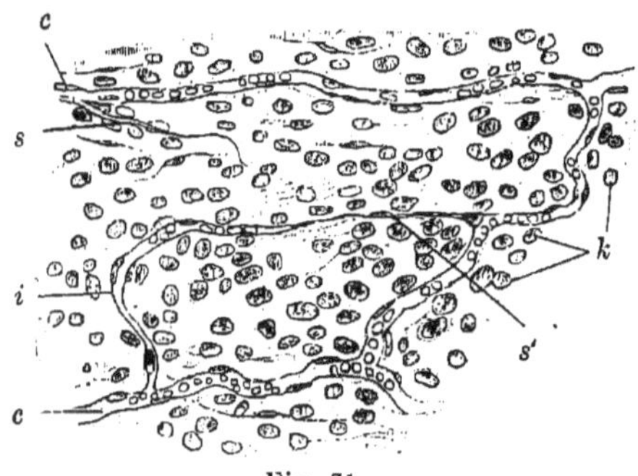

Fig. 71.
Flächenbild eines Stückchens des Omentum majus eines 7 Tage alten Kaninchens. 240mal vergrössert. c Blutcapillaren, theilweise noch Blutkörperchen enthaltend. s Sprosse einer Capillare, in eine freie, solide Spitze auslaufend. i junge Capillare, schon grösstentheils hohl, bei s' noch solid. k Kerne des Bauchfellepithels. Technik Nr. 58.

Alle mittleren und grossen Blutgefässe besitzen zur Ernährung ihrer Wand bestimmte kleine Blutgefässe, die Vasa vasorum, die fast ausschliesslich in der Adventitia verlaufen. Die Intima ist stets gefässlos.

Alle Blutgefässe sind mit Nerven versehen, welche in Arterien und Venen ein Geflecht markhaltiger Nervenfasern bilden. Hievon entspringen marklose Fasern, welche die Gefässmuskeln versorgen. Die Capillaren sind von marklosen Nervenfasern umsponnen.

Viele Blutgefässe sind von Lymphgefässen umsponnen, welche zuweilen so weit sind, dass sie vollkommen die Blutgefässe einscheidende Räume („adventitielle Lymphräume" s. pag. 79) darstellen.

Die Steissdrüse, Gland. coccygea, ist eigentlich keine Drüse, sondern besteht aus Blutgefässen, deren Aeste durch halbkugelförmige Aussackungen charakterisirt sind, und aus Bindegewebe, das feine Bündel markhaltiger Nerven einschliesst. Einen ähnlichen Bau zeigt die Carotisdrüse (Ganglion intercaroticum), die ausserdem ansehnliche Mengen von Nervenfasern und Ganglienzellen enthält.

Das Blut.

Das Blut ist eine leicht klebrige, roth gefärbte Flüssigkeit, welche geformte Elemente: Blutkörperchen, Blutplättchen und Elementarkörnchen enthält. Erstere sind schon (pag. 33) beschrieben worden es erübrigt nur, die Mengenverhältnisse sowie das Zahlenverhältniss zwischen farblosen und farbigen Blutkörperchen zu erörtern. Die Bestimmung beider Verhältnisse unterliegt grossen Schwierigkeiten, die Angaben können deshalb keine grossen Ansprüche auf Sicherheit erheben. Beim Menschen sind in einem Cubikcentimeter Blut etwa 5 Millionen farbiger Blutkörperchen enthalten. Die farblosen Blutkörperchen sind in viel geringerer Menge im Blute vorhanden; man rechnet ein farbloses Blutkörperchen auf 300—500 farbige. Die Blutplättchen sind sehr vergängliche, farblose, runde oder ovale Scheiben von drei- bis viermal geringerem Durchmesser als die farbigen Blutzellen (Fig. 6. 9.) und sind zuweilen in grosser Anzahl im Blute vorhanden. Es wird ihnen eine Hauptrolle bei der Gerinnung des Blutes zugeschrieben. Die Elementarkörnchen sind grösstentheils Fettpartikelchen, welche durch den Chylus ins Blut übergeführt wurden. Sie lassen sich bei saugenden Thieren und bei Pflanzenfressern leicht nachweisen; dem vom gesunden Menschen entnommenen Blute fehlen sie.

Nach dem Tode (oder in veränderter Gefässwand) gerinnt das Blut durch Festwerden einer im Blute befindlichen Substanz, des Faserstoffes (Fibrin) und sondert sich weiterhin in zwei Theile, in den Blutkuchen (Placenta sanguinis) und in das Blutwasser (Plasma sanguinis). Der Blutkuchen ist roth und besteht aus allen farbigen, den meisten farblosen Blutkörperchen und dem Faserstoff, der sich mikroskopisch als ein Filz feiner Fasern erweist; die Fasern verhalten sich chemisch ähnlich den Fasern des leimgebenden Bindegewebes. Das Blutwasser ist farblos und enthält einige farblose Blutkörperchen.

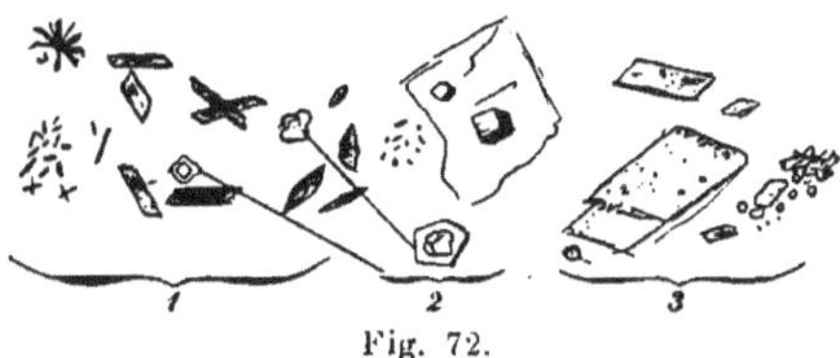

Fig. 72.

1. Haeminkrystalle des Menschen, rechts Wetzsteinformen derselben. 2. Kochsalzkrystalle. 3. Haematoidinkrystalle des Menschen. 560mal vergr., Technik Nr. 64.

Der in den farbigen Blutkörperchen enthaltene Farbstoff, das Haemoglobin, besitzt die Eigenschaft, unter bestimmten Verhältnissen zu krystallisiren und zwar bei fast allen Wirbelthieren im rhombischen Systeme; die Gestalt der Krystalle ist bei den verschiedenen Thieren eine sehr verschiedene, beim Menschen eine hauptsächlich prismatische. Das Haemoglobin geht leicht in Zersetzung über. Eines dieser Zersetzungsprodukte ist das Haematin, welches weitere Umwandlungen zu Haematoidin und Haemin erfahren kann. Die Krystalle des Haematoidin, welches sich innerhalb des Körpers in alten Blutextravasaten, z. B. im Corpus luteum findet, sind rhombische Prismen von orangerother Farbe. Die Krystalle des Haemin sind, wenn gut entwickelt, rhombische Täfelchen oder Bälkchen von mahagonibrauner Farbe; oft sind sie sehr unregelmässig gestaltet (Fig. 72, 1); sie sind in forensischer Beziehung von grosser Wichtigkeit (s. Technik Nr. 64 a).

Entwickelung der farbigen Blutkörperchen. Von der frühesten Zeit der embryonalen Entwickelung an durch das ganze Leben finden sich an bestimmten Orten kernhaltige gefärbte Blutzellen, Haematoblasten. Ihre Menge schwankt und geht parallel mit der Energie des Blutbildungsprocesses. Aus ihnen gehen durch indirekte Theilung die farbigen Blutkörperchen hervor, die anfangs noch kernhaltig sind, später aber ihren Kern verlieren. Als Ort der Blutbildung muss in embryonalen Perioden die Leber, später die Milz, beim Erwachsenen aber ausschliesslich das Knochenmark bezeichnet werden.

2. Lymphgefässsystem.

Lymphgefässe.

Die Wandung der stärkeren Lymphgefässe (von 0,2—0,8 mm an) setzt sich, wie die der Blutgefässe, aus drei Schichten zusammen. Die Intima besteht aus Endothelzellen und feinen elastischen Längsfasernetzen. Die Media wird durch quer verlaufende glatte Muskelfasern und wenige elastische Fasern gebildet. Die Adventitia besteht aus längs verlaufenden Bindegewebsbündeln, elastischen Fasern und gleichfalls längsgerichteten Bündeln glatter Muskelfasern. Die Wand der feineren Lymphgefässe und der Lymphcapillaren wird nur durch sehr zarte, geschlängelt contourirte Endothelzellen hergestellt. Die Lymphcapillaren sind weiter als die Blutcapillaren, häufig mit Einschnürungen und Ausbuchtungen besetzt und an den Theilungsstellen oft bedeutend verbreitert; das von ihnen gebildete Netzwerk ist unregelmässiger. Die Frage nach dem Ursprung der Lymphgefässe ist noch nicht endgültig entschieden; während eine Meinung dahin geht, dass die Lymphcapillaren allseitig geschlossen sind, haben nach der zweiten, weit verbreiteten Ansicht die Lymphgefässe in den zwischen den Bindegewebsbündeln gelegenen Spalträumen, den Gewebsspalten[1]) ihren Ursprung, sind demnach peripheriewärts offen.

Nach der ersten Meinung würde der durch die Blutcapillarenwand in die Gewebe übergetretene Saft, der Gewebssaft (Parenchymsaft), soweit er nicht zur Ernährung der Gewebe verbraucht wird, durch Endosmose in die geschlossenen Lymphcapillaren eindringen, nach der zweiten Ansicht dagegen direkt von den Geweben aus durch die offenen Lymphgefässanfänge seinen Abfluss finden.

Von Wichtigkeit ist, dass die Lymphgefässe mit der Pleura- und Peritonealhöhle in offener Verbindung stehen und zwar durch zwischen den Epithelzellen der Pleura resp. des Peritoneum befindliche Oeffnungen, die Stomata, welche in der Pleurahöhle an den Intercostalräumen, in der Peritonealhöhle am Centrum tendineum des Zwerchfells sich finden.

Die Lymphknoten.

Die Lymphknoten (schlechter „Lymphdrüsen") sind makroskopische, in die Bahn der Lymphgefässe eingeschaltete Körper von meist rundlich-

[1]) Als eine Modification der Gewebsspalten dürften die Saftlücken und Saftkanälchen anzusehen sein, welche sich, in die formlose Zwischensubstanz des Bindegewebes eingegraben, durch regelmässigere Gestalt und Begrenzung von den Gewebsspalten unterscheiden. Saftlücken und -kanälchen sind am schönsten in der Cornea entwickelt, sollen aber auch in allen andern bindegewebigen Formationen nachweisbar sein.

ovaler oder platter, bohnenförmiger Gestalt und sehr wechselnder Grösse. An der einen Seite haben sie meist eine narbige Einziehung, den **Hilus**, an welchem die abführenden Lymphgefässe austreten.[1]) Ihr Bau wird verständlich, wenn wir von folgender Vorstellung ausgehen: An bestimmten Stellen theilen sich (2—6) Lymphgefässe mehrfach in mit einander anastomosirende Aeste, welche indessen sich bald wieder vereinen und zu ebensoviel oder weniger meist engeren Lymphgefässen zusammenfliessen. So wird ein Wundernetz gebildet. Die sich theilenden Lymphgefässe heissen **Vasa afferentia**, die zusammenfliessenden **Vasa efferentia**. Zwischen den Maschen dieses Netzes liegen theils kugelige, theils langgestreckte Körper, die aus adenoidem Gewebe bestehen. Die kugeligen Körper, **Secundärknötchen** („**Follikel**", „**Ampullen**") nehmen die Peripherie, die gestreckten Körper, die „**Markstränge**", das Centrum des Lymphknotens ein. Faseriges Bindegewebe, die **Kapsel**, umhüllt den Lymphknoten und schickt Ausläufer, **Trabekel**, ins Innere des Knotens (Fig. 73). Von den Trabekeln gehen feine Fortsetzungen in Form **reticulären Bindegewebes** aus, welche die Wandung der Lymphgefässe durchsetzend bis in die Secundärknötchen und Markstränge eindringen und eine Stütze für die daselbst befindlichen zahlreichen Leucocyten bilden.

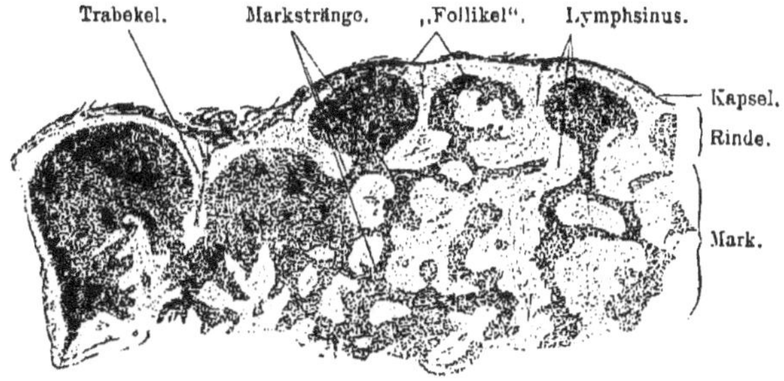

Fig. 73.
Senkrechter Durchschnitt eines Lymphknotens einer 9 Tage alten Katze, 30mal vergrössert. Technik Nr. 67.

Der Lymphknoten besteht somit aus **Rinden**(Cortical-)**substanz** und **Mark**(Medullar-)**substanz**, deren gegenseitige Mengenverhältnisse sehr wechseln. Die Rindensubstanz enthält die Secundärknötchen, welche centralwärts direkt in die Markstränge übergehen (Fig. 73). Secundärknötchen und Markstränge werden von den Fortsetzungen der eintretenden Lymphgefässe umgeben.[2]) Diese hier sehr erweiterten Lymphgefässe heissen **Lymphsinus**; sie werden von reticulärem Bindegewebe durchzogen. Secundärknötchen und Markstränge bestehen aus adenoidem Gewebe, d. i. aus reticulärem Bindegewebe, in dessen Maschen zahl-

[1]) Die zuführenden Lymphgefässe dringen an verschiedenen Stellen in den Knoten ein.

[2]) In das Innere der Secundärknötchen dringen niemals Lymphgefässe.

reiche Leucocyten liegen. In vielen Secundärknötchen befindet sich ein heller, rundlicher Fleck, das Keimcentrum, dort findet man stets indirekte Kerntheilungsfiguren.[1]) Die Secundärknötchen sind somit Bildungsstätten von Leucocyten, welche in die Lymphsinus und von da in die Vasa efferentia gelangen. Die Kapsel besteht aus faserigem Bindegewebe und glatten Muskelfasern, welche in den grossen Lymphknoten des Rindes zu ganzen Zügen vereint sind. Die ebenso gebauten Trabekel schieben sich zwischen Secundärknötchen und Markstränge, berühren dieselben aber nicht, sondern sind von ihnen durch die Lymphsinus getrennt. Die Wandung der Lymphsinus wird nur von einer einfachen Lage platter Endothelzellen gebildet, welche sowohl der Oberfläche der Secundärknötchen und Markstränge, wie auch der Oberfläche der Trabekel anliegen; auch das mit den Trabekeln zusammenhängende reticuläre Bindegewebe ist mit platten Endothelzellen überzogen (vergl. pag. 50).

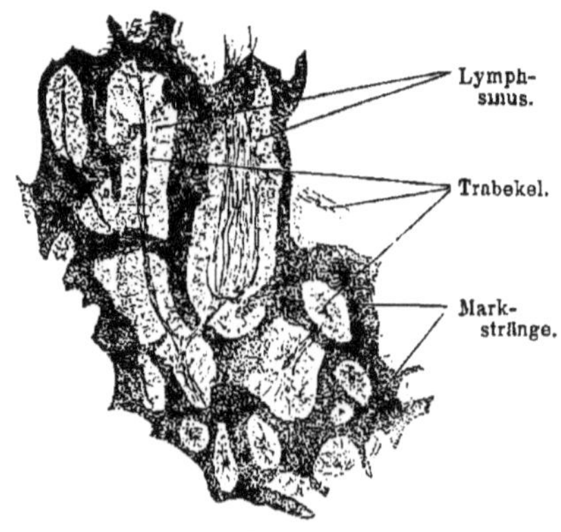

Fig. 74.

Aus einem senkrechten Schnitt eines Lymphknotens eines Rindes, 50mal vergr. Marksubstanz. In der oberen Hälfte sind die Trabekel und Markstränge der Länge, in der unteren Hälfte der Quere nach durchschnitten. Beide bilden ein zusammenhängendes Netzwerk. In dem Lymphsinus sieht man die feinen Fasern des reticulären Bindegewebes, welche zum Theil noch Leucocyten enthalten. Zeichnung bei wechselnder Tubuseinstellung. Technik Nr. 68.

Der hier geschilderte Bau der Lymphknoten ist aber insoferne schwierig zu erkennen, als mancherlei Complicationen sich vorfinden. Diese Complicationen bestehen darin, 1) dass benachbarte Secundärknötchen oft mit einander verschmelzen, 2) dass die Markstränge mit einander zu einem groben Netzwerk sich verbinden, 3) dass ebenso die Trabekel ein zusammenhängendes Netzwerk bilden, 4) dass das Netz der Markstränge und das der Trabekel ineinander greifen (Fig. 74), 5) dass die Lymphsinus mit Leucocyten gefüllt sind, welche erst durch besondere Methoden entfernt werden müssen. Auf diese Weise bilden Sekundärknötchen, Markstränge und die Leucocyten der Lymphsinus eine weiche Substanz, die „Pulpa" (Parenchym der Lymphknoten) genannt worden ist.

Die Blutgefässe der Lymphknoten treten theils an verschiedenen Stellen der Oberfläche, grösstentheils aber am Hilus ein. Die von der Knotenoberfläche eintretenden feinen Blutgefässe vertheilen sich in der Kapsel und in den gröberen Trabekeln, in deren Axe sie verlaufen. Die am Hilus

[1]) Auch in den Marksträngen erfolgt eine Vermehrung der Zellen, jedoch in viel geringerem Grade als in dem Keimcentrum der Secundärknötchen.

eintretende grössere Arterie theilt sich in mehrere Aeste, die daselbst von reichlicher entwickeltem Bindegewebe umgeben sind. Die Aeste treten zum geringeren Theil in die Trabekel, zum grösseren Theil gelangen sie, die Lymphsinus durchsetzend, in die Markstränge und von da in die Secundärknötchen; an beiden Stellen lösen sich die Blutgefässe in ein wohlentwickeltes Capillarnetz auf, welches die zur Bildung der Leucocyten nöthige Sauerstoffmenge liefert. Die Venen treten am Hilus aus.

Die Nerven der Lymphknoten sind spärliche, theils markhaltige, theils marklose Faserbündel, über deren Endigung nichts Näheres bekannt ist.

Die peripherischen Lymphknoten.

Das Leucocyten einschliessende reticuläre Bindegewebe ist nicht nur auf die Lymphknoten beschränkt; es findet sich auch in grosser Ausdehnung in vielen Schleimhäuten und zwar in verschiedenen Entwickelungsgraden: bald als diffuse, bald als schärfer begrenzte Infiltration von Leucocyten. Diese Formationen werden nicht zum Lymphsystem gerechnet. Es gibt aber noch einen höheren Grad der Ausbildung, in welchem den Secundärknötchen der Lymphknoten ganz ähnliche Knötchen („Follikel") der Schleimhaut mit Keimcentrum bestehen. Diese hat man zum Lymphsystem gerechnet und peripherische Lymphknoten genannt. Sie sind in vielen Schleimhäuten entweder vereinzelt, Solitärknötchen („solitäre Follikel"), oder in Gruppen, „Peyer'sche Haufen", zu finden und liegen in stets einfacher Schicht in der Tunica propria (s. pag. 112) dicht unter dem Epithel. Ihre Verbreitung und Zahl ist nicht nur bei den einzelnen Thierarten, sondern selbst bei einzelnen Individuen erheblichen Schwankungen unterworfen. Sie unterscheiden sich von den eigentlichen Lymphknoten vor Allem durch ihre minder innigen Beziehungen zu den Lymphgefässen, welche hier keine die Knötchen (Follikel) umgreifende Sinus bilden.[1]) Ihre Beizählung zum Lymphgefässsystem ist insofern eine berechtigte, als auch sie (in dem Keimcentrum) Brutstätten junger Leucocyten sind. Dieselben gelangen jedoch nur zum geringsten Theile in die Lymphgefässe, sondern wandern vielmehr durch das Epithel auf die Schleimhautoberfläche (vergl. pag. 123).

Die Lymphe.

Die Formelemente der Lymphe, die Leucocyten (s. pag. 33), sind in einer Flüssigkeit suspendirt, welche ausserdem noch Körnchen enthält. Die letzteren sind unmessbar klein, bestehen aus Fett und finden sich vorzugsweise in den Lymph(Chylus-)gefässen des Darmes; oft sind sie in kolossaler Menge vorhanden und sind dann die Ursache der weissen Farbe des Chylus. In andern Lymphgefässen sind die Körnchen nur spärlich vorhanden. In den Lymph-

[1]) Ausgenommen ist nur das Kaninchen, in dessen Peyer'schen Haufen Sinus vorkommen; die Solitärknötchen dieses Thieres entbehren dagegen ebenfalls der Sinus.

knoten findet man viele Leucocyten, deren Kern von so wenig Protoplasma umgeben ist, dass dessen Nachweis nur schwer zu liefern ist.

Thymus.

Die Thymus besteht aus 4—11 mm grossen Lappen, welche von faserigem, mit feinen elastischen Fasern vermengtem Bindegewebe umhüllt werden. Dieses Bindegewebe schickt in jeden einzelnen Lappen Septa, wodurch eine Unterabtheilung in kleinere, 1 mm grosse („secundäre") Läppchen erzielt wird. Jedes dieser Läppchen besteht durchaus aus adenoidem Gewebe, welches in der Peripherie dichter als im Centrum entwickelt ist, so dass man einen dunkleren Rindentheil (Fig. 75 *r*) von einer helleren Marksubstanz (*m*) unterscheiden kann.

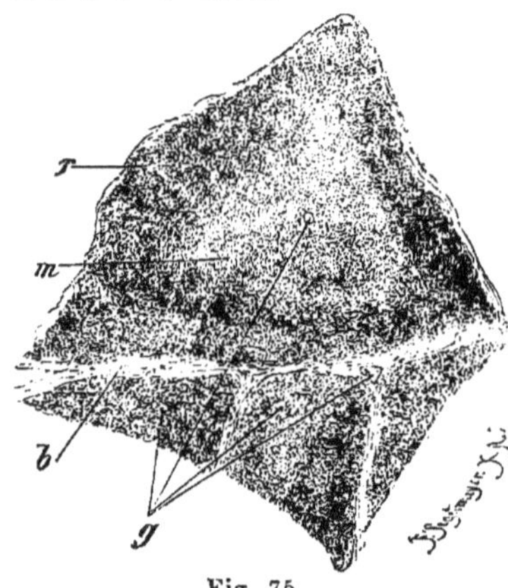

Fig. 75.

Durchschnitt einiger Läppchen der Thymus eines 7 Tage alten Kaninchens, 60mal vergr. *r* Rindentheil, *m* Marktheil. Die anderen Läppchen sind nur tangential angeschnitten, so dass meist nur Rinde sichtbar ist. *b* Bindegewebe. *g* Blutgefässe. Technik Nr. 69.

Die **Blutgefässe** sind sehr reichlich entwickelt und speisen ein in Mark und Rinde gelegenes Capillarsystem. Die **Lymphgefässe** sind ebenfalls in grosser Anzahl vorhanden; die grösseren Stämmchen liegen an der Oberfläche der Thymus, ihre Aeste verlaufen in den bindegewebigen Septen und dringen von da in die Marksubstanz ein.

Zur Zeit des Schwindens der Thymus findet man in ihr in sehr wechselnder Anzahl concentrisch gestreifte Körperchen von 15—180 μ Durchmesser, welche wahrscheinlich veränderte Ballen von Epithelzellen (die Thymus ist in der ersten Anlage ein epitheliales Organ) sind. Sie werden **Hassal**'sche Körperchen genannt.

Milz.

Die **Milz** ist eine Blutgefässdrüse und besteht aus einer bindegewebigen Hülle, der **Kapsel**, und einer rothen, weichen, aus adenoidem Gewebe und Blutgefässen zusammengesetzten Masse, der **Milzpulpa**.

Die **Kapsel** ist fest mit dem sie überziehenden Bauchfell verwachsen und besteht vorzugsweise aus derbfaserigem Bindegewebe und Netzen elastischer Fasern. Bei einigen Thieren (Hund, Katze, Schwein u. a.), nicht aber beim Menschen, finden sich daselbst auch glatte Muskelfasern. Von der Kapsel ziehen zahlreiche blatt- oder strangförmige Fortsetzungen, die **Milzbalken**, in das Innere der Milz und bilden dort ein zusammenhängendes Netzwerk, in dessen Maschen die Milzpulpa gelegen ist. Auch die Balken enthalten bei Thieren ausser Bindegewebe glatte Muskelfasern. Am Hilus der Milz gibt die Kapsel besondere Hüllen an die Blutgefässe ab. Diese Hüllen („adventitielle Scheiden") sind an den Arterien der Sitz zahlreicher Leucocyten, die entweder als continuirlicher Beleg den ganzen Verlauf der Arterien begleiten (z. B. beim Meerschweinchen) oder nur auf einzelne Stellen beschränkt sind. In letzterem Falle bilden die Leucocyten kugelige Ballen von 0,2—0,7 mm Grösse, die sogenannten Malpighi'schen Körperchen (Mensch, Katze etc.) Zwischen beiden Formen gibt es viele Uebergänge.

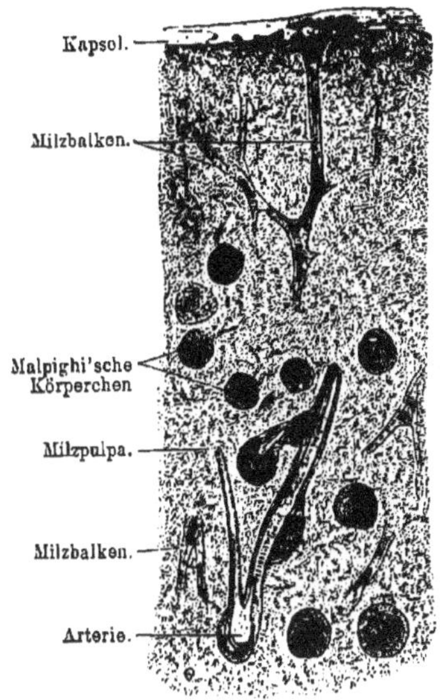

Fig. 76.
Aus einem Querschnitte der menschlichen Milz, 10mal vergrössert. Malpighi'sche Körperchen gut entwickelt, alle seitlich von Arterien durchbohrt; an dem rechten Ast der Arterie ist der Beleg der Leucocyten ein continuirlicher. Technik Nr. 71.

Die Malpighi'schen Körperchen sitzen mit Vorliebe in den Astwinkeln der kleinen Arterien und zwar so, dass die Arterie entweder die Mitte oder den Rand des Körperchens durchbohrt. Hinsichtlich ihres feineren Baues stimmen die Körperchen vollkommen mit den Secundärknötchen der Lymphknoten überein; sie enthalten zuweilen sogar Keimcentren.

Die Milzpulpa bildet ein Netzwerk von Strängen, welche ähnlich denen der Lymphknoten zwischen den Maschen des Milzbalkennetzes gelegen sind. Die Stränge hängen zuweilen mit den Malpighi'schen Körperchen zusammen. Die Milzpulpa besteht aus sehr feinem reticulärem Bindegewebe (pag. 49) und

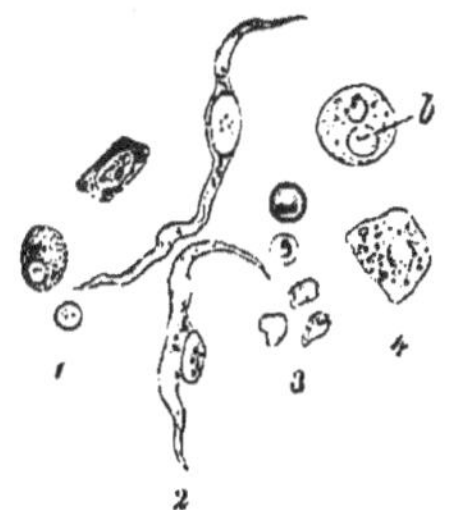

Fig. 77.
Elemente der menschlichen Milz, 560mal vergr. 1. Farblose Zellen. 2. Endothelzellen. 3. Farbige Blutkörperchen. 4. Körnchenhaltige Zellen; die obere schliesst auch ein farbiges Blutkörperchen b in sich. Technik Nr. 70.

Fig. 78.
Reticuläres Bindegewebe der menschlichen Milz, 560mal vergr. Rand eines Schüttelpräparates gezeichnet. Technik Nr. 72.

Fig. 79.
Drei Korntheilungsbilder aus einem Schnitt durch die Milz eines Hundes, 560mal vergrössert. Die Fäden sind bei dieser Vergrösserung nicht zu sehen. Technik Nr. 73.

zahlreichen zelligen Elementen. Letztere sind theilweise Leucocyten, theils etwas grössere mehrkernige Zellen, ferner farbige Blutkörperchen enthaltende

Zellen und freie farbige Blutkörperchen; endlich findet sich daselbst ein körniges Pigment.

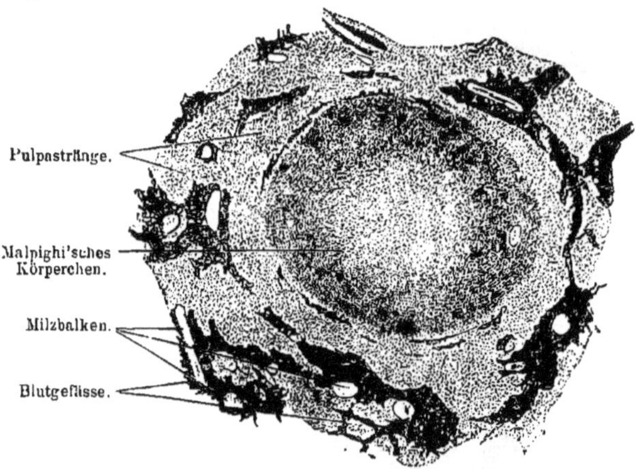

Fig. 80.

Aus einem Querschnitt einer Katzenmilz, 50mal vergrössert. Im Malpighi'schen Körperchen ist rechts der Querschnitt der Arterie sichtbar. Die dunklen Blutgefässe sind meist capillare Venen, welche zwischen Pulpasträngen und Milzbalken liegen. Technik Nr. 71.

Blutgefässe. Die Arterien der Milz geben Aeste an die Balken und die Pulpastränge ab und speisen das dichte Capillarnetz der Malpighi'schen Körperchen. Die Venen sammeln sich aus einem weiten Netz von Capillaren („capillare Venen"), welches zwischen Balken und Pulpasträngen gelegen ist. Die grösseren Venen laufen neben den Arterien. Die Art und Weise des Zusammenhangs der Arterien und Venen ist noch nicht endgültig festgestellt. Die Arterien gehen in langgestreckte Capillaren über, welche nicht mit einander anastomosiren. Diese (arteriellen) Capillaren hängen nach der Meinung der Einen direkt mit den capillaren Venen zusammen; nach dieser Ansicht würde die Blutbahn der Milz allseitig geschlossen sein. Nach der Meinung anderer Autoren gehen die arteriellen Capillaren in Räume ohne eigene Wandung, in „intermediäre Lakunen", über, welchen sich siebförmig durchbrochene Venen anschliessen. Letztere vermitteln den Zusammenhang mit Wandung besitzenden Venen.

Die Lymphgefässe sind an der Oberfläche der Milz bei Thieren reich, beim Menschen dagegen nur spärlich entwickelt. Die tiefen, im Innern der Milz verlaufenden Lymphgefässe sind ebenfalls nur spärlich vorhanden und in ihrem genaueren Verhalten noch nicht aufgeklärt.

Die Nerven bestehen zumeist aus marklosen Fasern, welche für die Blutgefässe bestimmt zu sein scheinen.

TECHNIK.

Nr. 54. Herz und grössere Blutgefässe. Man schneide einen Papillarmuskel aus einem menschlichen Herzen, ein Stück der Aorta von 2 cm Seite, ein 1—2 cm langes Stück der Arteria brachialis mitsammt Venen und umgebendem Bindegewebe und ein 1 cm langes Stück der Vena renalis aus und hänge die Theile an einem Faden in einem Glase mit ca. 40 ccm absoluten Alkohols auf. Nach 24—48 Stunden sind sämmtliche Objekte schnittfähig. Man klemme sie in Leber ein (Arterie und Vene können zusammen eingeklemmt werden und leiden selbst durch starke Compression keinen Schaden) und fertige feine Querschnitte an, die man mit Hämatoxylin 2—5 Min. lang färbt (p. 16). Einschluss in Damarfirniss (p. 21) (Fig. 65, 67, 68, 70.) Die elastischen Fasern bleiben ungefärbt, können jedoch oft erst mit starken Vergrösserungen deutlich erkannt werden.

Querschnitte geben über den Verlauf der Adventitiaelemente ungenügenden Aufschluss. Oft sieht es aus, als ob sämmtliche Adventitiaelemente circulär angeordnet seien.[1]) Die wahre Anordnung kann erst mit Zuhülfenahme von Längsschnitten, welche auch die Muskelfasern der Adventitia deutlich zeigen, erkannt werden.

Nr. 55. Kleine Blutgefässe und Capillaren. Man ziehe von einem menschlichen Gehirne an der Basis langsam Stückchen Pia von 1—3 cm Seite ab (dabei werden die senkrecht in das Gehirn eindringenden feinen Blutgefässe mit ausgezogen) und lege sie in 50 ccm Müller'scher Flüssigkeit auf 3—30 Tage; dann bringe man die Stückchen auf 1—3 Stunden in Wasser (in fliessendes 1 Stunde) und härte sie endlich in ca. 40 ccm allmählig verstärkten Alkohols (p. 13). Betrachtet man ein solches Stückchen in einer Uhrschale auf schwarzem Grunde, so sieht man die feinen Gefässchen isolirt. a) Mit einer feinen Scheere werden kleine Gefässbäumchen abgeschnitten, 2—5 Min. in Hämatoxylin gefärbt (p. 16) und in Damarfirniss (p. 21) eingeschlossen. Fig. 66. b) Von den grösseren Stämmchen der Hirngefässe schneidet man ein ca. 5 mm langes Stückchen der Länge nach auf, färbt es in Haematoxylin und legt es so auf den Objektträger, dass die Adventitiaseite auf dem Glase aufliegt. Conserviren in Damarfirniss. Man kann durch wechselnde Einstellung des Tubus sehr schön die drei Schichten und deren Verlaufsrichtung sehen.

Capillaren findet man auch bei der Untersuchung frischen Gehirns (Nr. 47). Man erkennt sie an den parallel verlaufenden Contouren und den ovalen Endothelkernen; ferner auch an anderen Präparaten wie z. B. Nr. 9.

Nr. 56. Endothel. Man schneide einer neugeborenen Katze den Kopf ab, injicire in die Aorta descendens ca. 50 ccm 0,5°/o Höllensteinlösung (25 ccm der 1°/o Lösung + 25 ccm dest. Wassers) und binde dann die Aorta zu. (Spritze sofort mit Wasser zu reinigen). Nach 1/2 Stunde schneide man mit einer feinen Scheere Aorta und A. lienalis auf und setze die Innenfläche in 20 ccm destill. Wassers dem Sonnenlicht aus, bis Bräunung erfolgt. Nun zieht man mit zwei Pincetten die starke Adventitia ab (geht leicht) und betrachtet die Intima in zwei Tropfen Wasser oder in dünnem Glycerin mit starker Vergrösserung (Fig. 69). Zuweilen sind ausser den Grenzcontouren der Endothelien noch schwarze quere Linien: die Kittsubstanz der Muskelfasern der Media, sichtbar. Färbung ist nicht zu empfehlen, da sich ausser den Kernen des Endothels auch noch die Muskelkerne färben und das Bild hiedurch verworren wird. Will man in

[1]) Ein Theil derselben, z. B. die innersten Abschnitte der elastischen Haut der Adventitia, verläuft in der That circulär.

Damarfirniss (pag. 21) conserviren, so darf das Objekt nicht sofort in Alkohol abs. etc. gebracht werden, da sonst die Endothelzellen zu stark schrumpfen, sondern zuerst in allmählig verstärkten Alkohol (pag. 13).

Nr. 57. Elastische gefensterte Membramen sind leicht durch Zerzupfen der Art. basilar. oder vertebralis in einem Tropfen verdünnter oder 35% Kalilauge, schwerer durch Zerzupfen des Endocards zu erhalten. Man achte besonders auf die Ränder der Zupfstücke (Fig. 24).

Nr. 58. Neubildung von Capillaren. Man tödte ein 7 Tage altes Kaninchen durch Chloroform, spanne es mit Nadeln auf (pag. 9), eröffne durch einen Kreuzschnitt die Bauchhöhle, nehme rasch Milz, Magen und das daranhängende grosse Netz heraus und lege diese Theile in ca. 80 ccm gesättigter, wässeriger Pikrinsäurelösung (pag. 4). Hier breitet sich das sonst nur schwer abzulösende grosse Netz leicht aus. Nach 1 Stunde schneide man dasselbe ab, übertrage es in 60 ccm destillirten Wassers und theile es mit der Scheere in ca. 1 qcm grosse Stücke. Ein solches Stück wird auf einen trockenen Objektträger gebracht (das Wasser durch Fliesspapier abgesogen), und dann mit Nadeln möglichst glatt ausgebreitet, was um so leichter gelingt, je weniger Flüssigkeit dem Präparate anhängt. Dann bringe man 1—2 Tropfen Haematoxylin auf das Präparat. Nach 1—5 Minuten lasse man das Haematoxylin ablaufen und lege den Objektträger mit dem Präparat in eine flache Schale mit destillirtem Wasser; das Präparat wird sich bald vom Objektträger abheben, bleibt aber glatt und wird nun nach 5 Minuten mit dem Spatel in ein Uhrschälchen voll Eosin (s. pag. 17) übertragen, wo es 5 Minuten verbleibt. Dann wird das Präparat in destillirtem Wasser eine Minute lang ausgewaschen und auf den Objektträger gebracht; das Wasser wird wieder mit Filtrirpapier abgesogen, etwaige Falten mit Nadeln ausgeglichen und endlich ein Deckglas, an dessen Unterseite ein Tropfen verdünnten Glycerins angehängt ist, aufgesetzt. Man kann statt Glycerineinschluss auch Damarfirniss (d. h. Alkohol abs., Lavendelöl, Firniss) nehmen, doch gehen feinere Details leicht verloren. Die rothen Blutkörperchen sind durch Eosin glänzend roth gefärbt. (Fig. 71.)

Nr. 59. Farbige Blutkörperchen des Menschen. Man reinige einen Objektträger und ein kleines Deckglas sorgfältig (zuletzt mit Alkohol). Dann steche man sich mit einer gereinigten Nadel in die Seite der Fingerspitze; der zuerst hervortretende Blutstropfen wird mit einem Tuch abgewischt, der zweite Tropfen durch leichtes Aufdrücken des Deckglases aufgefangen, das Deckglas selbst ohne weiteren Zusatz auf den Objektträger gelegt und mit heissem Paraffin umrandet (pag. 24). Man erblickt bei starker Vergrösserung viele Geldrollenformen, farbige und farblose Blutkörperchen (Fig. 6). Die zackigen Ränder mancher Blutkörperchen sind durch Verdunstung entstanden. Setzt man nach Abkratzen des Paraffinrandes an der einen Seite einen Tropfen Wasser an den Rand des Deckglases, so tritt alsbald eine Entfärbung der Blutkörperchen ein, während das Wasser gelblich wird [1]); dabei werden die Blutkörperchen kugelrund, erscheinen nunmehr als blasse Kreise, die schliesslich ganz verschwinden. Es empfiehlt sich, die Entfärbung an einem Blutkörperchen zu studiren.

Nr. 60. Die Blutplättchen erhält man, indem man vor dem Stich in den Finger auf diesen einen Tropfen einer **filtrirten** Mischung von ca. 5

[1]) In Fig. 6. *G.* ist die gelbliche Umgebung der blassgewordenen Blutkörperchen etwas zu dunkel dargestellt.

Tropfen wässerigen Methylvioletts (pag. 7) mit ca. 5 ccm Kochsalzlösung (pag. 4) bringt und durch den Tropfen in den Finger sticht. Das heraustretende Blut mischt sich mit dem Methylviolett, ein Tropfen davon wird mit der Deckglasunterfläche aufgefangen und bei starker Vergrösserung untersucht. Die Plättchen sind intensiv blau gefärbt, von eigenthümlichem Glanze, scheibenförmig (Fig. 6) und nicht zu verwechseln mit den gleichfalls gefärbten weissen Blutkörperchen. Ihre Menge ist individuell sehr verschieden, im Blute des Einen sind sie in grosser Menge, im Blute des Andern nur ganz vereinzelt zu finden. Man hüte sich vor Verwechslungen mit körnigen Verunreinigungen, die auch in der filtrirten Farblösung vorkommen.

Nr. 61. Farbige Blutkörperchen von Thieren (Frosch) sind dem frisch getödteten Thiere (pag. 8) zu entnehmen und in gleicher Weise zu behandeln wie Nr. 59.

Nr. 62. Für forensische Zwecke, in denen es sich ja meistens um Untersuchung schon eingetrockneten Blutes handelt, weiche man kleine Partikelchen in 35 % Kalilauge auf dem Objektträger auf; blutbefleckte Leinwandstückchen zerzupfe man in einem Tropfen Kalilauge. Obwohl die farbigen Blutkörperchen unserer einheimischen Säugethiere kleiner sind, als die des Menschen, so ist es doch unmöglich, aus der Grösse der Blutkörperchen die Frage zu entscheiden, ob das Blut vom Menschen oder vom Säugethiere stamme. Leicht ist es dagegen, die ovalen Blutkörperchen der anderen Wirbelthiere von den scheibenförmigen der Säuger zu unterscheiden.

Nr. 63. Farblose Blutkörperchen, Leucocyten in Bewegung. Vorbereitung: Man reinige mit Spiritus sorgfältig einen Objektträger und ein Deckglas. Man fasse einen Frosch an den Hinterbeinen, trockne die untere Rückengegend mit einem Tuche etwas ab und mache mit einer feinen Scheere einen ca. 1 cm langen Einschnitt parallel der Wirbelsäule, dicht neben derselben. Nun führt man eine Pipette in die kleine Wunde (Spitze kopfwärts gerichtet und saugt die Spitze voll. Ein kleiner Tropfen genügt schon; er wird auf den Objektträger geblasen, rasch mit dem Deckglas bedeckt und dieses mit heissem Paraffin (p. 24) umrandet. Ein solches Präparat zeigt farbige und farblose Blutkörperchen; anfangs sind die Kerne der ersteren undeutlich. Die Kerne der lebenden farblosen Blutkörperchen sind überhaupt nicht zu sehen. Zum Studium der Bewegung wähle man solche Leucocyten, deren Protoplasma theilweise körnig ist und die nicht rund sind. Die Bewegungen erfolgen langsam; man kann sich am besten davon überzeugen, wenn man in Intervallen von 1—2 Minuten kleine Skizzen eines und desselben Leucocyten verfertigt. Starke Vergrösserung (Fig. 3).

Nr. 64. Blutkrystalle. a) Die Herstellung der Haeminkrystalle ist leicht. Man schneide ein Läppchen (von ca. 3 mm Seite) einer blutgetränkten, trockenen Leinwand aus und bringe es mit einem höchstens stecknadelkopfgrossen Stückchen Kochsalz auf einen reinen Objektträger. Dann gebe man einen grossen Tropfen Eisessig hinzu und stosse mit einem stumpfen Glasstabe Salz und Leinwand so lange, bis der Eisessig sich bräunlich färbt. Das muss rasch geschehen, da sonst der Eisessig verdunstet. Dann erhitze man den Objektträger über der Flamme bis zu einmaligem Aufkochen der Flüssigkeit. (Man sieht das am leichtesten in der nächsten Umgebung des Läppchens.) Nun wird das Läppchen weggenommen und die trockenen, braunen Stellen auf dem Objektträger mit starker Vergrösserung (von 240 mal an) untersucht. Man sieht zuweilen schon ohne Deckglas, ohne Conservirungsflüssigkeit die braunen Krystalle (Fig. 72 *1.*) neben zahlreichen Fragmenten von weissen Kochsalzkrystallen. Zum Conserviren bedecke man den Objektträger direkt mit einem grossen Tropfen Damarfirniss und einem Deckglas. Form und Grösse der Haeminkrystalle sind sehr verschieden. Man erhält von demselben Blut gut ausgebildete Krystalle, theils einzeln, theils kreuzweise übereinanderliegend, theils zu Sternen vereint (Fig. 72) neben wetzsteinähnlichen Formen und kleinsten, kaum die Krystallform zeigenden Partikelchen. Der Nachweis der Haeminkrystalle ist in forensischer Hinsicht von grosser Wichtigkeit. So leicht es oft ist, aus grösseren Flecken an Kleidungsstücken die Krystalle herzustellen, so schwierig ist es, von kleinen Flecken, besonders an rostigem Eisen, den Nachweis zu liefern, dass sie von menschlichem Blute stammen. Die bei solchen Untersuchungen zu verwendenden Instrumente und Reagentien müssen absolut rein sein.

b. Haematoidinkrystalle findet man beim Zerzupfen alter Blutextravasate, die schon makroskopisch durch ihre rostbraune Farbe kenntlich sind (z. B. in apoplektischen Cysten, im Corpus luteum).

c. Haemaglobinkrystalle sind von Menschenblut (am besten von der Milzvene) nur schwer herzustellen. Man erhält sie zuweilen, wenn man einen Tropfen Milzvenenblut auf den Objektträger bringt, nach 5 Minuten einen Tropfen Wassers zusetzt und das Ganze mit einem Deckglas bedeckt, im Licht stehen lässt. Nach einiger Zeit treten am Rande des Präparates die Krystalle auf.

Nr. 65. Lymphgefässe. Zum Studium der Wandung grösserer Lymphgefässe wähle man die in die Inguinaldrüsen einmündenden Lymphgefässe, die gross genug sind, um mit Messer und Pincette herauspräparirt zu werden. Behandlung wie grössere Blutgefässe Nr. 54 oder Nr. 55 b.

Nr. 66. Bezüglich der Darstellung feiner Lymphgefässe, ihres Verlaufes und ihrer Anordnung bedient man sich oft der Injection durch Einstich, d. h. man stösst die Nadel einer mit Berlinerblau gefüllten Pravaz'schen Spritze in das betreffende Gewebe und injieirt; eine rohe Methode, deren Resultate sehr zweifelhaften Werth besitzen. Wenn es auch hie und da gelingt, wirkliche Lymphgefässe dadurch zu füllen, wird in vielen anderen Fällen die Injectionsmasse mit dieser Methode einfach gewaltsam zwischen die Spalten des Bindegewebes getrieben. Daraus ergibt sich von selbst, welche Beurtheilung die so dargestellten „Lymphräume" und „Lymphgefässwurzeln" verdienen.

Nr. 67. Zu Uebersichtsbildern der Lymphknoten sind die im Mesenterium gelegenen Lymphknoten junger Katzen am Geeignetsten. Man fixire und härte dieselben in ca. 30 ccm absoluten Alkohols; nach 24 Stunden lassen sich leicht feine Schnitte anfertigen, die so gelegt sein müssen, dass sie den makroskopisch an einer Einsenkung leicht kenntlichen Hilus treffen. Längsgerichtete, beide Pole des Knotens treffende Schnitte sind die besten, doch sind auch Querschnitte brauchbar. 6—8 Schnitte werden in Haematoxylin (2—3 Min.) dann in Eosin (höchstens 1 Min.) gefärbt (pag. 17), dann in ein zur Hälfte mit destillirtem Wasser gefülltes Reagenzgläschen gebracht und 3—5 Minuten lang geschüttelt. Giesst man die geschüttelten Schnitte in eine flache Schale, so kann man schon makroskopisch Rinde und Mark unterscheiden; erstere ist gleichmässig blau, letzteres ist gefleckt. Conserviren in Damarfirniss (pag. 21); bei schwachen Vergrösserungen sieht man an günstigen Stellen Bilder ähnlich der Fig. 73. Die Trabekel sind nur wenig entwickelt. Man verwechsle nicht die den Knoten aufsitzenden Reste von Fett mit reticulärem Gewebe. Starke Vergrösserungen bieten keinerlei Vortheil; es verschwinden nur die scharfen Contouren, das Bild verliert an Deutlichkeit.

Nr. 68. Lymphknoten älterer Thiere und des Menschen sind schwer verständlich, da die ganze Rinde in eine zusammenhängende Masse, in die unregelmässig Keimcentra eingestreut sind, verwandelt ist. Durch Schütteln kommen die Lymphsinus der Follikel nur undeutlich zum Vorschein, die Keimcentra fallen gern aus und erscheinen, makroskopisch schon erkennbar, als runde Lücken. Dagegen eignen sich zur Darstellung des Netzes der Markstränge und Trabekel sehr gut die mesenterialen Lymphknoten des Rindes. Man legt 2 cm lange Stücke derselben in 200 ccm concentrirter wässeriger Pikrinsäurelösung und versuche nach 24 Stunden, mit scharfem, mit Wasser benetztem Messer feine Schnitte anzufertigen. Das gelingt freilich nicht so gut wie nach Alkoholfixirung, allein selbst etwas dickere Schnitte sind noch brauchbar. Die Schnitte werden auf 1 Stunde in 100 ccm öfter zu wechselnden destill. Wassers gebracht, dann mit Haematoxylin und Eosin gefärbt und geschüttelt (s. Nr. 67). Einschluss in Damarfirniss (pag. 21). Die Balken sind roth, die Markstränge blau; bei schwachen Vergrösserungen sieht man Bilder wie Fig. 74, bei starken Vergrösserungen sehr schön das reticuläre Bindegewebe der Lymphsinus; die in dessen Maschen früher befindlichen Leucocyten sind durch die Pikrinsäurebehandlung gelockert und durch das Schütteln meist entfernt worden.

Nr. 69. Thymus. Man fixire die Thymus eines jungen Thieres 2 bis 4 Wochen in Müller'scher Flüssigkeit und härte in allmählig verstärktem Alkohol (pag. 13), färbe mit Haematoxylin (pag. 16) und conservire in Damarfirniss (pag. 21) (Fig. 75). Man verwechsle die Gefässquerschnitte, deren Lumen beim Heben und Senken des Tubus sich verrückt (wenn es nicht genau quergeschnitten ist) nicht mit den concentrisch gestreiften Körpern.

Nr. 70. Elemente der Milz. Man durchschneide eine frische Milz, streiche mit schräg aufgesetztem Skalpell über die Schnittfläche und untersuche die der Skalpellklinge anhaftende rothe Masse in einem Tropfen Kochsalzlösung. Starke Vergrösserung! Man findet (besonders bei Thieren) oft nur rothe und weisse Blutkörperchen, letztere enthalten zum Theil kleine Körnchen. Bei menschlichen Milzen sind neben zahlreichen, in ihrer Gestalt veränderten farbigen Blutkörperchen (Fig. 77. *3*) stets die früher sogen. Milzfasern, d. s. Endothelzellen der Blutgefässe (Fig. 77. *2*), zu finden. Blutkörperchen haltige Zellen (Fig. 77. *4*) und mehrkernige Zellen sucht man auch in vielen menschlichen Milzen oft vergebens.

Nr. 71. Milz. Man fixire die ganze Milz, ohne sie anzuschneiden, in Müller'scher Flüssigkeit. (Bei menschlicher Milz 1 Liter, bei Katzenmilz 200—300 ccm.) Nach 2 (bei Thieren) bis 5 Wochen (beim Menschen) wasche man die Milz 1—2 Stunden in womöglich fliessendem Wasser, schneide Stücke von ca. 2 cm Seite aus und härte diese in ca. 60 ccm allmählig verstärkten Alkohols (pag. 13). Man sieht auf der Schnittfläche die Malpighi'schen Körperchen schon mit unbewaffnetem Auge. Nicht zu feine Schnitte färbe man mit Haematoxylin (pag. 16) und conservire sie in Damarfirniss (pag. 21). Will man die Balken färben, so lege man die mit Haematoxylin gefärbten Schnitte ½ Minute[1])

[1]) Färbt man lange, so werden die Blutkörperchen ziegelroth, die Balken dunkelroth; dadurch geht die leichte Unterscheidbarkeit verloren.

in Eosin (pag. 17). Bei gelungenen Präparaten erscheinen die Pulpastränge und die Malpighi'schen Körperchen blau, die Balken rosa, die mit Blutkörperchen strotzend gefüllten Gefässe braun. Möglichst schwache Vergrösserungen liefern die besten Bilder (Fig. 76), bei stärkeren Vergrösserungen sind die so scharf gewesenen Contouren oft undeutlich.

Nr. 72. Zur Darstellung des reticulären Bindegewebes der Milz schüttele man einen nach Nr. 71 fixirten und mit Haematoxylin und Eosin gefärbten feinen Schnitt ca. 5 Minuten lang in einem Reagenzgläschen, das zur Hälfte mit destillirtem Wasser gefüllt ist. Glycerineinschluss. Die Leucocyten fallen nur schwer heraus, man findet nur an den Rändern des Präparates kleine Stückchen des engmaschigen Netzwerkes (Fig. 78).

Nr. 73. Kerntheilungsbilder in Milz und Lymphknoten. Zu diesem Zweck müssen Stückchen (von 5—10 mm Seite) von Milz und Lymphknoten lebenswarm in Chromosmiumessigsäure fixirt (pag. 13), in Alkohol gehärtet und die feinen Schnitte mit Saffranin gefärbt werden (pag. 17). Einschluss in Damarfirniss (pag. 21). Die Kerntheilungsbilder der Leucocyten der Säugethiere sind aber so klein, dass sie nur von ganz Geübten mit den üblichen starken Vergrösserungen (560mal) gefunden werden. Sie sind durch ihre tiefrothe Farbe zu erkennen (Fig. 79).

V. Verdauungsorgane.

Schleimhaut und Drüsen.

Die innere Oberfläche des gesammten Darmtractus, der Respirationsorgane, sowie gewisser Bezirke des Urogenitalsystemes und einzelner Sinnesorgane ist von einer weichen, feuchten Haut, der Schleimhaut, Tunica mucosa, überzogen. Dieselbe besteht aus einem weichen Epithel und aus Binde-

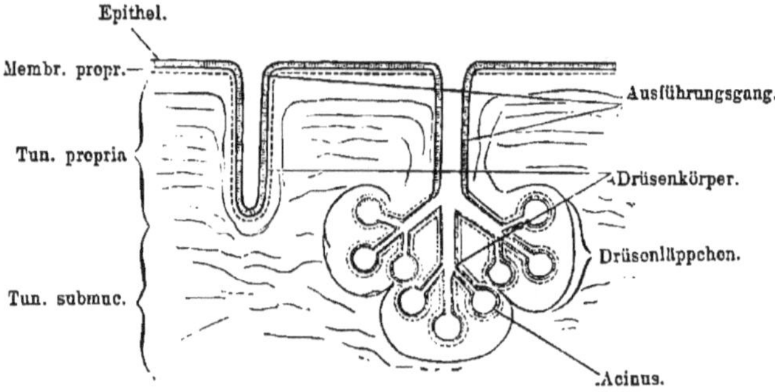

Fig. 81.
Schema. Schichten einer Schleimhaut, links eine kurze tubulöse, rechts eine einfach acinöse Drüse enthaltend.

gewebe. Letzteres ist gewöhnlich dicht unter dem Epithel zu einer strukturlosen Haut, der Membrana propria, (pag. 44) verdichtet; darauf folgt die Tunica propria, welche allmählig in die locker gewebte Tunica submucosa übergeht, die ihrerseits die Verbindung mit den unterliegenden Theilen, z. B.

Muskeln oder Knochen vermittelt. Von dem Epithel der Schleimhaut (und auch der äusseren Haut) aus sind die Drüsen hervorgegangen. Die Drüsen sind hohle Einstülpungen des Oberflächenepithels in das unterliegende Bindegewebe, welche zu Beginn der Entwickelung alle die Form einfacher Blindschläuche zeigen. Diese Form behalten viele Drüsen bei, während andere sich theilen und aus ihrer Wandung beerenförmige Ausbuchtungen, die Acini, (Alveoli) treiben. Wir unterscheiden demgemäss zwei Hauptformen von Drüsen: schlauchförmige (tubulöse) und traubige (acinöse) Drüsen.

Die tubulösen Drüsen können sein: 1) einfache Schläuche, die entweder kurze Blindschläuche sind, z. B. die Lieberkühn'schen Drüsen (Fig. 103) oder längere Röhren, die an ihrem unteren Ende zusammengewickelt sind, z. B. die Knäuel (Schweiss-)drüsen (Fig. 150); 2) zusammengesetzte, gabelig in zwei oder mehr Blindschläuche getheilte Röhren. Auch diese kommen in kurzen Formen (z. B. Pylorusdrüsen) und in sehr in die Länge gewachsenen Formen (z. B. Niere) vor (Fig. 127).

Die acinösen Drüsen sind immer verästelte Bildungen; wir unterscheiden jedoch auch hier: 1) einfache acinöse Drüsen, deren Verästelungen nur wenig zahlreich sind (z. B. Drüsen der Nasenschleimhaut, Fig. 191), von 2) zusammengesetzten acinösen Drüsen, die aus zahlreichen Ramifikationen bestehen und in ihrer Gesammtheit ein grösseres, selbstständigeres Organ (z. B. die Glandula submaxillaris) bilden.

Es gibt Drüsen, deren Wandung mit kurzen, halbkugeligen Ausbuchtungen versehen ist (z. B. die Brunner'schen Drüsen des Duodenum). Diese Ausbuchtungen werden von den einen Autoren als wenig entwickelte Acini betrachtet; demgemäss werden solche Drüsen zu den acinösen gezählt; andere Autoren dagegen sehen derartige Ausbuchtungen als sehr kurze Tubuli an, zählen solche Drüsen demnach zu den verästelten tubulösen Drüsen.

Bei den meisten, vorzugsweise bei den mit unbewaffnetem Auge sichtbaren Drüsen wird von Seiten des umgebenden Bindegewebes eine Hülle gebildet, welche Scheidewände, Septa, in die Drüse sendet und so dieselbe in verschieden grosse Complexe, Drüsenläppchen, (Fig. 81) theilt. Die Septa sind die Träger der grösseren Blutgefässe und Nerven. An allen Drüsen unterscheiden wir zwei Abschnitte: der eine derselben, der eigentliche Drüsenkörper, ist die Bildungsstätte des Secretes, der andere, der Ausführungsgang, dient nur als Leitrohr, um das Secret auf die Oberfläche der Schleimhaut zu führen.

Drüsen ohne Ausführungsgang sind die Schilddrüse und das Ovarium. Erstere ist in embryonaler Zeit mit einem Ausführungsgang versehen, der jedoch im Laufe der Entwickelung verschwindet. Mit dieser Rückbildung hört die Schilddrüse auf, als secernirendes Organ eine wichtige Rolle zu spielen. Die Drüsenbläschen („Follikel") des Eierstockes standen ebenfalls in einer embryonalen Zeit mit dem Oberflächenepithel in Verbindung. Die Verbindungen, die wir gleichfalls Ausführungsgänge nennen könnten, verschwinden zwar ebenfalls, aber der Eierstock hört desswegen nicht auf, als secernirende Drüse eine wichtige Rolle zu spielen. Die Entleerung der im Ovarium gebildeten Produkte (d. s. die Eier) geschieht hier durch Bersten der Bläschen, der Eierstock ist eine dehiscirende Drüse.

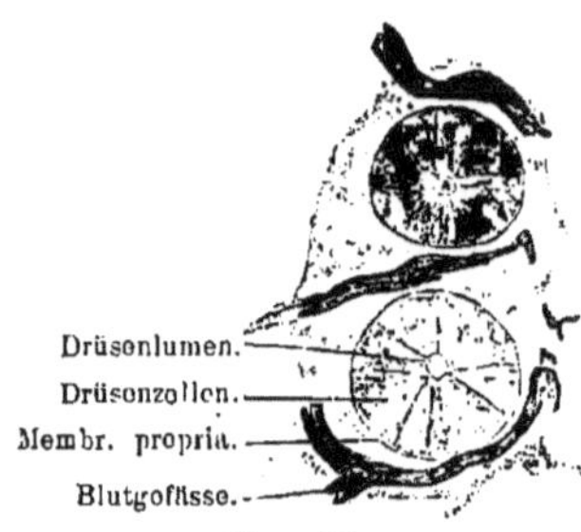

Fig. 82.
Lieberkühn'sche Drüsen des Dickdarmes des Kaninchens im optischen Querschnitt (von oben gesehen), 240mal vergrössert. Technik Nr. 92.

Sämmtliche Drüsenkörper bestehen aus einer (meist einfachen) Lage von Epithelzellen, den Drüsenzellen, welche rings das Lumen der Drüse begrenzen und ihrerseits von einer besonderen Modification des Bindegewebes, einer Membrana propria (s. pag. 44) umgeben [1]) werden. Jenseits dieser liegen die Blutgefässe (Fig. 82). Zwischen Drüsenlumen und Blutgefässen sind somit die Drüsenzellen eingeschaltet, welche auf der einen (peripherischen) Seite die zur Bildung des Secretes nöthigen Stoffe von den Blutgefässen (resp. aus den diese umgebenden Lymphgefässen) beziehen, und nach der andern (centralen, Lumen-) Seite die zu Secret verarbeiteten Stoffe abgeben.

Das mikroskopische Aussehen der Drüsenzellen wechselt bekanntlich mit dem jeweiligen Funktionszustand derselben (s. pag. 32). Bei vielen Drüsen zeigen alle Drüsenzellen zu derselben Zeit dieselben gleichen Funktionsbilder; bei andern Drüsen dagegen gelangen selbst innerhalb eines Acinus oder Tubulus verschiedene Funktionszustände gleichzeitig zur Beobachtung. Letzteres ist der Fall bei vielen Schleimdrüsen. Man findet da Acini, welche secretleere und secretgefüllte Drüsenzellen enthalten. Die ganz secretgefüllten Zellen drängen die ganz secretleeren Zellen vom Drüsenlumen ab, letztere liegen dann an der Peripherie des Acinus und stellen in dieser Form die sog. Giannuzzi'schen Halbmonde oder Randzellencomplexe vor (Fig. 83). Es muss hier bemerkt werden, dass von andern Autoren die Randzellencomplexe als junge, zum Ersatz für die bei der Secretion zu Grunde gehenden Drüsenzellen angesehen werden.

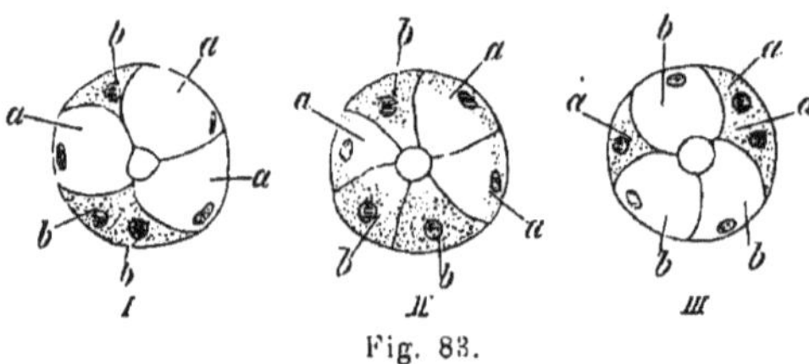

Fig. 83.
Schema der Entstehung der Halbmonde.
I. Ein Schleimdrüsenacinus mit 6 Drüsenzellen. Drei davon sind secretgefüllt *a*, *a*, *a* und haben die secretleeren Drüsenzellen *b*, *b*, *b*, vom Drüsenlumen ab an die Wand gedrängt (vergl. Fig. 109, 1).
II. Derselbe Acinus etwas später: die Zellen *a*, *a*, *a* haben ihr Secret zum Theil entleert und sind kleiner geworden. Die Zellen *b*, *b*, *b*, beginnen wieder Secret zu bilden, sind grösser geworden und reichen wieder bis zum Lumen.
III. Derselbe Acinus noch später; die Zellen *a*, *a*, *a* sind jetzt vollkommen secretleer und von den jetzt ganz secretgefüllten Zellen *b*, *b*, *b* vom Drüsenlumen ab an die Wand gedrängt.
In I sind die Zellen *b*, in III die Zellen *a* die Halbmonde.

[1]) Zuweilen finden sich statt deren sternförmige, kernhaltige Zellen („Korbzellen"), welche die Drüsenbläschen umgreifen.

Gegen diese Deutung spricht das Fehlen von Resten zu Grunde gegangener Zellen, sowie die Unmöglichkeit, die an die Neubildung von Zellen stets geknüpften Kerntheilungsbilder nachzuweisen.

Den Drüsenkörpern müssen zugezählt werden die feinen Verästelungen der Ausführungsgänge mancher acinösen Drüsen, welche durch Form und Structur ihrer Epithelien besonders ausgezeichnet sind. Diese Verästelungen sind nämlich nicht nur ausführende Röhren, sondern es fällt ihnen auch die Rolle der Ausscheidung gewisser Stoffe (Salze) zu; sie gehören demnach zu den secernirenden Theilen der Drüsen. Der Bau derselben gebietet eine Eintheilung in zwei Abschnitte: Der erste, an die Acini anschliessende Abschnitt ist schmal, mit bald platten, bald kubischen Zellen ausgekleidet, wir nennen ihn Schaltstück (Fig. 110); der darauffolgende Abschnitt ist breiter, mit hohen cylindrischen Zellen ausgekleidet, deren Basen deutlich längs gestreift sind (Fig. 111 *A*), wir nennen ihn Secret-(Speichel-Schleim-)rohr; die Längenverhältnisse zwischen Schaltstücken und Secretröhren zeigen bei den einzelnen Drüsen grosse Unterschiede.

Die Ausführungsgänge bestehen aus einem einfachen Cylinderepithel und aus einer mit elastischen Fasern vermengten bindegewebigen Hülle.

Im complicirtesten Falle bestehen somit die Drüsen aus folgenden Abschnitten 1) aus dem Ausführungsgang, der sich theilend 2) in die Secretröhren übergeht, welche sich 3) in die Schaltstücke fortsetzen, die endlich 4) zu den Acini führen.

Die Schleimhaut der Mundhöhle.

Die Schleimhaut der Mundhöhle besteht 1) aus Epithel, 2) einer Tunica propria und 3) einer Submucosa (Fig. 84). Das Epithel ist typisches geschichtetes Pflasterepithel (s. p. 36). Die Tunica propria wird von reichlich mit elastischen Fasern untermengten Bindegewebsbündeln gebildet, welche sich in den verschiedensten Richtungen durchflechten. Die Bündel der obersten Lagen sind sehr fein und bilden ein dichtes, fast homogen aussehendes Filzwerk. Auf der Oberfläche der Tunica propria stehen zahlreiche, meist einfache Papillen (Fig. 84. *1*), deren Höhe in den einzelnen Bezirken der Mundhöhle sehr verschieden ist. Die höchsten (0,5 mm hohen) Papillen finden sich am Lippenrande und am Zahnfleisch. Die Tunica propria geht ohne scharfe Grenze in die Submucosa über, welche aus etwas breiteren Bindegewebsbündeln besteht; elastische Fasern sind hier spärlicher vertreten. Die Submucosa ist meist locker an die Wandungen der Mundhöhle angeheftet, nur am harten Gaumen und am Zahnfleisch ist sie fester und hier innig mit dem Periost verbunden. Die Submucosa ist die Trägerin der Drüsen; dieselben sind, mit Ausnahme der am Lippenrande zuweilen vorkommenden Talgdrüsen, acinöse Schleimdrüsen von 1—5 mm Grösse. Ihr Hauptausführungsgang (Fig. 84. *2*) ist an seinem unteren Ende etwas erweitert und im grössten Theil seiner Länge mit geschichtetem Pflasterepithel ausgekleidet; die aus ihm hervorgehenden Aeste und Zweige tragen geschichtetes (die grösseren) oder einfaches (die kleineren Aeste) Cylinderepithel. Nicht selten nimmt der Hauptausführungsgang die Ausführungsgänge kleiner accessorischer Schleimdrüschen auf (3). Der feinere Bau der Acini wird mit den Schleimdrüsen der Zunge erörtert werden. Die reichlichen **Blutgefässe** der Mundschleimhaut sind in zwei flächenhaft ausgebreiteten Netzen angeordnet, von denen das eine gröbere in der Submucosa, das andere feinere in der Tunica propria liegt. Von letzterem steigen capillare Schlingen in die Papillen. Die **Lymphgefässe** bilden gleichfalls in die Submucosa eingebettete (weite) und in der Tunica propria gelegene (enge) Netze. Die (markhaltigen) **Nerven** bilden in der Submucosa ein weitmaschiges Netz, von dem aus viele sich verästelnde Fasern in die Tunica propria emporsteigen. Hier enden dieselben entweder in Krause'schen Endkolben (s. p. 83) oder sie dringen unter Verlust ihrer Markscheide als marklose Fasern in das Epithel ein, wo sie nach wiederholten Theilungen frei aufhören (Fig. 195).

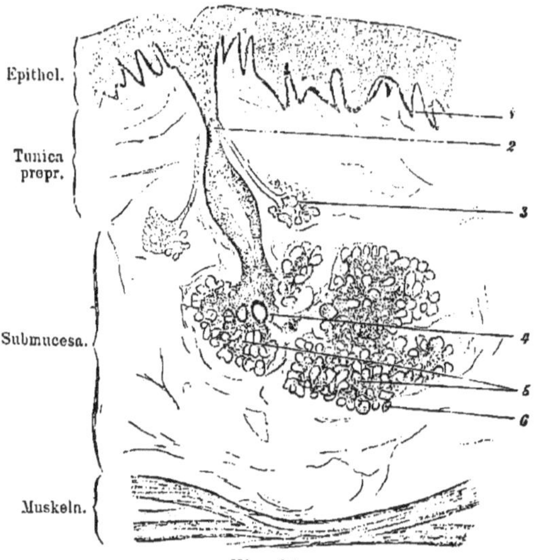

Fig. 84.

Senkrechter Durchschnitt durch die Lippenschleimhaut eines erwachsenen Menschen, 30mal vergrössert. 1. Papillen. 2. Drüsenausführungsgang, dessen Lumen nur an einer Stelle angeschnitten ist. 3. Accessorische Drüse. 4. Querschnitt eines Zweiges des Ausführungsganges. 5. Durch Bindegewebe in mehrere Lappen getheilter Drüsenkörper. 6. Ein Acinus. Technik Nr. 75.

Die Zähne.

Die Zähne der Menschen und der höheren Thiere sind Hartgebilde, welche in ihrem Innern eine mit weicher Masse, der **Zahnpulpa**, gefüllte Höhle, die **Pulpahöhle**, einschliessen. Der in der Alveole steckende Zahnabschnitt heisst **Wurzel**, der freiliegende Theil **Krone**; da, wo Wurzel und Krone an einander grenzen, befindet sich der **Hals** des Zahnes, der noch vom Zahnfleisch bedeckt wird. Die **Hartgebilde** bestehen aus drei verschiedenen Theilen: 1) dem Zahnbein, 2) dem Schmelz mit dem Schmelzoberhäutchen, 3) dem Cement. Die Anordnung dieser Theile ist folgende: Das Zahnbein, welches die Hauptmasse jedes Zahnes bildet und dessen Form bestimmt, umschliesst allein die Pulpahöhle bis auf einen kleinen an der

Wurzel befindlichen Kanal, durch welchen Nerven und Gefässe zur Pulpa treten. Das Zahnbein wird an der Krone vom Schmelz, an der Wurzel vom Cement überzogen, sodass seine Oberfläche nirgends frei zu Tage liegt (Fig. 85).

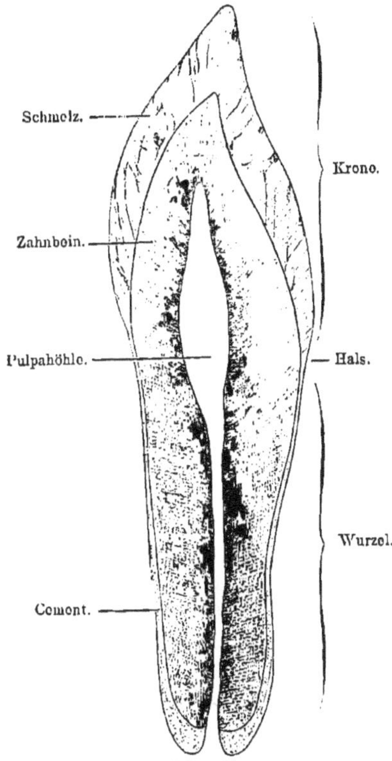

Fig. 85.
Längsschliff eines menschlichen Schneidezahns, 4mal vergrössert. Technik Nr. 76.

ad 1) Das Zahnbein (Dentin) ist eine weisse, undurchsichtige Masse, härter als Knochen, Es besteht aus einer homogenen Grundsubstanz, welche von zahlreichen Kanälchen, den Zahnkanälchen, durchzogen wird (Fig. 86. *2*.) Dieselben beginnen mit einer Weite von ca 25 μ an der der Pulpahöhle zugewendeten Fläche des Zahnbeines und ziehen leicht geschlängelt in radiärer Richtung gegen die Zahnbeinoberfläche. Zu Anfang ihres Verlaufes theilen sich die Zahnkanälchen ein- oder zweimal, nehmen immer mehr an Kaliber ab und enden entweder fein auslaufend an der Schmelzgrenze oder biegen schlingförmig in Nachbarkanälchen um. Während ihres ganzen Verlaufes geben sie zahlreiche Seitenäste ab, welche Verbindungen mit Nachbarkanälchen herstellen. Die die Zahnkanälchen begrenzende Grundsubstanz ist besonders fest und bildet die sog. „Zahnscheiden"; das Lumen der Zahnkanälchen wird von weichen „Zahnfasern" (s. Pulpa) ausgefüllt. In den peripherischen Gegenden des Zahnbeins liegen die Interglobularräume (Fig. 86. u. 87), sehr verschieden grosse mit einer weichen Substanz erfüllte Lücken, gegen welche das Dentin in Form meist halbkugeliger Vorragungen, die „Zahnbeinkugeln" heissen, vorspringt.

ad 2) Der Schmelz (Email) ist noch härter, wie das Zahnbein; er besteht durchaus aus sechsseitigen, quer gebänderten Fasern (Fig. 86. *1*), den Schmelzprismen, welche im Allgemeinen ebenfalls radiär gerichtet sind. Die freie Schmelzoberfläche wird von einem sehr dünnen, aber sehr widerstandsfähigen Häutchen, dem Schmelzoberhäutchen, bedeckt.

ad 3) Das Cement stimmt in seinem Bau mit dem des Knochens überein; Havers'sche Kanälchen kommen nur im Cement älterer Individuen vor;

Schichtung in Lamellen ist kaum ausgeprägt. In der Nähe des Halses fehlen die Knochenkörperchen.

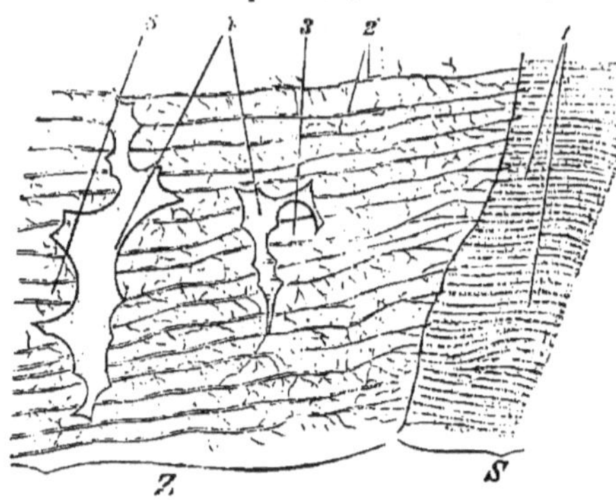

Fig. 86.
Aus einem Längsschliff des Seitentheils der Krone eines menschlichen Backenzahnes, 240mal vergrössert. *S* Schmelz. *Z* Zahnbein. 1. Schmelzprismen. 2. Zahnkanälchen, theilweise bis in den Schmelz hineinlaufend. 3. Zahnbeinkugeln gegen 4. die Interglobularräume vorspringend. Technik Nr. 76.

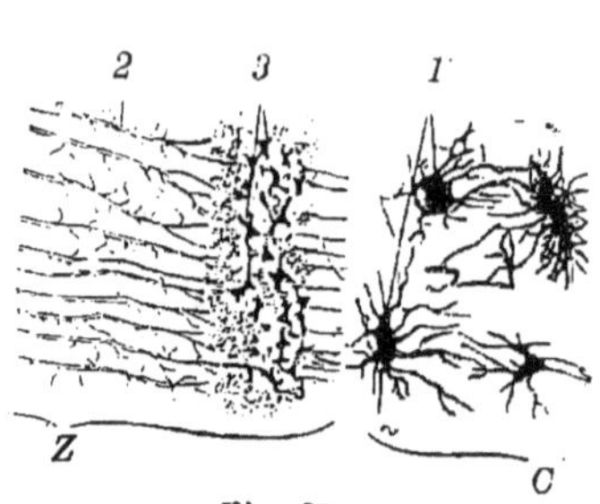

Fig. 87.
Aus einem Längsschliff der Wurzel eines menschlichen Backzahnes, 240mal vergr. *Z* Zahnbein. *C.* Cement. 1. Knochenkörperchen mit vielen Ausläufern. 2. Zahnkanälchen unterbrochen durch eine körnige Schichte mit vielen 3. kleinen Interglobularräumen. Technik Nr. 76.

Der Raum zwischen Zahnwurzel und Alveole wird durch das Periost der Alveole („Ligam. circulare dentis") ausgefüllt, das mit dem oberen Theil des Cements fest verbunden ist. Die Zahnpulpa wird durch ein weiches, feinfaseriges Bindegewebe hergestellt, dessen zellige Elemente an der Oberfläche zu einer Schicht länglicher, kernhaltiger Zellen, „Odontoblasten", ausgebildet sind; dieselben schicken ausser kleinen Fortsätzen, Pulpafortsätzen (Fig. 88 *p.*), die mit andern Elementen der Pulpa in Verbindung stehen, lange Ausläufer in die Zahnkanälchen hinein, die oben genannten Zahnfasern (Fig. 88 *f.*). Gefässe und Nerven des Zahnes sind nur auf die Pulpa beschränkt.

Fig. 88.
Sechs Odontoblasten in Zahnfasern *f* auslaufend; p Pulpafortsätze, 240mal vergrössert. Aus der Pulpa eines neugeborenen Knaben. Technik Nr. 77.

Entwickelung der Zähne.

Die Entwickelung der Zähne hebt beim Menschen gegen Ende des 2. Fötalmonates an und manifestirt sich zuerst durch eine Wucherung der gesammten Schleimhaut der Kieferränder; die hiedurch entstehende Verdickung heisst Kieferwall. Bald darauf entsteht eine längs des ganzen Kieferwalles verlaufende Furche, die Zahnfurche (Fig. 89 *Zf*), deren seitliche Begrenzungen Zahnwälle (*Zw*) genannt werden. Nun erfolgt eine reichliche Vermehrung der Schleimhautepithelzellen, welche nicht nur die Zahnfurche ausfüllen, sondern auch in Form eines fortlaufenden Streifens in das unterliegende Bindegewebe hinabwachsen. Dieser Streifen heisst Schmelzkeim (Fig. 89, *2 Sk*) und besteht aus cylindrischen Zellen (Fig. 90, *3*), Fortsetzungen der tiefstliegenden Epithelschichte. Während der Schmelzkeim sich an seinem unteren Ende verdickt (Fig. 89, *3*), entsteht in der Tunica propria eine der Zahl der Milchzähne entsprechende Anzahl kugeliger Haufen von Bindegewebszellen, die jungen Zahnpapillen. (Fig. 89 *p*.) Indem Schmelzkeim und Zahnpapille gegen einander wachsen, stülpt sich ersterer hutförmig über die Papille (Fig. 89, *4*). Der so in seinem unteren Abschnitte umgestaltete Schmelzkeim heisst nunmehr Schmelzorgan. (Fig. 89, *4. So*). Der unveränderte

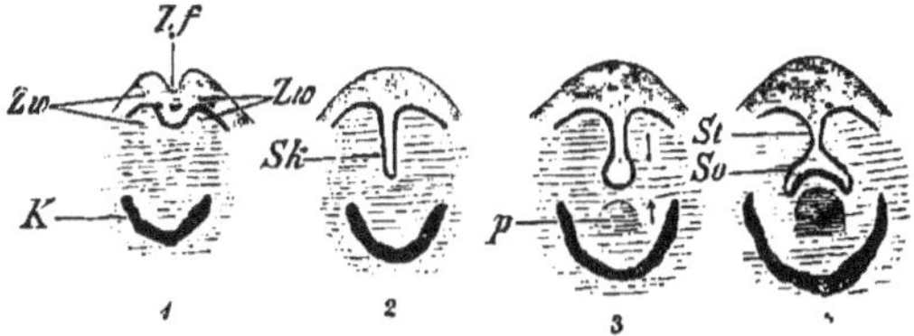

Fig. 89.

Schematische Darstellung der ersten Vorgänge der Zahnentwickelung. Vier Querschnitte (Frontalschnitte) des embryonalen Unterkiefers, Epithel grau punctirt, Bindegewebe quer schraffirt. 1. *Zf* Zahnfurche, *Zw* Zahnwall, *K* Unterkieferknochen (schwarz). 2, *Sk* Schmelzkeim. 3. *p* Zahnpapille, 4. *So* Schmelzorgan. *St* Stiel des Schmelzorgans.

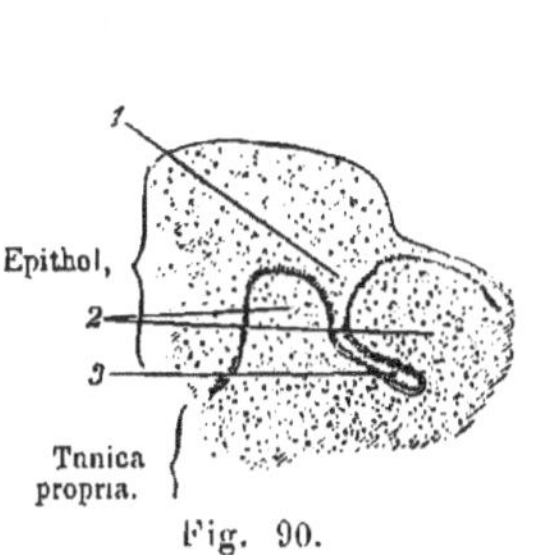

Fig. 90.

Aus einem Querschnitt des Unterkiefers eines Schafembryo, 40mal vergrössert. 1. Zahnfurche. 2. Zahnwall. 3. Schmelzkeim. Technik Nr. 78.

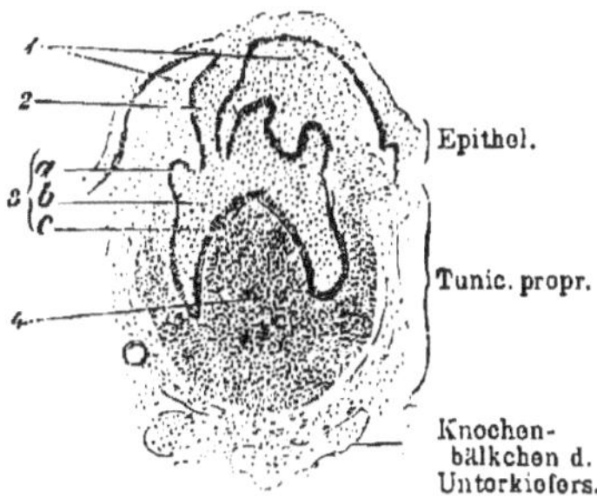

Fig. 91.

Aus einem Querschnitt (Frontalschn.) des Unterkiefers eines 4 Monate alten menschlichen Embryo, 40mal vergr. 1. Zahnwall. 2. Stiel des Schmelzorgans. 3. Schmelzorgan, *a* peripherische Zellen, *b* Schmelzpulpa, *c* cylindrische Zellen desselben. 4. Papille. Technik Nr. 78.

obere Abschnitt des Schmelzkeimes soll fortan Stiel (*St*) heissen. Alsbald erfahren die Elemente des Schmelzorgans weitere Ausbildung und zwar werden die der Papille aufsitzenden inneren Zellen hohe Cylinder, denen die Bildung des Schmelzes obliegt; sie heissen Schmelzzellen (Fig. 91, *3, c*); die peripherischen Zellen (Fig. 91, *3, a*) werden dagegen immer niedriger und gestalten sich schliesslich zu abgeplatteten Elementen; die zwischen beiden liegenden Zellen (Fig. 91, *3, b*) wachsen zu sternförmigen, mit einander anastomosirenden Zellen aus und bilden die Schmelzpulpa. Das in der Umgebung der ganzen Zahnanlage befindliche Bindegewebe ordnet sich unterdessen zu einer dichteren Haut, dem Zahnsäckchen, an dem man späterhin eine innere, mehr lockere (Fig. 92, *1, b*) und äussere, dickere Lage (*1, a*) unterscheiden kann. Während nun der Stiel des Schmelzorganes schwindet, erfolgt die Bildung der bleibenden Zahngewebe. Die oberflächlichen Zellen der Zahnpapille wachsen zu den Odontoblasten (Fig. 92, *f*) heran, welche das Zahnbein bilden; die Schmelzzellen (Fig. 92, *e*) werden zu Schmelz (Fig. 92, *3.*); das Cement entsteht erst nach der Geburt, kurz vor Durchbruch des Zahnes; es ist ein Produkt des Periosts der Alveole. Das Schmelzoberhäutchen ist nach der Meinung der Einen Produkt der Schmelzzellen, nach der Ansicht Anderer aber aus den peripherischen Zellen des Schmelzorganes (*2, c*) hervorgegangen. In gleicher Weise wie die Milchzähne entwickeln sich die bleibenden Zähne, deren Schmelzkeime seitlich aus den Stielen des Schmelzorgans der Milchzähne hervorwachsen. Der fertige Zahn ist somit theils epithelialer Herkunft (Schmelz), theils stammt er von der bindegewebigen Zahnpapille (Zahnbein), deren Rest als Zahnpulpa beim Erwachsenen fortbesteht. Das Cement ist gewissermassen eine accessorische, von Nachbargeweben gelieferte Bildung.

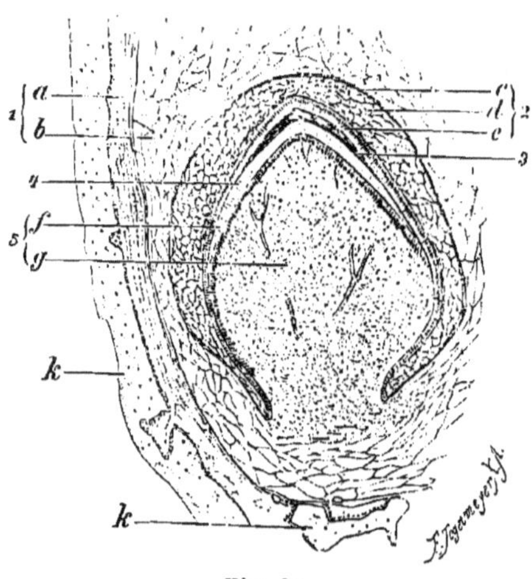

Fig. 92

Querschnitt des Unterkiefers eines neugeborenen Hundes, 40mal vergr. 1. Zahnsäckchen, nur an der linken Seite gezeichnet, *a* äussere, *b* innere Schichte. 2. Schmelzorgan, *c* peripherische platte Zellen, *d* Schmelzpulpa, *e* Schmelzzellen. 3. Schmelz. 4. Zahnbein. 5. Papille, *f* Odontoblasten, *g* rundliche Elemente, Blutgefässe einschliessend, *k* Knochenbälkchen des Unterkiefers. Die Gewebe bindegewebiger Abkunft sind von der linken, die Gewebe epithelialer Abkunft von der rechten Seite bezeichnet. Technik Nr. 78.

Die Zunge.

Die Zunge wird in ihrer Hauptmasse von quergestreiften Muskeln gebildet, die, in Bündel und Fasern aufgelöst, sich vielfach durchflechten und am grössten Theil ihres Umfanges von einer Fortsetzung der Mundschleimhaut überzogen werden. Die Verlaufsrichtung der Muskeln ist theils eine senkrecht aufsteigende (Mm. genioglossi., lingual. und hyogloss.), theils eine transversale (M. transvers. linguae), theils eine longitudinale (Mm. lingual. u. stylogloss.). Indem die Muskelbündel sich (meist rechtwinkelig) durchkreuzen, entsteht ein zierliches, auf Durchschnitten sichtbares Flechtwerk. Eine mediane Scheidewand, das Septum linguae, trennt die Muskelmassen der Zunge in eine rechte und eine linke Hälfte. Das

Septum beginnt niedrig am Zungenbeinkörper, erreicht seine grösste Höhe in der Mitte der Zunge und verliert sich, nach vorn allmählig wieder niedriger werdend; es durchsetzt nicht die ganze Höhe der Zunge, sondern hört ca. 3 mm vom Zungenrücken entfernt auf. Das Septum besteht aus derben Bindegewebsfasern.

Die Schleimhaut der Zunge besteht, wie diejenige der Mundhöhle, aus Epithel, Tunica propria und Submucosa, ist aber durch ansehnliche Entwickelung und complicirte Gestaltung der Papillen ausgezeichnet. Man unterscheidet 3 Formen von Papillen: 1) P. filiformes (conicae), 2) P. fungiformes (clavatae), 3) P. circumvallatae. Die Papillae filiformes (Fig. 93) sind cylindrische oder conische Erhebungen der Tunic. propria, deren oberes Ende 5—20 kleine

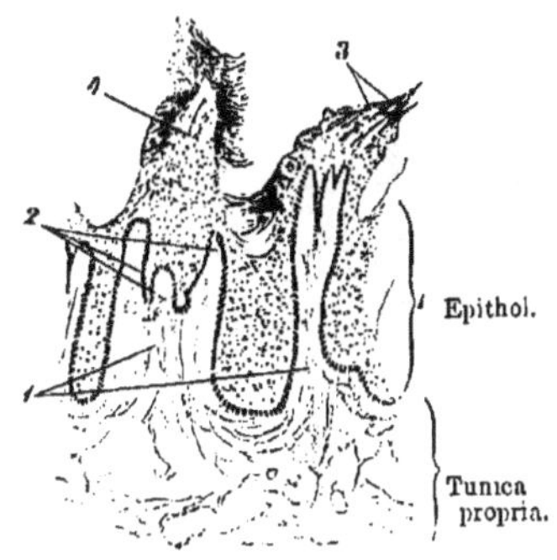

Fig. 93.

Längsschnitt der Schleimhaut des menschlichen Zungenrückens, 80mal vergrössert. 1. Durchschnitte zweier Papillae filiformes, deren jede drei secundäre Papillen (2) trägt. 3. Doppelter, 4. einfacher Fortsatz des Epithels, an der Oberfläche mit Massen lose anhaftender Plattenepithelien bedeckt. Technik Nr. 79.

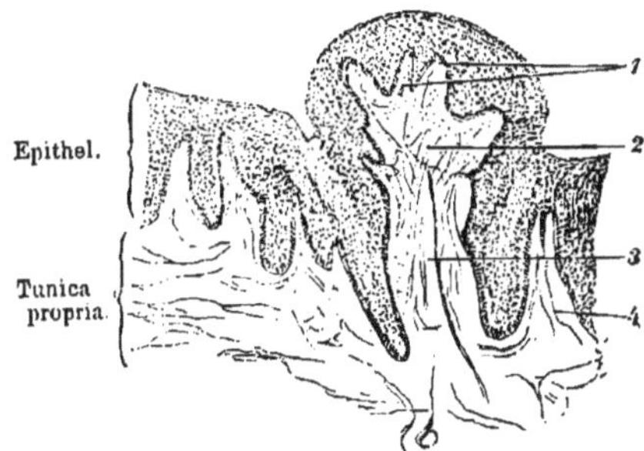

Fig. 94.

Längsschnitt der Zungenschleimhaut des Menschen, 30mal vergrössert. 1. Secundäre Papillen der 2 Papilla fungiformis. 3. Stiel der P. fungiformis. 4. Kleine P. filiformis. Technik Nr. 79.

secundäre Papillen (2) trägt. Sie bestehen aus deutlich faserigem Bindegewebe sowie aus zahlreichen elastischen Fasern und werden von einer mächtigen Lage geschichteten Plattenepithels überzogen, das nicht selten über den secundären Papillen eine Anzahl fadenförmiger, verhornter Fortsätze (3) bildet. Die P. filiformes sind in grosser Menge über die ganze Zungenoberfläche verbreitet; ihre Länge schwankt zwischen 0,7—3,0 mm. Die Papillae fungiformes (Fig. 94) sind kugelige, mit etwas eingeschnürtem Stiel der Tunica propria aufsitzende Gebilde, deren ganze Oberfläche mit secundären Papillen (1) besetzt ist. Sie bestehen aus einem deutlichen Flechtwerk von Bindegewebsbündeln, die nur wenige elastische Fasern enthalten. Das sie überziehende Epithel ist etwas dünner und an der Oberfläche nicht verhornt. Die P. fungiformes sind, nicht so zahlreich wie die P. filiformes, über die ganze Zungenoberfläche verbreitet und am Lebenden wegen ihrer rothen Farbe (die von den durch das Epithel durchschimmernden Blutgefässen herrührt) meist leicht sichtbar. Ihre Höhe schwankt zwischen 0,5—1,5 mm.

Die Papillae circumvallatae (Fig. 95) gleichen breiten, plattgedrückten P. fungiformes und sind von einer verschieden tiefen, kreisförmigen Furche (*1*) von der übrigen Schleimhaut abgesetzt; den jenseits der Furche liegenden Schleimhauttheil bezeichnet man als Wall (*2*). Die Papille besteht aus demselben Bindegewebe wie die P. fungiformes; secundäre Papillen (*3*) finden sich nur auf der oberen, nicht an der seitlichen Fläche. Im Epithel der Seitenfläche der P. circumvallatae und zuweilen auch des Walles liegen die Endapparate (*4*) der Geschmacksnerven, die Geschmacksknospen (s. Geschmacksorgan). Die P. circumvallatae finden sich in beschränkter Zahl (8—15) nur am hinteren Ende der Zungenoberfläche. Ihre Höhe beträgt 1 bis 1,5 mm bei 1 – 3 mm Breite.

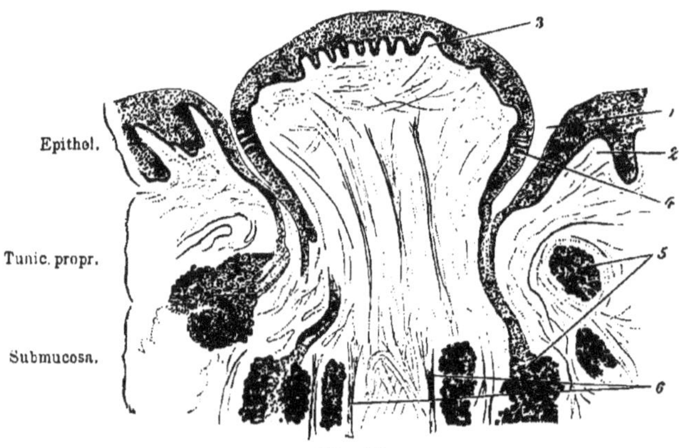

Fig. 95.

Senkrechter Schnitt durch eine Papilla circumvallata des Menschen, 30mal vergr. 1. Furche. 2. Wall 3. Secundäre Papillen. 4. Geschmacksknospen im Epithel (nur undeutlich zu sehen). 5. Glandulae serosae. 6. Muskelfasern. Technik Nr. 79.

Papilla foliata wird eine jederseits am hinteren Seitenrande der Zunge gelegene Gruppe von parallelen Schleimhautfalten genannt, die durch ihren Reichthum an Geschmacksknospen ausgezeichnet sind. Die P. foliata ist besonders beim Kaninchen entwickelt.

Die Submucosa ist an der Spitze und an dem Rücken der Zunge fest und derb („Fascia linguae") und innig mit den unterliegenden Theilen verbunden.

Zungenbälge. Eine besondere Beschaffenheit gewinnt die Schleimhaut der Zungenwurzel von den P. circumvallatae an bis zum Kehldeckel durch die Entwickelung der Zungenbälge. Das sind kugelige, 1—4 mm grosse Anhäufungen adenoiden Gewebes, die, in der obersten Schichte der T. propria gelegen, makroskopisch leicht wahrnehmbare Erhabenheiten bilden. In der Mitte derselben sieht man eine punktförmige Oeffnung [1]), den Eingang in die

[1]) Dieselbe wurde früher für den Ausführungsgang des Zungenbalges, dieser selbst für eine Drüse gehalten, daher der noch gebräuchliche Name „Balgdrüse".

Balghöhle. Das adenoide Gewebe enthält eine verschieden grosse Anzahl von Knötchen mit Keimcentren (pag. 102) und ist scharf gegen das fibrilläre Bindegewebe der Tunica propria abgegrenzt, welches bei gut ausgeprägten Bälgen sich in kreisförmigen Faserzügen um das adenoide Gewebe ordnet. Man nennt diese Faserzüge die Faserhülle (Fig. 96 *4*). Die Balghöhle (*1*) wird rings von adenoidem Gewebe umschlossen und ist mit einer Fortsetzung des geschichteten Plattenepithels der Oberfläche ausgekleidet. Unter normalen Verhältnissen wandern fortwährend zahlreiche Leucocyten des adenoiden Gewebes durch dieses Epithel in die Balghöhle und gelangen von da in die Mundhöhle, in deren Secret sie als „Schleim-“ und „Speichelkörperchen“ leicht gefunden werden.

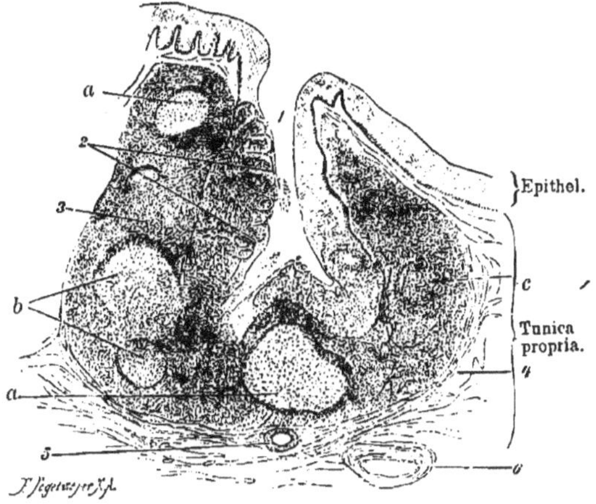

Fig. 96.

Senkrechter Schnitt durch die Mitte eines Zungenbalges des erwachsenen Menschen, 20mal vergrössert. 1. Balghöhle, ausgewanderte Leucocyten enthaltend. 2. Epithel der Balghöhle, links und unten von durchwandernden Leucocyten durchsetzt, rechts grossentheils intakt. 3. Adenoides Gewebe, Knötchen mit Keimcentren enthaltend, *a* Knötchen in der Mitte durchschnitten, *b* Knötchen seitlich getroffen, *c* Knötchen am äussersten Umfang angeschnitten. 4. Faserhülle. 5. Querschnitt eines Schleimdrüsenausführungsganges. 6. Blutgefäss. Technik Nr. 79.

Das Epithel wird dabei oft in grosser Ausdehnung zerstört oder ist derart mit Leucocyten infiltrirt, dass seine Grenzen nicht mehr mit Sicherheit nachgewiesen werden können.

Drüsen. Zwei Arten acinöser Drüsen sind in der Zungenschleimhaut und in den oberflächlichen Schichten der Zungenmuskulatur gelegen. Die Drüsenzellen der einen Art liefern ein schleim(mucin-)haltiges Secret; wir heissen solche Drüsen Schleimdrüsen. Das Secret der zweiten Art ist eine wässerige, seröse Flüssigkeit, welche sich durch ihren hohen Eiweissgehalt auszeichnet; solche Drüsen heissen seröse oder Eiweissdrüsen.

Die Schleimdrüsen sind von gleichem Bau wie diejenigen der Mundhöhle und finden sich entlang der Zungenränder und in grösserer Menge an der Zungenwurzel, wo ihre mit einem (zuweilen Flimmerhaare tragenden) Cylinderepithel ausgekleideten Ausführungsgänge nicht selten in die Balghöhlen münden. Die Wandung der Acini besteht aus einer structurlosen Membrana propria und cylindrischen, mit einer Zellenmembran ausgestatteten Drüsenzellen, deren Aussehen nach ihrem jeweiligen Funktionszustande verschieden ist. Im secretleeren Zustand ist ihr Protoplasma feinkörnig dunkel, der an der Basis der Zelle befindliche Kern queroval (Fig. 97 I *b*); im secretgefüllten Zustande ist die Zelle hell, der Kern platt an die Wand gedrückt (Fig. 97 I *c* II). Beim Menschen zeigt ein und dieselbe Schleimdrüse, ja oft ein und derselbe Acinus Drüsenzellen in verschiedenen Secretionsphasen

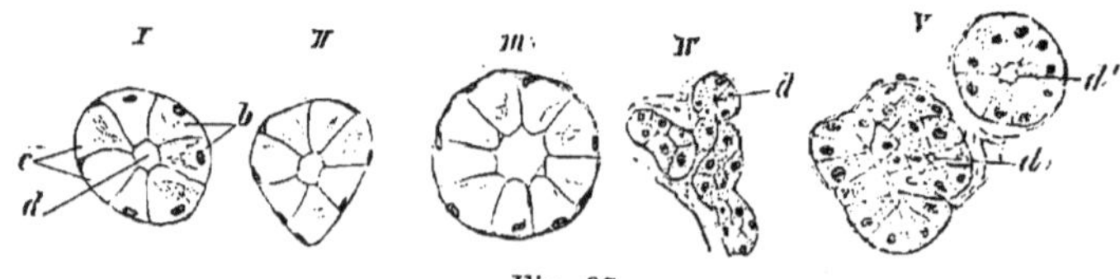

Fig. 97.

I. II. Aus einem Durchschnitt einer Schleimdrüse der menschlichen Zungenwurzel. I Acinus mit *b* secretleeren Drüsenzellen, *c* secretgefüllten Drüsenzellen, *d* Lumen. II. Acinus nur secretgefüllte Drüsenzellen enthaltend. III und IV. Aus der Zungenschleimhaut eines Kaninchens. III. Schleimdrüsenacinus. IV. mehrere Acini einer Eiweissdrüse, bei *d* das sehr kleine Lumen. V. Mehrere Acini einer Eiweissdrüse des Menschen mit grösserem (*d'*) und kleinerem (*d*) Lumen. Sämmtliche Schnitte 240 mal vergrössert. Technik No. 79.

(I). Die in der Zungenspitze befindliche Nuhn'sche Drüse ist gleichfalls eine Schleimdrüse.

Die Eiweissdrüsen sind nur auf die Gegend der P. circumvall. und foliat. beschränkt; ihre in die Furchen zwischen Papille und Wall einmündenden Ausführungsgänge (s. Fig. 95) sind mit einem ein- oder mehrschichtigen (nicht selten flimmernden) Cylinderepithel ausgekleidet; die kleinen Acini bestehen aus einer zarten Membrana propria und kurzcylindrischen oder conischen, membranlosen Zellen, deren trübes, körniges Protoplasma einen in der Mitte gelegenen kugeligen Kern einschliesst (Fig. 97, IV und V). Das Lumen der Acini (*d. d'*) ist (besonders bei Thieren) sehr eng.

Die Blutgefässe der Zungenschleimhaut bilden der Fläche nach ausgebreitete Netze, von welchen Zweige in sämmtliche Papillen bis in die secundären Papillen hinein sich erstrecken. An der Zungenwurzel durchbohren kleine Arterien die Faserhülle der Zungenbälge und lösen sich in Capillaren auf, welche bis ins Innere der Knötchen hineinreichen. Die Blutgefässe der Drüsen bilden ein die Acini umspinnendes Capillarnetz.

Die Lymphgefässe der Zunge sind in zwei Netzen angeordnet: ein tieferes, aus gröberen Gefässen bestehendes und ein oberflächliches Netzwerk welch' letzteres Lymphgefässe der Papillen aufnimmt. Sehr reichlich sind die Lymphgefässe der Zungenwurzel entwickelt, welche an den Balgdrüsen ein die Knötchen umspinnendes Netz bilden.

Die Nerven der Zungenschleimhaut (N. glossopharyngeus und N. lingualis) sind in ihrem Verlaufe mit kleinen Gruppen von Ganglienzellen ausgestattet; ihre Enden verhalten sich theils wie in der übrigen Mundschleimhaut, theils treten sie zu den Geschmacksknospen in enge Beziehung (s. Geschmacksorgan).

Der Pharynx.

Die Wand des Pharynx besteht aus drei Häuten: Schleimhaut, Muskelhaut und Faserhaut. Die Schleimhaut besitzt wie die Mundhöhlenschleimhaut ein geschichtetes Pflasterepithel, eine papillentragende Tunica propria, ferner reichliche Schleimdrüsen. Im Cavum pharyngonasale dagegen ist das Epithel geschichtetes, flimmerndes Cylinderepithel, dessen untere Grenze ziemlichen Schwankungen unterliegt. Sehr reichlich ist die Entwickelung des adenoiden Gewebes. Dasselbe bildet zwischen beiden Gaumenbögen jederseits eine unter dem Namen Tonsille bekannte, ansehnliche Anhäufung, die hinsichtlich ihres Baues beim Menschen und bei vielen Thieren einer Summe grosser Zungenbälge entspricht (s. p. 122); hier wandern so zahlreiche Leucocyten durch das Epithel in die Balghöhlen, dass die Tonsillen als die ausgiebigste Quelle der Speichelkörperchen zu betrachten sind. In der Nachbarschaft der Tonsille sind zahlreiche Schleimdrüsen gelegen. Auch im Cavum pharyngonasale ist das adenoide Gewebe stark vertreten; es bildet am Dach des Schlundkopfes eine ansehnliche, als „Pharynxtonsille" bekannte Masse, die hinsichtlich ihres Baues mit dem der Gaumentonsillen übereinstimmt, nur ist das adenoide Gewebe weniger scharf von der übrigen Tunica propria abgegrenzt. Auch hier wandern viele Leucocyten durch das Epithel. Die Entwickelung des gesammten adenoiden Gewebes der Mundhöhle und des Pharynx ist ansehnlichen Schwankungen unterworfen.

Die Muskelhaut (Mm. constrictores pharyngis) besteht aus quergestreiften Fasern, deren Anordnung in das Gebiet der makroskopischen Anatomie gehört. Die Faserhaut ist ein derbfaseriges, mit zahlreichen elastischen Fasern durchsetztes Bindegewebe. Blut-Lymphgefässe und Nerven verhalten sich wie in der Mundhöhle.

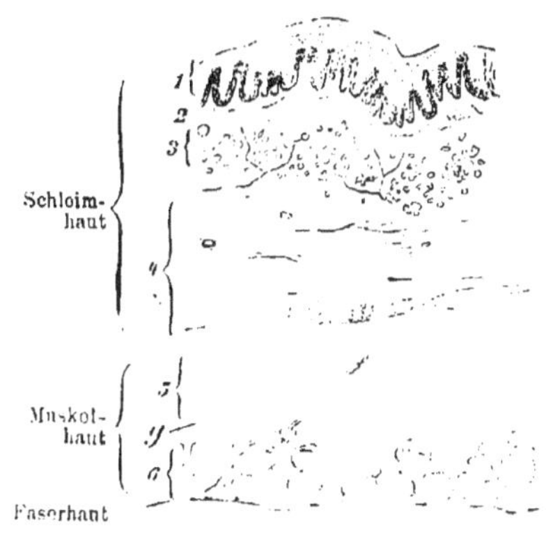

Fig. 98.

Stück eines Querschnittes des Mittelstückes der menschlichen Speiseröhre, 10mal vergrössert. 1. Pflasterepithel. 2. Tunica propria. 3. Muscularis mucosae. 4. Submucosa. 5. Ringmuskeln. 6. Längsmuskeln. g Blutgefäss. Technik Nr. 81.

Die Speiseröhre.

Die Wandung der Speiseröhre setzt sich aus Schleimhaut, Muskelhaut und Faserhaut zusammen. Die Schleimhaut besteht aus geschichtetem Pflasterepithel (Fig. 98. *1.*), einer papillentragenden Tunica propria (*2.*), welcher eine Schichte längsverlaufender glatter Muskelfasern, die Muscularis mucosae (*3.*) folgt; unter dieser ist die aus lockeren Bindegewebsbündeln gewebte Submucosa (*4.*) gelegen, welche (in der oberen Hälfte der Speiseröhre) traubenförmige Schleimdrüschen einschliesst. Die **Muskelhaut** besteht im Halstheile der Speiseröhre aus quergestreiften Muskelfasern, an deren Stelle weiter unten glatte Muskelfasern treten. Sie sind in zwei Lagen, einer inneren Ring- (*5.*) und einer äusseren Längsfaserlage (*6.*) geordnet. Die **Faserhaut** besteht aus derbem, mit zahlreichen elastischen Elementen untermischtem Bindegewebe. Blut-Lymphgefässe und Nerven verhalten sich wie die des Pharynx. Zwischen Ring- und Längsfaserlage bilden die Nervenstämmchen, denen kleine Gruppen von Ganglienzellen beigegeben sind, ein netzförmiges Geflecht (s. Auerbach's Plexus pag. 133).

Der Magen.

Die 2—3 mm dicke Wand des Magens setzt sich aus drei Häuten zusammen: 1) der Schleimhaut, 2) der Muskelhaut und 3) der Serosa.

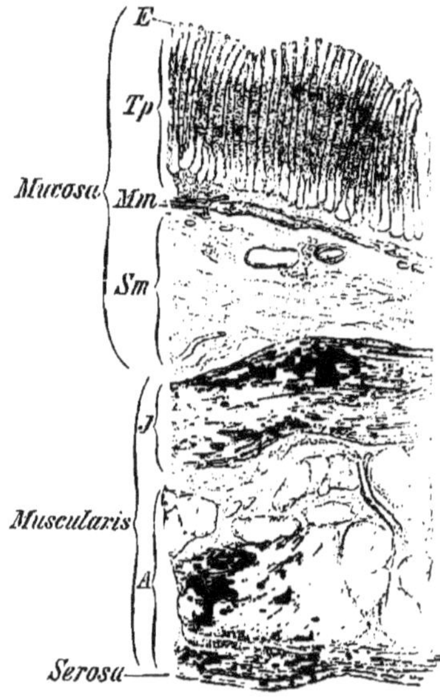

Fig. 99.
Senkrechter Schnitt quer durch die Magenwand des Menschen, 15mal vergrössert. *E* Epithel. *Tp* T. propria, die dicht neben einander stehende Drüsenschläuche enthält, so dass ihr Gewebe nur am Grunde der Drüsen gegen *Mm* (Muscularis mucosae) sichtbar ist. *Sm* Submucosa, Gefässdurchschnitte enthaltend, *J* Innere aus Ringfasern, *A* äussere, meist aus quer oder schräg durchschnittenen Längsfasern bestehende Muskelhaut. Technik Nr. 82.

Ad 1) **Schleimhaut.** Die durch ihre röthlichgraue Farbe von der weissen Speiseröhrenschleimhaut sich scharf absetzende Magenschleimhaut besteht aus Epithel, einer Tunica propria, einer Muscularis mucosae und einer Submucosa (Fig. 99).

Das **Epithel** ist einfaches[1]) Cylinderepithel, dessen Elemente Schleim produciren. Man kann an ihnen meist zwei Abschnitte unterscheiden, einen oberen schleimigen (Fig. 5. c.) und einen unteren, protoplasmatischen (*p*) Abschnitt, welch' letzterer den ovalen oder runden oder selbst platten Kern enthält. Die Ausdehnung des schleimigen Abschnittes ist je nach dem Funktionsstadium eine sehr verschiedene (vergl. Fig. 5). Epithelzellen, deren schleimiger Inhalt ausgetreten ist, gewähren das Bild von Becherzellen (pag. 129).

Die **Tunica propria** besteht aus einer Mischung von fibrillärem und reticulärem Bindegewebe und aus einer sehr wechselnden Menge von Leucocyten, die, zuweilen in dichten

[1]) Die zwischen den unteren Enden der Magenepithelzellen vorkommenden rundlichen Zellen sind zum kleineren Theil junge, zum Ersatz dienende Epithelzellen, „Ersatzzellen", zum grösseren Theil durchwandernde Leucocyten.

Haufen beisammenliegend, Solitärknötchen bilden. Die T. propria enthält so zahlreiche Drüsen, dass ihr Gewebe nur auf schmale Scheidewände zwischen und eine dünne Schichte unter den Drüsen beschränkt ist. Im Pylorustheil stehen die Drüsen weiter auseinander; die dort ansehnlich entwickelte T. propr. erhebt sich nicht selten zu faden- oder blattförmigen Zotten.

Man unterscheidet zwei Arten von Magendrüsen: Fundusdrüsen und Pylorusdrüsen. Beide sind einfache oder gabelig getheilte Blindschläuche, welche allein oder zu mehreren in grubige Vertiefungen der Schleimhautoberfläche, in die Magengruben, münden; der in diese sich einsenkende Theil der Drüse wird Hals, der darauffolgende Theil Körper, das blinde Ende Grund genannt (Fig. 101). Jede Drüse besteht aus einer Membrana propria und aus Drüsenzellen.

Die Fundusdrüsen haben zweierlei Zellen: Hauptzellen und Belegzellen [1]). Erstere sind helle, kubische oder kurzcylindrische Zellen, deren körniges Protoplasma einen kugeligen Kern umgibt. Die Hauptzellen sind sehr vergänglich. Die Belegzellen sind meist bedeutend grösser, dunkler, von rundlich eckiger Gestalt; ihr feinkörniges Protoplasma umgibt einen rundlichen Kern. Die Belegzellen sind besonders durch die Fähigkeit, sich mit Anilinfarben intensiv zu färben, ausgezeichnet. Die Vertheilung beider Zellenarten ist keine gleichmässige; die Hauptzellen bilden die Hauptmasse der Drüsenschläuche, die Belegzellen sind unregelmässig vertheilt; in besonders reichlicher Menge finden sie sich in Hals und Körper. Hier liegen sie in einer Reihe mit den Hauptzellen, gegen den Drüsengrund jedoch sind die Belegzellen aus der Reihe der Hauptzellen gegen die Peripherie gedrängt und reichen nur mehr mit einem schmalen Fortsatz bis zum Lumen der Drüse (Fig. 102 *C*).

Die Pylorusdrüsen haben fast durchaus [2]) cylindrische, mit rundlichem, der Zellenbasis nahegerücktem Kerne versehene Zellen, welche in der intermediären Zone (d. i. die Grenzzone zwischen Pylorus- und Fundusschleimhaut) so sehr den Hauptzellen gleichen, dass sie mit diesen verglichen worden sind.

Obige Beschreibung bezieht sich auf den hungernden Magen; im Zustande der Verdauung sind die Belegzellen grösser, Hauptzellen sowohl wie Pylorusdrüsenzellen sind dunkler, der Kern letzterer ist mehr in die Mitte der Zelle gerückt.

Die Muscularis mucosae besteht aus zwei oder drei in verschiedener Richtung sich durchflechtenden Lagen glatter Muskelfasern, von denen einzelne

[1]) Die neuerdings von verschiedenen Seiten aufgestellte Behauptung, dass Haupt- und Belegzellen verschiedene Funktionsbilder einer Zellenart seien, sowie die Angabe, dass bei der Verdauung die Belegzellen sich vermehren, nach langem Hungern aber verschwinden, sind einer eingehenden Begründung noch sehr bedürftig. Selbst der Magen nach langem Winterschlaf getödteter Thiere enthält noch Belegzellen.

[2]) Beim Menschen finden sich auch hier vereinzelte Belegzellen, bei Thieren, z. B. beim Hund, einzelne dunklere, kegelförmige Zellen (Fig. 102. *E z*), deren Natur noch nicht hinreichend aufgeklärt ist.

Züge sich abzweigen, um in senkrechter Richtung zwischen den Drüsenschläuchen emporzusteigen.

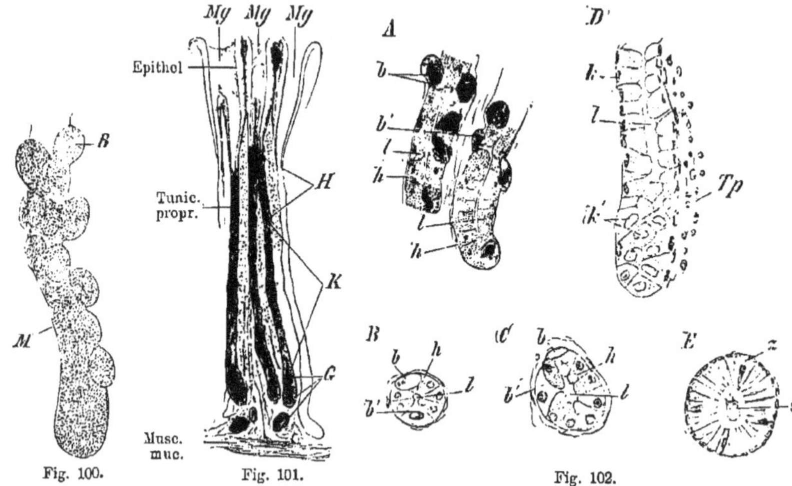

Fig. 100.

Untere Hälfte einer isolirten Fundusdrüse des Kaninchens; 240mal vergr. *B* Belegzellen. Die scharfe Linie *M* entspricht der Membrana propria. Technik Nr. 83.

Fig. 101.

Aus einem mitteldicken, senkrechten Schnitt der menschlichen Magenschleimhaut, 50mal vergr. Das sehr enge Lumen der Fundusdrüsen ist nicht sichtbar. *Mg* Magengruben. Man sieht nicht nur die seitliche Begrenzung derselben, d. i. das Magenepithel von der Seite, sondern auch die hintere Wand, d. i. das Magenepithel von der Fläche. In die mittlere Magengrube münden zwei, in die linke eine Drüse. *H* Hals, *K* Körper, *G* Grund der Drüse. Technik Ne. 85.

Fig. 102

A Aus einem Längsschnitt, *B* Aus einem Querschnitt der Fundusschleimhaut einer Katze. *C* Aus einem Querschnitt der Fundusschleimhaut des Menschen nahe dem Drüsengrunde; 240mal vergr. *b* Belegzellen, *h* Hauptzellen, *l* Lumen des Drüsenschlauches, *b'b'* Belegzellen bis zum Lumen reichend. *D* Aus einem Längsschnitt der Pylorusschleimhaut des Menschen, 240mal vergr. Unteres Stück einer Pylorusdrüse; ihr oberer Theil ist genau in der Mitte getroffen, so dass man das Lumen *l* und die Kerne *k* der Drüsenzellen von der Seite sieht; der untere Theil dagegen ist nur an der Peripherie angeschnitten, so dass man die platten Kerne *k'* der Drüsenzellen von der Fläche erblickt. *Tp* Tunica propria zahlreiche Leucocyten enthaltend. *E* Aus einem Querschnitt der Pylorusschleimhaut eines Hundes, *s* Secret im Lumen, *z* dunklere Zellen mit grossem Kerne. 240mal vergr. Technik Nr. 85.

Die Submucosa besteht aus lockeren Bindegewebsbündeln, elastischen Fasern und zuweilen kleinen Anhäufungen von Fettzellen.

ad 2) Muskelhaut. Nur am Pylorustheil lassen sich zwei deutlich gesonderte Schichten, eine starke innere Ringschicht und eine schwächere äussere Längsschicht glatter Muskelfasern unterscheiden; in den anderen Regionen des Magens wird der Verlauf durch Uebertreten der Muskelschichten des Oesophagus auf den Magen, sowie durch die im Verlauf der Entwickelung erfolgende Drehung des Magens sehr complicirt; Durchschnitte ergeben dann in allen möglichen Richtungen getroffene Faserbündel.

ad 3) Serosa S. Bauchfell.

Gefässe und Nerven S. p. 131 u. f.

Der Darm.

Die Darmwand wird, wie die des Magens, aus 1) Schleimhaut, 2) Muskelhaut und 3) Serosa gebildet.

Ad 1) Die Schleimhaut besteht aus Epithel, einer Tunica propria, einer Muscularis mucosae und einer Submucosa.

Das Epithel ist ein einfaches Cylinderepithel, dessen Elemente an der freien Oberfläche eine für sie charakteristische Cuticularbildung, den sog. Basalsaum (s. p. 34), tragen. Das Protoplasma der Zellen ist körnig und enthält bei der Fettresorption zahlreiche Fettpartikelchen; das untere Ende läuft oft fein zugespitzt aus und soll tief in das Gewebe der Tunica propria hineinreichen (?). Unter Umständen können Darmepithelzellen eine schleimige Umwandlung erfahren, welche zur Bildung der Becherzellen führt. Dieselben haben im ausgebildeten Zustande die Form eines Kelchglases und gleichen im Bau der Fig. 5, *d* abgebildeten Zelle; ein Basalsaum fehlt, an dessen Stelle befindet sich eine scharf begrenzte kreisförmige Oeffnung. Zwischen den Epithelzellen sind in wechselnder Anzahl durchwandernde Leucocyten, an den Basen der Epithelzellen auch Ersatzzellen (s. p. 126 Anmerk.), gelegen.

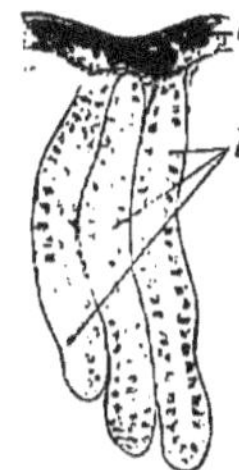

Fig. 103.
l Drei Lieberkühn'sche Drüsen des Dickdarmes vom Kaninchen; 80mal vergrössert. *e* Epithel der Oberfläche. Technik Nr. 91.

Die Tunica propria besteht vorwiegend aus reticulärem [1]) Bindegewebe, das sehr wechselnde Mengen von Leucocyten enthält (s. pag. 130). Durch die Einlagerung zahlreicher Drüsen ist sie nur auf die Zwischenräume zwischen den Drüsen und auf eine schmale Schicht am Grunde der Drüsen beschränkt und zeigt so wenigstens im Bereich des Dickdarms vollkommene Uebereinstimmung mit jener des Magens; im ganzen Dünndarm jedoch erhebt sich die Tunica propria zu zahlreichen ca. 1 mm hohen, cylindrischen (im Duodenum blattförmigen) Bildungen, den Darmzotten, welche über die freie Darmoberfläche hinausragen. Die in die Tunica propria eingelagerten Drüsen, die Lieberkühn'schen Drüsen oder Krypten sind einfache Blindschläuche, welche von cylindrischen, im Dünndarm serösen, im Dickdarm schleimproduzierenden Drüsenzellen ausgekleidet und von einer zarten Membrana propria umhüllt werden. Im Dünndarm sind die Mündungen der Lieberkühn'schen Drüsen oft kranzartig um die Basen der Zotten gelagert.

Die Muscularis mucosae besteht aus einer inneren, circulären und einer äusseren, longitudinalen Lage glatter Muskelfasern. Senkrecht von ihr aufsteigende Fasern reichen bis nahe zur Spitze der Zotte; ihre Contraktion bewirkt eine Verkürzung der Zotte [2]).

Die Submucosa besteht aus lockerem fibrillärem Bindegewebe; sie enthält im Gebiet des Duodenum (in dessen oberer Hälfte) traubenförmige

[1]) Bei Katze und Hund besteht die T. propria z. Th. aus fibrillärem Bindegewebe.

[2]) Ausser diesen longitudinalen Muskelfasern sind beim Menschen auch zahlreiche quere Muskelfasern in den Zotten gefunden worden.

Drüsen, die **Brunner'schen Drüsen**. Ihr mit cylindrischen Zellen ausgekleideter Ausführungsgang durchbricht die Muscul. mucosae und verläuft in der Tunica propria parallel mit den Lieberkühn'schen Drüsen. Der kugelige Drüsenkörper geht aus baumförmigen Verästelungen des Ausführungsganges hervor, denen nur wenig ausgeprägte Acini aufsitzen (vergl. pag. 113). Cylindrische Drüsenzellen und eine strukturlose Membrana propria bilden die Wandung der Drüsenbläschen.

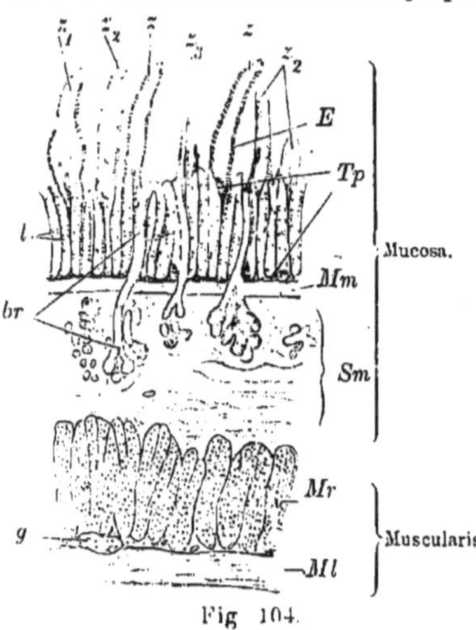

Fig. 104.

Senkrechter (Längs-) Schnitt durch das Duodenum einer Katze, 30mal vergr. *E* Epithel. *Tp* Tunica propria. *Mm* Muscularis mucosae (bei der Katze nur aus einer Längslage bestehend). *Sm* Submucosa. *Mr* Ringmuskellage, quer durchschnitten. *Ml* Längsmuskellage. *l* Lieberkühn'sche Drüsen. *br* Brunner'sche Drüsen; bei den zwei äussersten ist der Ausführungsgang nicht getroffen. *g* Ganglienzellen des Auerbach'schen Plexus. *z* Zotten, in der Axe durchschnitten; von der Zotte z_1 hat sich das Epithel vom Bindegewebe abgehoben. z_2 Zotten schräg angeschnitten. z_3 Epithel oben abgefallen, so dass der Bindegewebskörper der Zotte frei liegt. Technik Nr. 86.

Lymphknötchen. Es ist oben (pag. 103) schon erwähnt worden, dass die Tunica propria der Schleimhäute wechselnde Mengen von Leucocyten enthält, die entweder diffus vertheilt oder zu umschriebenen Massen zusammengeballt sind. In letzterem Falle bilden sie 0,5—2 mm grosse Knötchen, welche entweder einzeln stehen, Solitärknötchen („Solitäre Follikel"), theils Gruppen von Knötchen, Peyer'sche Haufen („Plaques"), bilden.

Die **Solitärknötchen** finden sich in sehr wechselnder Menge in der Magenschleimhaut, in grösserer Anzahl noch im Darme. Sie haben meist eine länglich runde Form und liegen zu Beginn ihrer Entwickelung stets in der Tunica propria; ihre Kuppe reicht bis dicht unter das Epithel, die Basis ist gegen die Muscularis mucosae gerichtet. Mit vorschreitendem Wachsthum (bei Katzen schon um die Zeit der Geburt) durchbrechen sie die Muscularis mucosae

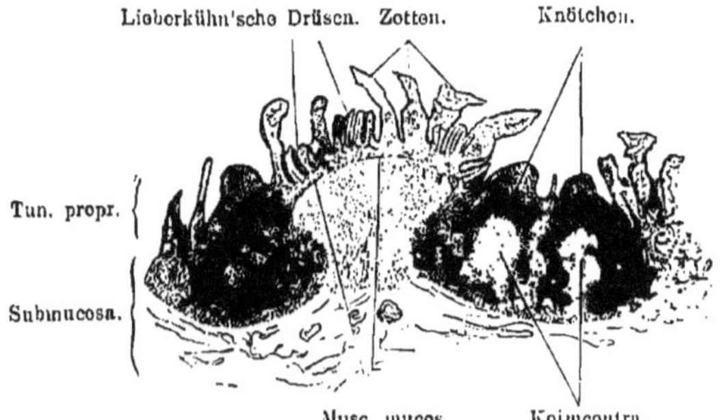

Fig. 105.

Aus einem senkrechten Schnitt durch die Dünndarmschleimhaut des Menschen. 20mal vergrössert. Drei Knötchen eines Peyer'schen Haufens. Nur das links gelegene ist genau in der Mitte durchschnitten. Der zwischen den Knötchen gelegene Theil der Submucosa enthält gleichfalls viele Leucocyten. Technik Nr. 88.

und breiten sich in der Submucosa, deren lockeres Gewebe ihnen wenig Widerstand entgegensetzt, aus. Der in der Submucosa gelegene Theil des Knötchens hat eine kugelige Gestalt und wird bald bedeutend grösser als der in der Tunica propria gelegene Abschnitt. Die Gesammtform des fertigen Solitärknötchens gleicht also einer Birne; der schmale Theil der Birne ist gegen das Epithel gekehrt. Wo die Knötchen stehen, da fehlen die Zotten und sind die Drüsenschläuche zur Seite gedrängt. Hinsichtlich ihres feineren Baues bestehen die Solitärknötchen aus adenoidem Gewebe; sie enthalten meist ein Keimcentrum (pag. 102). Die daselbst gebildeten Leucocyten gelangen zum Theil in die benachbarten Lymphgefässe, zum Theil wandern sie durch das Epithel in die Darmhöhle. Das die Kuppen der Solitärknötchen überziehende Cylinderepithel enthält stets in Durchwanderung begriffene Leucocyten (Fig. 106).

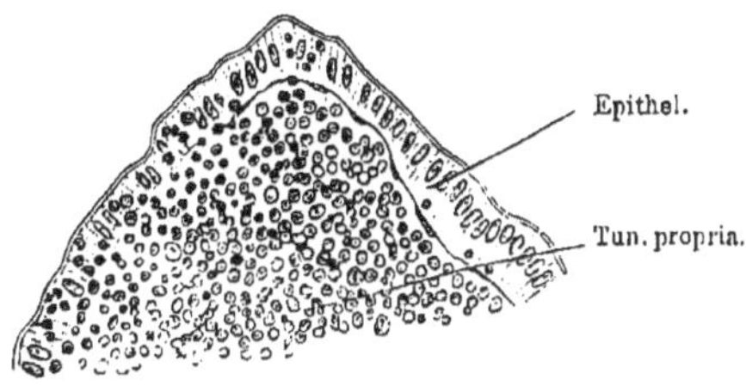

Fig. 106.
Aus einem senkrechten Schnitt des Dünndarms einer 7 Tage alten Katze, 240mal vergr. Kuppe eines Solitärknötchens. Links viele in Durchwanderung durch das Epithel begriffene Leucocyten. Rechts ist das Epithel bis auf drei Leucocyten noch ganz frei. Technik Nr. 89.

Die Peyer'schen Haufen sind Gruppen von 10—60 Knötchen, die neben einander, nie übereinander gelegen sind und deren jedes wie ein Solitärknötchen beschaffen ist. Nur die Form der einzelnen Knötchen erfährt in sofern zuweilen eine Aenderung, als sich die Knötchen an den Seiten durch Druck abplatten. Sie sind vorzugsweise im untern Theil des Dünndarms gelegen, entweder gut von einander isolirt oder auch in eine diffuse Masse von Leucocyten verwandelt, in welcher nur die einzelnen Keimcentra sichtbar sind. Letzteres findet sich nicht selten im Proc. vermiformis des Menschen.

Ad 2) Die Muskelhaut des Darmes besteht aus einer inneren, stärkeren circulären und einer äusseren, schwächeren longitudinalen Schicht glatter Muskelfasern. Am Dickdarm ist die Längsmuskelschicht nur an den Taenien wohl entwickelt, dazwischen jedoch äusserst dünn.

Ad 3) Serosa s. Bauchfell (pag. 142).

Die Blutgefässe des Magens und des Darmes.

Die Blutgefässe des Magens und des Darmes verhalten sich hinsichtlich ihrer Vertheilung bei Magen und Dickdarm ganz gleich, während beim Dünndarm durch die Anwesenheit der Zotten eine Modification des Verlaufes eintritt. In Magen und Dickdarm geben die herantretenden Arterien zuerst feine Aestchen an die Serosa ab, durchsetzen alsdann die Muscularis, welche sie ebenfalls versorgen und bilden dann in der Submucosa ein der Fläche nach ausgebreitetes Netz. Von diesem steigen feine Zweige durch die Muscularis mucosae auf, um, in der Tunica propria angelangt, am Grunde der Drüsenschläuche abermals ein der Fläche nach ausgebreitetes Netz zu bilden. Aus diesem Netzwerk entwickeln sich feine (4,5—9 μ) Capillaren, welche die Drüsenschläuche umspinnen und an der Schleimhautoberfläche in noch einmal so weite (9—18 μ) Capillaren übergehen, welch' letztere kranzförmig um die Mündungen der Drüsen gelegen sind. Aus den weiten Capillaren gehen Venenstämmchen hervor, welche senkrecht zwischen den Drüsenschläuchen hinabsteigend in ein der Fläche nach ausgebreitetes venöses Netz münden, das in der Tunica propria gelegen ist. Weiterhin verlaufen die Venen neben den Arterien.

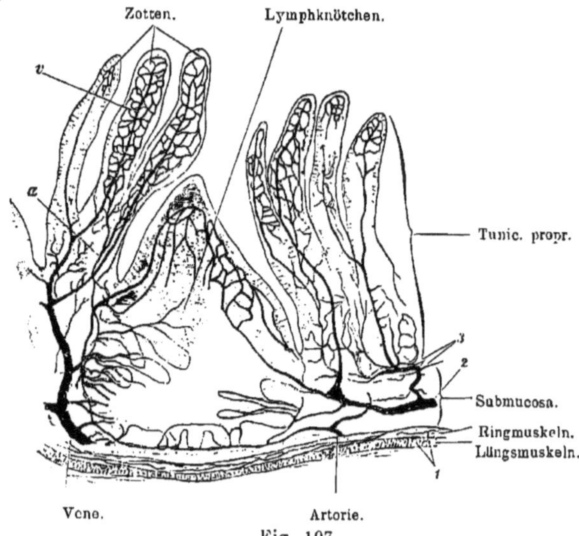

Fig. 107.

Stück eines Querschnittes eines injicirten Dünndarmes des Kaninchens, 50mal vergr. Das Lymphknötchen ist so durchschnitten, dass in seiner oberen Hälfte das oberflächliche Capillarnetz, in der unteren Hälfte die im Innern des Knötchens befindlichen Capillarschlingen sichtbar sind. Die Lieberkühn'schen Drüsen sind an dem sehr dicken, ungefärbten Schnitt nicht zu sehen. 1 Blutgefässnetz der Muscularis, 2 der Submucosa, 3 der Tunica propria. Technik Nr. 92.

Im Dünndarm verhalten sich nur die für die Lieberkühn'schen Drüsen bestimmten Arterien wie diejenigen des Dickdarmes. Die zu den Zotten ziehenden Arterien verlaufen als feine Aestchen (Fig. 107 *a*) bis zur Basis der Zotte und lösen sich dann in ein Capillarnetz auf, das dicht unter dem Epithel gelegen ist. An der Spitze der Zotte münden die Capillaren in ein Venenstämmchen (Fig. 107 *v*), welches in seinem senkrecht absteigenden Verlaufe die die Drüsenmündungen umspinnenden Capillaren aufnimmt. Weiterhin verhalten sich die Venen wie die des Dickdarmes.

Die Brunner'schen Drüsen werden von einem Capillarnetz umgeben, welches von den submucösen Blutgefässen gespeist wird.

Die Lymphknötchen („Follikel") sind von einem oberflächlichen Blutcapillarnetz umgeben, aus welchem feine Fortsetzungen ins Innere des Knötchens dringen (Fig. 107). Oft erreichen diese das Centrum des Knötchens nicht, dann besteht ein gefässloser Fleck in Mitten des Knötchens.

Die Lymphgefässe des Magens und des Darmes.

Die Lymph(Chylus-)gefässe des Magens und des Darmes beginnen in der Schleimhaut des Magens und des Dickdarmes als oben blinde, zwischen den Drüsenschläuchen herabsteigende, ca. 30 μ weite Capillaren; in der Schleimhaut des Dünndarmes sind die Anfänge der Lymphgefässe in der Axe der Zotte gelegen und stellen daselbst bei cylindrischen Zotten einfache, bei blattförmigen Zotten mehrfache, 27—36 μ weite, am oberen Ende geschlossene Gänge („centrale Zottenräume") dar. Alle diese Gefässe senken sich in ein am Grunde der Drüsenschläuche gelegenes, der Fläche nach ausgebreitetes, engmaschiges Capillarnetz, das durch viele Anastomosen mit einem in der Submucosa befindlichen, weitmaschigen Flächennetz zusammenhängt; die daraus entspringenden, Klappen führenden Lymphgefässe durchsetzen die Muscularis und nehmen hier die abführenden Gefässe eines Netzes auf, welches zwischen Ring- und Längsmuskelschicht gelegen ist. Dieses Netz heisst interlaminäres Lymphgefässnetz und nimmt die vielen, in beiden Muskelschichten befindlichen Lymphcapillaren auf. Unter der Serosa laufen die Lymphgefässe („subseröse Lymphgefässe") bis zum Ansatz des Mesenterium, zwischen dessen Platten sie dann weiter ziehen.

Der eben geschilderte Verlauf erfährt in der Schleimhaut an einzelnen Stellen eine Modification. Diese Stellen sind die Peyer'schen Haufen; durch die Knötchen, welche niemals Lymphgefässe enthalten, werden die Capillaren zur Seite gedrückt und verlaufen zwischen den Interstitien der Knötchen als an Zahl verminderte, an Weite jedoch vergrösserte Kanäle. Es ist wahrscheinlich, dass die Lymphsinus des Kaninchens (pag. 103 Anmerk.) nichts anderes als solche kolossal erweiterte, breit gequetschte Capillaren sind.

Nerven des Magens und des Darmes.

Die zumeist aus marklosen Fasern bestehenden, zahlreichen Nerven bilden unter der Serosa ein Netzwerk, durchsetzen dann die Längsmuskelschichte und breiten sich zwischen dieser und der Ringmuskelschicht zu einem ansehnlichen Geflecht, dem Plexus myentericus (Auerbach'scher Plexus) aus, das mit zahlreichen, meist an den Knotenpunkten des Netzes befindlichen Gruppen multipolarer Ganglienzellen ausgestattet ist. Die Maschen des Geflechts sind rundlich eckig. Aus diesem Geflecht entspringen marklose Fasern, die theils an den glatten Muskelfasern enden (s. pag. 85), theils die Ringmuskelschicht durchbohren und, in der Submucosa angelangt, einen zweiten feinen Plexus bilden, den Meissner'schen Plexus, dessen Ganglienzellengruppen kleiner, dessen Maschen enger sind. Von da steigen feine Fasern zwischen den Drüsen in die Höhe; ihre Endigung ist unbekannt.

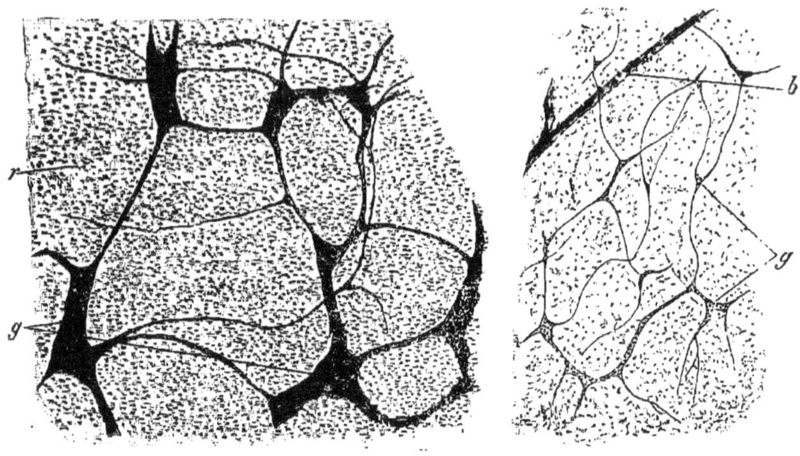

A Fig. 108. B

A Flächenbild des Auerbach'schen Plexus eines neugeborenen Kindes, 50mal vergrössert. *g* Gruppen von Ganglienzellen. *r* Ringmuskelschicht, an den gestreckten Kernen kenntlich. Technik Nr. 93, *a*. B Flächenbild des Meissner'schen Plexus desselben Kindes, 50mal vergrössert. *g* Ganglienzellengruppen. *b* Durchschimmerndes Blutgefäss. Technik Nr. 93, *b*.

Auch zwischen den Muskelschichten des Oesophagus kommt ein dem Plexus myentericus entsprechendes Geflecht vor.

Die Speicheldrüsen.

Die Speicheldrüsen — Gland. submaxillaris, sublingualis, parotis und das Pankreas — sind acinöse Drüsen, welche entweder Schleim oder eiweissreiche, seröse Flüssigkeit, oder auch beides absondern. Wir unterscheiden demnach: 1) Schleim(speichel)drüsen (Gl. sublingual. bei Mensch, Kaninchen, Hund, Katze, Gl. submaxill. bei Hund und Katze), 2) seröse (Speichel-)Drüsen (Parotis bei Mensch, Kaninchen, Hund und Katze, Gl. submaxill. bei Kaninchen, Pankreas) und 3) gemischte (Speichel-)Drüsen (Gl. submaxillaris bei Mensch, Affe, Meerschweinchen, Maus).

Gl. sublingualis. Der Ausführungsgang (Ductus Bartholini) wird von einer einfachen Lage niedrigen Cylinderepithels und Bindegewebe mit elastischen Fasern gebildet. Er setzt sich fort in die Schleimröhren (s. pag. 115), deren niedrige, cylindrische Zellen nur an wenigen Stellen jene charakteristische Streifung (Fig. 111, *A*) zeigen. Schaltstücke sind nicht mit Sicherheit nachzuweisen, es ist vielmehr wahrscheinlich, dass sich die Schleimröhren direkt in die Acini fortsetzen. Diese letzteren bestehen aus einer Membrana propria und aus Schleimzellen. Die Membr. propria wird durch kernhaltige Bindegewebszellen hergestellt (s. pag. 44, Anmerk. 2); die Schleimzellen sind in den verschiedensten Secretionsphasen begriffen, Halbmonde

(s. pag. 114) desshalb sehr häufig. Das zwischen den Acini und den Läppchen liegende Bindegewebe ist reich an Leucocyten (Fig. 109).

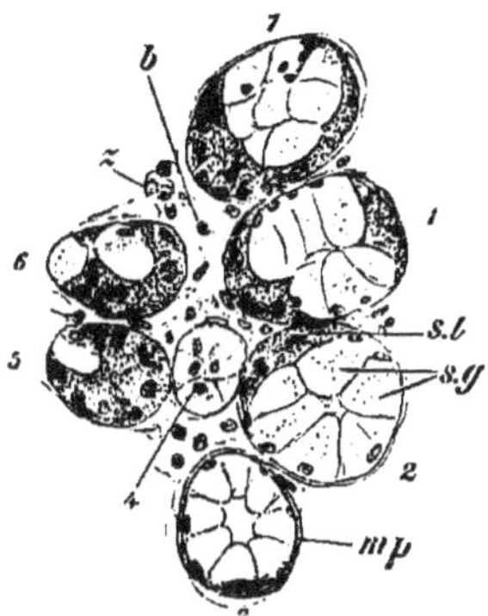

Fig. 109.

Aus einem feinen Durchschnitt der Gl. sublingualis des Menschen, 240mal vergrössert. Von den sieben gezeichneten Acini sind nur drei (1, 2, 3) so glücklich getroffen, dass sie sich zu Studien eignen. In Acinus 2 sieht man sechs secretgefüllte Zellen (*s.g*); zwei secretleere Zellen (*s.l*) sind vom Lumen abgedrängt und bilden einen „Halbmond". In Acinus 3 sind nur secretgefüllte Zellen, deren Inhalt sich dunkel gefärbt hat. 4. Tangentialschnitt eines solchen Acinus. 5, 6, 7. Schrägschnitte von Acini wie 1 und 2, welche die Halbmonde, nicht aber das Drüsenlumen getroffen haben. *mp* Membrana propria. *b* Bindegewebe mit zahlreichen Leucocyten *z*. Technik Nr. 94.

Gl. parotis. Der Ausführungsgang (Duct. Stenonianus) verhält sich wie derjenige der Gl. sublingualis. Er geht sich theilend in die Speichelröhren über, deren cylindrische Zellen deutlich jene oben (pag. 115) erwähnte Streifung besitzen. An diese schliessen sich die Schaltstücke an, welche mit lang ausgezogenen, spindelförmigen Zellen ausgekleidet sind (Fig. 110 *s*). Die Schaltstücke endlich setzen sich fort bis zu den Acini, welche aus einer zarten Membrana propria und aus kubischen Eiweissdrüsenzellen bestehen; diese sind im secretleeren Zustand klein, trübkörnig, im secretgefüllten Zustand grösser und etwas heller.

Gl. submaxillaris. Der Ausführungsgang (Duct. Whartonianus), welcher im Bau mit denen der Gl. sublingual. und parotis übereinstimmt, setzt sich in Schleimspeichelröhren mit charakteristischem Epithel (Fig. 111 *A*) fort, welche in mit kubischen Zellen ausgekleidete, kurze Schaltstücke übergehen. Diese führen in Acini, die entweder von serösen Drüsenzellen (wie die der Parotis) oder von Schleimdrüsenzellen mit Halbmonden (wie die der Gl. sublingualis) ausgekleidet werden.

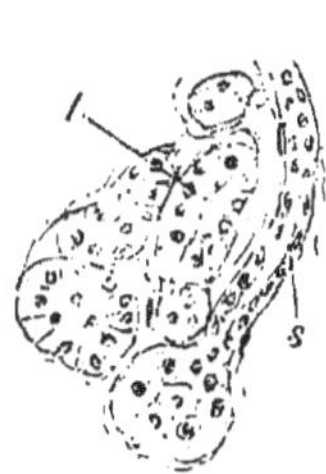

Fig. 110.

Aus einem feinen Schnitt durch die Parotis des Menschen, 240mal vergrössert. *s* Schaltstück. Das sehr enge Lumen der Acini ist nur bei *l* getroffen, die übrigen Acini sind schräg durchschnitten. Technik Nr. 94.

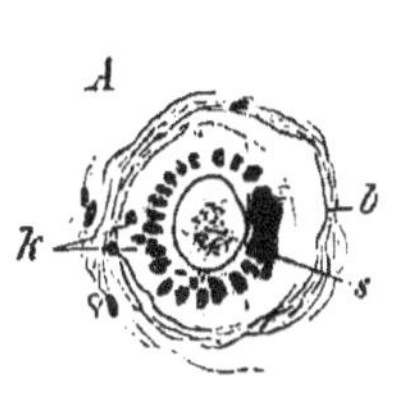

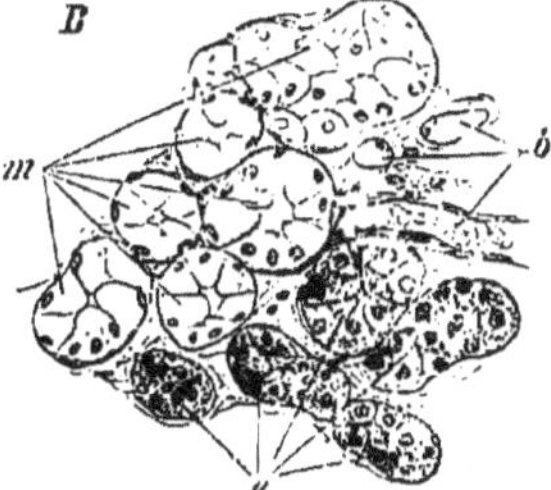

Fig. 111.

Aus einem feinen Schnitt durch die Gl. submaxillaris des Menschen, 240mal vergrössert. *A* Speichelrohr (Querschnitt). Die Epithelzellen desselben haben sich rechts von dem umgebenden Bindegewebe *b* etwas abgelöst; gerade hier sieht man am besten die Streifung derselben. *k* Kerne durchwandernder Leucocyten. *s* Secret. *B*, *m* Acini mit Schleimdrüsenzellen. *e* Acini mit Eiweissdrüsenzellen. Von ersteren sind vier Lumina, von letzteren nur eines sichtbar. *b* Blutgefässe, von denen das unterste, der Länge nach getroffen, mit farbigen Blutkörperchen gefüllt ist. Technik Nr. 94.

Pankreas. Der Ausführungsgang (Duct. Wirsungianus) wird von einer einfachen Lage von Cylinderepithel und von Bindegewebe gebildet, welch' letzteres unter dem Epithel fester, nach der Peripherie hin dagegen lockerer ist. Der Hauptausführungsgang und seine grösseren Aeste tragen in ihrer Wand kleine acinöse Schleimdrüschen. Speichelröhren mit den charakteristisch gestreiften Zellen fehlen. Die Aeste des Ausführungsganges setzen sich direkt in die Schaltstücke fort, indem ihre cylindrischen Epithelzellen immer niedriger werden und endlich in die platten, parallel der Längsaxe der Schaltstücke gestellten Zellen übergehen. Die Schaltstücke sind sehr lang und dünn; gegen die Acini theilen sie sich und enden dann plötzlich am Epithel der Acini. Dieses besteht aus kurzcylindrischen oder kegelförmigen Zellen, welche vor allen andern Drüsenzellen dadurch charakterisirt sind, dass ihr dem Lumen zugekehrter Abschnitt zahlreiche, stark lichtbrechende Körnchen enthält (Fig. 112 A). Der hellere peripherische Abschnitt der Zelle enthält den runden Kern. Körniger und heller Abschnitt der Zelle wechseln in ihren Grössenverhältnissen je nach den Funktionszuständen der Zelle. Im Beginn der Verdauung schwinden die Körnchen, während der helle Zellenabschnitt grösser wird. Dann vergrössert sich der körnige Abschnitt so, dass er fast die ganze Zelle einnimmt. Im Hungerzustande sind beide Abtheilungen gleich gross.

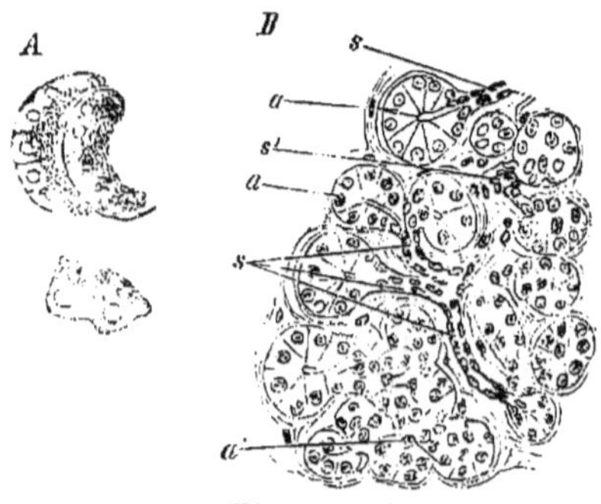

Fig. 112.

A. Drüsenzellen des Pankreas der Katze, 560mal vergrössert. Oben Gruppen von Zellen, wie sie meistens zur Anschauung kommen, unten zwei isolirte Zellen. B. Aus einem Querschnitt des Pankreas eines neugeborenen Kindes, 240 mal vergrössert. *s* Schaltstücke im Längsschnitt, *s'* ein Schaltstück im Querschnitt, *a* halbirte, *a'* tangential durchschnittene Acini. Technik Nr. 95.

Die Blutgefässe der Speicheldrüsen sind sehr ansehnlich entwickelt. Die arteriellen Stämmchen laufen in der Regel neben dem Hauptausführungsgang her und geben von da sich theilend zahlreiche Aeste ab, welche zwischen den Drüsenläppchen verlaufend, endlich in die Läppchen selbst eindringen und mit einem dichten Capillarnetz die Acini umspinnen. Die Capillaren liegen dicht an den Drüsenzellen (s. auch pag. 114). Die grösseren Venen verlaufen mit den Arterien.

Ueber die Lymphgefässe fehlen noch sichere Angaben. Spalträume zwischen den Läppchen und den Acini sind als Lymphbahnen beschrieben worden.

Die theils markhaltigen, theils marklosen Nervenfasern der Speicheldrüsen sind meist in ansehnlicher Menge vorhanden. In ihrem Verlaufe finden sich mikroskopische Gruppen von Ganglienzellen. Ueber die Endigungen der Nervenfasern und ihre Beziehungen zu den Drüsenzellen wissen wir nichts. Alle Angaben über direkte Endigungen von Nerven in Drüsenzellen haben sich als Irrthümer herausgestellt.

Die Leber.

Die Leber ist eine verästelte tubulöse Drüse. In dieser Form besteht sie jedoch nur bei niederen Thieren (Amphibien, Reptilien) zeitlebens; bei den

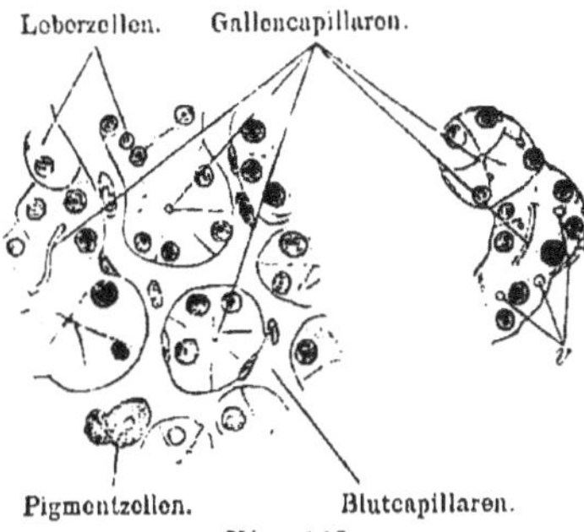

Fig. 113.

Aus Schnitten einer Froschleber, 240 mal vergrössert. Die Drüsenzellen der Leber umgeben allseitig das sehr kleine Drüsenlumen (=die Gallencapillaren) und sind ihrerseits von Blutcapillaren umgeben. Die Drüsenzellen zeigen verschiedene Secretionsstadien. *v* Vacuolen. Technik Nr. 99.

Säugethieren dagegen treten bald nach der Geburt derartige Veränderungen ein, dass es dann unmöglich ist, zu entscheiden, welcher Drüsenart man die Leber zutheilen soll. Eine besondere Eigenthümlichkeit besitzt die Leber durch die Art und Weise des Verlaufes der zu- und abführenden Blutgefässe; ganz entgegen dem gewöhnlichen Verhalten verlaufen die zuführenden Gefässe in einer ganz anderen Richtung als die abführenden Gefässe. Diese Umstände erschweren ungemein das Verständniss des Aufbaues der Leber und erheischen eine von der bisher geübten Betrachtungsweise der Organe ganz verschiedene Inangriffnahme. Untersuchen wir Leber niederer Thiere oder neugeborener (oder embryonaler) Säugethiere, so gelingt es, den oben (pag. 114) erwähnten Grundsatz, dass die Drüsenzellen eine Seite dem Drüsenlumen, die andere Seite den Blutgefässen zukehren, zu bestätigen. Die Drüsenlumina sind hier nur sehr eng (1—2 μ) und führen den Namen Gallencapillaren (Fig. 113). Man hat ihnen eine selbstständige, strukturlose, nicht von Endothelzellen gebildete Wandung zugeschrieben.

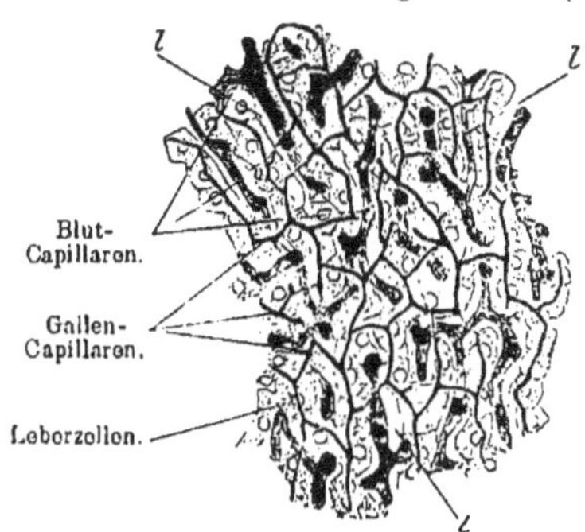

Fig. 114.

Aus einem Schnitt durch eine Kaninchenleber, deren Pfortadercapillaren roth, deren Gallencapillaren blau injicirt worden waren, 240 mal vergröss. Die Leberzellen stehen auf dem Schnitt an beiden Seiten mit Blutcapillaren in Berührung. (An einzelnen Stellen hat sich die rothe Leimmasse retrahirt, so dass Lücken *l* zwischen Leberzellen und Blutcapillaren entstanden sind.) Die Gallencapillaren berühren nirgends die Blutcapillaren, sondern sind immer durch eine halbe Zellenbreite von ihnen getrennt. Die dunklen Flecke der Blutcapillaren sind optische Querschnitte von Blutcapillaren, welche vertikal durch die Dicke des Schnittes verlaufen.

Versuchen wir den gleichen Nachweis an Leberschnitten älterer Säugethiere, so wird derselbe nicht gelingen; wir sehen vielmehr, dass jede Drüsenzelle nicht an einer Seite, sondern an vielen Seiten mit Blutgefässen in Berührung steht (Fig. 114); ebenso grenzt jede Drüsenzelle mit mehreren Seiten an Gallencapillaren. Trotzdem liegen Blutcapillaren und Gallencapillaren an keiner Stelle dicht neben einander, sondern immer ist zwischen beiden ein Theil einer Drüsenzelle eingeschaltet. Man drückt das gewöhnlich durch den Satz aus: die Blutcapillaren verlaufen an den Kanten, die Gallencapillaren auf den Flächen der Leberzellen. So verhält es sich wenigstens beim Kaninchen; beim Menschen verlaufen Gallencapillaren auch an den Kanten. Die Leber unterscheidet sich somit von anderen Drüsen dadurch, dass zwischen Drüsenlumen und Blutcapillaren nicht eine ganze Zelle, sondern nur ein Theil einer Zelle eingeschaltet ist, dass also die Blutcapillaren zu den Drüsenzellen in viel innigeren Beziehungen stehen, als in anderen Drüsen.

1. Drüsenzellen und Blutgefässe.

Die Drüsenzellen der Leber, die Leberzellen, sind unregelmässig vieleckige Gebilde, welche aus einem körnigen Protoplasma und einem oder mehreren Kernen bestehen; eine Membran fehlt. Das Protoplasma enthält Pigmentkörnchen und verschieden grosse Fetttropfen, welch' letztere bei saugenden Thieren und gut genährten Personen regelmässig gefunden werden. Die Grösse der Zellen beträgt 18—26 μ. Auch bei den Leberzellen bestehen sichtbare Funktionsunterschiede Fig. 115 *B*). Sie sind entweder klein, trüb, undeutlich contourirt – solche Zustände finden sich vorzugsweise im nüchternen Zustande — oder grösser, im Centrum hell, in der Peripherie mit einem grobkörnigen Ringe versehen, solche Bilder sind hauptsächlich während der Verdauung zu constatiren. Beim Menschen trifft man oft beide Zustände in einer Leber.

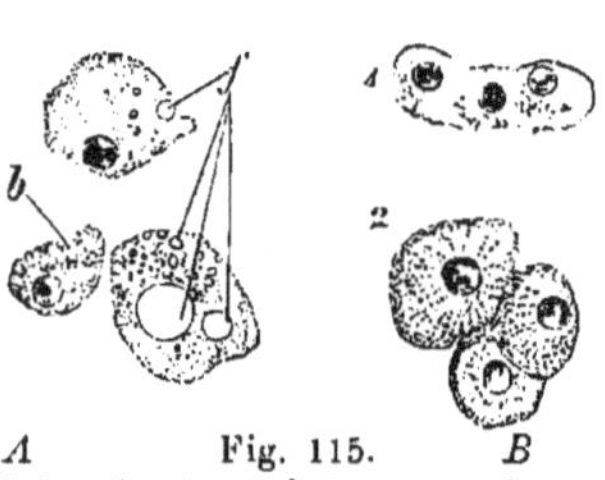

A Fig. 115. *B*

Leberzellen des Menschen, 560mal vergr. *A*. Isolirte Leberzellen, kleinere und grössere Fetttropfen *f* enthaltend. Bei *b* Eindruck von einem Blutgefäss herrührend. Technik Nr. 96. *B*. Aus einem Schnitt. 1. Zellen im nüchternen Zustande, 2. Zellen während der Verdauung. Technik Nr. 98.

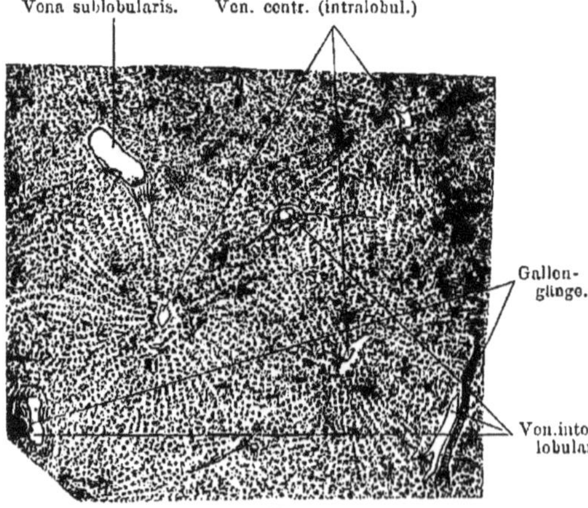

Fig. 116.

Stück eines Flächenschnittes der menschl. Leber, 40mal vergrössert. Man sieht zwei ganze und (rechts oben) $^2/_3$ eines Leberläppchens. Die Läppchen sind wenig scharf von einander abgegrenzt und nur kenntlich durch die in ihrem Centrum befindliche V. centralis und die dazu radiär gestellten Leberzellen. Technik Nr. 98.

Die Anordnung der Drüsenzellen lässt sich auf Durchschnitten der Leber erkennen; hier sieht man schon bei Anwendung schwacher Vergrösserung polygonale Felder, welche durch Bindegewebe bald mehr, bald weniger scharf von einander abgegrenzt sind. Das sind die Leberläppchen (Leberinseln, fälschlich auch Acini genannt), welche ganz aus Leberzellen und Blutgefässen bestehen. Die Gestalt eines Läppchens ist eine annähernd ovale, (im Querschnitt polygonale), ihre Länge beträgt 2, ihre Breite ca. 1 mm.

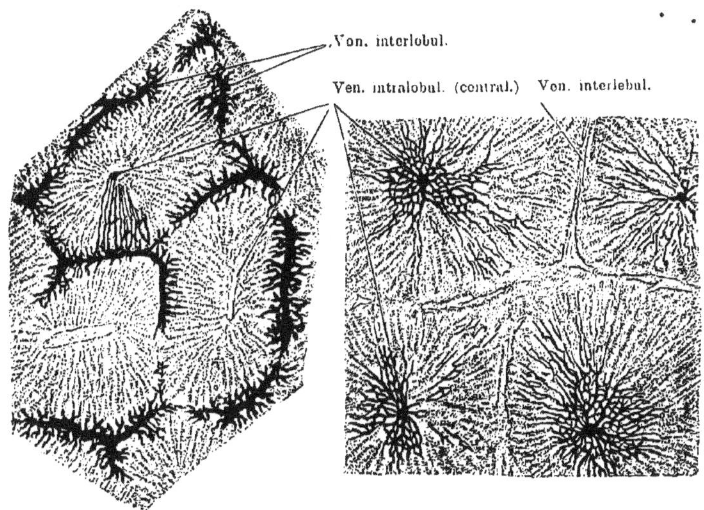

Fig. 117.
Stück eines Flächenschnittes einer Kaninchenleber. Injection von der Pfortader aus. 40 mal vergr. Man sieht drei Leberläppchen. Die Injectionsmasse hat nur die Pfortaderäste (V. interlobul.) gefüllt, im oberen Läppchen ist sie bis zur Ven. central. vorgedrungen. Technik Nr. 100.

Fig. 118.
Stück eines Flächenschnittes einer Katzenleber. Injection von der V. cava inf. aus, 40 mal vergr. Man sieht vier Leberläppchen. Die Injectionsmasse hat die Ven. central. und die in sie einmündenden Capillaren gefüllt, ist aber nicht bis zu den Pfortaderästen (V. interlobul.) vorgedrungen. Technik Nr. 100.

Im Umkreis jedes Läppchens liegen die Verzweigungen der Pfortader, Venae interlobulares, von denen aus zahlreiche Capillaren in die Läppchen eindringen und von der Vena centralis (s. unten) aufgenommen werden (Fig. 117). Die Capillaren besitzen die ansehnliche Weite von 10 bis 14 μ und anastomosiren während ihres Verlaufes durch das Leberläppchen vielfach mit einander. Der Raum zwischen den Capillaren wird von den Leberzellen eingenommen, die somit in radiär gestellten Strängen (oder besser Blättern), den sog. Leberzellenbalken angeordnet sind.

In der Axe jedes Läppchens verläuft eine kleine Vene, Vena centralis (intralobularis), deren Quer- oder Längsschnitt auch an nicht injicirten Lebern sichtbar ist (Fig. 116). Die Venae centrales stellen die Wurzeln der Lebervenen dar und münden in die Venae sublobulares, welche an der einen etwas abgeplatteten Seite des Leberläppchens, der sog. Basis, verlaufen (Fig. 119).

Die Aeste der Leberarterie verlaufen mit denen der Pfortader und verzweigen sich nur in dem interlobularen Gewebe, woselbst sie die grösseren Gallengänge, Pfortader- und Lebervenenäste umspinnen. Die aus der Arterie resp. deren Capillaren hervorgehenden Venen münden in Pfortaderzweige (Venae interlobulares) oder auch in die Anfänge der Pfortadercapillaren. In der Leberkapsel (s. unten) bildet die Leberarterie ein weitmaschiges Capillarnetz. Der Verlauf der Blutgefässe ist somit folgender: an der Leberpforte tritt die Pfortader ein, theilt sich wiederholt in immer feiner werdende Aeste, welche zwischen den Leberläppchen verlaufen (Venae interlobulares). Aus ihnen gehen Capillaren hervor, welche gegen die Axe des Leberläppchens

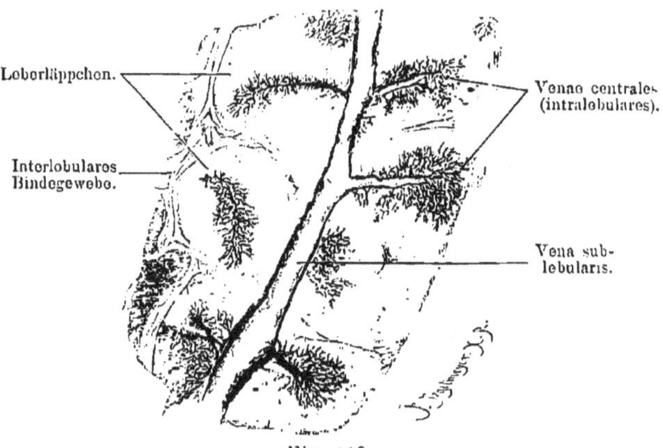

Fig. 119.

Stück eines senkrechten Schnittes durch eine Katzenleber. Injection von der V. cava infer. aus, 15mal vergr. Eine Vena sublobularis, der Länge nach getroffen, nimmt Venae centrales auf. Die Injectionsmasse ist aus den weiten Gefässen grösstentheils ausgefallen. Technik Nr. 100.

ziehen und in die hier befindliche Vena centralis (V. intralobul.) münden. Mehrere solcher Venen treten zusammen zur Bildung einer Vena sublobularis, welche, wie die aus ihrer Vereinigung hervorgehenden grösseren Lebervenen, interlobular verläuft.

Die Verästelungen der Leberarterie, sowie die aus ihnen hervorgehenden Capillaren liegen gleichfalls nicht in, sondern zwischen den Leberläppchen.

2. Drüsenlumina (Gallencapillaren) und Ausführungsgänge (Gallengänge).

Es ist oben auseinander gesetzt worden, dass, abweichend von dem gewöhnlichen Verhalten, nicht viele Leberzellen das Lumen (i. e. die Gallencapillaren) begrenzen, sondern nur deren wenige, meist zwei (Fig. 114), ferner, dass nicht an einer, sondern an vielen Seiten der Leberzellen Gallencapillaren liegen. Dieselben stehen mit einander in vielfacher winkeliger Verbindung und bilden auf diese Weise ein polygonales, die Leberzellen umspinnendes Maschenwerk (Fig. 114). Die Gallencapillaren liegen selbstverständlich in den Leberläppchen und heissen deshalb auch „intralobulare Gallengänge“. Sie gehen an der Peripherie der Läppchen in die feinen interlobulären Gallengänge über, welche eine eigene Wandung besitzen; diese baut sich auf aus einer strukturlosen Membran propria und aus niedrigen Epithelzellen, die sich direkt an die Leberzellen anfügen. Durch fortwährenden Zusammenfluss der feinen interlobularen Gallengänge entstehen immer grössere Gallengänge, deren Wandung aus Bindegewebe, elastischen Fasern und einer einfachen Lage von Cylinderzellen besteht, welch' letztere mit einer Cuticula versehen sind. Auch Becherzellen kommen hier vor. In den grösseren Gängen und den Ductus hepaticus, cysticus und choledochus ist das Bindegewebe in Submucosa und Tunica propria geschieden; letztere enthält longitudinal und quer verlaufende glatte Muskelfasern, sowie die Gallengangdrüsen, meist kurze, birnförmige, mit Schleimzellen ausgekleidete Schläuche. Das Epithel ist ebenfalls einschichtiges Cylinderepithel. Die Wandung der Gallenblase zeigt den gleichen Bau, nur sind die glatten Muskelfasern reichlicher entwickelt.

Als Vasa aberrantia bezeichnet man ausserhalb des Leberparenchyms verlaufende, blind endende Gallengänge. Sie finden sich vorzugsweise am linken Leberrande (Lig. triangul. sinistr.), an der Leberpforte und in der Umgebung der Vena cava. Sie stellen die letzten Reste früher daselbst befindlicher Lebersubstanz dar.

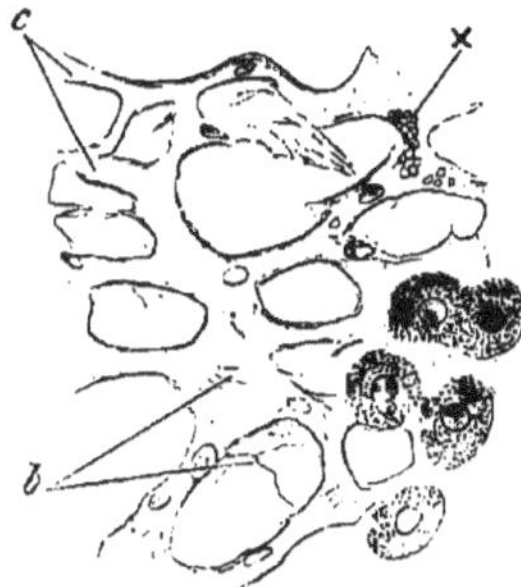

Fig. 120.
Stück eines geschüttelten Schnittes der menschlichen Leber, 240mal vergr. *c* Blutcapillaren, bei × noch Blutkörperchen enthaltend, *b* intralobulares Bindegewebe. Die meisten Leberzellen sind aus den Maschen des Capillarnetzes herausgefallen, nur rechts sitzen noch fünf Zellen. Technik Nr. 98*a*.

Die Leber ist mit einer aus Bindegewebe und elastischen Fasern bestehenden Hülle, der Leberkapsel, versehen, welche an der Leberpforte besonders reichlich entwickelt ist (sie heisst da Capsula Glissonii) und als besondere Scheide der verschiedenen Gefässe ins Innere der Leber eindringt; hier findet sich das Bindegewebe zwischen den Leberläppchen (interlobulares Bindegewebe) in meist geringer Menge, so dass die Abgrenzung der Läppchen eine sehr unvollkommene ist (s. Technik Nr. 97 u. 98). Vom interlobularen Bindegewebe dringen auch feine Fasern ins Innere der Läppchen ein (intralobulares Bindegewebe); ob die eben daselbst beobachteten sternförmigen Zellen zum Bindegewebe gehören, ist noch nicht entschieden.

Die Lymphgefässe begleiten die Pfortaderäste, indem sie dieselben netzartig umspinnen; mit den Pfortadercapillaren sollen sie ins Innere der Leberläppchen treten (?), welche sie angeschmiegt an die Venae centrales wieder verlassen. Diese tiefen Lymphgefässe stehen mit einem engmaschigen Lymphgefässnetz in vielfacher Verbindung, welches sich in der Leberkapsel befindet.

Die Nerven bestehen vorzugsweise aus marklosen Nervenfasern, denen nur wenige markhaltige Nervenfasern beigemischt sind; sie treten mit der Leberarterie ins Innere der Leber und folgen deren Verästelungen; ihre Endigung ist unbekannt. Im Verlaufe der Nerven finden sich Ganglienzellen.

Das Bauchfell.

Das Bauchfell besteht hauptsächlich aus Bindegewebsbündeln und aus zahlreichen, elastischen Fasernetzen; die freie Oberfläche des Bauchfells wird von einer einfachen Lage platter, polygonaler Epithelzellen überzogen, die Vereinigung mit den unterliegenden Theilen (Bauchwand, Eingeweide etc.) erfolgt durch lockeres („subseröses") Bindegewebe.

Die Bindegewebsbündel sind in dünnerer (im visceralen Bauchfell) oder dickerer (im parietalen Bauchfell, im Gekröse) Schicht vorzugsweise der Fläche nach angeordnet und durchkreuzen sich in verschiedenen Richtungen; an einzelnen Stellen (am Omentum majus, in der Mitte des Omentum minus) bilden die Bündel ein zierliches Netz mit polygonalen oder rechteckigen Maschen. Die Fäden des Netzes werden ebenso von platten Epithelzellen überkleidet (Fig. 121).

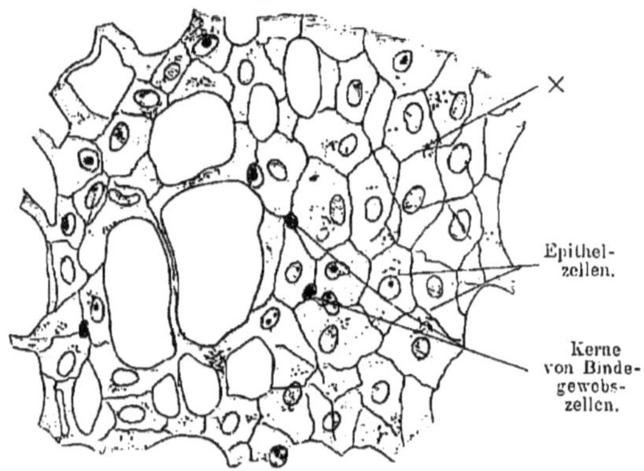

Fig. 121.
Stück des Omentum majus eines Kaninchens, 240 mal vergrössert. Dicke und dünne Bindegewebsbündel bilden Maschen. Die wellige Streifung der Bündel ist an dem Damarfirnisspräparat nur undeutlich zu sehen. Bei × schimmern die Epithelzellen der anderen Seite durch. Technik No. 101.

Die Zahl der den Bündeln beigemengten Bindegewebszellen ist im Ganzen keine grosse; nur bei jungen Thieren findet man grössere Gruppen von Plasmazellen ähnlichen Zellen, die wahrscheinlich alle in näherer Beziehung zur Gefässbildung stehen (s. pag. 98).

Die elastischen Fasern sind in den tieferen Lagen des Bauchfells, besonders am parietalen Blatt reichlich und stark entwickelt.

Das subseröse Gewebe besteht aus lockerem Bindegewebe, vielen elastischen Fasern und Fett in sehr verschiedenen Mengen; es ist, da wo das Bauchfell leicht verschieblich ist, reichlich vorhanden, auf der Leber und dem Darm aber derartig reducirt, dass es nicht mehr als eine besondere Schichte nachweisbar ist.

Blutgefässe und Nerven sind spärlich vorhanden, letztere enden zum Theil in Vater'schen Körperchen (pag. 84). Lymphgefässe finden sich in den oberflächlichen und tiefen Schichten des Bauchfells (vergl. ferner pag. 100).

TECHNIK.

Nr. 74. Isolirte Plattenzellen des Mundhöhlenepithels. Man kratze mit einem Skalpell von der Oberfläche der eigenen Zunge etwas

Schleim ab und mische denselben auf dem Objektträger mit einem Tropfen Kochsalzlösung. Deckglas. Ausser den isolirten blassen Plattenepithelzellen findet man noch Leucocyten („Speichelkörperchen") sowie (bei starkem Abkratzen) abgerissene Spitzen der Papillae filiformes, die nicht selten von einer feinkörnigen, dunklen Masse (Mikrokokken) umgeben sind; Pilzfäden, Leptothrix buccalis haften in ganzen Büscheln auf den Mikrokokkenhaufen. Man kann unter dem Deckglas mit Pikrocarmin färben (p. 24) und dann verdünntes, angesäuertes Glycerin zufliessen lassen, wenn nicht zu viel Luftblasen die Conservirung des Präparates unmöglich machen.

Nr. 75. Die Schleimdrüsen der Lippen sind als etwa hirsekorngrosse Knötchen durchzufühlen und makroskopischer Präparation zugänglich. Für mikroskopische Präparate schneide man aus der Schleimhaut der menschlichen Unterlippe (nicht des Lippenrandes) Stückchen von ca. 1 cm Seite, fixire sie in 50 ccm Kleinenberg's Pikrinschwefelsäure (pag. 12) und härte sie nach 24 Stunden in 50 ccm allmählig verstärkten Alkohols (pag. 13). Nach drei Tagen sind die Stückchen schnittfähig. Man mache viele, nicht zu dünne Schnitte und färbe dieselben mit Hämatoxylin (pag. 16). Mit unbewaffnetem Auge suche man von den in Wasser verbrachten Schnitten diejenigen aus, welche den Ausführungsgang getroffen haben, und conservire sie nach den üblichen Vorbereitungen (pag. 21) in Damarfirniss. Schwache Vergrösserung. (Fig. 84.)

Nr. 76. Zahnschliffe. Die womöglich frisch ausgezogenen Zähne werden, wenn sie zu Querschliffen verarbeitet werden sollen, in (ca. 2 mm. dicke) Querscheiben zersägt, oder wenn Längsschliffe hergestellt werden sollen, im Ganzen auf Kork mit Siegellack geklebt und behandelt wie Nr. 20. Längsschliffe sind mehr zu empfehlen, da sie an einem Präparat alle Theile zeigen. (Fig. 85, 86, 87.)

Will man Zähne Erwachsener entkalken, so verfahre man wie in Nr. 21. Der Schmelz löst sich bei dieser Methode vollkommen auf, so dass nur Zahnbein und Cement übrig bleiben.

Nr. 77. Odontoblasten. Man lege die aus den Kiefern neugeborener Kinder herausgebrochenen Zähne in 60 ccm. Müller'scher Flüssigkeit. Nach 6 Tagen kann man mit einer Pincette leicht die Pulpa in toto herausziehen; nun schneide man mit der Scheere ein linsengrosses Stückchen der Pulpaoberfläche ab und zerzupfe das ziemlich zähe Gewebe ein wenig in einem Tropfen Müller'scher Flüssigkeit. Deckglas, leichter Druck, starke Vergrösserung; man sieht an den Rändern der Stückchen die langen Fortsätze der Odontoblasten wie Haare herausstehen; dort liegen auch vereinzelt vollkommen isolirte Odontoblasten. (Fig. 88.) Will man conserviren, so lasse man erst dest. Wasser unter dem Deckglas durchfliessen (2 Min.), dann Pikrocarmin (pag. 24); nach vollendeter Färbung setze man verdünntes angesäuertes Glycerin zu.

Nr. 78. Zu Präparaten über Zahnentwicklung wähle man für die ersten Stadien Schwein- oder Schafembryonen, die am leichtesten aus Schlachthäusern zu beziehen sind (vgl. pag. 66). Für das erste Stadium (Fig. 90) sollen die Schweinembryonen eine Grösse von ca. 6 cm haben,[1]) für das zweite Stadium (Fig. 91) ist eine Grösse von 10—11 cm zu empfehlen. Für spätere Stadien (Fig. 92) sind die Unterkiefer neugeborener Hunde oder Katzen sehr geeignet. Man fixire die Köpfe (resp. die Unterkiefer) in 100 ccm Kleinenberg'scher Pikrinschwefelsäure[2]) (12—24 Stunden,

[1]) Von der Schnautzenspitze bis zur Schwanzwurzel gemessen.
[2]) Auch in Müller'scher Flüssigkeit fixirte Objekte (p. 12) sind brauchbar.

pag. 12) und härte sie in 80—120 ccm allmählig verstärkten Alkohols (pag. 13). Nachdem die Köpfe 6—8 Tage im 90% Alkohol gelegen haben, werden sie in 100 ccm destill. Wassers + 1 oder 2 ccm Salpetersäure entkalkt (pag. 14). Nach vollendeter Entkalkung (nach 3—8 Tagen) abermalige Härtung mit Alkohol. Nach weiteren 5—6 Tagen schneide man die Unterkiefer ab, theile sie vorn in der Mitte, (grössere Unterkiefer schneide man der Quere nach in 1—2 cm. lange Stücke) und färbe die Stücke mit Boraxcarmin durch[1] (pag. 17). Nach vollendeter Durchfärbung und Entfärbung müssen die Stücke mehrere Tage in (womöglich absolutem) Alkohol verweilen; dann werden sie endlich, in Leber eingeklemmt, in Querschnitte zerlegt. Es ist die Anfertigung vieler (20—40) dicker Schnitte nothwendig, da nur diejenigen Schnitte, welche die Mitte des Zahnes resp. der Zahnanlage getroffen haben, brauchbar sind. Conserviren in Damarfirniss (pag. 21). Nicht selten hebt sich an den Schnitten das Schmelzorgan von der Papille, so dass zwischen beiden ein freier Raum besteht. Das Zahnbein ist oft in verschiedenen Tönen roth gefärbt; die Ursache ist das verschiedene Alter der Zahnbeinschichten.

Nr. 79. Papillae filiformes, fungiformes, circumvallatae, Zungenbälge. Man schneide Stückchen (von ca. 2 cm Seite) der menschlichen Zungenschleimhaut von der Oberfläche der Zunge heraus (etwas Muskulatur soll der Unterfläche des ausgeschnittenen Stückes noch anhaften) und zwar für Papillae fungiformes von der Zungenspitze, für P. filif. von der Mitte des Zungenrückens, für P. circumvall. von der Zungenwurzel, endlich Zungenbälge, deren punktförmige Höhleneingänge mit unbewaffnetem Auge zu sehen sind, von der Zungenwurzel und lege sie in 100—200 ccm Müller'scher Flüssigkeit ein; mehrmaliger Wechsel der Flüssigkeit; nach 14 Tagen werden die Stücke ausgewaschen und in 50—100 ccm allmählig verstärkten Alkohols (pag. 13) gehärtet. Für Pap. filiform. mache man dicke sagittale Schnitte der Zunge. Färbung der Schnitte mit Haematoxylin (pag. 16), Einschluss in Damarfirniss (pag. 21) Fig. 93—95. Zu Fig. 96 und 97 waren die Zungenstücke in 50 ccm absoluten Alkohols fixirt und gehärtet worden. Kaninchenzungen können in toto in 200 ccm Müller'scher Flüssigkeit eingelegt werden. Die Weiterbehandlung ist dieselbe. Dicke Querschnitte durch die vordere Hälfte der ganzen Zunge geben guten Aufschluss über die Anordnung der Muskulatur; an der Zungenwurzel schöne Schleim- und auch Eiweissdrüsen.

Nr. 80. Tonsille. Die Tonsille des erwachsenen Menschen gibt nur wenig instruktive Bilder. Die Vorbereitung ist dieselbe wie für Nr. 79.

Dagegen sind die Tonsillen des Kaninchens, der Katze zu empfehlen. Um dieselben aufzufinden, verfahre man folgendermassen. Man präparire die Vorderfläche des Halses frei, schneide Trachea und Oesophagus über dem Sternum mit einer starken Scheere durch, fasse das durchschnittene Ende der Trachea mit der Pincette, präparire mit der Scheere beide Röhren nach aufwärts heraus, (dabei werden die Hörner des Zungenbeins durchschnitten) und dringe, immer sich dicht auf der Wirbelsäulenvorderfläche haltend, bis zum Schlundkopf hinauf. Hier wird die Rachenwand durchgeschnitten; dann durchschneide man die Muskulatur dicht an den medialen Rändern der Unterkiefer bis vor zum Winkel, ebenso das Zungenbändchen. (Beim Kaninchen empfiehlt es sich, beide Mundwinkel einzuschneiden und das

[1]) Die Durchfärbung ist trotz der Länge der Procedur der Einzelfärbung (mit Hämatoxylin) vorzuziehen, da man sonst zu viele Schnitte färben muss, die bei genauer Betrachtung unbrauchbar sind.

Zungenbändchen, sowie den M. geniogloss. mit in die Mundspalte eingeführter Scheere zu lösen). Nun ziehe man die Trachea etc. nach abwärts, dränge die Zunge zwischen den Unterkieferästen durch und schneide die letzten Verbindungen (Gaumensegel) dicht am Knochen ab. Die Zunge wird nun so hingelegt, dass ihre freie Oberfläche nach oben sieht; dann schneide man mit einer feinen Scheere die hintere Rachenwand in der Medianlinie bis hinab zum Kehlkopf durch und klappe die Wände auseinander; die Tonsillen erscheinen alsdann als ein paar ovale, ca. 5 mm lange Prominenzen der seitlichen Rachenwand. Man kann sie in 60 ccm Kleinenberg'scher Pikrinschwefelsäure (pag. 12) fixiren und in ca. 50 ccm allmählig verstärkten Alkohols (pag. 13) härten. Färben mit Haematoxylin (pag. 16) oder mit Eosin (pag. 17) und mit Haematoxylin. Einschluss in Damarfirniss (pag. 21).

Nr. 81. Oesophagus. Vom Menschen sind Stückchen von ca. 2 cm Seite, von Kaninchen, Katze etc. unaufgeschnittene, ca. 2 cm lange Stückchen des ganzen Rohres in 60 ccm Müller'scher Flüssigkeit zu fixiren und nach 14 Tagen in ca 50 ccm allmählig verstärkten Alkohols (pag. 13) zu härten. Färbung mit Haematoxylin (pag. 16). Einschluss in Damarfirniss. (Fig. 98).

Nr. 82. Für topographische Präparate des Magens, Magenhäute, lege man Stücke von 2 — 5 cm Seite auf 2—5 Tage in 100—150 ccm 0,5% Chromsäure,[1]) die nach einer halben Stunde durch neue zu ersetzen ist, und härte sie dann in ca. 60 ccm allmählig verstärkten Alkohols; dicke ungefärbte Schnitte conservire man in Damarfirniss (pag. 21) (Fig. 99).

Nr. 83. Magendrüsen frisch. Man schneide aus dem Fundus ventriculi eines frisch getödteten Kaninchens ein Stückchen von ca. 2 cm Seite, entferne die nur lose anhaftende Muskelhaut von der Schleimhaut, fasse letztere mit einer Pincette am linken Rande und schneide mit einer feinen Scheere einen möglichst schmalen Streifen (0,5—1 mm dick) ab, der in einem Tropfen 0,75% Kochsalzlösung leicht zerzupft wird. Es gelingt ohne grosse Mühe, Körper und Grund der Fundusdrüsen zu isoliren. Die Körper der Belegzellen treten deutlich (Fig. 100) hervor, die Hauptzellen sind nicht sichtbar; die Kerne kann man mit Pikrocarmin (p. 24) färben, das Präparat in verdünntem Glycerin (p. 24) conserviren. Die Isolation von Pylorusdrüsen ist nur durch sorgfältiges Zerzupfen möglich.

Nr. 84. Isolirte Magenepithelien. Man lege ein 1 □cm grosses Stückchen der Magenschleimhaut auf ca. 5 Stunden in ca. 30 ccm Ranvier's Alkohol (s. weiter pag. 10). An den meisten Zellen nimmt der schleimige Theil einen grossen Abschnitt ein; man sieht demnach Bilder ähnlich der Fig. 5. c. Man kann unter dem Deckglas mit Pikrocarmin färben und in verdünntem, angesäuertem Glycerin conserviren (pag. 24).

Nr. 85. Drüsen. Magen von Hund oder Katze, die womöglich 1 bis 2 Tage gehungert haben, ist am meisten zu empfehlen. Kaninchenmagen ist wegen der sehr geringen Grösse der Hauptzellen weniger geeignet. Schleimhautstückchen von ca. 1 cm Seite legt man in ca. 10 ccm Alkoh. absol.; nach einer halben Stunde wird der Alkohol durch neuen (ca. 20 ccm) ersetzt (p. 11). Die Form der Drüsen lässt sich schon an mittelfeinen Schnitten erkennen; erschwerend ist nur der Umstand, dass die Drüsen-

[1]) An der Schleimhaut anklebender Mageninhalt ist durch langsames Schwenken in der Chromsäurelösung zu entfernen.

schläuche sehr nahe bei einander stehen. Der Magen des Menschen, der indessen nur wenige Stunden nach dem Tode noch brauchbar ist, zeigt diesen Uebelstand weniger. Zur Feststellung des feineren Baues der Drüsen, sowie der Oberflächenepithelien, sind möglichst feine, in Klemmleber (pag. 15) eingebettete Schnitte nöthig.

a) Für Fundusdrüsen, Haupt- und Belegzellen färbe man senkrechte oder noch besser Flächenschnitte der Schleimhaut mit Eosin (s. p. 17), die dann in Damarfirniss eingeschlossen (s. p. 21) werden. Zu dicke Schnitte zeigen alles roth gefärbt, die grossen, rothen Belegzellen verdecken die kleineren Hauptzellen. Man untersuche die feinsten Stellen des Schnittes, besonders den Drüsengrund, wo die Belegzellen nicht so übermässig reichlich sind. Man erkennt die Belegzellen dann schon bei schwachen Vergrösserungen als rothe Flecke discontinuirlich auf rosarothem Grunde. An gelungenen Schnitten sieht man bei starken Vergrösserungen auch die wenig oder gar nicht gefärbten kleineren Hauptzellen (Fig. 102, *A*). Die Kerne treten bei dieser Methode nur wenig vor; feine Schnitte mit Hämatoxylin und Eosin gefärbt (pag. 17) geben sehr hübsche Bilder. Das sehr enge Lumen der Fundusdrüsen ist auf Querschnitten der Schläuche (Flächenschnitten der Schleimhaut) noch am besten zu sehen. — Die Fortsätze der Belegzellen sind nur an glücklichen Schnitten wahrzunehmen.

b) Für Pylorusdrüsen sind senkrechte und Flächenschnitte der Schleimhaut mit Hämatoxylin (s. p. 16) zu färben und in Damarfirniss zu conserviren (s. p. 21). Das Lumen der Pylorusdrüsen ist weiter. (Fig. 102 *D*, *E*).

Nr. 86. Brunner'sche Drüsen. Man schneide Magen und Duodenum einer Katze etwa 1 Stunde nach dem Tode[1]) heraus, öffne beide der Länge nach, entferne den Inhalt durch sanftes Bewegen in Kochsalzlösung und lege den Pylorustheil und die obere Hälfte des Duodenum, also im Ganzen ein 5—6 cm langes Stück auf 3—6 Tage in 100—150 ccm 0,5% Chroms. ein. Weiterbehandl. wie Nr. 82. Man mache Längsschnitte, welche gleichzeitig Pylorus und Duodenum treffen. Färbung (gelingt schwer s. p. 16) mit Hämatoxylin. Conserviren in Glycerin oder in Damarfirniss. (Fig. 104).

Nr. 87. Dünndarmepithel kann man frisch untersuchen, indem man mit dem Skalpell die Schleimhautoberfläche des Darmes eines soeben getödteten Kaninchens abkratzt und davon ein stecknadelkopfgrosses Stückchen in einem Tropfen Kochsalzlösung auf dem Objektträger zertheilt. Deckglas, starke Vergrösserung. Das Präparat enthält isolirte und Gruppen von Cylinderzellen. Isolirte Cylinderzellen sind nicht selten rund, der Basalsaum ist zuweilen in sehr deutliche Stäbchen zerfallen.

Man kann auch isoliren wie in Nr. 84. Becherzellen treten dann deutlich vor.

Nr. 88. Zu Schnitten des Dünndarmes lege man 2—4 cm lange Stücke des Darmes eines Kaninchens (besser eines jungen Hundes oder einer jungen Katze) in 100—200 ccm Müller'scher Flüssigkeit. Oefterer Wechsel! (pag. 11). Nach 2—4 Wochen werden die Stücke in (womöglich fliessendem) Wasser ausgewaschen und in ca. 100 ccm allmählig verstärkten Alkohols gehärtet (pag. 13). Man kann Querschnitte durch das ganze Darmrohr machen; in den meisten Fällen erhält man dabei nur Stücke von

[1]) Geschieht das Einlegen sofort nach dem Tode, so contrahirt sich die glatte Musculatur des Darmes derart, dass eine förmliche Verkrümmung der Darmwände eintritt.

Zotten; will man ganze Zotten erhalten, so schneide man das gehärtete Darmstück mit einem Rasirmesser der Länge nach auf, stecke es mit Nadeln auf eine Korkplatte, die Schleimhautfläche nach oben gerichtet. Man sieht alsdann schon mit unbewaffnetem Auge die Zotten sich ausspreizen. Nun mache man von dem aufgesteckten Stück dicke Querschnitte, welche man mit Haematoxylin färbt (pag. 16) und in Damarfirniss conservirt (pag. 21). Sehr häufig findet man zahllose Becherzellen im Epithel. Menschlicher Darm muss vor dem Einlegen in die Müller'sche Flüssigkeit aufgeschnitten und mit derselben Flüssigkeit abgespült werden. Es empfiehlt sich, Stücke von ca. 5 cm Seite sofort auf Kork aufzuspannen und so zu fixiren und zu härten. Wenn der Darm nicht ganz frisch ist, löst sich das gesammte Oberflächenepithel ab, so dass die nackten bindegewebigen Zotten vorliegen.

Nr. 89. Peyer'sche Haufen sieht man schon durch die unverletzte frische Darmwand des Kaninchens durchschimmern, bei Hunden und bei Katzen sind sie jedoch oft (wegen der dicken Muscularis) gar nicht wahrzunehmen. Letztere Thiere haben constant Plaques an der Einmündungsstelle des Dünndarmes in den Dickdarm. Bei Kaninchen schneidet man Peyer'sche Haufen enthaltende Darmstücke aus und verfährt in gleicher Weise wie in Nr. 88. Bei Katzen schneide man das unterste Stück des Ileum (ca. 2 cm lang) mit einem ebenso langen Stück des Coecum ab, schneide beide Stücke der Länge nach auf und spanne sie auf eine Korkplatte, die Schleimhautseite nach oben. Meist liegt hier ein zäher Koth, der nur sehr schwer durch Spülen mit Müller'scher Flüssigkeit zu entfernen ist und die Zotten aufeinander klebt, so dass man nur Schrägschnitte der Zotten erhält. Im Uebrigen ist die Behandlung wie Nr. 88.

Der Processus vermiformis des Kaninchens enthält in seiner blinden Hälfte dicht beisammen stehende Knötchen, welche die Schleimhaut auf so schmale Bezirke zusammendrängen, dass das Durchschnittsbild sehr complicirt und für Anfänger kaum verständlich wird.

Fixiren in 0,1% Chromsäure (pag. 12) und Härten in allmählig verstärktem Alkohol (pag. 13) macht die Keimcentra sehr deutlich, ist jedoch für die übrigen Elemente nicht so gut wie Müller'sche Flüssigkeit.

Nr. 90. Dickdarm. Leere Stücke werden behandelt wie Nr. 88. Gefüllte Stücke müssen aufgeschnitten, abgespült und auf Kork gespannt werden.

Nr. 91. Dickdarmdrüsen des Kaninchens frisch. Man schneide ein ca. 1 cm langes Stückchen des untersten Theiles des Dickdarmes (zwischen zwei der rundlichen Kothballen) heraus, lege es auf den trockenen Objektträger, öffne es mit der Scheere und breite es so aus, dass die Schleimhautfläche nach oben sieht; nun gebe man einen Tropfen der 0,75% Kochsalzlösung darauf, fasse das Stück mit einer feinen Pincette am linken Rande und schneide mit einer feinen Scheere einen möglichst dünnen Streifen ab. Diesen übertrage man mit einem Tropfen Kochsalzlösung auf einen neuen Objektträger, löse mit Nadeln die Muscularis von der Mucosa und zerzupfe letztere ganz wenig. Deckglas, leichter Druck. Man sieht bei schwachen Vergrösserungen die Drüsenschläuche sehr gut, die Mündungen dagegen nur schwer. Die Drüsenzellen sind oft an der dem Lumen zugewendeten Seite körnig. Bei starken Vergrösserungen sieht man das Cylinderepithel der Oberfläche, sowohl von der Seite, wie von der Fläche, sehr schön. Der Inhalt der Becherzellen ist nicht hell, wie bei Schnittpräparaten, sondern dunkelkörnig.

Nr. 92. Blutgefässe des Magens und Darmes. Von der Aorta descend. aus injicirte, in Müller'scher Flüssigkeit fixirte und in allmählig verstärktem Alkohol gehärtete (pag. 13) Magen- und Darmstücke werden theils in dicke (— 1 mm) Schnitte zerlegt und ungefärbt in Damarfirniss conservirt (Fig. 107), theils aber auch zu Flächenpräparaten verwendet, die bei wechselnder Tubuseinstellung und schwacher Vergrösserung sehr instruktiv sind. Zu dem Zwecke kann man Dickdarmstücke von 1 qcm Grösse aus absolutem Alkohol zum starken Aufhellen in 5 ccm Terpentinöl (statt Lavendelöl) einlegen und in Damarfirniss conserviren. Es ist auch leicht, die Muscularis von der Mucosa abzuziehen und die einzelnen Häute in Damarfirniss zu conserviren. Fig. 82 stammt aus einem solchen Präparate.

Nr. 93. Auerbach'scher und Meissner'scher Plexus. Hiezu eignen sich vorzugsweise Därme mit dünner Muscularis, also von Kaninchen und Meerschweinchen, nicht von Katzen; es ist nicht nothwendig, dass das Objekt ganz frisch sei, auch Dünndärme seit mehreren Tagen verstorbener Kinder sind noch vollkommen brauchbar. Zunächst bereite man sich 200 ccm verdünnter Essigsäure: 10 Tropfen Eisessig (oder 25 Tropfen gewöhnlicher Essigsäure) zu 200 ccm destill. Wassers. Dann präparire man ein 10—30 cm langes Dünndarmstück vom Mesenterium, schneide das Stück ab und streiche den Darminhalt mit leicht aufgesetztem Finger heraus. Dann binde man das untere Ende des Darmes zu, fülle vom oberen Ende aus mit der verdünnten Essigsäure prall den Darm, binde ihn oben auch zu und lege nun das ganze Stück in den nicht zur Füllung verwendeten Rest der Essigsäure. Nach 1 Stunde wechsle man die Flüssigkeit. Nach 24 Stunden übertrage man den Darm in destill. Wasser, öffne mit der Scheere den Darm seitlich vom Mesenterialansatz und schneide ein ca. 1 cm langes Darmstückchen ab. Es gelingt leicht, mit zwei spitzen Pincetten die Muscularis von der Mucosa zu trennen; beide haften nur am Mesenterialansatze fester.

a) Auerbach'scher Plexus. Legt man schwarzes Papier unter die Glasschale, so sieht man jetzt schon mit unbewaffnetem Auge die weissen Knotenpunkte des Auerbach'schen Plexus. Ein Stückchen der Muscularis von ca. 1 cm Seite in einem Tropfen der verdünnten Essigsäure auf den Objektträger gebracht, gibt bei schwachen Vergrösserungen ein sehr hübsches Bild (Fig. 108 A). Will man conserviren, so lege man die Stückchen auf 1 Stunde in ca. 30 ccm destill. Wassers, das man mehrmals wechselt, und bringe sie dann auf 8—16 Stunden in 5—10 ccm einer 1 %igen Osmiumsäurelösung, die ins Dunkle gestellt wird. Dann wasche man das Stückchen mit destill. Wasser kurz ab und conservire in verdünntem Glycerin. So schön wie die frisch aus der Essigsäure genommenen Präparate sind die Osmiumpräparate nicht. Beim Meerschweinchen lassen sich leicht beide Schichten der Muscularis von einander abziehen; an einer haftet dann der Plexus; solche Stückchen kann man 1 Stunde in destill. Wasser legen, dann vergolden (pag. 19.) und in Damarfirniss conserviren. Für menschlichen Darm ist die Vergoldung weniger geeignet, da die beiden Muskelschichten, sich gleichfalls roth färbend, den Plexus theilweise verdecken.

b) Meissner'scher Plexus. Man kratze mit einem Skalpell das Epithel von der isolirten Mucosa, bringe ein Stückchen von ca. 1 cm Seite auf den Objectträger, bedecke es mit einem Deckglase, das man etwas aufdrücken darf, und untersuche mit schwachen Vergrösserungen (Fig. 108 B). Zum Conserviren kann man wie bei Nr. 93 a verfahren; nur empfiehlt es sich das Stückchen aufzuspannen und vor dem Einlegen aus dem absol.

Alkohol in das Lavendeloel etwas zu pressen, damit der Alkohol aus der schwammigen Mucosa vollkommen heraustritt.

Ausser Nerven sieht man auch viele Blutgefässe, die an der Struktur ihrer Wandung, z. Th. schon an den quergestellten Musculariskernen leicht kenntlich sind.

Nr. 94. Gl. parotis, submaxillaris und sublingualis. Man schneide von den genannten Drüsen des Menschen (im Winter noch nach 3—4 Tagen tauglich) mehrere Stückchen von 0,5—1 cm Seite und bringe sie in 30 ccm absoluten Alkohols, der nach 5—20 Stunden gewechselt wird; nach weiteren 5 Stunden sind die Stückchen schon schnittfähig und können jetzt oder beliebig später verarbeitet werden. Eines der Stückchen färbe man mit Boraxcarmin durch, das andere zerlege man, ungefärbt in Leber eingeklemmt, in möglichst feine Schnitte; es genügen schon ganz kleine Fragmente von ca. 2 mm Seite. Färben in Haematoxylin 2 bis 3 Minuten (pag. 16); das Uebertragen der Schnitte in den Farbstoff muss langsam geschehen, sonst zerfahren die feinsten Schnitte in kleinste Läppchen. Dann Färbung mit Eosin (pag. 17), Einschluss in Damarfirniss (pag. 21). (Ganz feine Schnitte betrachte man nach der Haematoxylinfärbung in Wasser, da die Zellengrenzen hier viel deutlicher sind.) Sind die Färbungen gelungen, so erscheinen die Speichelröhren und die Halbmonde roth. An der Gl. sublingual. und an den Schleimzellen der Gl. submaxillaris färbt sich auch die Membr. propria roth; man verwechsle sie nicht mit Randschnitten von Halbmonden, welche letztere granulirt sind, während die M. propr. homogen glänzt (Fig. 109). Die Schleimzellen erscheinen bei den Boraxcarminpräparaten durchweg hell; mit Haematoxylin gefärbt sind sie bald hell, bald verwaschen blau in verschiedenen Nuancen (Fig. 109 acin. *3*); was sich färbt, ist ein Reticulum, welches sich in einem gewissen Funktionsstadium in jeder Schleimzelle findet. Die sehr kurzen Schaltstücke der Gl. submaxillaris sind nur schwer zu finden; leicht dagegen sind sie an der Parotis (auch an der des Kaninchens) zu sehen. Von den Acini sind nur diejenigen zum Studium tauglich, welche genau halbirt sind (Fig. 109, *1. 2. 3.*), deren Lumen sichtbar ist; die zahllosen Schräg- und Tangentialschnitte (Fig. 109, *4. 5. 6. 7.*) sind oft sehr schwer zu verstehen.

Nr. 95. Pankreas. Vom Menschen meist schon untauglich. Behandlung wie Parotis Nr. 94. Die charakteristische Körnung der dem Lumen zugewendeten Abschnitte der Drüsenzellen ist an Damarfirnisspräparaten nicht zu sehen (Fig. 112, *B*). Zerzupft man dagegen ein stecknadelkopfgrosses Stückchen eines frischen Pankreas der Katze in einem Tropfen Kochsalzlösung (0,75%), so sehen bei schwachen Vergrösserungen die Acini wie gefleckt aus; das sind die theils hellen, theils körnigen Abschnitte der Zellen. Stärkere Vergrösserungen ergeben dann Bilder wie Fig. 112, *A*.

Nr. 96. Leberzellen. Man schneide eine frische Leber durch und streiche mit schräg aufgesetzter Skalpellklinge über die Schnittfläche. Die der Klinge anhaftende braune Lebermasse übertrage man in einen auf den Objektträger gesetzten Tropfen Kochsalzlösung. Deckglas. Erst schwache, dann starke Vergrösserung (Fig. 115, *A*). Das Präparat enthält ausserdem zahlreiche farbige und farblose Blutkörperchen.

Nr. 97. Leberläppchen. Kleine Stücke (von ca. 2 cm Seite) einer Schweinsleber werfe man in 30—50 ccm absoluten Alkohols. Die Eintheilung in meist sechseckige Läppchen, die mit unbewaffnetem Auge schon gut an der Leberoberfläche zu sehen war, tritt schon nach einer Minute scharf an den Schnittflächen hervor; auch der Durchschnitt der Venae centrales wird sichtbar. Nach ca. 48 Stunden angefertigte, mit Haematoxylin gefärbte (pag. 16) Schnitte zeigen zwar die Eintheilung in Läppchen auch bei schwacher Vergrösserung gut, die Leberzellen aber, sowie die Gallengänge sind zum Studium weniger zu empfehlen. Besser eignet sich hiezu die

Nr. 98. Leber des Menschen, von der man möglichst frische Stücke von ca. 2 cm Seite ca. 4 Wochen in 200 ccm Müller'scher Flüssigkeit fixirt und in 100 ccm allmählig verstärkten Alkohols (pag. 13) gehärtet hat. Färbung mit Haematoxylin (oder auch noch dazu mit Eosin pag. 17). Einschluss in Damarfirniss (pag. 21). Die Läppchen sind wegen des geringer entwickelten interlobularen Bindegewebes nicht so deutlich abgegrenzt. Makroskopische Betrachtung ermöglicht viel eher die Unterscheidung der Läppchen, als die Untersuchung mit dem Mikroskop. Zur Orientirung möge der Anfänger berücksichtigen, dass die einzelnen Gefässdurchschnitte Lebervenen, mehrere beisammen dagegen Verästelungen der Pfortader, der Arterie und den Gallengängen, also stets interlobularen Gebilden entsprechen. Genau querdurchschnittene Venae centrales sind auch durch die radiär zu ihnen gestellten Leberzellen kenntlich. (Fig. 116.)

Nr. 98a. Zur Sichtbarmachung der Capillaren und des intralobularen Bindegewebes schüttle man einige feine, doppeltgefärbte Schnitte der menschlichen Leber (Nr. 98) 2—3 Min. in einem zur Hälfte mit destill. Wasser gefüllten Reagenzgläschen. Dadurch fallen die Leberzellen theilweise aus; die Ränder des Präparates werden in einem Tropfen Wasser untersucht. (Fig. 120.) Man kann solche Schüttelpräparate auch in Damarfirniss conserviren; nur verschwinden darin die feineren Bindegewebsfasern.

Nr. 99. Leber des Frosches. Gallencapillaren. Man lege die frische Leber eines Frosches in toto in ca. 150 ccm Müller'scher Flüssigkeit auf 3 Wochen, wasche dann 1 Stunde in (womöglich fliessendem) Wasser aus und härte die Leber in 100 ccm allmählich verstärkten Alkohols (pag. 13) unter Lichtausschluss. Feine, senkrecht zur Oberfläche, parallel dem scharfen Leberrande geführte Schnitte werden mit Hämatoxylin ca. drei Minuten gefärbt (pag. 16) und in Damarfirniss conservirt (pag. 21). Bei starken Vergrösserungen sieht man die Durchschnitte der Gallencapillaren als feine glänzende Punkte. (Fig. 113.) Der Anfänger hüte sich, die in gewissen Funktionsstadien in den Leberzellen auftretenden Vacuolen, die nicht so scharf contourirt und von verschiedener Grösse sind, mit Gallencapillaren zu verwechseln.

Nr. 100. Blutgefässe der Leber. a) Man lege ein Leberstück (von ca. 2 cm Seite) eines mit Chloroform getödteten Kaninchens schnell, ohne es viel ausbluten zu lassen in 50 ccm absoluten Alkohols. Nach 2 Tagen sieht man schon auf der Oberfläche die natürliche Injection durch braune, im Centrum der Läppchen befindliche Flecke markirt. Der Oberfläche parallel geführte, dicke Schnitte werden ungefärbt in Damarfirniss eingeschlossen. Schwache Vergrösserung. Oft enthalten nur die oberflächlichsten Schichten der Leber gefüllte Blutgefässe.

b) Von allen Injectionen gelingen diejenigen der Leber am leichtesten. Man injicire (pag. 19) Berlinerblau entweder von der Pfortader aus, oder von der Vena cava inferior aus. In letzterem Falle empfiehlt es sich, das Thier über dem Zwerchfell zu durchschneiden, das Herz auf dem Zwerchfell sitzen zu lassen und vom rechten Vorhof aus die Kanüle in die Cava inferior einzubinden. Die injicirte Leber wird zunächst in toto in ca. 500 ccm Müller'scher Flüssigkeit eingelegt; nach ca. 6 Tagen werden Stücke von ca. 2 cm Seite von den bestinjicirten Stellen ausgeschnitten, abermals auf 2—3 Wochen in ca. 150 ccm Müller'scher Flüssigkeit gebracht und endlich in ca. 100 ccm allmählig verstärkten Alkohols gehärtet (pag. 13). Dicke Schnitte der Leber conservire man ungefärbt in Damarfirniss. (Fig. 117, 118, 119.)

Nr. 101. Bauchfellepithel. Man tödte ein Kaninchen, öffne mit der Scheere den Bauch durch einen Kreuzschnitt und schiebe unter das Omentum majus, ohne dasselbe mit dem Finger viel zu berühren, einen Korkrahmen von ca. 2 cm Seite, spanne das Netz mit einigen Igelstacheln glatt auf, schneide es rings um den Rahmen ab und lege das aufgespannte Stück in 20—30 ccm der 1%o Silberlösung (pag. 18). Nach ca. 30 Minuten ist eine milchige Trübung der Lösung erfolgt; nun nehme man den Rahmen heraus, spüle die aufgespannte Haut mit destillirtem Wasser vorsichtig ab, und setze das Ganze in einer weissen Schale mit ca. 100 ccm dest. Wassers dem direkten Sonnenlichte aus. Nach wenigen Minuten schon ist die Bräunung erfolgt. Nun wird das Ganze in ca. 50 ccm 70%igen Alkohols übertragen (die Haut muss in den Alkohol tauchen); nach einer halben Stunde schneide man mit einer Scheere Stücke von 5—10 mm Seite aus, färbe sie mit Hämatoxylin (pag. 16) und conservire in Damarfirniss (pag. 21). Hat man kein Sonnenlicht, so wird das aus der Silberlösung genommene Präparat abgespült und ca. 20 Stunden in ca. 30 ccm 70%igen Alkohols, dann in ebensoviel 90%igen Alkohols gebracht und in diesem beim ersten Sonnenblick dem Lichte ausgesetzt. (Fig. 121.)

Nr. 102. Netz der Bindegewebsbündel erhält man durch Ausbreiten des frischen menschlichen Netzes in einigen Tropfen Pikrocarmins. Conserviren in (nicht angesäuertem) verdünntem Glycerin (pag. 24).

VI. Athmungsorgane.

Der Kehlkopf.

Die Schleimhaut des Kehlkopfes ist eine Fortsetzung der Rachenschleimhaut und besteht, wie diese, aus Epithel, einer Tunica propria und einer Submucosa, welche letztere die Verbindung der Schleimhaut mit den unterliegenden Theilen vermittelt. Das Epithel ist fast überall ein geschichtetes Flimmerepithel; die durch die Wimperhaare erzeugte Strömung ist gegen die Rachenhöhle gerichtet; an den wahren Stimmbändern, an der Vorderfläche der Giessbeckenknorpel und an der Hinterfläche der Epiglottis [1]) ist dagegen das Epithel ein geschichtetes Pflasterepithel. Die Tunica propria besteht aus zahlreichen elastischen Fasern und aus fibrillärem Bindegewebe, welches sich bei Thieren an der Epithelgrenze zu einer Membrana propria verdichtet. Die T. propria ist Sitz einer wechselnden Menge von Leucocyten; bei Hunden und Katzen finden sich in der Schleimhaut des Ventr. Morgagni sogar Solitär-

[1]) Hier liegen auch Geschmacksknospen (s. Geschmacksorgan).

knötchen (pag. 103). Papillen besitzt die Schleimhaut hauptsächlich im Bereiche des geschichteten Pflasterepithels. Die Submucosa enthält acinöse Schleimdrüschen von 0,2—1 mm Grösse.

Die Knorpel des Kehlkopfes bestehen meist aus hyalinem Knorpel, welcher zum Theil die Eigenthümlichkeiten des Rippenknorpels (s. pag. 51) zeigt. Dahin gehören der Schildknorpel, Ringknorpel, der grösste Theil der Giessbeckenknorpel und oft die Cartilagines triticeae. Aus elastischem Netzknorpel bestehen dagegen der Kehldeckel, die Wrisberg'schen und Santorini'schen Knorpel, ferner Spitze und Process. vocal. der Giessbeckenknorpel. Faserknorplig sind zuweilen die Cartilagines triticeae.

Der Kehlkopf ist reich an Blutgefässen und Nerven. Erstere bilden mehrere (2—3) der Fläche nach ausgebreitete Netze, welchen ein dicht unter dem Epithel gelegenes Capillarnetz folgt. Auch die Lymphgefässe bilden zwei der Fläche nach ausgebreitete, mit einander zusammenhängende Netze, von denen das oberflächliche aus engeren Gefässen besteht und unter dem Blutcapillarnetz liegt.

Die Nerven enthalten in ihrem Verlauf mikroskopische Ganglien. Sie enden zum Theil in Endkolben und in Geschmacksknospen (s. Geschmacksorgan).

Die Luftröhre.

Die flimmernde Schleimhaut der Luftröhre ist ebenso gebaut, wie diejenige des Kehlkopfes; ein Unterschied besteht nur insofern, als die elastischen Fasern sich zu einem dichten Netzwerk mit vorwiegend longitudinaler Faserrichtung ausbilden. Dieses Netz ist über den Drüsen gelegen. Die Knorpel sind hyalin; die Hinterwand der Luftröhre wird durch glatte Muskelfasern gebildet. Die Schleimdrüsen der Hinterwand sind durch ihre Grösse (2 mm) ausgezeichnet; sie durchbohren nicht selten die Muskeln, so dass sie zum Theil hinter diesen gelegen sind.

Blut-, Lymphgefässe und Nerven verhalten sich wie im Kehlkopf.

Die Bronchen und die Lungen.

Die Lungen sind acinöse Drüsen, an denen wir, wie bei allen Drüsen, ausführende und secretorische (d. h. hier respiratorische) Abschnitte unterscheiden. Die ausführenden Abschnitte werden durch Kehlkopf, Luftröhre und deren Aeste, die Bronchen, dargestellt. Jeder Bronchus theilt sich beim Eintritt in die Lunge wiederholt und erfährt auch innerhalb derselben eine fortwährende Theilung, die durch direkte Abgabe kleiner Seitenäste und durch spitzwinkelige Theilung unter allmähliger Abnahme des Calibers der Aeste stattfindet; so löst sich jeder Bronchus in feinste Aestchen auf, die nirgends mit einander anastomosiren und bis zu einem Durchmesser von 0,5 mm den Charakter der Ausführungsgänge beibehalten.

Von da an beginnt der respiratorische Abschnitt. An der Wand der kleinen Bronchen treten halbkugelige Ausbuchtungen auf, die Alveolen, die vereinzelt und unregelmässig stehen. Solche Bronchen heissen Bronchioli respiratorii. Diese theilen sich und gehen in Alveolengänge über, welche nur durch eine grössere Anzahl wandständiger Alveolen ausgezeichnet sind. Die Alveolengänge theilen sich unter rechtem Winkel und enden in kolbigen Auftreibungen, den Infundibula, deren Wandung dicht mit Alveolen besetzt ist.

Der ganze respiratorische Abschnitt wird durch Bindegewebe in 0,3 – 3 cm grosse Läppchen getheilt. Sämmtliche ausführenden Abschnitte liegen zwischen den Läppchen, interlobular.

Der feinere Bau der Bronchen unterscheidet sich in den grössten Bronchialästen nicht von jenem der Luftröhre. Allmählich aber treten Modificationen auf, welche sich zuerst an den Knorpeln und an der Muskulatur äussern. Die Knorpel bilden bald keine C-förmigen Ringe mehr, sondern sind unregelmässige, an allen Seiten der Bronchialwand gelegene Plättchen geworden. Sie nehmen mit der Abnahme des Durchmessers der Bronchen an Grösse und Dicke ab und hören an den feineren Bronchen (von 1 mm Durchmesser) ganz auf.

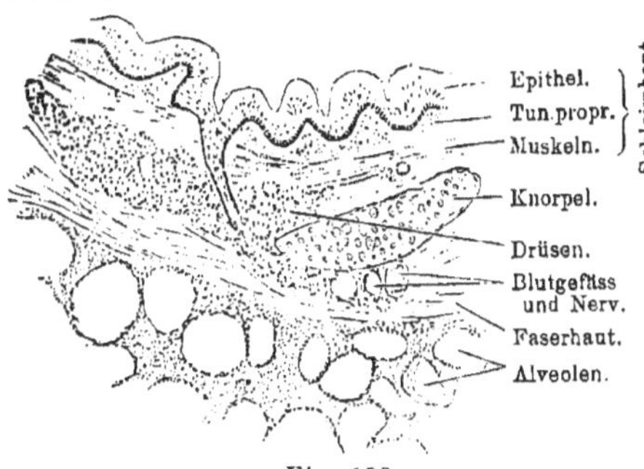

Fig. 122.
Aus einem Querschnitt eines 2 mm dicken Bronchus eines Kindes, 50mal vergr. Die quer durchschnittenen Längsfalten der Schleimhaut sehen wie Papillen aus. Technik Nr. 104.

Die glatten Muskeln bilden eine den ganzen Umfang des Rohres umgreifende Ringfaserlage, welche nach innen von den Knorpeln gelegen ist. Die Dicke der Muskellage nimmt mit dem Durchmesser der Bronchen ab; es sind jedoch selbst an den Alveolengängen noch Muskelfasern vorhanden. Dagegen fehlen sie an den Infundibula.

Die Schleimhaut ist in Längsfalten gelegt und besteht aus einem geschichteten, mit Becherzellen untermischtem Flimmerepithel, das in den feineren Bronchen allmählich einschichtig wird, und einer bindegewebigen Tunic. propria. Letztere enthält zahlreiche längs verlaufende Netze elastischer Fasern[1]) und Leucocyten in sehr wechselnder Menge. Zuweilen kommt es auch hier zur Bildung von Solitärknötchen, von deren Kuppe aus Leucocyten durch das Epithel in das Bronchialrohr wandern.

Sowcit die Knorpel reichen, finden sich acinöse Drüsen, die unter der Muskelhaut ihren Sitz haben (Fig. 122). Sie sind in grosser Menge vorhanden, und hören erst bei Beginn der respiratorischen Bronchiolen auf.

[1]) Auf Fig. 122 als feine Punkte zu sehen.

Nach aussen von den Knorpeln befindet sich eine aus faserigem Bindegewebe und elastischen Fasern bestehende Faserhaut, welche den gänzen Bronchus und die mit diesem verlaufenden Gefässe und Nerven umhüllt.

Der feinere Bau der respiratorischen Abschnitte unterscheidet sich, nachdem Knorpel und Drüsen sich allmählich verloren haben, vorzugsweise durch die Beschaffenheit des Epithels.

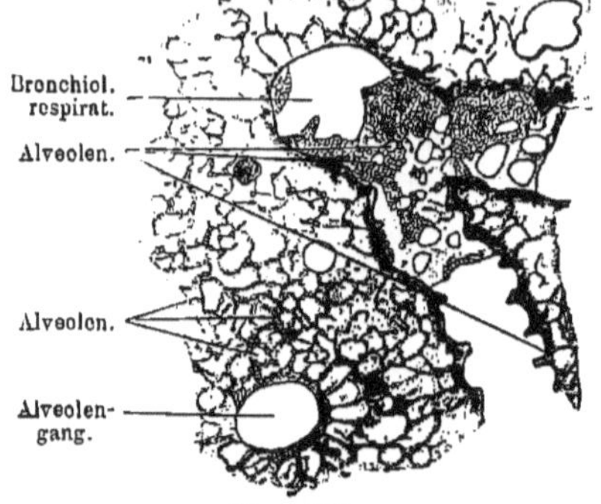

Fig. 123.
Stück eines Schnittes durch die Lunge eines erwachsenen Menschen, 50mal vergr. Der Bronchiolus respiratorius theilt sich nach rechts in zwei Aeste. Eine Strecke weit ist auch seine untere Wand in den Schnitt gefallen. Man sieht hier die Eingänge in die Alveolen von oben her; in dem unteren Ast sieht man die Alveolen von der Seite. Das Epithel des Bronchiolus ist ein gemischtes. Die epitheliale Auskleidung der Alveolen ist bei dieser Vergrösserung nur zum Theil sichtbar. Technik Nr. 105.

Die den ausführenden kleinsten Bronchen folgenden Bronchioli respiratorii tragen anfangs noch ein einschichtiges Flimmerepithel, im weiteren Verlauf jedoch verlieren sich die Flimmerhaare, die Zellen werden kubisch und es tritt zwischen diesen eine zweite Art von Epithelzellen in Form von grossen, dünnen, kernlosen Platten auf. Diese Platten heissen respiratorisches Epithel. Dabei erfolgt der Uebergang des kubischen Epithels in das respiratorische Epithel nicht mit scharfer Grenze, sondern in der Art, dass an der einen Seite des Bronchiolus kubisches, an der anderen Seite respiratorisches Epithel sich befindet, oder dass Gruppen kubischer Zellen von respiratorischem Epi-

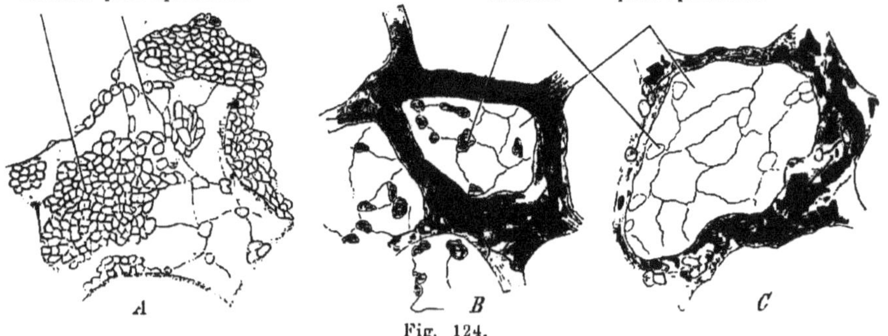

Fig. 124.
Stücke von Schnitten durch die Lunge A und B des Menschen, C einer 9 Tage alten Katze, 240mal vergrössert. A Gemischtes Epithel eines Bronchiolus respiratorius. B und C Alveolen bei verschiedener Einstellung gezeichnet. Der Rand der Alveole ist dunkel gehalten; man sieht, dass er von demselben Epithel überzogen ist wie der (helle) Grund der Alveole; die Kerne der Zellen sind nicht sichtbar. Technik Nr. 105.

thel umgeben werden und umgekehrt. Die Bronchioli respiratorii enthalten somit gemischtes Epithel (Fig. 123 und 124, A). Indem das respiratorische Epithel immer mehr an Ausdehnung gewinnt, und die Gruppen kubischer

Zellen immer seltener werden, geht das Epithel der Bronchiolen in dasjenige der Alveolengänge über.

Das Epithel der **Alveolengänge** und der **Alveolen** ist gleich beschaffen; es besteht aus den bekannten grossen, kernlosen Platten und ganz kleinen Gruppen oder vereinzelten kleinen polygonalen Zellen, die den kubischen Epithelzellen der Bronchiolen gleichen. Wie die Entwickelungsgeschichte lehrt, gehen die kernlosen Platten aus ebenfalls kubischen Epithelzellen hervor und zwar nehmen diese die platte Gestalt durch die Athmung, d. h. durch die dabei sich vollziehende Ausdehnung der Alveolenwand, an. Die Alveolen älterer Embryonen und todtgeborener Kinder sind nur von kubischen Zellen ausgekleidet. Die Wandung der Alveolengänge und der Alveolen besteht ausser den schon erwähnten Muskelfasern der Alveolengänge noch aus einer leicht streifigen Grundlage und vielen elastischen Fasern. Diese sind an den Alveolengängen circulär angeordnet; an der Eingangsstelle der Alveole („Basis") bilden die elastischen Fasern Ringe, von welchen feine, die ganze Wandung der Alveole stützende Fäserchen ausgehen. Indem die elastischen Ringe benachbarter Alveolen an den Berührungspunkten miteinander verwachsen, bilden sie die **Alveolensepta**.

Das zwischen den Lungenläppchen befindliche **interlobuläre** Bindegewebe enthält ausser feinen elastischen Fasern und einzelnen Bindegewebszellen beim Erwachsenen schwarze Pigmentkörnchen und kleinste Kohlentheilchen, die durch Inhalation dahin gelangt sind. Bei Kindern ist das interlobuläre Bindegewebe reichlicher entwickelt, die Abgrenzung in Läppchen also deutlicher.

Die Oberfläche der Lungen wird von der **Pleura visceralis** überzogen; diese besteht aus Bindegewebe, zahlreichen, feinen elastischen Fasern und ist an der freien Oberfläche von einer einfachen Schicht platter, polygonaler Epithelzellen überzogen. Die gleich gebaute **Pleura parietalis** ist nur ärmer an elastischen Fasern.

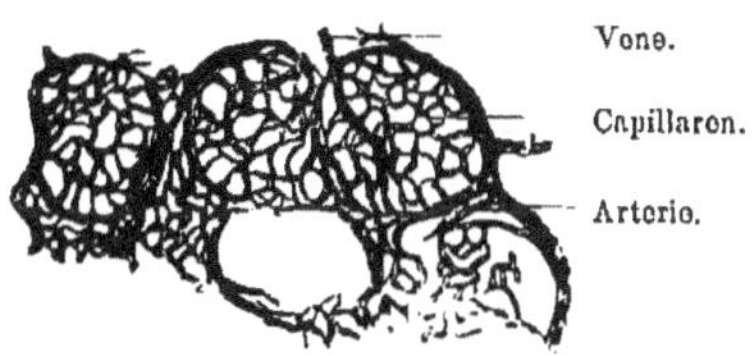

Fig. 125.
Aus einem Schnitt durch die von der Art. pulmonalis aus injicirte Lunge eines Kindes, 80mal vergrössert. Von den fünf gezeichneten Alveolen sind drei vollkommen injicirt.

Blutgefässe der Lungen. Die Aeste der **Art. pulmon.** dringen in den Lungenhilus ein, und laufen an der Seite der Bronchen, Bronchiolen und Alveolengänge zwischen die Infundibula, wo sie sich in ein sehr engmaschiges Capillarnetz auflösen, das dicht unter dem respiratorischen Epithel der Bronchioli respiratorii, der Alveolengänge und der Alveolen gelegen ist. Die **Venen** entstehen am Grunde je eines Alveolus (Fig. 125) und sammeln sich zu Stämmchen, die neben Bronchen und Arterien herlaufen. Die Wandung der Bronchen wird durch eigene Blutgefässe, die **Art. bronchiales**, versorgt, welche ein tiefes, für Drüsen und Muskeln und ein oberflächliches für die Tunica propria bestimmtes Capillarnetz speisen. Der Abfluss erfolgt theils durch eigene Ven. bronchiales, theils in die Ven. pulmonales.

Von Lymphgefässen kennen wir ein gut entwickeltes, unter der Pleura gelegenes, oberflächliches Netz und ein tiefes, in dem interlobulären Bindegewebe befindliches, weitmaschiges Netz. Aus diesem gehen klappenführende Stämmchen hervor, welche mit den Bronchen verlaufend am Hilus austreten, wo sie sich mit den Bronchiallymphknoten verbinden (s. auch p. 100).

Die zahlreichen, von Sympathicus und Vagus stammenden Nerven der Lungen enthalten theils markhaltige, theils marklose Nervenfasern und kleine Gruppen von Ganglienzellen. Die Nervenenden sind nicht bekannt.

Anhang. Die Schilddrüse.

Die Schilddrüse ist eine acinöse Drüse, deren am Foramen coecum der Zunge mündender Ausführungsgang (Ductus thyreoglossus) jedoch schon in embryonaler Zeit obliterirt und sich bis auf einzelne Reste zurückbildet. Sie besteht dann nur aus vollkommen geschlossenen Acini, welche durch lockeres Bindegewebe zu Läppchen mit einander verbunden werden. Die Acini sind sehr verschieden gross (40—120 μ im Durchmesser) mit einer einfachen Lage kubischer Epithelzellen ausgekleidet, welche auf einer gleichartigen Membrana propria aufsitzen. Der Inhalt der Acini ist eine homogene Flüssigkeit, welche fast regelmässig sich zu einer consistenten Masse, der colloiden Substanz, einem Produkt pathologischer Vorgänge, umbildet. Die sehr zahlreichen Blutgefässe lösen sich in ein die Acini umspinnendes Capillarnetz auf. Die ebenfalls zahlreichen Lymphgefässe bilden ein zwischen den Acini gelegenes Netzwerk. Nerven sind nur spärlich vorhanden, ihre Endigung ist unbekannt.

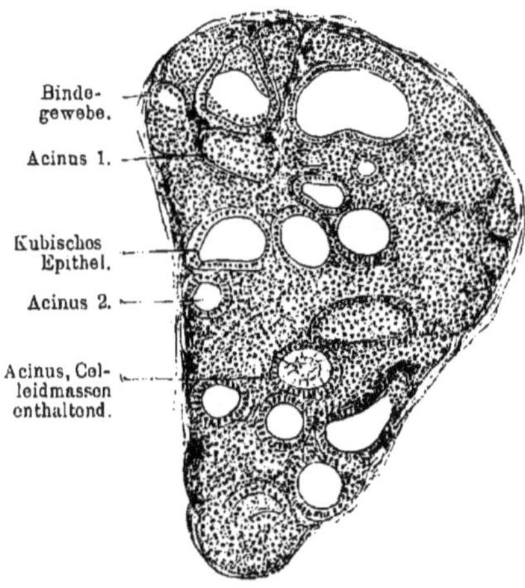

Fig. 126.

Ein Läppchen aus einem feinen Durchschnitt der Schilddrüse eines erwachsenen Menschen, 80mal vergr. Die Acini sind so durchschnitten, dass ihr Epithel zum Theil nur von der Seite (Acinus 2), zum Theil auch von der Fläche sichtbar ist (Acinus 1). Technik Nr. 103.

TECHNIK.

No. 103. Kehlkopf, Luftröhre und Schilddrüse. Man präparire die Luftröhre[1]) über dem Manubrium sterni frei, schneide sie und den Oeso-

[1]) Von Thieren ist die erwachsene Katze am meisten zu empfehlen.

phagus quer durch und präparire beide nach aufwärts frei (s. Nr. 80). Die Zunge kann gleichfalls mit herausgenommen werden. Die Schilddrüsse lässt man am Kehlkopf hängen. Das Ganze wird auf 2—6 Wochen in 200—400 ccm Müller'scher Flüssigkeit eingelegt, dann 1 Stunde lang in (womöglich fliessendem) Wasser ausgewaschen und in ca. 200 ccm allmählig verstärkten Alkohols (pag. 13) gehärtet. Nach ca. 8 Tagen fertige man Quer- und Längsschnitte durch die Stimmbänder, durch Stücke der Trachea und der Schilddrüse an, färbe sie ca. 5 Min. mit Haematoxylin (pag. 16) und conservire sie in Damarfirniss (pag. 21). Besonders instruktiv sind Schnitte quer durch die Stimmbänder, auf denen Schleimhaut, Drüsen, Muskeln, Gefässe, Nerven und Knorpel Stoff zu den verschiedensten Studien geben.

Nr. 104. Bronchus. Man tödte eine junge Katze durch Abschneiden des Kopfes, öffne den Thorax und präparire vorsichtig die Lungen und die lange Trachea heraus. Die Lungen dürfen nicht verletzt werden. Nun injicire man [1]) von der Luftröhre aus Alkohol absol., bis die Lungen prall gefüllt sind, binde die Luftröhre fest zu und bringe das Ganze auf 2—8 Tage in ca. 150 ccm 90 %igen Alkohols. Dann schneide man ein ca. 1 ccm grosses Stück Lunge heraus, das ein längsverlaufendes Stück Bronchus enthält, entferne mit einer Scheere den grössten Theil des anhängenden Lungengewebes, klemme den Bronchus in Leber und mache feine Querschnitte, welche man mit Haematoxylin (pag. 16) färbt und in Damarfirniss (pag. 21) conservirt (Fig. 122). Die Methode ist auch zur Darstellung der Alveolen und Alveolengänge zu verwenden.

Nr. 105. Lungenepithel. Zur Darstellung desselben können nur ganz frisch getödtete Thiere verwendet werden; zu empfehlen sind junge (nicht neugeborene) Katzen, die durch Kopfabschneiden getödtet werden. Trachea und Lungen werden sorgfältig herausgenommen und mit einer vorher bereiteten verdünnten Lösung von Argent. nitr. [2]) vermittelst einer Glasspritze prall gefüllt. Die Trachea wird dann fest zugebunden und das Ganze auf 1—12 Stunden in den Rest der nicht zum Injiciren verwendeten Silberlösung eingelegt und ins Dunkle gestellt. Alsdann werden die Lungen mit destill. Wasser kurz abgespült und in ca. 150 ccm allmählig verstärkten Alkohols übertragen, woselbst sie beliebig lang im Dunkeln aufbewahrt werden können. Die Reduktion kann 1 Stunde oder beliebig später nach der Silberinjektion vorgenommen werden. Zu dem Zweck werden die Lungen in Alkohol dem Sonnenlichte ausgesetzt, woselbst sie sich in wenigen Minuten tief bräunen. Dann mache man mit sehr scharfem Messer Schnitte (man vermeide dabei, das Präparat zu drücken). Das Lungengewebe ist trotz der Alkoholhärtung noch sehr weich und erlaubt nur dicke Schnitte anzufertigen; am Leichtesten gelingen parallel der Oberfläche gerichtete Schnitte. Die Schnitte werden 10—60 Minuten lang in 5—10 ccm destillirten Wassers, dem man ein linsengrosses Stückchen Kochsalz zugefügt hat, gelegt und ungefärbt in Damarfirniss (pag. 21) conservirt [3]). Es ist nicht gerade leicht, sich an solchen Durchschnitten zu orientiren; man beginne die Untersuchung mit schwachen Vergrösserungen. Die kleinen Alveolen sind leicht kenntlich, die

[1]) Die Spritze muss sofort nach dem Gebrauch gereinigt werden, da sonst der Alkohol den Stempel verdirbt.

[2]) 50 ccm der 1 %igen Lösung zu 200 ccm destill. Wassers.

[3]) Kernfärbungen sind nicht zu empfehlen, da sich nicht nur die Kerne der Epithelzellen, sondern auch die der Capillaren etc. färben, wodurch das Bild sehr complicirt wird.

etwas grösseren Lücken entsprechen Alveolengängen. Die Epithelzeichnung ist im Ganzen zierlicher bei mittelstarken (80 : 1) Vergrösserungen und durchaus nicht an allen Stellen gleich gut ausgeprägt. Die kubischen Epithelzellen sind meist etwas dunkler braun gefärbt. Man suche sich eine gute Stelle aus und betrachte sie mit starker Vergrösserung (240: 1), wobei man nicht zu vergessen hat, durch verschiedene Einstellung (Heben und Senken des Tubus) sich über das Relief des Präparates zu orientiren. Man sieht nämlich bei starker Vergrösserung entweder nur den Grund oder nur den Rand einer Alveole deutlich. Fig. 124 ist bei wechselnder Einstellung gezeichnet.

Nr. 106. Elastische Fasern der Lunge erhält man, wenn man mit einer Scheere von einer frisch angefertigten Schnittfläche einer Lunge (die Lunge kann schon alt sein) ein ca. 1 qcm grosses flaches Stückchen abschneidet, mit Nadeln auf dem trockenen Objektträger ausbreitet, mit dem Deckglas bedeckt und ein paar Tropfen zur Hälfte mit Wasser verdünnter Kalilauge (pag. 5) zufliessen lässt (pag. 24). Die verdünnte Lauge zerstört die übrigen Theile, nur die elastischen Fasern bleiben erhalten, deren Dicke und Anordnung bei starker Vergrösserung (240: 1) leicht zu untersuchen sind.

VII. Harnorgane.

Die Nieren.

Die Nieren sind zusammengesetzte tubulöse Drüsen, welche ganz aus Röhrchen, den Harnkanälchen, bestehen; die schon makroskopisch bemerkbaren Unterschiede zwischen peripherischen und centralen Schichten der Nieren, der sog. Rinden- und Marksubstanz, werden hauptsächlich bedingt durch den Verlauf der Harnkanälchen, indem die in der Rinde gelegenen Abschnitte der Kanälchen einen gewundenen, die in der Marksubstanz befindlichen aber einen gestreckten Verlauf nehmen.

Jedes Harnkanälchen beginnt in der Rindensubstanz mit einer kugeligen Auftreibung, dem Malpighi'schen Körperchen (Fig. 127 *a*), welches mit einer Einschnürung, dem Hals, von dem nächsten, vielfach gewundenen Abschnitt, dem gewundenen Kanälchen, Tubulus contortus (*b*), abgesetzt ist. Dieses geht in einen gestreckten Theil über, der anfangs centralwärts gerichtet ist, alsbald aber wieder umbiegt, und so eine Schleife, die Henle-sche Schleife, bildet, an welcher wir einen absteigenden (c) und einen aufsteigenden Schenkel (*d*) unterscheiden können. Letzterer geht in ein gewundenes Stück, das Schaltstück (*e*), über, das weiterhin einen gestreckten Verlauf annimmt und dann Sammelröhrchen (*f*) heisst. Diese Sammelröhrchen nehmen während ihres centralwärts gerichteten Verlaufes noch andere Schaltstücke auf, vereinigen sich weiterhin unter spitzen Winkeln mit benachbarten Sammelröhrchen (*f*1) und streben gegen die Spitze der Nierenpapillen zu, wo sie, an Zahl verringert, im Kaliber dagegen bedeutend verstärkt, als Ductus papillares (*g*) münden. Henle'sche Schleifen und Sammelröhrchen werden Tubuli recti genannt. Jedes Harnkanälchen hat somit bis zum Sammelröhrchen einen völlig isolirten Verlauf. Indem die Henle'schen Schleifen und die peripheren Abschnitte der Sammelröhrchen zu Bündeln vereint gegen die Marksubstanz ziehen, bedingen sie die als **Markstrahlen** (*m. s.*) (Ferrëin'sche Pyramiden) bekannten Bildungen.

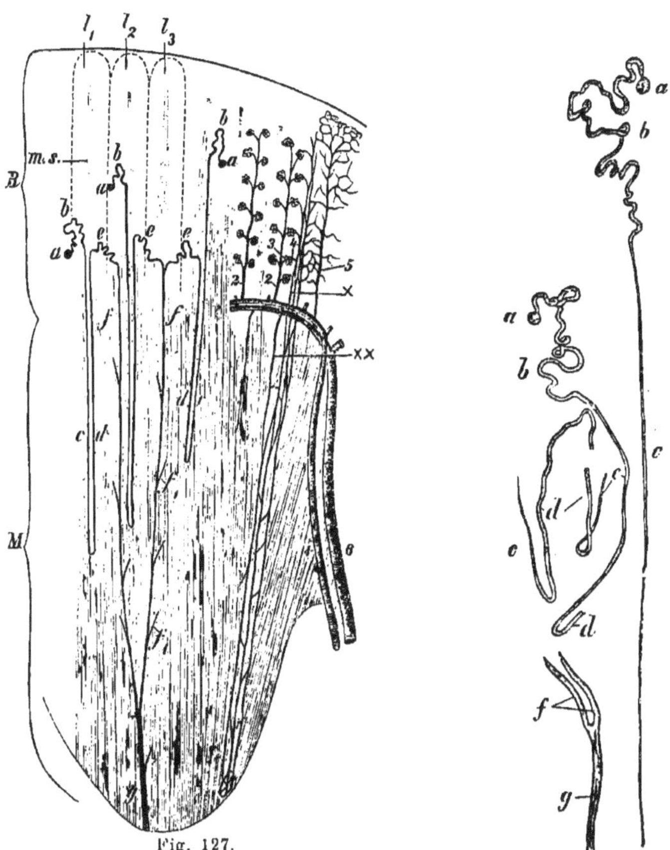

Fig. 127.

Schema des Verlaufes der Harnkanälchen (links) und der Nierengefässe (rechts). *R* Rindensubstanz. *M* Marksubstanz; *m.s.* Markstrahlen l_1. l_2, l_3. Drei Nierenläppchen. *a* Malpighi'sches Körperchen, *b* Tubul. contort. *c* absteigender, *d* aufsteigende Schenkel der Henle'schen Schleife, *e* Schaltstück, *f* Sammelröhrchen, *f* 1 Stücke von Sammelröhrchen, *g* Duct. papillar. 1. Ast der Nierenarterie, 2. Art. interlobul, 3. Vas afferens, 4. V. efferens. 5. Ven. interlobul., 6. Ast der Nierenvene. ×.×× s. pag. 162. Nach einem Querschnitt d. Niere eines 7wöchentlichen Kindes bei 10maliger Vergrösserung entworfen.

Fig. 128.

Harnkanälchen eines 4 Wochen alten Kaninchens isolirt, 30mal vergr. *a* Malpighi'sches Körperchen, *b* Tubul. contort., *c* Henle'sche Schleife, absteigender Schenkel, *d* aufsteigender Schenkel, *f* Sammelröhren, *g* Ductus papillaris.
Technik Nr. 107 b.

Der feinere Bau der Harnkanälchen ist in den verschiedenen Abtheilungen ein sehr differenter, sodass eine gesonderte Betrachtung jedes Abschnittes nöthig ist. Das **Malpighi'sche Körperchen**, 0,13—0,22 mm gross, besteht aus einem kugeligen Blutgefässplexus, dem **Glomerulus**, der in das sackförmig erweiterte blinde Anfangsstück des Harnkanälchens, die **Bowman'sche Kapsel**, der Art eingestülpt ist, dass er von der Kapsel grösstentheils umfasst wird. Die Einstülpung ist etwa so, wie im Grossen das Herz in den Herzbeutel eingestülpt ist. Demnach können wir an der Bowman'schen Kapsel zwei Blätter unterscheiden, ein inneres (quasi viscerales) dem Glomerulus dicht anliegendes — es besteht bei jungen Thieren aus kubischen, später sich immer mehr abplattenden Zellen — und ein äusseres (quasi parietales) Blatt, welches aus platten, polygonalen Zellen aufgebaut wird (Fig. 131).

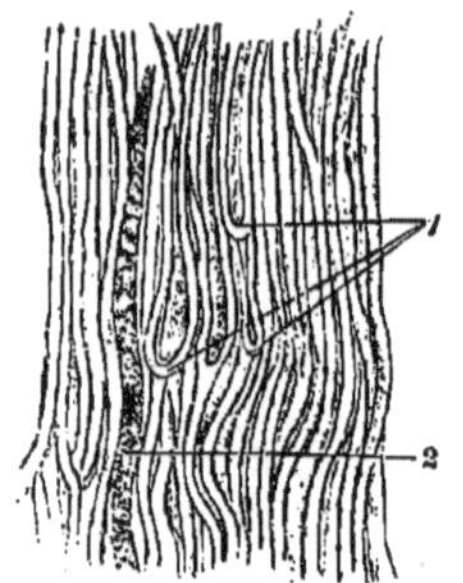

Fig. 129.

Längsschnitt durch die Marksubstanz der menschlichen Niere, 20mal vergrössert. Man sieht zwischen den gestreckt verlaufenden Kanälchen drei Henle'sche Schleifen (1); zwischen den beiden unteren Schleifen ist die Vereinigung zweier Sammelröhrchen zu einem dickeren Sammelrohre sichtbar. 2. Blutgefäss. Technik Nr. 108.

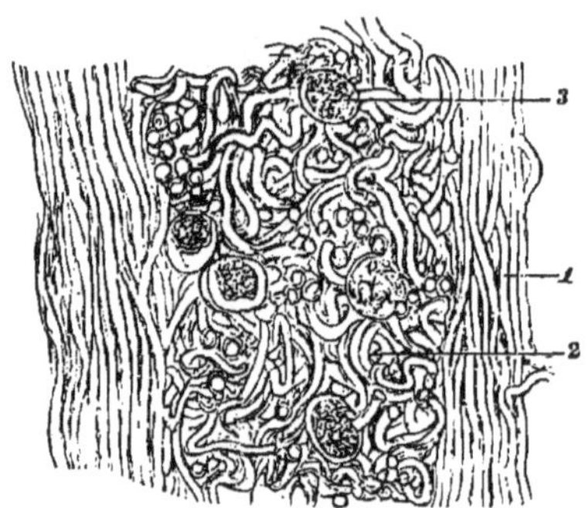

Fig. 130.

Aus einem ebenso gerichteten Schnitt der Rindensubstanz der menschlichen Niere. 1. Tubuli recti (Markstrahlen). 2. Tubuli contorti. 3. Malpighi'sches Körperchen. Technik Nr. 108.

Das äussere Blatt der Kapsel geht am Halse in die Wandung des Tubulus contortus über, welcher, 0,04—0,06 mm, dick, durch ein sehr enges

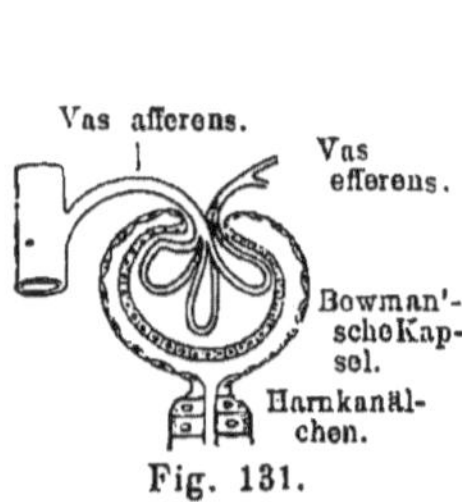

Fig. 131.

Schema. Links Arterie, die nach rechts ein Vas afferens abgibt; dasselbe löst sich in Aeste auf, welche in die Wurzeln des Vas efferens (nach rechts gerichtet) einbiegen. Die drei Schleifen sollen den Glomerulus darstellen; dieser steckt in der Bowman'schen Kapsel, deren beide Blätter sichtbar sind; unten geht dieselbe in das Harnkanälchen über.

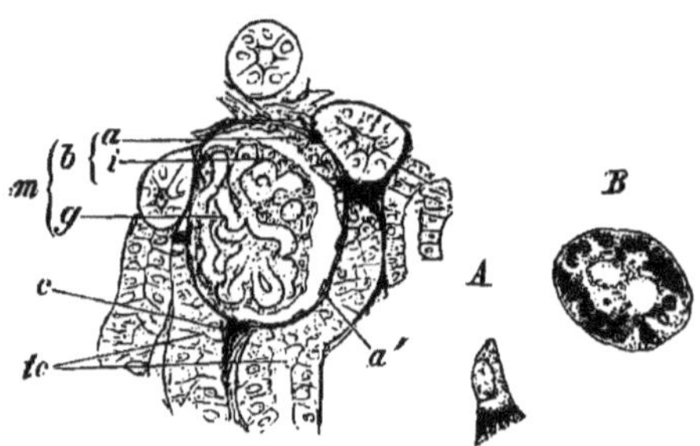

Fig. 132.

Aus einem Schnitt durch die Niere einer zwei Tage alten Katze, 240mal vergrössert. *m* Malpighi'sches Körperchen, bestehend aus *g* Glomerulus und *b* Bowman'scher Kapsel. *a* Aeusseres von platten Zellen, *i* inneres von kubischen Zellen hergestelltes Blatt derselben. Bei *a* sind die platten Zellen halb von der Fläche, bei *a'* von der Kante zu sehen. Die Umschlagsstelle vom äusseren zum inneren Blatt ist nicht deutlich zu sehen, ebenso wenig der Uebergang des äusseren Blattes in einen Tubulus contortus. *tc* tubuli contorti, *c* interstitielles Bindegewebe. Technik Nr. 108.

Fig. 133.

A Isolirte Zelle eines Tubul. contortus. Auffaserung der Basis in feine Stäbchen.

B Querschnitt eines Tubul. contortus; man sieht die Stäbchen als feine Striche.

Technik Nr. 108.

Lumen ausgezeichnet ist. Die Zellen dieses Abschnittes sind abgestumpft kegelförmig; die nach aussen stehende Basis derselben ist in radiär zum Lumen gestellte

Stäbchen zerfasert. (Fig. 133 *A B.*) Der absteigende Schenkel ist 9—15 μ dick, das Lumen sehr weit. Die Epithelien sind platte Zellen, deren Kerne oft gegen das Lumen vorspringen. (Fig. 134. *1*) Der aufsteigende Schenkel ist 23—28 μ dick, das Lumen relativ enger. Die Epithelzellen gleichen denjenigen der gewundenen Harnkanälchen, sind jedoch etwas niedriger. (Fig. 134, *2.*) Der Uebergang des dünnen Abschnittes der Henle'schen Schleife in den dicken Abschnitt erfolgt nicht immer an der Umbiegungsstelle. Die Schaltstücke sind 39—46 μ dick, ihre Epithelien cylindrische oder kegelförmige Zellen von eigenthümlichem Glanze. Die Sammelröhrchen werden um so dicker, je näher sie der Spitze der Papille kommen, die dünnsten haben einen Durchmesser von 45 μ, die dicksten (Ductus papillares) einen solchen von 200—300 μ. Die Epithelien sind theils helle, theils dunkle Cylinderzellen (Fig. 134 *3*), deren Höhe mit dem Kaliber der Sammelröhren zunimmt.

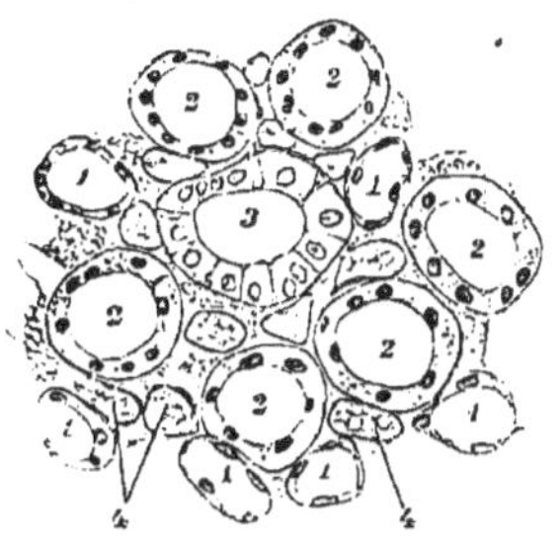

Fig. 134.

Aus einem Querschnitt der Marksubstanz der menschlichen Niere, 240mal vergr. Der Schnitt ist durch die Basis der Papille geführt. 1. Absteigende, 2. aufsteigende Schenkel Henle'scher Schleifen. 3. Sammelröhrchen. 4. Mit Blutkörperchen gefüllte Blutgefässe. Technik Nr. 108.

Die Harnkanälchen sind in ihrer ganzen Länge nach aussen vom Epithel mit einer strukturlosen Membrana propria überzogen, welche am absteigenden Schleifenschenkel am dicksten ist. Die Harnkanälchen werden von einer geringen Menge lockeren Bindegewebes, („interstitielles Bindegewebe") (Fig. 132, *c*) umhüllt, welches an der Nierenoberfläche zu einer fibrösen, glatte Muskelfasern enthaltenden Membran, der Tunica albuginea, verdichtet ist. Das interstitielle Bindegewebe ist der Träger der Gefässe.

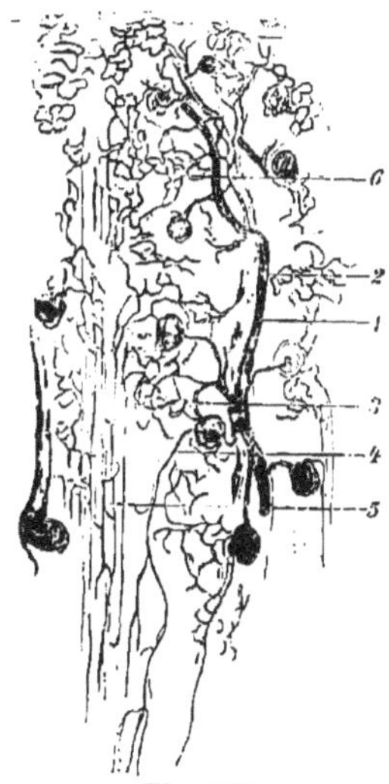

Fig. 135.

Aus einem Längsschnitt einer injicirten Meerschweinchenniere, 30mal vergr. 1. Arter. interlobularis. 2. Vena interlob. 3. Vas afferens. 4. Vas efferens, gegen die Marksubstanz ziehend. 5. Längliche Capillarmaschen eines Markstrahles. 6. Rundliche Capillarmaschen der Rinde. Technik Nr. 109.

Blutgefässe der Nieren. Die Arteria renalis theilt sich im Nierenhilus in Aeste, welche nach Abgabe kleiner Zweige für die Tunica albuginea und für die Nierenkelche im Umkreis der Papillen in das Parenchym der Niere (Fig. 127 *1.*) eindringen und astlos bis zur Grenze zwischen Mark- und Rindensubstanz vordringen. Hier biegen die Arterien unter rechtem Winkel um und verlaufen in peripherisch convexem Bogen der Grenze entlang. Von der convexen Seite der Bogen entspringen in regelmässigen Abständen peripherisch verlaufende Aeste, die Arteriae interlobulares[1]), (Fig. 127 *2*, 135 *1.*)

[1]) Als Nierenläppchen bezeichnet man mikroskopisch nicht scharf begrenzbare

welche nach den Seiten hin kleine Zweige abgeben, deren jeder einen Glomerulus speist. Dieser entsteht durch rasche Theilung in eine Anzahl kleiner Zweige, die alsbald wieder zu einem (arteriellen) Gefäss zusammentreten; man nennt dieses letztere das Vas efferens, (Fig. 127 *4*, 135 *4*,) es ist etwas schwächer, als das den Glomerulus speisende Gefäss, welches Vas afferens heisst. (Fig. 127 *3*, 135 *3*.) Das Vas efferens löst sich in ein Capillarnetz auf, welches im Bereich der Markstrahlen gestreckte Maschen, im Bereich der gewundenen Harnkanälchen runde Maschen bildet; aus letzteren entstehen Venen, Venae interlobulares (Fig. 127 *5*, 135 *2*), welche dicht neben den Arter. interlob. liegen und auch im weiteren Verlaufe sich stets an der Seite der Arterien halten. Die Venen der äussersten Rinde vereinigen sich zu sternförmig gestellten Wurzeln (Stellulae Verheynii), welche mit den Ven. interlobul. zusammenhängen. Die vorstehend beschriebene Gefässausbreitung ist lediglich in der Rindensubstanz und in den Markstrahlen gelegen; die Marksubstanz bezieht ihr Blut durch die Arteriolae rectae, welche theils aus den Vasa efferentia der tiefstgelegenen (und auch grössten) Glomeruli (Fig. 127×, 135 *4*) theils direkt aus centralverlaufenden Aestchen der Art. interlobulares oder der bogenförmigen Arterien (Fig. 127× ×) kommen. Die Venen der Marksubstanz wurzeln in einem weitmaschigen, die Ductus papillares umspinnenden Netze und münden in die an der Grenze zwischen Mark- und Rindensubstanz verlaufenden bogenförmigen Venen.

Die Lymphgefässe liegen theils oberflächlich in den Hüllen der Niere, theils begleiten sie die im Parenchym verlaufenden Arterienstämmchen; die wenigen Nerven verlaufen gleichfalls mit den Gefässen.

Die ableitenden Harnwege.

Nierenkelche, Nierenbecken und Ureter bestehen aus 3 Schichten. Zu innerst liegt 1) die Schleimhaut, dann folgt 2) die Muskelhaut, welche 3) von einer Faserhaut bedeckt wird (Fig. 136).

ad 1) Die Tunica propria der Schleimhaut (*t*) besteht aus feinen Bindegewebsfasern, welche, reichlich untermengt mit zelligen Elementen, ohne scharfe Grenze in die Submucosa (*s*) übergehen. Das die Tunica propria überziehende Epithel (*e*) ist ein geschichtetes, aus wenigen Lagen bestehendes Pflasterepithel, dessen oberste Zellenlage aus kubischen oder nur wenig abgeplatteten Elementen besteht (sog. Uebergangsepithel). Spärliche traubige Drüsen finden sich im Nierenbecken und im oberen Theile des Ureter.

ad 2) Die Muskelhaut besteht aus einer inneren Längslage (*l*) und einer äusseren circulären Lage (*r*) glatter Muskelfasern, welchen in der unteren Hälfte des Ureter noch eine discontinuirliche Lage äusserer longitudinaler Muskelbündel (l_1) aufliegt.

Bezirke der Rindensubstanz, in deren Axe ein Markstrahl gelegen ist, entlang deren Peripherie die Arter. interlobulares aufsteigen. In Fig. 127 sind drei Läppchen l_1 l_2 l_3 durch Strichelung angedeutet.

ad 3) Die Faserhaut besteht aus lockeren Bindegewebsbündeln.

Die Schleimhaut der Nierenkelche setzt sich auf die Oberfläche der Nierenpapillen fort, die circulären Muskelfasern bilden einen Ringmuskel um die Papille.

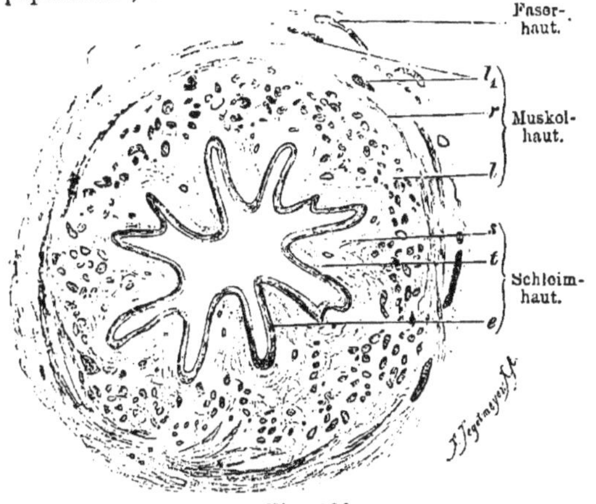

Fig. 136.
Querschnitt der unteren Hälfte des menschlichen Ureter, 15mal vergr. e Epithel, t Tunica propria, s Submucosa, l innere Längsmuskeln, r Ringsmuskeln, l_1 accessorische äussere Längsmuskeln. Technik Nr. 110.

Blut- und Lymphgefässe finden sich besonders reichlich in der Schleimhaut; die Nerven verbreiten sich vorzugsweise in der Muskelschicht; einzelne Fasern gehen bis ans Epithel.

Die Harnblase besteht ebenfalls aus Schleimhaut, Muskelhaut und Faserhaut. Das Epithel gleicht vollkommen demjenigen des Nierenbeckens und des Ureter, eine Unterscheidung von diesem ist unmöglich. In der Tunica propria des Blasengrundes findet man kleine, einfache traubige Drüsen; auch Solitärknötchen sind in der Blasenschleimhaut vorhanden Die Muskelschicht besteht aus einer inneren und einer äusseren Längslage, welche eine Ringlage glatter Muskelfasern zwischen sich fassen. Die Lagen sind derartig miteinander verflochten, dass eine strenge Abgrenzung derselben nicht möglich ist. Am Blasengrunde verstärkt sich die innere Längsmuskellage, die Ringmuskelschicht bildet den M. sphincter vesicae internus. Blut- und Lymphgefässe verhalten sich wie am Ureter; die Nerven sind mit Einlagerungen kleiner Gruppen von Ganglienzellen versehen.

Die Harnröhre des Weibes besteht aus Schleimhaut und einer mächtigen Muskelhaut. Die Tunica propria mucosae wird durch ein feinfaseriges, mit Zellen reich untermischtes Bindegewebe hergestellt, das sich an der Oberfläche zu zahlreichen, an der äusseren Mündung besonders wohl entwickelten Papillen erhebt. Das Epithel ist ein geschichtetes Plattenepithel. Drüsen (traubige) sind nur in geringer Anzahl vorhanden. Die Muskelhaut besteht aus einer inneren Längs- und einer äusseren Kreislage glatter Muskelfasern, zwischen denen ein mit vielen elastischen Fasern vermischtes, derbes Bindegewebe sich ausbreitet. Die Schleimhaut ist reich an Blutgefässen.

Die Harnröhre des Mannes besteht wie die des Weibes aus Schleimhaut und Muskelhaut; jedoch gestaltet sich in den einzelnen Bezirken ihr Bau verschieden. In der Pars prostatica ist das Epithel ähnlich dem der Harnblase; es geht in der Pars membranacea allmählig in geschichtetes Cylinderepithel über, welches sich endlich in der Pars cavernosa zu einem einfachen Cylinderepithel umgestaltet. Von der Fossa navicularis an ist das Epithel geschichtetes Plattenepithel. Die Tunica propria trägt besonders in der Fossa navic. wohl entwickelte Papillen. Traubige Drüsen („Littre'sche Drüsen") finden sich in der ganzen Harnröhre. Die Muskelhaut besteht in der Pars prostatica innen aus einer glatten Längs- und aussen aus einer ebensolchen Ringfaserschicht. Erstere bildet noch in der Pars membranacea eine ansehnliche Schicht, hört aber in der Pars cavernosa ganz allmählig auf; auch die Ringfaserlage verschwindet in den vorderen Partien der Pars cavernosa urethrae. Die Schleimhaut der männlichen Harnröhre ist reich an Blutgefässen (s. Corp. cavernos. urethrae pag. 173). Die Lymphgefässe liegen unter den Blutgefässen.

Anhang. Die Nebennieren.

Die Nebennieren sind Blutgefässdrüsen, durch mächtige Entwicklung der Venenwandungen entstanden. Jede Nebenniere besteht aus einem zelligen Parenchym und einer bindegewebigen Kapsel, welche feine Fortsetz-

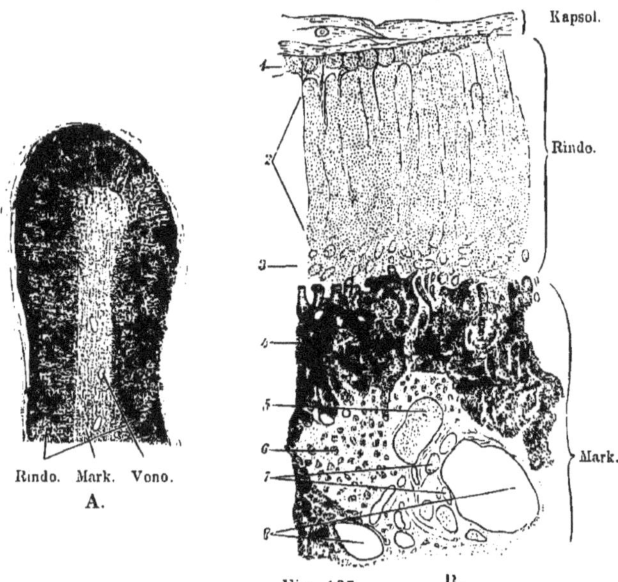

Fig. 137.

A Stück eines Querschnittes der Nebenniere eines Kindes, 15mal vergrössert. Technik Nr. 115.
B Stück eines Querschnittes der menschlichen Nebenniere, 50mal vergrössert. 1. Zona glomerulosa. 2. Zona fasciculata. 3. Zona reticularis. 4. Zellstränge der Marksubstanz. 5. Nervenquerschnitt. 6. Ganglienzellen. 7. Querschnitte von Bündeln glatter Muskelfasern. 8. Venenquerschnitte. Technik Nr. 117.

ungen in's Innere des Organs entsendet. Das Parenchym selbst besteht aus einer äusseren Schicht, der Rindensubstanz, welche die innere Masse, die Marksubstanz, rings umschliesst (Fig. 137 *A*). Die **Rindensubstanz** ist von faserigem Bruch, frisch von gelber Farbe und ist aus Zellen zusammengesetzt, die, ca. 15 μ gross, von rundlicher Gestalt sind und ein grobkörniges, zuweilen Fettkörnchen enthaltendes Protoplasma und einen hellen Kern besitzen. Diese Zellen sind in der äussersten Zone der Rindensubstanz (Fig. 137 *B 1*) zu rundlichen Ballen, in der mittleren Zone (*2*) zu cylindrischen Säulen geordnet, während die Zellen der innersten Zone (*3*) regellos in einem netzförmigen Bindegewebe zerstreut liegen; die Zellen der innersten Zone sind durch Pigmentirung ausgezeichnet. Aus genannter Anordnung ergibt sich die Eintheilung der Rindensubstanz in: 1) Zona glomerulosa, 2) Zona fasciculata und 3) Zona reticularis. Die Marksubstanz ist frisch bald heller, bald dunkler als die Rindensubstanz und besteht aus vieleckigen, feinkörniges Protoplasma und einen hellen Kern besitzenden Zellen. Diese sind zu rundlichen oder länglich ovalen Strängen angeordnet, welche netzartig unter sich verbunden sind (*4*).

Die Arterien der Nebenniere theilen sich schon in der bindegewebigen Kapsel in viele kleine Aeste, welche in die Rindensubstanz eindringen und dort ein langmaschiges Capillarnetz bilden. In der Marksubstanz angelangt, wird das Capillarnetz rundmaschig, aus diesem sammeln sich die Venen, (*8*) von denen die grösseren von Längszügen glatter Muskelfasern (*7*) begleitet werden. Noch innerhalb der Marksubstanz vereinen sich die Venen zur Hauptvene, der Vena suprarenalis.

Die zahlreichen Nerven (beim Menschen ca. 33 Stämmchen) dringen mit den Arterien in die Rinde ein und gelangen bis zur Marksubstanz, woselbst sie ein dichtes Geflecht bilden. Es sind marklose, vorzugsweise dem Plexus coeliacus entstammende Fasern, denen Gruppen von Ganglienzellen beigemengt sind, die auch noch in der Marksubstanz gefunden werden (*6*).

TECHNIK.

Nr. 107. Harnkanälchen isolirt. Am besten eignen sich Nieren junger Thiere, z. B. neugeborener Katzen. Die Niere wird halbirt, die eine Hälfte a) zur frischen Untersuchung zurückgestellt, b) die andere in mehrere, Rinden- und Marksubstanz umfassende Stückchen zerschnitten und in ca. 30 ccm reiner Salzsäure eingelegt.

Ad a. Erbsengrosse Stückchen werden in einen Tropfen der 0,75°/₀igen Kochsalzlösung zerzupft; man sieht bei schwacher Vergrösserung die rothen Glomeruli, die gewundenen und geraden Harnkanälchen; die Tubul. contorti sind dunkel, körnig, die anderen Abtheilungen hell. Bei starker Vergrösserung sieht man deutlich die Kerne der hellen Abschnitte der Harnkanälchen, die Zellengrenzen sind am besten in den Sammelröhrchen erkennbar. In den Tubul. contort. sieht man nur die feine Strichelung der Basen der Drüsenzellen; Zellengrenzen und Kerne dagegen sind nicht sichtbar.

Ad b. Nach ca. 9 Stunden werden die Nierenstückchen in ein Reagenzgläschen mit ca. 30 ccm destillirten Wassers gebracht und leicht geschüttelt; dabei löst sich die Oberfläche der Stückchen ganz ab. Nun lässt man das Ganze ca. 12 Stunden stehen und giesst dann das klare Wasser vorsichtig ab. Von dem Satz bringe man einen Tropfen auf einen Objektträger; man wird zahlreiche isolirte Harnkanälchen darin finden. Will man Harnkanälchen in grösserem Zusammenhange erhalten, so übertrage man die Reste der noch nicht vollkommen aufgelösten Nierenstückchen in ein Uhrschälchen, in welches man ein grosses Deckglas und soviel destillirtes Wasser gebracht hat, dass dieses das Deckgläschen oben überspült. Nun sucht man mit Nadeln die Kanälchen zu isoliren. Ist die Isolation gelungen — man kann sich davon mit Lupe oder schwacher Vergrösserung überzeugen — so saugt man vorsichtig mit einer Pipette oder mit Filtrirpapier das Wasser aus dem Uhrschälchen und zuletzt vom Deckgläschen, nimmt dieses heraus, reinigt dessen freie Fläche und setzt es mit den anhaftenden Harnkanälchen leise auf einen Objektträger, auf welchen man vorher einen Tropfen verdünnten Glycerins gebracht hat. Man kann nachher mit Pikrocarmin unter dem Deckglas färben (pag. 24). (Fig. 128.)

Nr. 108. Rinden- und Marksubstanz. Zu Schnitten kann man die andere Katzenniere, oder andere Nierenstücke von 2—3 cm Seite in 200—300 ccm Müller'scher Flüssigkeit fixiren und in ca. 100 ccm allmählig verstärkten Alkohols härten (pag. 13). Dicke Quer- und Längsschnitte durch Rinden- und Marksubstanz betrachte man ungefärbt in verdünntem Glycerin mit Lupe und schwachen Vergrösserungen. Feine Schnitte *a*) quer durch die Spitze der Papille für Ductus papillares, *b*) quer durch die Basis der Papille (Fig. 134), c) durch die Rindensubstanz (junger Thiere) (Fig. 132) werden mit Hämatoxylin gefärbt (pag. 16) und in Damarfirniss (pag. 21) eingeschlossen.

Nr. 109. Nierengefässe. Man kann eine Niere isolirt injiciren (p. 19), in ca. 300 ccm Müller'scher Flüssigkeit (pag. 12) fixiren und in ca. 150 ccm allmählig verstärkten Alkohols (pag. 13) härten. Makroskopisch sind die Stellulae Verheynii zu beobachten. Ungefärbte dicke Längs- und Querschnitte sind mit Lupe und schwachen Vergrösserungen zu studiren. (Fig. 135.)

Nr. 110. Nierenbecken und Ureter. Von ersterem sind ca. 1 □cm grosse, von letzteren 1—2 cm lange Stücke in 100 ccm Müller'scher Flüssigkeit zu fixiren und nach ca. 14 Tagen in ca. 100 ccm allmählig verstärkten Alkohols zu härten (pag. 13); Schnitte sind mit Hämatoxylin zu färben (pag. 16) und in Damarfirniss (pag. 21) aufzuheben (Fig. 136).

Nr. 111. Blase wir Nr. 110.

Nr. 112. Epithelien des Nierenbeckens, des Ureter und der Blase. Von jedem dieser Theile ist ein ca. 1 □cm grosses Stückchen (Ureter aufschneiden) in ca. 30 ccm Ranvier'schen Alkohols einzulegen. Isolation und Färbung mit Pikrocarmin (pag. 10). Conserviren in verdünntem, angesäuertem Glycerin (pag. 24).

Nr. 113. Weibliche Harnröhre. Man schneide ein ca. 2 cm langes Stück der weiblichen Harnröhre zusammen mit der anhängenden vorderen Vaginalwand aus, fixire dasselbe in 100—200 ccm Müller'scher Flüssigkeit und härte es nach 2—3 Wochen in ca. 100 ccm allmählig verstärkten Alkohols (pag. 13). Querschnitte färben mit Hämatoxylin (pag. 16) und conserviren in Damarfirniss (pag. 21).

Nr. 114. Männliche Harnröhre. 1—3 cm lange Stücke der Pars prostatica, Pars membranacea, Pars cavernosa und der Fossa navicularis behandeln wie Nr. 113. Man verwechsle Querschnitte der Morgagni'schen Lacunen (d. s. blinde Ausbuchtungen der Harnröhrenschleimhaut) nicht mit Drüsendurchschnitten.

Nr. 115. Nebenniere, Uebersichtsbild. Man fixire die ganze kindliche Nebenniere in ca. 200 ccm 0,1 %iger Chromsäure und härte sie in ca. 150 ccm allmählig verstärkten Alkohols (pag. 13). Ungefärbte Querschnitte in verdünntem Glycerin conserviren. (Fig. 137 *A*.)

Nr. 116. Zur Herstellung der Elemente der Nebenniere mache man Zupfpräparate des frischen Organs in einem Tropfen Kochsalzlösung. Die Elemente sind sehr zart, verletzte Zellen desshalb sehr häufig.

Nr. 117. Zum Studium des feineren Baues der Nebenniere werden Stücke (von 1—2 cm Seite) des möglichst frischen Organes in ca. 100 ccm Kleinenberg'scher Pikrinsäure fixirt und nach 12—24 Stunden in ebensoviel allmählig verstärkten Alkohols gehärtet (pag. 13). Die feinen Schnitte werden mit Hämatoxylin gefärbt (pag. 16) und in Damarfirniss eingeschlossen (pag. 21). (Fig. 137 *B*.)

VIII. Geschlechtsorgane.

A. Die männlichen Geschlechtsorgane.

Die Hoden.

Die Hoden (Testes) sind aus verästelten schlauchförmigen Kanälchen, den Hodenkanälchen, bestehende Drüsen, welche von einer bindegewebigen Hülle umgeben werden. Diese Hülle, die Tunica albuginea s. fibrosa (Fig. 138 *1*) ist eine derbe Haut, welche das Hodenparenchym rings einschliesst und hinten oben einen dickeren, in das Innere des Hodens vorspringenden Wulst, das Corpus Highmori (*3*) entwickelt. Von diesem entstehen eine Anzahl Blätter, die Septula testis (*4*), welche divergirend gegen die Tunica albuginea ziehen und so das Hodenparenchym in pyramidale Läppchen (*5*) abtheilen, deren Basis gegen die Tunica albuginea, deren Spitze gegen das Corpus Highmori gerichtet ist. Die Tunica albuginea besteht aus straffaserigem Bindegewebe, welches an seiner freien Oberfläche von einer einfachen Lage platter Epithelzellen überzogen wird, nach innen aber an eine lockere Bindegewebslage stösst; diese ist die Trägerin vieler Gefässe und heisst Tunica vasculosa (*2*); sie hängt mit den Septula testis zusammen. Das aus derbem Bindegewebe aufgebaute Corpus Highmori schliesst ein aus vielfach miteinander anastomosirenden Kanälen gebildetes Netzwerk, das Rete testis (Rete vasculosum Halleri) in sich. Die Septula testis bestehen aus Bindegewebsbündeln, welche mit dem die einzelnen Hodenkanälchen umstrickenden Bindegewebe zusammenhängen. Dieses „interstitielle" Bindegewebe ist reich an zelligen Elementen, die theils in Form platter Bindegewebszellen, theils als rundliche, Pigment- oder Fettkörnchen führende Zellen (sog. „Zwischenzellen") auftreten.

Die Hodenkanälchen zerfallen während ihres Verlaufes in drei Abschnitte: sie beginnen 1. als Tubuli contorti, werden dann 2. zu Tubuli recti, welche sich 3. in das Rete testis fortsetzen. Die Tubuli contorti sind drehrunde, ca. 140 μ dicke Röhrchen, über deren Anfang man noch nicht hinreichend orientirt ist; wahrscheinlich hängen sie an der Peripherie unter der Tunica vasculosa mit einander vielfach zusammen und bilden so ein Netzwerk[1]), aus welchem zahlreiche Kanälchen abbiegen und unter vielfachen Windungen gegen das Corpus Highmori ziehen. Während dieses Verlaufes tritt eine Verminderung der Zahl der Kanälchen ein, indem dieselben fortgesetzt unter spitzem Winkel sich miteinander vereinigen. Nicht weit vom Corpus Highmori entfernt gehen die gewundenen Kanälchen in die Tubuli recti über (Fig. 138 *6*), welche bedeutend verschmälert, 20—25 μ dick, nach kurzem Verlaufe in das Corpus Highmori eindringen und hier das Rete testis bilden, dessen Kanäle 24—180 μ messen.

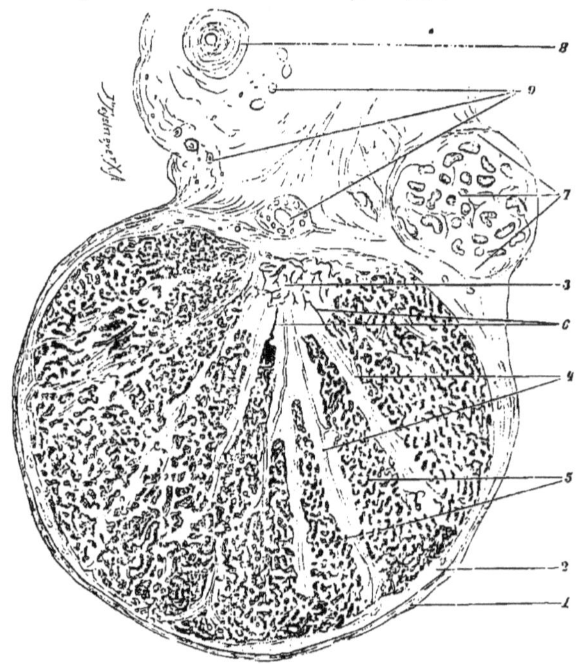

Fig. 138.

Querschnitt des Hodens eines neugeborenen Knaben, 10mal vergrössert. 1. Tunica albuginea. 2. Tunica vasculosa. 3. Corpus Highmori, das Rete testis enthaltend. 4. Septula testis. 5. Lobuli testis, aus gewundenen Kanälchen bestehend. 6. Gerade Kanälchen, in das Rete testis übergehend. 7. Nebenhoden. 8. Vas deferens. 9. Blutgefässe. Technik Nr. 118.

Die Wandung der Tubuli contorti besteht von aussen nach innen gezählt 1. aus einer mehrfachen Lage platter Bindegewebszellen, 2. einer feinen Membrana propria, 3. aus geschichteten Drüsenzellen, welche je nach dem Funktionszustande ein sehr verschiedenes Aussehen darbieten. Im Allgemeinen lassen sich zwei Zustände unterscheiden: 1. der Zustand der Ruhe (Fig. 139 *A*, *a*); hier sind die verschieden grossen Drüsenzellen in mehreren Schichten über einander gelagert, und 2. der Zustand der Thätigkeit (Fig. 139 *A*, *b*, *B*), welcher durch reichliche Vermehrung der Kerne und durch die in verschiedenen Stadien

[1]) Auch blinde Enden der Samenkanälchen sind beobachtet worden.

der Entwickelung begriffenen Samenfäden charakterisirt ist. Die Bildung der Samenfäden ist noch Gegenstand lebhafter Controverse; die folgende Schilderung ist deshalb keine durchaus unbestrittene; nur so viel dürfte festgestellt

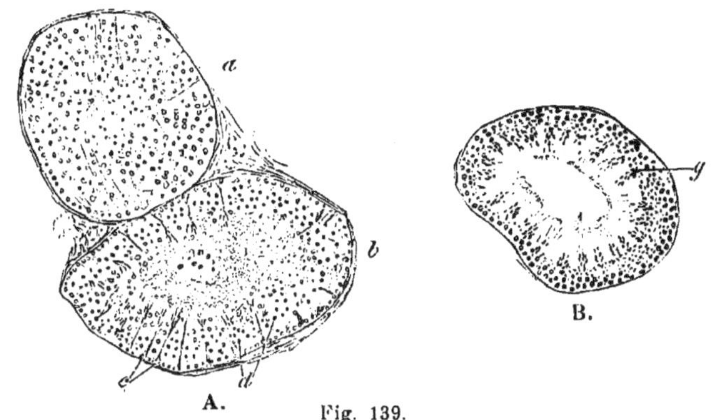

Fig. 139.

Aus Hodendurchschnitten eines Stieres, 80mal vergr. A Zwei Querschnitte von Hodenkanälchen (Chromosmiumessigsäure). *a* Kanälchen im Zustande der Ruhe, *b* im Zustande der Thätigkeit. *c* Spermatoblasten. *d* Kern der indifferenten Samenzellen, intensiv gefärbt. Technik Nr. 120.
B Ein Querschnitt eines Hodenkanälchens (Müller'sche Flüssigkeit) im Zustande der Thätigkeit, *g* Gruppen junger Samenfäden, den Fortsätzen je eines Spermatoblasten entsprechend. Technik Nr. 119.

sein, dass der Kopf des Samenfadens dem Kerne einer Zelle entspricht. Die Drüsenzellen der Kanälchen sind zweierlei Art: die einen sind indifferente, an der Samenproduktion nicht direkt betheiligte rundliche Elemente, sie heissen **indifferente Samenzellen** (Fig. 140 *A c*, *C* 4); ihre Kerne sind in thätigen Drüsentheilen durch ein deutliches Fadengerüst charakterisirt. Die andern sind die eigentlichen Samenbildner, sie heissen **Samenkeimzellen**, (Spermatogonien). Ihre Formen sind sehr wechselnde; im Zustande der Ruhe sind es polygonale, der Membrana propria aufsitzende Elemente (Fig. 140 *A a*, *B* 1, *C* 1). Diese wachsen im Zustande der

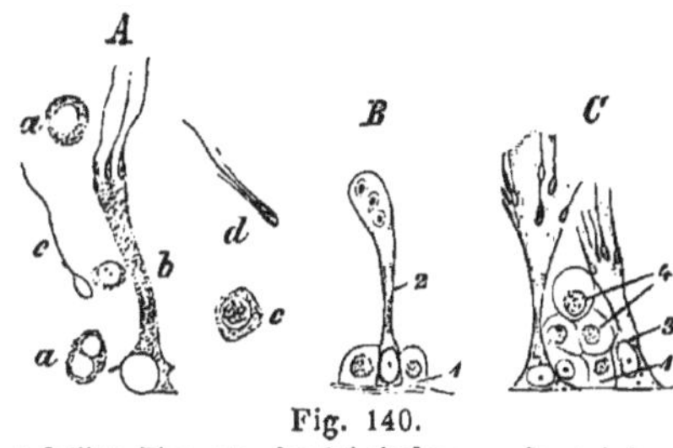

Fig. 140.

A Isolirte Elemente des Stierhodens. *a* Samenkeimzellen, *b* Spermatoblast, *c* indifferente Samenzelle, *d* abgerissener (?) Fortsatz eines Spermatoblasten mit Samenfaden, *e* fast fertiger Samenfaden mit einem Rest Protoplasmas am Mittelstück.
B und C Aus Schnitten eines Stierhodens. 1. Samenkeimzelle. 2. Spermatogemme. 3. Spermatoblast. 4. indifferente Samenzellen.
Sämmtliche Elemente 240mal vergrössert.
Technik Nr. 121.

Thätigkeit zu kolbigen Gebilden heran, deren Kern durch successive Theilung mehrere (—10) Kerne entstehen lässt, von denen einer in der Basis bleibt, die andern im kolbigen Ende liegen. In diesem Stadium heisst die Zelle **Spermatogemme** (Fig. 140 *B* 2). Nun wächst der Kolben in fingerförmige Fortsätze aus, deren jeder einen allmählig zum Kopf eines Samenfadens sich umgestaltenden Kern enthält. Jetzt heisst die Zelle **Spermatoblast** (Fig. 140. *A b*, *C* 3). Schliesslich trennen sich die Fortsätze vom Basaltheil der Zelle, sowie von einander; das Protoplasma des Fortsatzes wird zum Schwanz des nun frei gewordenen Samenfadens.[1])

Die Wandung der Tubuli recti besteht aus einer Membrana propria und nach Innen von dieser aus einer einfachen Lage niedriger Cylinderzellen.

Die Kanäle des Rete testis werden von einer einfachen Lage platter Epithelzellen ausgekleidet.

Die Arterien des Hodens sind Aeste der A. spermatica interna, welche theils vom Corpus Highmori, theils von der Tunica vasculosa in die Septula testis eindringen und sich von hier aus in ein die Hodenkanälchen umspinnendes Capillarnetz auflösen. Die daraus entspringenden Venen verlaufen mit den Arterien. Die Lymphgefässe bilden ein unter der Tunica albuginea gelegenes Netzwerk, welches mit den die Samenkanälchen umstrickenden Lymphcapillaren in Zusammenhang steht. Ueber die Nerven ist nichts Näheres bekannt.

Der Samen.

Das Secret der Hoden, der Samen (Sperma), besteht fast allein aus den Samenfäden (Spermatofila), stecknadelähnlichen Gebilden, an denen wir Kopf, Mittelstück und Schwanz unterscheiden (Fig. 141).

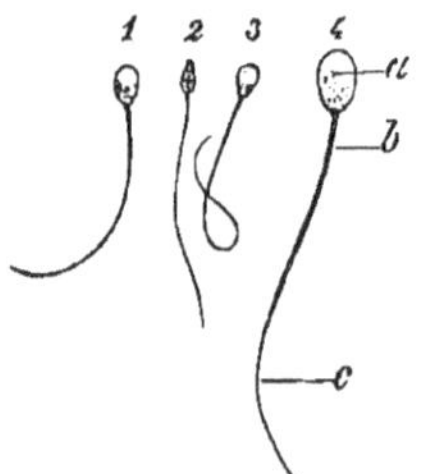

Fig. 141.
1. 2. 3. Samenfäden des Menschen, 600mal vergr. 1. Von der Fläche, 2. von der Kante gesehen. 3. Oesenartig eingerollter Samenfaden. 4. Samenfaden des Stieres. a Kopf, b Mittelstück, c Schwanz. Technik Nr. 122.

Beim Menschen ist der Kopf 3—5 μ lang, 2—3 μ breit, abgeplattet, von der Seite gesehen birnförmig, das spitze Ende nach vorn gerichtet, von der Fläche gesehen dagegen, oval vorn abgerundet. Das Mittelstück ist drehrund, 6 μ lang, 1 μ breit; gegen den Kopf scharf abgesetzt geht es allmählig sich verjüngend oft ohne scharfe Grenze in den Schwanz über; zuweilen bezeichnet eine feine Querlinie die Grenze. Der 40—50 μ lange Schwanz läuft in eine feine Spitze aus. Die Samenfäden sind (wahrscheinlich wegen ihres Kalkgehaltes) durch ihre grosse Widerstandsfähigkeit ausgezeichnet. Die schlängelnden Bewegungen der Samenfäden kommen nur dem Schwanz zu, welcher Kopf und Mittelstück vor sich her schiebt; sie fehlen meist im reinen Secret des Hodens und stellen sich erst ein bei Verdünnung des Samens, wie es bei der Entleerung auf natürlichem Wege durch Beimengung des Secretes der Samenleiterampullen, der Samenbläschen, der Prostata und der Cowper'schen Drüsen geschieht. In dieser Flüssigkeitsmischung erhält sich die Bewegung selbst noch einige Zeit nach dem Tode (24—48 Stunden), wie auch längere Zeit im Secrete der

[1]) Nach neueren Beobachtern finden sich in den Samenkanälchen nur runde Zellen, welche durch Theilung je einer an der Peripherie gelegenen Zelle, der Stammzelle, hervorgegangen sind und gewöhnlich zu dreien übereinander liegen. Ein Samenfaden entsteht nur aus dem Kern einer Zelle; das restirende Protoplasma soll durch die härtenden Reagentien die Formen annehmen, die oben als Spermatoblasten etc. angegeben worden sind. Demnach wären die Spermatoblasten etc. Kunstprodukte.

weiblichen Genitalien. Wasser sistirt die Bewegung, welche jedoch durch Zusatz mässig concentrirter, alkalisch reagirender thierischer Flüssigkeiten auf's Neue angefacht werden kann; überhaupt sind die genannten Flüssigkeiten, ferner 1%ige Kochsalzlösung, den Bewegungen der Samenfäden günstig, während Säuren und Metallsalze die Bewegung aufheben. Bewegungslose Samenfäden sind häufig ösenartig eingerollt (Fig. 141 *3*).

Die ableitenden Samenwege.

Die ableitenden Samenwege werden gebildet durch den Nebenhoden, (Epididymis), den Samenleiter, (Vas deferens), das Samenbläschen und den Ductus ejaculatorius.[1]) Aus dem oberen Ende des Rete testis treten 7—15 Vasa efferentia testis hervor, die immer stärker sich schlängelnd ebenso viele conische Läppchen, Coni vasculosi, bilden. Die Summe der Coni stellt den Kopf des Nebenhodens dar. Aus der Vereinigung der Vasa efferentia geht das

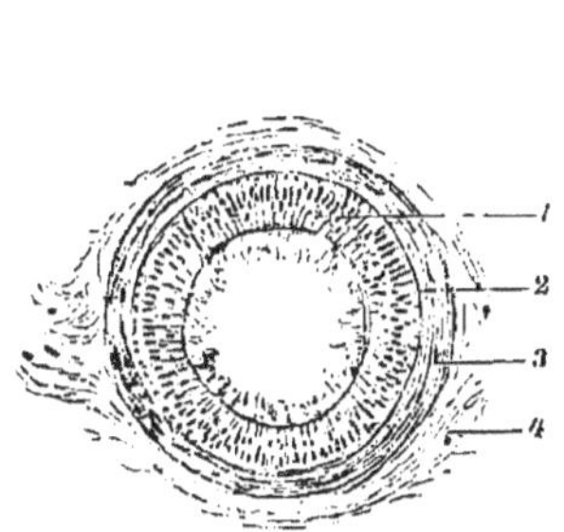

Fig. 142.
Querschnitt des Vas epididymidis vom Menschen, 80mal vergrössert. 1. Geschichtetes Cylinderepithel mit langen Flimmerhaaren. 2. Membrana propria. 3. Ringmuskellage. 4. Lockeres Bindegewebe. Technik Nr. 125.

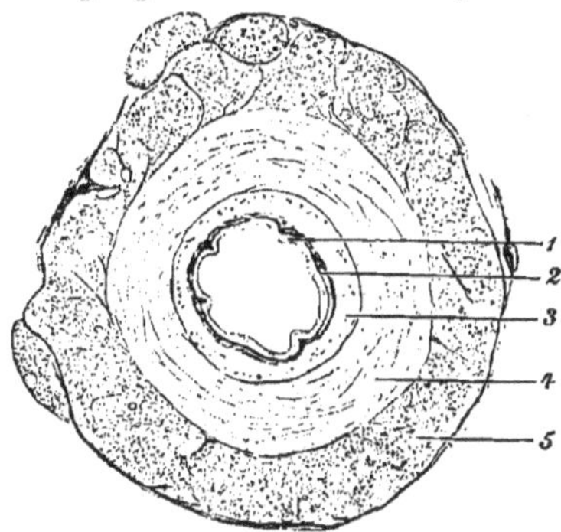

Fig. 143.
Querschnitt des Anfangstheiles des Samenleiters vom Menschen, 20mal vergr. 1. Cylinderepithel. 2. Tunica propria. 3. Submucosa mit querdurchschnittenen Längsmuskeln (als kleine Ringe und Punkte zu sehen.) 4. Ringmuskellage. 5. Längsmuskellage. Technik Nr. 125.

Vas epididymidis hervor, welches, vielfach gewunden, Körper und Schwanz des Nebenhodens bildet und sich in das Vas deferens fortsetzt. Die Vasa efferentia bestehen zu Innerst aus einem geschichteten cylindrischen Flimmerepithel, der eine streifige Membrana propria und eine aus mehreren Lagen glatter Muskeln gebildete Ringfaserlage aufliegt. Ebenso ist das Vas epididymidis beschaffen, dessen Windungen durch lockres blutgefässreiches Bindegewebe zusammengehalten werden; gegen den Samenleiter zu verdickt sich die Ringmuskellage. Der Samenleiter besteht aus einem nicht flimmernden Cylinderepithel (Fig. 143 *1*), einer in Tunica propria (*2*) und Submucosa (*3*) geschiedenen Bindegewebslage, ferner aus einer inneren Ringlage (*4*) und einer äusseren Längslage (*5*) glatter Muskelfasern. Im Anfangstheil des

[1]) Tubuli recti und Rete testis gehören auch zu den ableitenden Samenwegen, sind aber wegen des innigen Anschlusses an die Drüse mit dieser beschrieben worden

Samenleiters findet sich in der Submucosa auch eine dünne Schicht longitudinaler glatter Muskelfasern. Der Endtheil des Samenleiters schwillt zur Ampulle an, deren Wandungen nur dünner sind, sonst aber einen ähnlichen Bau zeigen. In der Schleimhaut der Ampulle finden sich verzweigte Drüsenschläuche; das aus Cylinderzellen bestehende Epithel enthält zahlreiche Pigmentkörnchen. Ebenso sind die Samenblasen gebaut. Die Ductus ejaculatorii bestehen aus einer einfachen Lage Cylinderepithels und dünnen, inneren longitudinalen und äusseren circulären Lagen glatter Muskelfasern.

Das zwischen den Elementen des Samenstranges gelegene Organ von Giraldès (Paradidymis) ist ebenso wie das Vas aberrans Halleri ein Rest der (embryonalen) Urniere. Beide bestehen aus einem mit kubischem Flimmerepithel ausgekleideten Kanälchen, welches von blutgefässhaltigem Bindegewebe umhüllt wird. Die „ungestielte Hydatide" (Morgagni'sche H.) ist ein mit einem kurzen Stiel versehenes, aus gefässreichem Bindegewebe aufgebautes, solides Läppchen, welches von flimmerndem Cylinderepithel überzogen wird. Der Stiel enthält ein mit Cylinderepithel ausgekleidetes Kanälchen. Die Bedeutung dieses Gebildes ist noch nicht klargestellt, es wird von den einen Autoren mit der Tube, von andern mit dem Ovarium (daher „Ovarium masculinum") verglichen.

Die inconstante gestielte Hydatide ist ein mit kubischen Zellen ausgekleidetes, klare Flüssigkeit enthaltendes Bläschen.

Anhangsdrüsen der männlichen Geschlechtsorgane.

Die Prostata besteht zum kleineren Theile aus Drüsensubstanz, zum grösseren Theile aus glatten Muskelfasern. Die Drüsensubstanz setzt sich zusammen aus 30—50 acinösen Drüsen, welche durch ihren lockeren Bau, sowie durch die geringe Entwickelung der Drüsenbläschen ausgezeichnet sind. Die Drüsen münden mit zwei grösseren und einer Anzahl kleinerer Ausführungsgänge in die Harnröhre. Die Drüsenzellen sind niedrige Cylinderzellen, welche in einfacher Lage die Bläschen auskleiden. In den grösseren Ausführungsgängen ist Uebergangsepithel (pag. 162), wie in der Pars prostatica urethrae, vorhanden. In den Drüsenbläschen finden sich bei älteren Leuten die sogen. Prostatasteine, runde, bis 0,7 mm grosse, geschichtete Secretklumpen. Die glatten Muskelfasern, welche überall in grosser Menge zwischen den Drüsenläppchen gelegen sind, verdicken sich gegen die Harnröhre zu einer stärkeren Ringmuskellage (M. sphincter vesicae intern.); auch an der äusseren Oberfläche der Prostata finden sich reichlich glatte Muskelfasern, die an Bündel quergestreifter Muskelfasern (M. sphincter vesicae extern., d. i. ein Theil des M. transversus perin. prof.) angrenzen. Die Prostata ist mit vielen Blutgefässen versehen; über Nerven ist nichts Näheres bekannt.

Die Cowper'schen Drüsen sind acinöse Drüsen, deren grosse Bläschen mit einer einfachen Schicht heller Cylinderzellen, deren Ausführungsgänge mit 2—3 Schichten kubischer Zellen ausgekleidet sind.

Der Penis.

Der Penis besteht aus drei cylindrischen Schwellkörpern: den beiden Corpora cavernosa penis und dem Corpus cavernosum urethrae, welche von Fascie und Haut eingehüllt werden.

Das Corpus cavernosum penis besteht aus einer Tunica albuginea und einem Schwammgewebe. Die Tunica albuginea ist eine feste, durchschnittlich 1 mm dicke, bindegewebige, mit vielen feinen elastischen Fasern untermischte Haut, an der eine äussere Längslage und eine innere Ringlage zu unterscheiden ist. Das Schwammgewebe wird durch Bündel glatter Muskelfasern enthaltende Bindegewebsbalken und -Blätter hergestellt, die vielfach mit einander zusammenhängend ein Netzwerk bilden, dessen Lücken mit einer einfachen Lage platter Endothelzellen ausgekleidet werden. Diese Lücken sind mit venösem Blut erfüllt. Die dickwandigen Arterien gehen theils in Capillaren über, theils münden sie direkt in das tiefere Rindennetz. Die Capillaren bilden ein unter der Tunica albuginea gelegenes Netz, das oberflächliche (feine) Rindennetz, welches mit einem mehrschichtigen Netz weiterer venöser Gefässe, dem tiefen (groben) Rindennetz, zusammenhängt, das in den oberflächlichen Schichten des Schwammgewebes liegt. Das tiefe Rindennetz geht allmählig in die venösen Räume des Schwammgewebes über. Die sog. Rankenarterien (A. helicinae) sind in dünnen Bindegewebssträngen gelagerte Aestchen, welche bei collabirtem Gliede schlingenförmig umgebogen sind und bei unvollkommener Injection blind zu endigen scheinen. Die das Blut aus den Corpora cavernosa penis zurückführenden Venen (Venae emissariae) entstehen theils aus dem groben Rindennetz, theils aus der Tiefe des Schwammgewebes. Sie münden, nachdem sie die Tunica albugin. durchbohrt haben, in die Vena dorsalis penis.

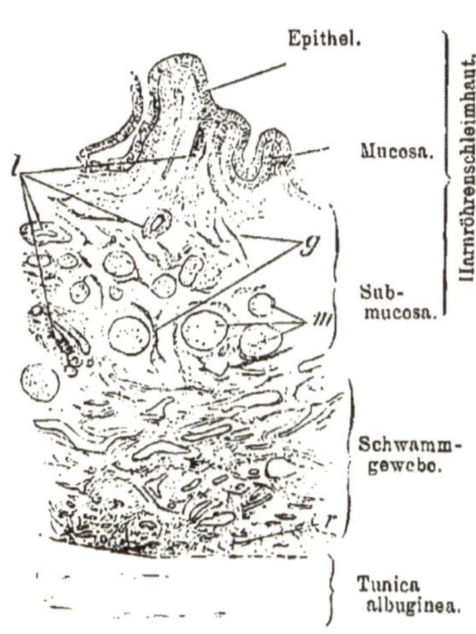

Fig. 144.

Stück eines Querschnittes der Pars cavernosa urethrae des Menschen, 20mal vergr. *l* Littre'sche Drüsen (pag. 164). Der unterste Strich deutet auf den Drüsenkörper, die oberen auf Stücke des Ausführungsganges. *g* Blutgefässe. *m* Querschnitt von Längsmuskelfasern. *r* Oberflächliches Rindennetz. Technik Nr. 114.

Das Corpus cavernosum urethrae besteht aus zwei differenten Abschnitten; die centrale Partie wird durch ein Netz der ansehnlich entwickelten Venen der Submucosa der Harnröhrenschleimhaut gebildet; die peripherische Partie gleicht im Bau dem Corpus cavernosum penis, nur fehlt hier eine direkte Communication der Arterien mit den Venenräumen. Die Glans penis besteht nur aus vielfach gewundenen Venen, die durch ein sehr ansehnlich entwickeltes Bindegewebe, dem Träger der feinen Arterien, sowie der Capillaren, zusammengehalten werden.

B. Die weiblichen Geschlechtsorgane.

Die Eierstöcke.

Die Eierstöcke bestehen aus Bindegewebe und Drüsensubstanz. Das derbe Bindegewebe, Stroma ovarii, ist in verschiedenen Schichten angeordnet; zu äusserst liegt 1) die Tunica albuginea (Fig. 145, *2*), eine aus zwei oder mehr in sich kreuzenden Richtungen verlaufenden Bindegewebslamellen zusammengesetzte Bildung, welche ganz allmählig 2) in die Rindensubstanz (Fig. 145 *3–5*) übergeht; diese schliesst die Drüsensubstanz in sich und hängt 3) mit der Marksubstanz (*6*) zusammen, welche die Trägerin zahlreicher, geschlängelter, von Zügen glatter Muskelfasern begleiteter Gefässe ist. Die Drüsensubstanz wird gebildet durch zahlreiche (ca. 36,000 beim Menschen) kugelige Epithelsäckchen, die Eifollikel, deren jedes ein Ei einschliesst. Die meisten Follikel sind mikroskopisch klein (40 μ) und bilden in den äusseren Schichten der Rindensubstanz liegend eine bogenförmige Zone (Fig. 145 *3*.), die nur am Hilus des Eierstocks, der Eintrittsstelle der Gefässe, fehlt. Die grösseren Follikel liegen etwas

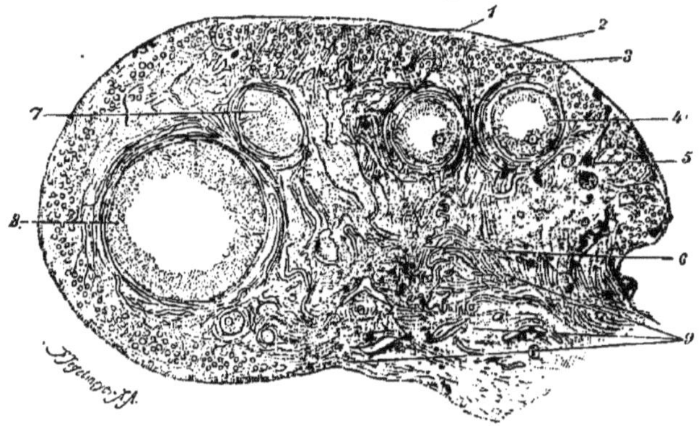

Fig. 145.

Querschnitt des Ovarium eines 8 Jahre alten Mädchens, 10mal vergrössert. 1. Keimepithel. 2. Tunica albuginea, noch schwach entwickelt. 3. Aeusserste Zone der Rindensubstanz, zahlreiche kleine Follikel enthaltend. 4. Grösserer Follikel. 5. Innerer Abschnitt der Rindensubstanz. 6. Marksubstanz mit zahlreichen geschlängelten Arterien. 7. Peripherisch angeschnittener Follikel. 8. Grosser Follikel, dessen Cumulus ovigerus vom Schnitt nicht getroffen ist. 9. Hilus ovarii, weite Venen enthaltend. Technik Nr. 127.

tiefer. Die grössten, mit unbewaffnetem Auge leicht wahrnehmbaren Follikel reichen im höchsten Grade der Ausbildung von der Marksubstanz bis zur Tunica albuginea. Die Oberfläche des Eierstockes ist vom Keimepithel (Fig. 145 *1*) d. i. einer einfachen Lage sehr kleiner, kurzcylindrischer Zellen überzogen.

Nur die erste Entwickelung der Eier vollzieht sich in embryonaler Zeit; die weitere Ausbildung der Eier bis zur vollendeten Reife ist in jedem zeugungsfähigen Ovarium in allen Stadien zu beobachten. In der Fötalperiode und selbst noch nach der Geburt findet man zwischen den Cylinderzellen des Keimepithels grössere mit Kern und Kernkörperchen versehene, rundliche Zellen, die Primordialeier (Fig. 146 *P*), die durch besondere Ausbildung einzelner Zellen des Keimepithels entstanden sind. Im Verlaufe der Entwickelung wachsen Gruppen von Cylinderzellen, welche mehrere Primordialeier einschliessen, in das Ovarialstroma hinein. Diese Gruppen heissen Eiballen (*E*), oder, wenn sie in Form längerer Schläuche auftreten, Eischläuche. Indem sich nun jedes Ei mit kleinen Zellen umgibt und sich von den übrigen Eiern abschnürt, entsteht ein kugeliger Körper, der Primärfollikel (*Pf*), der somit aus dem Ei und den dieses einschliessenden Epithelzellen, dem sog. Follikelepithel (*F*) besteht. Das Protoplasma des Eies heissen wir Dotter (*D*), den Kern Keimbläschen (*Kb*), das Kernkörperchen Keimfleck (*Kf*).

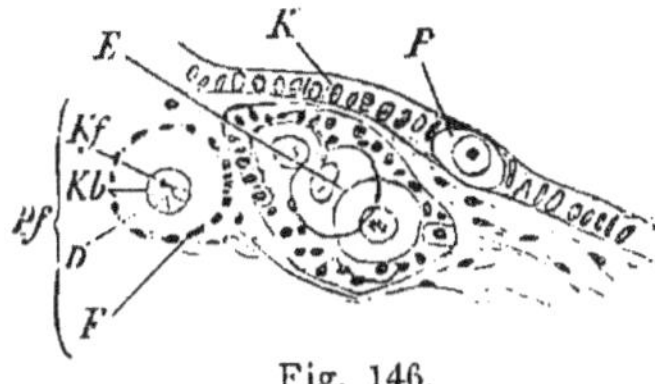

Fig. 146.

Aus einem senkrechten Durchschnitt des Eierstockes eines vier Wochen alten Mädchens, 240mal vergr. *K* Keimepithel. *P* Primordialei mit grossem Kern und Kernkörperchen. *E* Eiballen mit drei Eiern, von Cylinderzellen umgeben. *Pf* Primärfollikel. *F* Follikelepithel. *D* Dotter. *Kb* Keimbläschen. *Kf* Keimfleck. Technik Nr. 127.

Soweit sind es vorzugsweise fötale Vorgänge. Nun werden die Follikelepithelzellen erst höher (Fig. 147 *2*), dann mehrschichtig (*3*), das Ei wird grösser, gewinnt eine excentrische Lage und erhält eine allmählig sich verdickende Randschicht, die Zona pellucida (*Zp*).

Ebenso wächst der Follikel; unter fortwährender Vermehrung der Follikelepithelien entsteht zwischen ihnen eine Lücke, die von einer wässerigen Flüssigkeit, dem Liquor folliculi, ausgefüllt wird. Der Liquor ist theils ein Transsudat aus den den Follikel umspinnenden Blutgefässen, theils ist er durch Verflüssigung einzelner Follikelepithelzellen entstanden; er erfährt eine immer fortschreitende Vermehrung, so dass der Follikel bald ein mit Flüssigkeit erfülltes Bläschen, den Graaf'schen Follikel, dessen Durchmesser 0,5 — 5 mm beträgt, darstellt. Um grössere Follikel ordnet sich das Bindegewebe des Stroma zu kreisförmigen Zügen, die wir Theca folliculi (*Th*) nennen. Der Graaf'sche Follikel besteht somit 1) aus einer bindegewebigen Hülle, der Theca folliculi (Fig. 148 *Th*), welche zwei Schichten, a) eine äussere, faserige Tunica fibrosa (*Tf*) und b) eine innere, an Zellen und Blutgefässen reiche Tunica propria (*Tp*) unterscheiden lässt; 2) aus dem mehrschichtigen Follikelepithel (*M*), das sich beim Zerzupfen frischer Follikel in grossen Fetzen darstellen lässt und seit langer Zeit als Membrana granulosa bekannt ist. Eine verdickte Stelle des Follikelepithels der Cumulus ovigerus

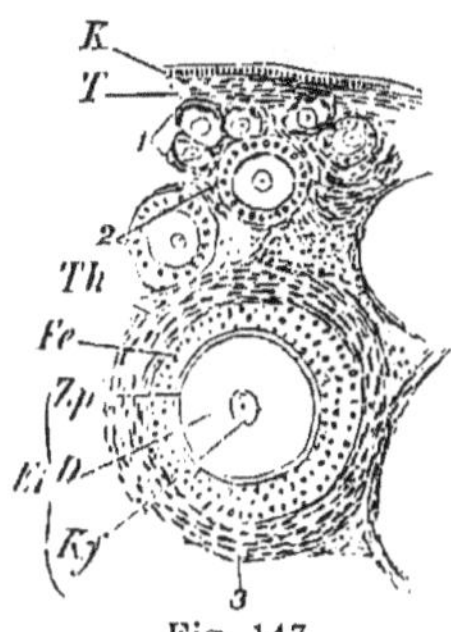

Fig. 147.

Aus einem Durchschnitt durch die Rinde eines Kanincheneierstockes, 90mal vergr. 1. Primärfollikel. 2. Follikel mit einschichtigem Cylinderepithel. 3. Follikel mit geschichtetem Epithel. *K* Keimepithel. *T* Tunica albuginea (gering entwickelt). *Th* Theca folliculi. *Fe* Follikelepithel. *Zp* Zona pellucida. *D* Dotter. *Kf* Keimbläschen mit punktförmigem Keimfleck. Technik Nr. 127.

(*C*), (Discus proligerus) schliesst das Ei (*E*) ein. Der grösste Theil des Binnenraums wird vom Liquor folliculi eingenommen.

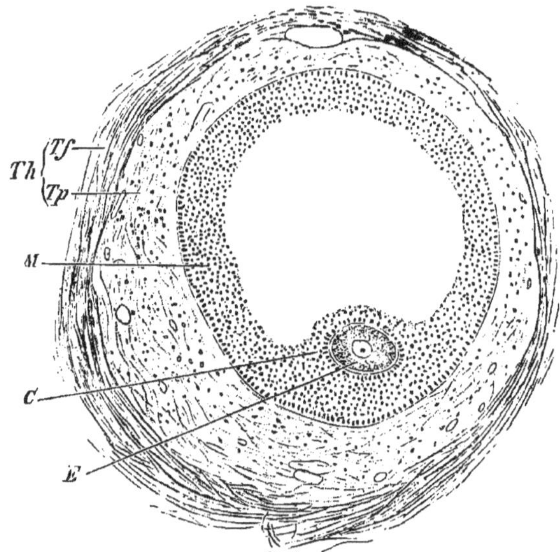

Fig. 148.

Durchschnitt eines Graaf'schen Follikels eines 8jährigen Mädchens, 90mal vergr. *Th* Theca folliculi. *Tf* Tunica fibrosa. *Tp* Tunica propria derselben. *M* Membrana granulosa = Follikelepithel. *C* Cumulus ovigerus. *E* Ei mit Zona pellucida, Keimbläschen und Keimfleck. Der helle Raum in der Mitte enthielt den Liquor folliculi. Technik Nr. 127.

Hat der Graaf'sche Follikel seine völlige Reife erreicht, so platzt er an der der Eierstocksoberfläche zugekehrten Seite, die schon vorher durch

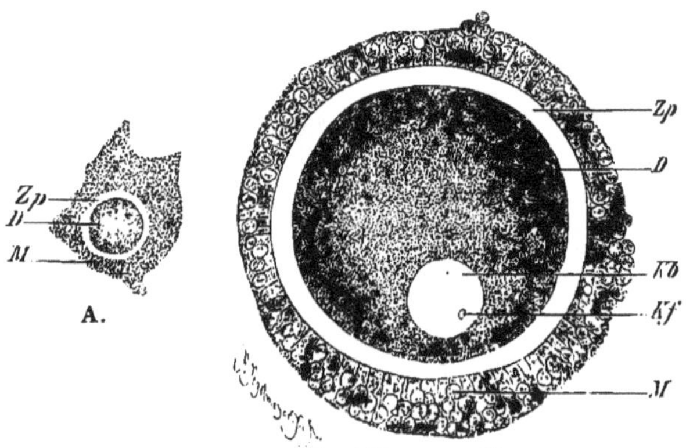

Fig. 149. B.

Ei aus einem Graaf'schen Follikel der Kuh. A 50mal, B 240mal vergr. *M* Zellen der Membr. granulosa *Zp* Zona pellucida. *D* Dotter. *Kb* Keimbläschen. *Kf* Keimfleck. Technik Nr. 128.

Verwölbung und starke Verdünnung kenntlich war; das Ei gelangt, umgeben von Zellen des Cumulus ovigerus in die Beckenhöhle, der leere

Follikel bildet sich zum gelben Körper (Corpus luteum) zurück. Erfolgt keine Befruchtung des ausgestossenen Eies, so verschwindet das Corpus luteum nach wenigen Wochen; wir nennen solche Gebilde falsche gelbe Körper; tritt dagegen Schwangerschaft ein, so entwickelt sich der geborstene Follikel zum wahren gelben Körper, der einen Durchmesser von ca. 1 cm besitzt und sich Jahre lang erhält. Er besteht anfangs aus einer Faserhaut (der ehemaligen Tunica fibrosa) und aus einer gelben Masse, die vorzugsweise durch Wucherung der Zellen der Tunica propria, sowie durch die Reste des Follikelepithels entstanden ist und in ihrem Centrum eine mit Blut gefüllte Höhle enthält. Das Blut stammt aus den zerrissenen Gefässen der Tunica propria. Späterhin wird ein Theil der Zellen zu jungem Bindegewebe, das Centrum entfärbt sich und an Stelle des Blutes tritt eine krümelige, zuweilen Haematoidinkrystalle (pag. 99) enthaltende Masse.

Nicht alle Primärfollikel entwickeln sich bis zu völliger Reife. Ein Theil bildet sich zurück; auch Rückbildung grösserer Follikel kommt vor.

Die Arterien des Eierstocks, Aeste der A. spermatica intern. und der A. uterina, treten am Hilus ein, theilen sich in der Marksubstanz und sind durch ihren geschlängelten Verlauf charakterisirt (Fig. 145). Von da verlaufen sie in die Rindensubstanz, wo sie vorzugsweise in der Tunica propria der Follikel ausgebreitete Capillarnetze speisen. Die Venen bilden am Hilus ovarii einen dichten Plexus. Die zahlreichen Lymphgefässe lassen sich bis zur Tunica propria der Follikel verfolgen. Die sparsamen Nerven dringen bis an die grösseren Follikel vor.

Das Epoophoron (Parovarium) und das Paroophoron sind Reste embryonaler Bildungen. Ersteres, im lateralen Abschnitt des Fledermausflügels am (beim Thiere im) Hilus ovarii gelegen, besteht aus blind endigenden, geschlängelten Kanälchen, die mit flimmernden Cylinderepithelzellen ausgekleidet sind. Das Epoophoron ist ein Rest des Sexualtheiles des Wolff'schen Körpers. Das Paroophoron liegt im medialen Abschnitt des Fledermausflügels und besteht aus verästelten, mit Cylinderzellen ausgekleideten Kanälchen; es stellt einen Rest des Urnierentheiles des Wolff'schen Körpers dar.

Eileiter und Uterus.

Die Wandung des Eileiters, der Tuba Fallopiae, besteht aus drei Häuten: 1. einer Schleimhaut, 2. einer Muskelhaut und 3. einem serösen Ueberzug. Die Schleimhaut ist in zahlreiche Längsfalten gelegt, so dass der Querschnitt des Eileiterlumens ein sternförmiger ist. Am höchsten sind die Falten in der Eileiterampulle, woselbst dieselben auch durch schräge kleine Falten unter einander verbunden sind. Die dicke Schleimhaut besteht a) aus einer einfachen Schicht flimmernden Cylinderepithels; der Flimmerstrom ist gegen den Uterus gerichtet, b) aus einer an Bindesubstanzzellen reichen Tunica propria, c) aus einer sehr dünnen Muscularis mucosae: glatten längs verlaufenden Muskelfasern und d) aus einer Submucosa, welche durch eine dünne Lage fibrillären Bindegewebes gebildet wird. Die **Muskelhaut** besteht aus einer inneren dickeren Lage circulärer und einer äusseren, nur dünnen Lage longitudinaler glatter Muskelfasern. Der **seröse Ueberzug** wird durch eine ansehnliche Lage lockeren Bindegewebes und durch das Bauchfell gebildet. Die **Blutgefässe** sind besonders in der Schleimhaut reichlich vertreten, woselbst sie ein engmaschiges Capillarnetz bilden. Die grösseren Venen verlaufen längs der Schleimhautfalten. Die Kenntniss des genaueren Verhaltens der **Lymphgefässe** und **Nerven** fehlt noch.

Die Wandung des **Uterus** besteht, wie diejenige des Eileiters, aus Schleimhaut, Muscularis und Serosa. (Fig. 150.) Die 1,5 — 2 mm dicke **Schleimhaut** trägt auf ihrer Oberfläche ein einschichtiges flimmerndes Cylinderepithel (*a*); der Flimmerstrom ist gegen den Cervix uteri gerichtet. Die Tunica propria (*b*) besteht aus feinfaserigem, zahlreiche Bindesubstanzzellen und Leucocyten, sowie eine geringe Menge homogener Zwischensubstanz enthaltendem Gewebe und ist die Trägerin vieler einfacher, oder gabelig getheilter Drüsenschläuche (*c*), die aus einer zarten Membrana propria und einer einfachen Lage kurze Flimmerhaare tragender Cylinderzellen bestehen. Das Gewebe der Tunica propria geht unmerklich in das interstitielle Bindegewebe der **Muscularis** über. Diese besteht aus glatten Muskelfasern, welche, zu Bündeln vereint, in den verschiedensten Richtungen sich durchflechten, so dass eine scharfe Abgrenzung einzelner Lagen nicht möglich ist. Man kann im Allgemeinen drei Schichten unterscheiden, eine **innere**, **Stratum submucosum**, aus längs verlaufenden Bündeln zusammengesetzte (*1*), eine **mittlere**, die mächtigste, die vorwiegend aus circulären Muskelbündeln besteht und weite Venen enthält (daher „**Stratum vasculare**") (*2*) und eine **äussere**, theils von circulär, theils von längs verlaufenden Bündeln (letztere dicht unter der Serosa) gebildet: „**Stratum supravasculare**" (*3*). Die **Serosa** zeigt keine besonderen Eigenthümlichkeiten.

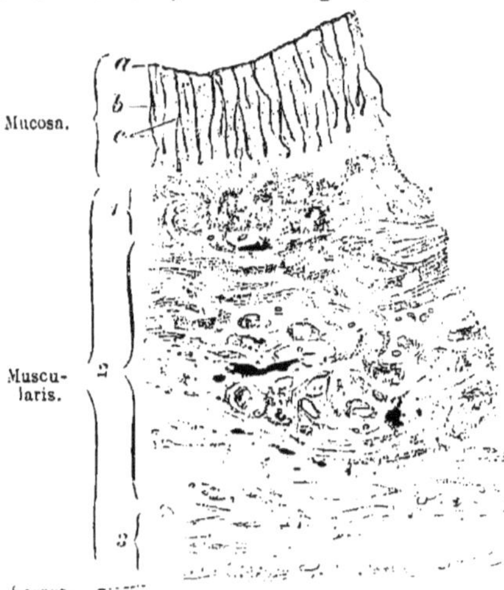

Fig. 150.

Stück eines Querschnittes durch die Mitte des Uterus eines 15jährigen Mädchens, 10mal vergr. *a* Epithel, *b* Tunica propria, *c* Drüsen. 1. Stratum submucosum. 2. Str. vasculare. 3. Str. supravasculare. Technik Nr. 181.

Im Cervix uteri ist die Schleimhaut dicker und trägt in den oberen zwei Dritteln Flimmerepithel, während gegen das Orificium uteri extern. Papillen mit geschichtetem Plattenepithel überzogen auftreten. Ausser vereinzelten Schlauchdrüsen kommen noch kurze Schleimdrüsen, sog. Schleimbälge, vor, die durch Retention ihres Secretes sich zu Cysten, den Ovula Nabothi, umgestalten können. Die Muscularis zeigt eine deutlich ausgesprochene Schichtung in eine innere und äussere longitudinale und eine mittlere circuläre Muskellage.

Die Blutgefässe lösen sich in der Muscularis in Aeste auf, die besonders im Stratum vasculare stark entwickelt sind. Die Endäste treten in die Schleimhaut, wo sie ein die Drüsen umspinnendes Capillarnetz bilden. Die Lymphgefässe bilden in der Schleimhaut ein weitmaschiges mit blinden Ausläufern versehenes Netzwerk. Von diesem treten durch die Muscularis Stämmchen, welche mit einem dichten subserösen Netz grösserer Lymphgefässe zusammenhängen. Die theils markhaltigen, theils marklosen Nerven verästeln sich in der Muscularis. Ihr Verhalten zur Schleimhaut ist unbekannt.

Zur Zeit der Menstruation wird die Schleimhaut dicker (bis zu 6 mm) in Folge von Vermehrung der homogenen Zwischensubstanz, sowie der Leucocyten. Die Drüsen werden ebenfalls länger. Die Blutgefässe der Uterusschleimhaut, aus denen vorzugsweise das Menstrualblut stammt, sind erweitert. Das Epithel wird grossentheils abgestossen (aber nicht in grösseren Fetzen). Die Veränderungen in der Schwangerschaft beruhen neben einer Verdickung der Schleimhaut auf einer Zunahme der Muscularis, welche durch bedeutende Vergrösserung der vorhandenen Muskelfasern (pag. 37) und Bildung neuer Muskelfasern erfolgt.

Scheide und äussere weibliche Genitalien.

Die Scheide, Vagina, wird gebildet durch eine Schleimhaut, eine Muskelhaut und eine Faserhaut. Die Schleimhaut besteht: 1. aus einem geschichteten Plattenepithel, 2. einer papillentragenden Tunica propria, die, von einem Geflecht feiner Bindegewebsbündel aufgebaut, spärliche elastische Fasern, sowie Leucocyten in wechselnder Menge enthält. Letztere treten zuweilen in Form von Solitärknötchen auf; in diesem Falle findet man an der betreffenden Stelle zahlreiche Leucocyten auf der Durchwanderung durch das Epithel begriffen. Die tiefste Schichte der Schleimhaut wird hergestellt: 3. durch eine Submucosa, welche aus lockeren Bindegewebsbündeln und starken elastischen Fasern zusammengesetzt ist. Drüsen fehlen der Scheidenschleimhaut. Die Muskelhaut wird von einer inneren circulären und einer äusseren longitudinalen Schicht glatter Muskeln gebildet. Die äussere Faserhaut ist ein festes, mit elastischen Fasern reichlich versehenes Bindegewebe. Blutgefässe und Lymphgefässe sind in der Tunica propria und der Submucosa zu flächenhaft ausgebreiteten Netzen angeordnet. Zwischen den Bündeln der Muskelhaut liegt ein dichtes Netz weiter Venen. Die Nerven bilden in der äusseren Faserhaut ein mit vielen kleineren Ganglien besetztes Geflecht. Der weitere Verlauf ist unbekannt.

Die Schleimhaut der äusseren weiblichen Genitalien ist insofern von der Scheidenschleimhaut verschieden, als in der Umgebung der Clitoris und der Harnröhrenmündung zahlreiche, 0,5—3 mm grosse Schleimdrüsen und an den Labia minora Talgdrüsen (von 0,2—2,0 mm Grösse) ohne Haarbälge sich finden. Die Clitoris wiederholt im Kleinen den Bau des Penis; an der Glans clitoridis kommen Tastkörperchen, sowie Endkolben vor. Die Bartholini'schen Drüsen gleichen den Cowper'schen Drüsen des Mannes. Die Labia majora sind wie die äussere Haut gebaut.

Der saure Vaginalschleim enthält abgestossene Plattenepithelzellen und Leucocyten, sowie nicht selten ein Infusorium, Trichomonas vaginalis.

TECHNIK.

Nr. 118. Zu Uebersichtspräparaten des Hodens schneide man den Hoden und Nebenhoden neugeborener Knaben[1]) quer durch[2]), fixire die beiden Stücke in ca. 50 ccm Kleinenberg'scher Pikrinsäure (pag. 12) und härte sie in ca. 30 ccm allmählig verstärkten Alkohols (pag. 13). Dicke, vollständige Querschnitte färbe man mit verdünntem Carmin (pag. 16) und mit Haematoxylin (pag. 16) und conservire sie in Damarfirniss (pag. 21), Zu betrachten mit Lupe oder mit ganz schwachen Vergrösserungen (Fig. 138).

Nr. 119. Für den feineren Bau der Hodenkanälchen fixire man Stückchen (von ca. 2 cm Seite) des frisch aus dem Schlachthaus bezogenen Stierhodens in ca. 200 ccm Müller'scher Flüssigkeit (pag. 12) und härte sie nach ca. 14 Tagen in ca. 50 ccm allmählig verstärkten Alkohols (pag. 13). Möglichst feine Schnitte sind mit Haematoxylin zu färben (pag. 16) und in Damarfirniss zu conserviren (pag. 21). Schon bei schwachen Vergrösserungen (50 mal) kann man die Kanälchen im Zustande der Thätigkeit von den ruhenden Kanälchen unterscheiden. Die thätigen Kanälchen erkennt man an den sich intensiv blaufärbenden Köpfen der jungen Spermatofilen (Fig. 139 *B*). Die Kerne der peripherischen Zellen sind oft etwas dunkler gefärbt, als diejenigen der dem Lumen näher liegenden Zellen.

Nr. 120. Spermatoblasten und -gemmen sind nur bei grosser Uebung wahrzunehmen. Zur Herstellung von diesbezüglichen Präparaten fixire man Stückchen (von 5 mm Seite) des lebenswarmen Stierhodens in ca. 10 ccm Chromosmiumessigsäure (pag. 13), wasche nach 1—2 Tagen die Stücke 1 Stunde lang in (womöglich fliessendem) Wasser aus und härte sie in ca. 20 ccm allmählig verstärkten Alkohols (pag. 13). Sehr feine Schnitte färbe man mit Saffranin (pag. 17) und conservire sie in Damarfirniss (pag. 21). Gute Bilder sind natürlich nur an genau quer durchschnittenen Kanälchen zu finden (Fig. 139 *A*).

Nr. 121. Zur Isolation der Hodenelemente lege man ca. 1 ccm grosse Stückchen des frischen Stierhodens in ca. 20 ccm Ranvier's Alkohol (pag. 10) und zerzupfe nach 5—6 Stunden in einem Tropfen des Alkohols den Inhalt der Kanälchen. Färben mit Pikrocarmin unter dem Deckglas (pag. 24) und conserviren in verdünntem Glycerin. Man versäume nicht, mehrere Präparate von verschiedenen Stellen anzufertigen (Fig. 140 *A*).

Nr. 122. Elemente des Samens. Man bringe einen Tropfen von der aus der Schnittfläche eines frischen Nebenhodens hervortretenden milchweissen Flüssigkeit auf einen reinen Objektträger, setze einen Tropfen Koch-

[1]) Hoden von Kaninchen, Katzen und Hunden haben das Corpus Highmori nicht am Rande, sondern in der Mitte des Hodens.

[2]) Unangeschnittene Hoden lassen sich wegen der festen Tunica albuginea nicht hinreichend härten.

salzlösung zu, lege ein Deckglas auf und betrachte mit starken Vergrösserungen. Nach einiger Zeit lasse man einen Tropfen destillirten Wassers unter das Deckglas fliessen (pag. 24). Die Bewegung der Samenfäden wird alsbald aufhören; die Köpfe der meisten Samenfäden präsentiren sich dann von der Fläche, der Schwanz krümmt sich ösenförmig. (Fig. 141. *3.*) Nicht vollkommen reife Samenfäden tragen am Mittelstück noch Protoplasmareste. Man kann die Samenfäden conserviren, indem man mit Wasser verdünnten Samen auf dem Objektträger eintrocknen lässt, ein Deckglas auflegt und dieses mit Kitt festklebt (pag. 21. ad 2). Zu starke Beleuchtung gibt bei solchen Präparaten störende Reflexe.

Nr. 123. Die Haltbarkeit der Samenfäden gestattet auch Untersuchungen zu forensischen Zwecken. Es handle sich z. B. um die Frage, ob die an einem leinenen Hemd befindlichen Flecken von Samen herrühren. Man schneide von den verdächtigen steifen Flecken Stückchen von 5—10 mm Seite aus, weiche sie in einem Uhrschälchen mit destillirtem Wasser 5—10 Minuten lang auf und zerzupfe einige Fasern des Stückchens auf dem Deckglas. Bei starken Vergrösserungen (560 : 1) untersuche man hauptsächlich die Ränder der einzelnen Leinenfasern, an denen die Samenfäden ankleben. Nicht selten brechen die Köpfe vom Mittelstück ab; erstere sind durch ihren eigenthümlichen Glanz, ihre Gestalt und ihre (beim Menschen geringe) Grösse kenntlich.

Nr. 124. Samenfäden vom Frosch. Der männliche Frosch ist durch gut ausgebildete Warzen am Daumenballen kenntlich. Man öffne die Bauchhöhle; die Hoden sind ein paar (Säugethiernieren ähnliche) ovale Körper, die zu Seiten der Wirbelsäule liegen. Dem querdurchschnittenen Hoden entnommene Flüssigkeit zeigt, mit einem Tropfen Kochsalzlösung verdünnt, die grossen Samenfäden, deren Kopf dünn und langgestreckt, deren Schwanz so fein ist, dass er im ersten Augenblick übersehen wird. Unreife Spermatofilen liegen zu ganzen Büscheln vereint beisammen.

Nr. 125. Zu Schnitten für Nebenhoden, Vas deferens, sowie für Samenbläschen, fixire man 1—2 cm grosse Stücke in ca. 200 ccm Müller'scher Flüssigkeit (pag. 12) 14 Tage und härte sie in ca. 60 ccm allmählig verstärkten Alkohols (pag. 13). Die Schnitte färbe man mit Haematoxylin (pag. 16) und conservire sie in Damarfirniss pag. 21) (Fig. 142 und 143.)

Nr. 126. Prostata und die verschiedenen Abtheilungen der männlichen Harnröhre behandle man in 2—3 cm grossen Stücken wie Nr. 125. (Fig. 144.)

Nr. 127. Eierstöcke kleiner Thiere fixire man im Ganzen, solche grösserer Thiere und die des Menschen mit einigen quer zur Längsaxe gerichteten Einschnitten versehen, in 100—200 ccm Kleinenberg'scher Pikrinsäure (pag. 12) und härte sie in ca. 100 ccm allmählig verstärkten Alkohols (pag. 13). Zu Uebersichtsbildern (Fig. 145) müssen dicke Schnitte angefertigt werden, weil sonst der Inhalt grosser Follikel leicht ausfällt. Nicht jeder Schnitt trifft grössere Follikel; man muss oft viele Schnitte machen, bis man eine günstige Stelle trifft. Man färbe mit Haematoxylin (pag. 16) oder färbe die Stücke mit Boraxcarmin durch (pag. 17). Conserviren in Damarfirniss (pag. 21).

Nr. 128. Frische Eier erhält man auf folgende Weise. Man verschaffe sich aus dem Schlachthause ein paar frische Eierstöcke einer Kuh.

Die grossen Graaf'schen Follikel sind durchscheinende Bläschen von Erbsengrösse, welche sich mit einer Scheere leicht in toto herausschälen lassen. Nun überträgt man den isolirten Follikel auf einen Objektträger und sticht ihn mit der Nadel vorsichtig an.[1] In dem ausfliessenden Liquor folliculi findet sich, umgeben von Zellen des Cumulus ovigerus, das Ei (Fig. 149), welches, ohne dass das Präparat mit einem Deckglas bedeckt wird, mit schwacher Vergrösserung aufgesucht werden muss. Will man mit starken Vergrösserungen untersuchen, so bringe man zu Seiten des Eies ein paar feine Papierstreifen und lege dann ein Deckglas vorsichtig auf.

Der Anfänger wird manchen Follikel opfern, ehe es ihm gelingt, ein Ei zu finden. Oft tritt das Ei nicht sofort beim Anstechen heraus und wird erst nach wiederholtem Zerzupfen des Follikels gefunden.

Nr. 129. Froscheier. Man bringe ein etwa linsengrosses Stückchen des frischen Froscheierstockes auf einen Objektträger und steche alle grossen, schwarzen Eier an, sodass deren Inhalt ausfliesst. Den Rest bringe man nun in eine Uhrschale mit destill. Wasser und wasche ihn da durch Bewegen mit Nadeln aus. Stellt man die Schale auf eine schwarze Unterlage, so sieht man die kleineren, noch unpigmentirten Eifollikel. Nun bringe man das gewaschene Objekt auf einen reinen Objektträger, bedecke es mit einem Deckglas und untersuche. Die Eier haben ein sehr grosses Keimbläschen, der Keimfleck verschwindet frühzeitig und ist meist nicht zu sehen. Dagegen findet sich im Dotter ein dunkler Fleck, der Dotterkern. Im Umkreis des Eies sieht man eine feinstreifige Haut mit, ihrer Innenseite anliegenden, flachen Zellen: die Theca folliculi mit dem einschichtigen Follikelepithel.

Nr. 130. Für Tubenpräparate fixire man 1—2 cm lange Stücke in ca. 100 ccm Müller'scher Flüssigkeit (pag. 12) und härte sie nach ca 14 Tagen in ca. 60 ccm allmählig verstärkten Alkohols (pag. 13). Färben mit Haematoxylin (pag. 16) und conserviren in Damarfirniss (pag. 21).

Nr. 131. Der Uterus des Menschen ist in sehr vielen Fällen zur Herstellung übersichtlicher Präparate nicht geeignet. Besonders stösst die Sichtbarmachung der Drüsenschläuche oft auf unüberwindliche Schwierigkeiten[2]. Die (zweihörnigen) Uteri vieler Thiere lassen die oft stark gewundenen Drüsenschläuche besser erkennen; die Anordnung der Muskelschichten ist eine andere, regelmässigere, als beim Menschen.

Behandlung wie Nr. 130.

IX. Die Haut.

Die äussere Haut (Integumentum commune, Cutis) besteht in ihrer Hauptmasse aus Bindegewebe, welches jedoch nirgends frei zu Tage liegt, sondern mit einem zusammenhängenden epithelialen Ueberzuge versehen ist. Der bindegewebige Antheil der Haut heisst Lederhaut (Corium, Derma), der epitheliale Antheil Oberhaut (Epidermis). Die Anhänge der äusseren Haut, die Nägel und die Haare, sind, ebenso wie die in der Tiefe der Lederhaut eingegrabenen Haarbälge und Drüsen Produkte der Epidermis.

---

[1]) Das Anstechen muss an der auf dem Objektträger liegenden Seite des Follikels vorgenommen werden, sonst spritzt der Liquor im Bogen heraus und mit ihm das Ei.

[2]) Die Figur 150 ist nach einem ungefärbten Präparat gezeichnet. Die Drüsen waren nicht so deutlich, wie sie sich auf der Abbildung finden.

Die äussere Haut.

Lederhaut. Die Oberfläche der Lederhaut ist von vielen feinen Furchen durchzogen, welche entweder sich kreuzend rautenförmige Felder abgrenzen oder auf längere Strecken parallel laufend schmale Leistchen zwischen sich fassen. Die rautenförmigen Felder sind am grössten Theile der Körperoberfläche zu sehen, während die Leistchen auf die Beugeseite der Hand und des Fusses beschränkt sind. Auf den Feldern und Leistchen stehen zahlreiche kegelförmige Wärzchen, die Papillen, deren Zahl und Grösse an den verschiedenen Stellen des Körpers bedeutenden Schwankungen unterworfen ist. Die meisten und grössten (bis zu 0,2 mm hohe) Papillen finden sich an der Hohlhand und an der Fusssohle; sehr gering entwickelt sind sie in der Haut des Gesichtes.

Die Lederhaut besteht vorzugsweise aus netzartig sich durchflechtenden Bindegewebsbündeln, welchen elastische Fasern, Zellen und glatte Muskelfasern beigemengt sind. Die Bindegewebsbündel sind in den oberflächlicheren

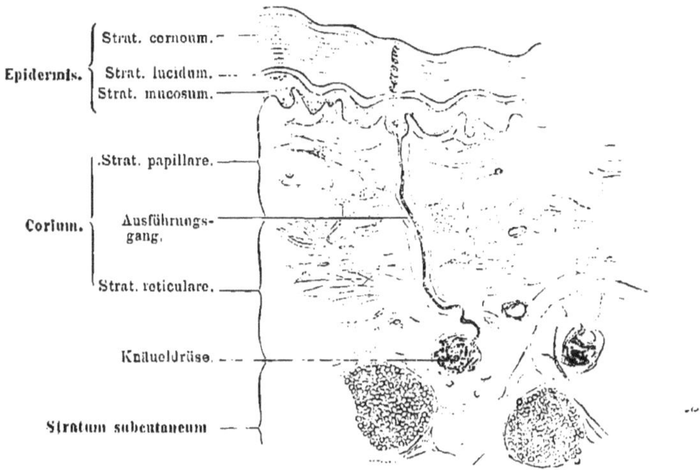

Fig. 151.
Senkrechter Schnitt durch die Haut des Fingers eines erwachsenen Menschen, 25mal vergrössert. Technik Nr. 182.

Schichten der Lederhaut fein und zu einem dichten Flechtwerk vereinigt, in den tieferen Schichten dagegen gröber; hier bilden sie, indem sie sich unter spitzen Winkeln überkreuzen, ein grobmaschiges Netzwerk. Man unterscheidet deshalb an der Lederhaut zwei Schichten: eine oberflächliche papillentragende Schicht, Stratum papillare, und eine tiefe Schicht, Stratum reticulare. Beide Schichten sind nicht scharf von einander getrennt, sondern gehen ganz allmählig in einander über. (Fig. 151.) Das Stratum reticulare hängt in der Tiefe mit einem Netze lockerer Bindegewebsbündel zusammen, in dessen weiten Maschen Fettträubchen gelegen sind. Diese Schicht heisst Stratum subcutaneum; massenhafte Fettablagerung in den Maschen dieser Schicht führt zur Bildung des Panniculus adiposus. Die Bündel des Stratum subcutaneum endlich hängen fester oder lockerer mit bindegewebigen Umhüllungen der Muskeln (den Fascien) oder der Knochen (dem Periost) zusammen. Die elastischen Fasern, welche im Stratum papillare feiner, im Stratum reticulare dicker sind, bilden gleichmässig im Corium vertheilte Netze. Die Zellen sind theils platte, theils spindelförmige Bindegewebszellen, theils Leucocyten, theils Fettzellen. Die Anzahl der zelligen Elemente ist eine sehr wechselnde. Die Muskelfasern gehören fast durchweg der glatten Muskulatur an, sie sind meist an die Haarbälge gebunden (pag. 186), nur an wenigen Körperstellen finden sie sich als häutige Ausbreitung (Tunica dartos, Brustwarze).

Die Oberhaut. Die Oberhaut besteht aus geschichtetem Pflasterepithel, welches zwei scharf von einander getrennte Lagen unterscheiden lässt, eine tiefe, weichere, die sogen. Schleimschicht, Stratum mucosum (Str. Malpighii), welches die zwischen den Coriumpapillen befindlichen Vertiefungen ausfüllt, und eine oberflächliche, festere, die Hornschicht, Stratum corneum. Beide Schichten bestehen durchaus aus Epithelzellen, welche in den einzelnen Lagen ein verschiedenes Aussehen zeigen. Die Zellen der tiefsten Lage der Schleimschicht sind cylindrisch mit oblongem Kerne; darauf folgen mehrere Lagen rundlicher Zellen, die mit zahlreichen feinen Stacheln besetzt sind (Stachelzellen). Diese Stacheln sind feine, fadenförmige Fortsätze, welche die zwischen den Zellen befindliche geringe Menge von Kittsubstanz durchsetzen und die Verbindung benachbarter Zellen unter einander vermitteln. Deshalb nennt man sie Intercellularbrücken oder Riffelfortsätze (Fig. 8). Die Zellen der nächst höheren Lagen sind mehr abgeplattet und enthalten zahlreiche, stark lichtbrechende Körnchen, deren Substanz Eleïdin, von andern Keratohyalin genannt worden ist; sie stehen wahrscheinlich in Beziehungen zum Verhornungsprozess. In der Schleimschicht findet eine fortwährende Neubildung zelliger Elemente durch indirekte Kerntheilung statt; sie wird deshalb ganz passend auch Keimschicht genannt. Die Hornschicht besteht aus vielen Lagen platter, polygonaler Schüppchen: verhornten Epithelzellen, die ihres Kerns verlustig geworden sind. Die Oberfläche der Hornschicht unterliegt einer beständigen Abschilferung, der hiedurch entstehende Verlust wird durch Nachrücken der Elemente der Schleimschicht ausgeglichen. An Stellen mit besonders dicker Epidermis (Beugefläche der Hand und des Fusses) findet sich zwischen Schleimschicht und Hornschicht ein durchsichtiger Streifen, das Stratum lucidum, dessen Bedeutung noch nicht vollkommen aufgeklärt ist. Die Färbung der Haut hat ihren Grund in der Einlagerung feiner Pigmentkörnchen in die Zellen der tieferen Lagen des Stratum mucosum.

Die Nägel.

Die Nägel sind Hornplatten, welche auf einer besonderen Modification der Haut, dem Nagelbett, aufliegen. Das Nagelbett wird seitlich von ein paar sich nach vorn abflachenden Wülsten, den Nagelwällen, begrenzt. Nagelbett und Nagelwall umfassen eine Rinne, den Nagelfalz, in welchen der Seitenrand des Nagels eingefügt ist (Fig. 152). Der hintere Rand des

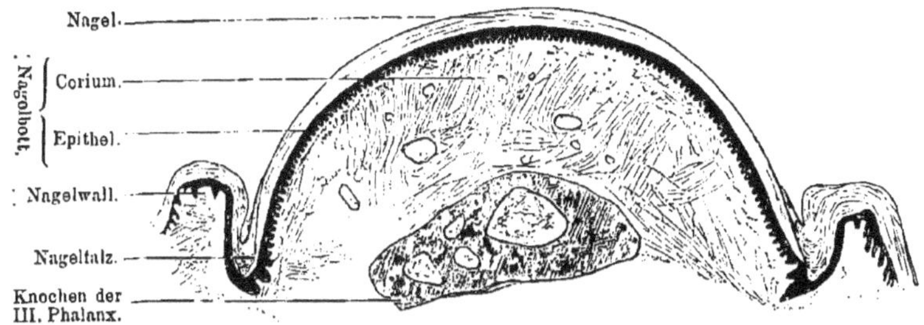

Fig. 152.
Dorsale Hälfte eines Querschnittes des dritten Fingergliedes eines Kindes, 15mal vergrössert. Die Leistchen des Nagelbettes sehen im Querschnitt wie Papillen aus. Technik Nr. 133.

Nagels, die Nagelwurzel, steckt in einer ähnlichen nur noch tieferen Rinne; hier findet das Wachsthum des Nagels statt; die Stelle heisst Matrix.

Das Nagelbett besteht aus Corium und aus Epithel. Die Bindegewebsbündel des Corium verlaufen theils der Länge nach, parallel der Längsaxe des Fingers, theils senkrecht vom Periost der Phalange zur Oberfläche. Die Oberfläche des Corium besitzt keine Papillen, sondern feine longitudinal ziehende Leistchen. Dieselben beginnen niedrig an der Matrix, nehmen nach vorn an Höhe zu und enden plötzlich an der Stelle, wo der Nagel sich von seiner Unterlage abhebt. Das Epithel ist ein mehrschichtiges Pflasterepithel, von gleichem Bau wie das Stratum mucosum der Epidermis. Es bedeckt die Leistchen, füllt die zwischen denselben befindlichen Furchen aus und ist gegen die Substanz des Nagels scharf abgesetzt. Nur an der Matrix geht das Epithel allmählig in den Nagel über. Hier ist die Stelle, wo durch fortwährende Theilung der Epithelzellen das Material zum Wachsthum des Nagels geliefert wird. Deswegen heisst das Epithel auch Keimschicht des Nagels. Der Nagelwall zeigt den gewöhnlichen Bau der äusseren Haut. Das Stratum mucosum desselben geht allmählig in die Keimschicht des Nagels über. Seine Hornschicht reicht bis in den Nagelfalz und überzieht noch einen kleinen Theil des Nagelrandes, hört aber bald sich verdünnend auf (Fig. 152).

Fig. 153.
Elemente des menschlichen Nagels, 240 mal vergr. Technik Nr. 131.

Der Nagel selbst besteht aus verhornten Epidermisschüppchen, die sehr fest mit einander verbunden sind und sich von den Schüppchen der Stratum corneum der Epidermis dadurch unterscheiden, dass sie einen Kern besitzen (Fig. 153).

Haare und Haarbälge.

Die Haare sind biegsame, elastische Hornfäden, welche fast über die ganze Körperoberfläche verbreitet sind. Man nennt den frei über die Haut hervorragenden Theil des Haares Schaft, Scapus; der in die Haut schräg eingesenkte Theil wird Haarwurzel, Radix pili, genannt; diese ist an ihrem unteren Ende zu einem hohlen Knopf, der Haarzwiebel, Bulbus pili, aufgetrieben, welcher von einer Coriumbildung, der Haarpapille, ausgefüllt wird (Fig. 154).

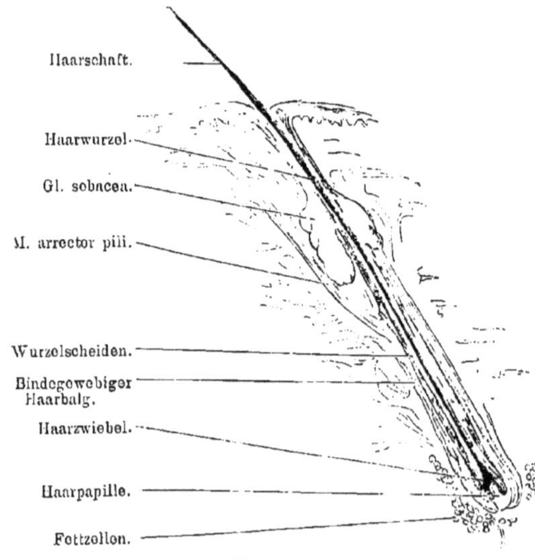

Fig. 154.
Aus einem dicken Durchschnitt der menschlichen Kopfhaut, 20mal vergrössert. Technik Nr. 188.

Jede Haarwurzel steckt in einer Modification der Haut, dem Haarbalge, an dessen Aufbau sich Corium und Epidermis betheiligen; die von letzterer gelieferten Theile werden Wurzelscheiden genannt. In den Haarbalg münden seitlich oben zwei bis fünf Drüsen, die Haarbalgdrüsen, Glandulae sebaceae. Schräg von der Coriumoberfläche herabziehende Bündel glatter Muskelfasern, M. arrector pili, setzen sich unterhalb einer Haarbalgdrüse an den bindegewebigen Haarbalg; die Insertionsstelle dieser Fasern findet sich stets an der schräg abwärts geneigten Seite des Haarbalges; ihre Contraction wird also eine Aufrichtung von Haarbalg und Haar zur Folge haben.

Das Haar besteht durchaus aus Epithelzellen, welche in drei scharf unterscheidbare Schichten geordnet sind:

1) das Oberhäutchen des Haares, Haarcuticula, welches die Oberfläche des Haares überzieht,

2) die Rindensubstanz, welche die Hauptmasse des Haares bildet,

3) die Marksubstanz, welche in der Axe des Haares gelegen ist.

Das Oberhäutchen besteht aus dachziegelförmig übereinander gelegten, durchsichtigen Schüppchen: verhornten, kernlosen Epithelzellen. Die Rindensubstanz besteht am Haarschaft aus lang gestreckten, verhornten, mit einem linienförmigen Kerne versehenen Epithelzellen, welche sehr innig mit einander verbunden sind; an der Haarwurzel werden die Zellen um so weicher und runder, ihr Kern wird um so rundlicher, je näher sie der Haarzwiebel gelegen sind. Die Marksubstanz fehlt vielen Haaren; auch da, wo sie vorhanden ist, (an dickeren Haaren) erstreckt sie sich nicht durch die ganze Länge des Haares. Sie besteht aus kubischen, feinkörnigen Epithelzellen, welche meist in doppelter Reihe neben einander gelegen sind und einen rudimentären Kern

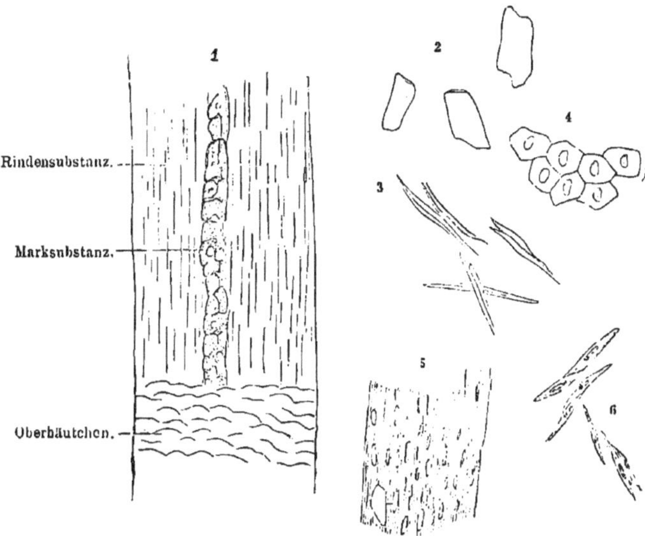

Fig. 155.
Elemente des menschlichen Haares und Haarbalges, 240 mal vergr. 1. Weisses Haar, 2. Schüppchen des Haaroberhäutchens, 3. Zellen der Rindensubstanz des Schaftes, 4. Zellen der Huxley'schen Schicht, 5. Zellen der Henle'schen Schicht, wie eine gefensterte Membran aussehend, 6. Zellen der Rindensubstanz der Wurzel. Technik Nr. 136 und 137.

enthalten. Die gefärbten Haare enthalten Pigment und zwar sowohl gelöst als auch in Form von Körnchen, welche theils zwischen, theils in den Zellen der Rindensubstanz gelegen sind. Ferner befinden sich in jedem Haar, welches seine volle Entwickelung erreicht hat, kleinste Luftbläschen; sie finden sich sowohl in der Rindensubstanz, als auch in der Marksubstanz und zwar intercellular.

Der Haarbalg feinerer (Woll-) Haare wird nur durch die epidermoidalen Wurzelscheiden gebildet, bei stärkeren Haaren dagegen betheiligt sich auch das Corium am Aufbau desselben. Wir unterscheiden am Haarbalg folgende Schichten: Zu äusserst eine gefäss- und nervenreiche, aus lockeren Bindegewebsbündeln gebildete Längsfaserlage; darauf folgt eine dickere Lage ringförmig geordneter, feiner Bindegewebsbündel, die Ringfaserlage, welcher sich eine den elastischen Häuten nahestehende, glashelle Membran, die Glashaut, anschliesst. Diese drei Schichten zusammen werden bindegewebiger Haarbalg genannt. Nach innen von der Glashaut liegt die äussere Wurzelscheide, welche als Fortsetzung der Schleimschicht aus geschichtetem Pflasterepithel besteht und einwärts an die innere Wurzelscheide stösst. Diese zeigt im oberen Theile des Haarbalges den gleichen Bau, wie das Stratum corneum; unterhalb der Mündungen der Haarbalgdrüsen aber differenzirt sich die innere Wurzelscheide in zwei scharf getrennte Schichten. Die äussere derselben, die Henle'sche Schicht, besteht aus

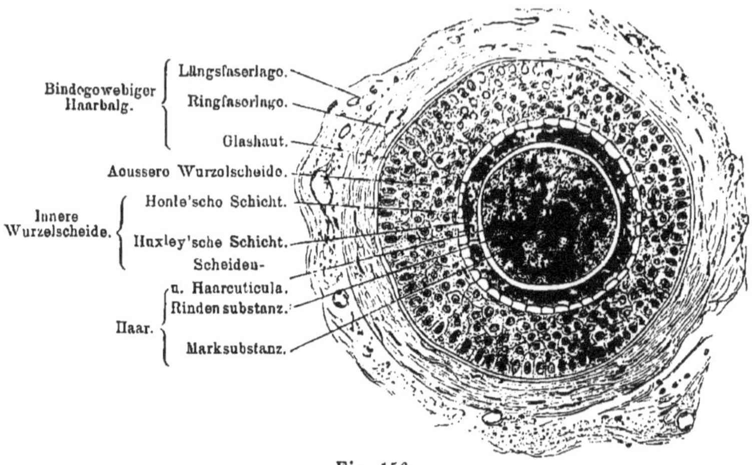

Fig. 156
Aus einem Flächenschnitt der menschlichen Kopfhaut, 240mal vergrössert. Querschnitt eines Haares und Haarbalges in der unteren Hälfte der Wurzel. Technik Nr. 138.

einer einfachen oder doppelten Lage kernloser Epithelzellen, während die innere, die Huxley'sche Schicht, sich aus einer einfachen Lage kernhaltiger Zellen aufbaut. Die Innenfläche dieser Schicht endlich wird von einem Häutchen, der Scheidencuticula, ausgekleidet, welches den gleichen Bau wie die Haarcuticula zeigt. Gegen den Grund des Haarbalges hört die äussere Wurzelscheide sich verschmälernd auf, die Schichten der inneren Wurzelscheide verlieren ihre scharfe Abgrenzung und geben allmählig in die rundlichen Zellen des Bulbus pili über.

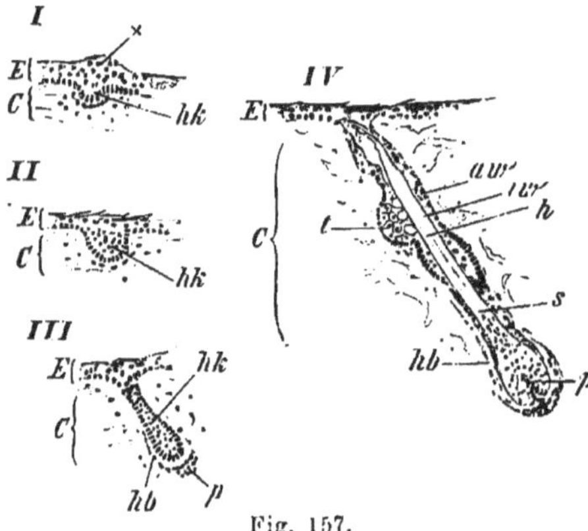

Fig. 157.
Aus senkrechten Schnitten *I* der Wangenhaut eines 4 monatl., *II*, *III*, *IV* der Stirnhaut eines 5½ monatl. menschl. Embryo, 80mal vergr. *E* Epidermis, noch durchaus aus kernhaltigen Epithelzellen bestehend, *C* Corium, × Höcker, *hk* Haarkeim, *hb* bindegeweb. Haarbalg, *p* Papille, *aw* äussere Wurzelscheide, *s* axialer Strang, in dessen oberem Abschnitt schon die Sonderung in *iw* innere Wurzelscheide und *h* Haar sichtbar ist, *t* Haarbalgdrüsenanlage. Technik Nr. 139.

Entwickelung der Haare.

Die erste Anlage des Haares und des Haarbalges tritt Ende des dritten Embryonalmonates auf und zwar in Form eines Höckers der Epidermis (Fig. 157 *I* ×) und gleichzeitig eines in das Corium hinabwachsenden soliden Epidermiszapfens, des Haarkeimes (*I*, *II*, *hk*). Während der Höcker rasch wieder verschwindet, wird der Haarkeim länger und verdickt sich kolbig an seinem unteren Ende (*III*); unterdessen entwickelt sich aus dem Bindegewebe des Corium die Papille (*III, p*) und der bindegewebige Haarbalg (*III, hb*). Dann sondert sich der Haarkeim in eine äussere Schicht und in einen in der Axe des Haarkeimes gelegenen Strang (*IV, s*). Die äussere Schicht wird zur äusseren Wurzelscheide (*aw*), der axiale Strang wird in seinem peripherischen Abschnitt zur inneren Wurzelscheide (*iw*), in seinem innerstenTheil zum Haar (*h*). Die Haarbalgdrüsen (*t*) entstehen durch lokales Auswachsen aus der äusseren Wurzelscheide.

Haarwechsel.

Nach der Geburt vollzieht sich ein totaler Haarwechsel; aber auch beim Erwachsenen findet ein beständiger Ersatz für die ausfallenden Haare statt. Die feineren Vorgänge bestehen darin, dass die Elemente der Haarzwiebel verhornen, die Zwiebel (Fig. 158, *z*) selbst von der Haarpapille sich abhebt und im Haarbalg in die Höhe rückt. (Auch die innere Wurzelscheide (*iw*) bildet sich dabei zurück.) Der dadurch leer gewordene unterste Abschnitt des Haarbalges fällt zu einem etwas schmäleren Strang zusammen (Fig. 159 *A*), in welchem sich nunmehr die gleichen Vorgänge abspielen, wie im embryonalen Haarkeim. Das hieraus entstehende neue Haar schiebt sich unter und neben dem alten Haar in die Höhe, während letzteres ausfällt.

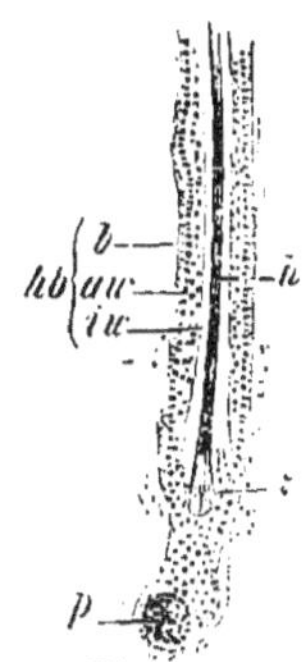

Fig. 158.
Aus einem senkrechten Schnitt durch das Augenlid eines Neugeborenen, 80 mal vergrössert. Untere Hälfte eines Haarbalges gezeichnet, *hb* Haarbalg, *b* bindegewebiger Haarbalg, *aw* äussere, *iw* innere Wurzelscheide, *p* Papille, *h* Haar, *z* Haarzwiebel, in die Höhe gerückt. Technik Nr. 140.

Drüsen der Haut.

Die Haarbalgdrüsen (Talgdrüsen, Glandul. sebaceae) sind entweder einfache oder zusammengesetzte, birnförmige Schläuche, die im complicirtesten Falle das Aussehen traubiger Drüsen darbieten. Wir unterscheiden einen kurzen Ausführungsgang (Fig. 159 *A a*) und den von einer verschieden grossen Anzahl von Schläuchen gebildeten Drüsenkörper (*t*). Der Ausführungsgang wird von einer Fortsetzung der äusseren Wurzelscheide, also von geschichtetem Plattenepithel ausgekleidet, welches unter allmähliger Verminderung seiner Lagen in die epitheliale Auskleidung des Drüsenkörpers übergeht. Dieser besteht zu äusserst aus niedrigen kubischen Zellen (*B* 1); nach innen davon liegen verschieden grosse, rundliche oder polygonale Zellen (2, 3, 4), welche den ganzen Drüsenschlauch erfüllen und alle Uebergänge bis zur Umbildung in das Secret erkennen lassen. Das Secret, der Hauttalg (Sebum), ist ein im Leben halbflüssiger Stoff, der aus Fett und zerfallenden Zellen besteht. Während die Talgdrüsen der gröberen Haare als Anhänge der Haarbälge auftreten (Fig. 154), waltet bei den Wollhaaren das umgekehrte Verhältniss, indem nämlich die Wollhaarbälge wie Anhänge der mächtig entwickelten Talgdrüsen erscheinen. (Fig. 159, *A*.) Mit den Haaren sind die Talgdrüsen über den ganzen Körper verbreitet und fehlen nur wie jene am Handteller und an der Fusssohle. Indessen gibt es auch Talgdrüsen, die mit keinem Haarbalg verbunden sind, z. B. am rothen Lippenrande, an den Labia minora, an Glans und an Praeputium penis, an welch' letzterem

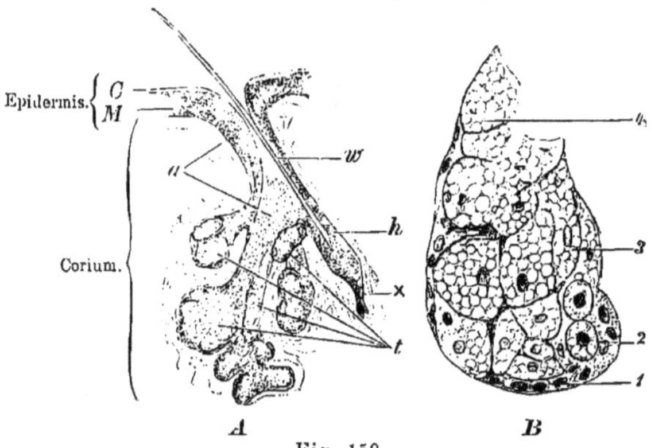

Fig. 159.

A Aus einem vertikalen Schnitt durch den Nasenflügel eines Kindes. 40mal vergrössert, *C* Stratum corneum, *M* Stratum mucosum, *t* aus 4 Schläuchen bestehende Talgdrüse, *a* Ausführungsgang derselben, *w* Wollhaar, im Ausfallen begriffen, *h* Haarbalg desselben, an der Basis zur Bildung eines neuen Haares ansetzend ×.

B Aus einem vertikalen Schnitt der Nasenflügelhaut eines neugeborenen Kindes, 240mal vergrössert. Schlauch einer Talgdrüse, Drüsenzellen in verschiedenen Stadien der Secretbildung enthaltend. 1. kubische Zellen, 2. grössere rundliche Zellen, deren Protoplasma das erste Auftreten, der bei 3. wohlentwickelten Secrettropfen zeigt, 4. Zelle, deren Korn bis auf einen kleinen Rest geschrumpft ist. Technik Nr. 141.

Orte sie unter dem Namen der Tyson'schen Drüsen bekannt sind. Die Talgdrüsen sind stets in den oberflächlichen Schichten des Corium, im Stratum papillare gelegen. Ihre Grösse schwankt von 0,2 mm bis zu 2,2 mm; letztere finden sich in der Haut der Nase, wo ihre Ausführungsgänge schon mit unbewaffnetem Auge sichtbar sind.

Die Knäuel (Schweiss-) drüsen (Gandul. sudoriparae) sind lange, unverästelte Schläuche, die an ihrem unteren Ende zu einem rundlichen Knäuel zusammengeballt sind. Wir unterscheiden den Ausführungsgang (Fig. 151) vom Knäuel. Der Ausführungsgang verläuft gerade oder geschlängelt durch das Corium, tritt zwischen zwei Papillen in die Epidermis, in deren Stratum corneum er spiralig gewunden ist, und mündet mit einem rundlichen, mit unbewaffnetem Auge eben noch sichtbaren Lumen, der Schweisspore, auf die Hautoberfläche. Die Wandung des Ausführungsganges besteht aus einer mehrfachen Schicht kubischer Zellen; nach aussen von diesen verlaufen der Länge nach angeordnete Bindegewebsbündel. Der Knäuel ist ein einziger, vielfach gewundener Kanal, dessen Wandung von einer einfachen Lage kubischer Zellen, die Pigment- und Fettkörnchen enthalten, gebildet wird; nach aussen davon liegt eine zarte Membrana propria. Bei stark entwickelten Knäueldrüsen finden sich zwischen Membr. propr. und Drüsenzellen longitudinale glatte Muskelfasern. Das Secret ist gewöhnlich eine fettige, zum Einölen der Haut bestimmte Flüssigkeit; nur unter dem Einfluss veränderter Innervation kommt es in den Knäueldrüsen zur Absonderung jener wässerigen Flüssigkeit, die wir Schweiss nennen. Die Knäueldrüsen sind über die ganze Oberfläche der Haut verbreitet und fehlen nur an der Glans penis und an der Innenfläche der Vorhaut. Am reichlichsten sind sie an Handteller und Fusssohle zu finden.

Die Blutgefässe, Lymphgefässe und Nerven der Haut.

Die arteriellen Blutgefässe der Haut entspringen aus einem über den Fascien gelegenen Gefässnetz und ziehen gegen die Oberfläche der Haut empor. Auf diesem Wege versorgen sie drei von einander unabhängige Capillargebiete; das tiefste ist für das Fettgewebe bestimmt (Fig. 160 a'), das nächste tritt in Form korbartiger, die Knäueldrüsen umspinnender Geflechte auf (a''). Das dritte entsteht aus den Endverästelungen der Arterie (a'''). Diese letzteren bilden ein in dem Strat. papillare corii der Fläche nach ausgebreitetes Netz, aus welchem sowohl capillare Schlingen in die Papillen emporsteigen, als auch die für Haarbälge und Talgdrüsen bestimmten Aestchen hervorgehen. Die Venen wurzeln in einem gleichfalls in dem Strat. papill. cor. gelegenen, zuweilen doppelten Flächennetz, welches die Enden der Capillarschlingen und die von den Haarbälgen und Talgdrüsen herkommenden Blutgefässe aufnimmt. Das neben der Arterie herabsteigende Venenstämmchen nimmt im weiteren Verlaufe die von den Schweissdrüsen und dann die von den Fettläppchen herkommenden Venen auf. Bemerkenswerth ist noch, dass von den Venen der Schweissdrüse ein Ast längs des Ausführungsganges zum venösen Netz das Stratum papillare zieht (Fig. 160 $v\times$), und dass die Haarpapille ein selbstständiges arterielles Aestchen erhält.

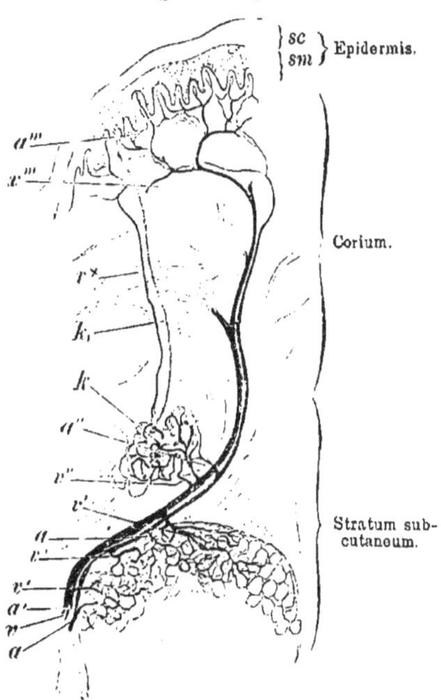

Fig. 160.

Stück eines senkrechten Schnittes der Haut der menschlichen Fusssohle, 50mal vergr. *sc* Strat. corn., *sm* Strat. muc., *a* Arterie, *v* Vene, *a' v'* deren Aeste für die Fettschicht, *a'' v''* deren Aeste für die Knäueldrüsen, *a''' v'''* deren Aeste für die Papillen, *k* Knäueldrüse, k_1 Ausführungsgang derselben, *v*× längs diesem verlaufende Vene. Technik Nr. 142.

Die Lymphgefässe bilden zwei capillare Flächennetze, von denen das aus feineren Röhrchen und engeren Maschen bestehende in dem Strat. papill. corii unterhalb des Blutgefässnetzes liegt, das andere, weitmaschigere im Stratum subcutaneum seinen Sitz hat. Auch in der Umgebung der Haarbälge, der Talg- und der Knäueldrüsen befinden sich besondere Lymphcapillarnetze.

Die an der Handfläche und an der Fusssohle sehr reichlich vorhandenen Nerven enden theils im Stratum subcutaneum in Vater'schen Körperchen (pag. 84), theils finden sie in Tastkörperchen, in Tastzellen und als intraepitheliale Fasern (Fig. 58) ihre Endigung. In der äusseren Wurzelscheide der Haarbälge liegen Tastzellen.

Anhang. Die Milchdrüse.

Die Milchdrüse besteht zur Zeit der Schwangerschaft und des Stillens aus 15—20 acinösen Drüsen, welche durch lockeres fettzellenhaltiges Bindegewebe zu einem gemeinschaftlichen Körper verbunden werden. Jede dieser Drüsen hat einen eigenen, auf der Brustwarze mündenden Ausführungsgang, der kurz vor seiner Mündung mit einer spindelförmigen Erweiterung, dem Milchsäckchen, versehen ist und durch baumförmige Verästelungen mit den kugeligen Drüsenbläschen, den Acini, zusammenhängt. Letztere bilden, dicht bei einander liegend, durch Bindegewebe umfasste kleine Läppchen.

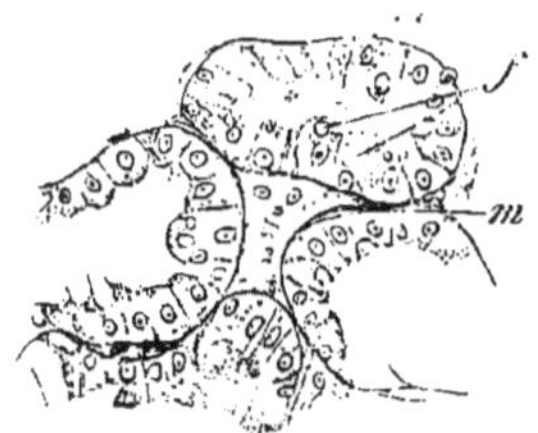

Fig. 161.
Stück eines feinen Querschnittes der Milchdrüse eines trächtigen Kaninchens, 240mal vergr. *f* Fett in den Drüsenzellen, *m* Membrana propria. Technik Nr. 144.

Was den feineren Bau betrifft, so bestehen die Ausführungsgänge aus einem cylindrischen Epithel,[1]) dem nach aussen eine Membrana propria und meist circulär verlaufende Bindegewebsbündel folgen. Die Acini sind von einer einfachen Lage von Epithelzellen ausgekleidet, deren Höhe sehr wechselt; sie sind niedrig bei gefüllten Acinis, kubisch bis cylindrisch bei leeren Acinis. Die Drüsenzellen sitzen einer aus Zellen bestehenden Membr. propria (pag. 44) auf, jenseits welcher mit einer wechselnden Anzahl von Leucocyten und Plasmazellen vermischtes, lockeres Bindegewebe sich befindet.

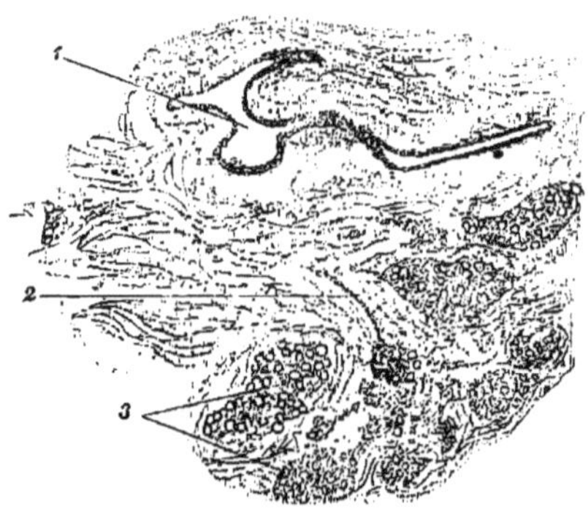

Fig. 162.
Stück eines dicken Schnittes durch die Milchdrüse einer Frau, die vor zwei Jahren zum letzten Mal geboren hat. 50mal vergr. 1. Grober, 2. feiner Ausführungsgang, 3. Drüsenläppchen, durch Bindegewebe von einander getrennt. Technik Nr. 143.

[1]) Nicht selten trifft man in den Stämmen der Ausführungsgänge statt des Cylinderepithels ein geschichtetes Plattenepithel.

Ist das Säugegeschäft beendet, so findet eine allmählige Rückbildung statt, die sich zunächst durch reichliche Entwickelung des zwischen den Drüsenläppchen gelegenen Bindegewebes äussert (Fig. 162). Die Läppchen werden kleiner, die Acini beginnen zu schwinden. Bei älteren Personen sind alle Acini und Läppchen verschwunden und nur mehr die Ausführungsgänge vorhanden.

Bei Kindern beiderlei Geschlechtes besteht die Milchdrüse vorzugsweise aus Bindegewebe, welches die verästelten, an ihren Enden kolbig angeschwollenen Drüsenausführungsgänge einschliesst. Drüsenbläschen fehlen. Ebenso verhält sich die Brustdrüse des erwachsenen Mannes.

Beim erwachsenen Weibe ist die Milchdrüse bis zum Eintritt der Schwangerschaft ein scheibenförmiger Körper, der vorwiegend aus Bindegewebe und aus den Drüsenausführungsgängen besteht. Acini sind nur in beschränkter Anzahl an den feinsten Enden der Ausführungsgänge vorhanden.

Die Haut der Brustwarze und des Warzenhofes ist durch starke Pigmentirung, — Pigmentkörnchen in den tiefsten Schichten der Epidermis — durch hohe Papillen und durch glatte Muskelfasern ausgezeichnet, welch' letztere theils circulär um die Mündungen der Ausführungsgänge, theils senkrecht zur Warzenspitze aufsteigend angeordnet sind. In der Haut des Warzenhofes finden sich bei Schwangeren und Stillenden accessorische Milchdrüsen, die sogen. Montgomery'schen Drüsen.

Die Blutgefässe treten von allen Seiten an die Milchdrüse heran und bilden ein die Acini umspinnendes Capillarnetz. Die Lymphgefässe bilden zwischen und in den Drüsenläppchen capillare Netze. Auch in der Umgebung der Milchsäckchen und im Warzenhofe finden sich Lymphgefässnetze. Die Nerven stehen ebensowenig wie in anderen Drüsen mit den Drüsenzellen in Zusammenhang, sondern sind wahrscheinlich alle Gefässnerven.

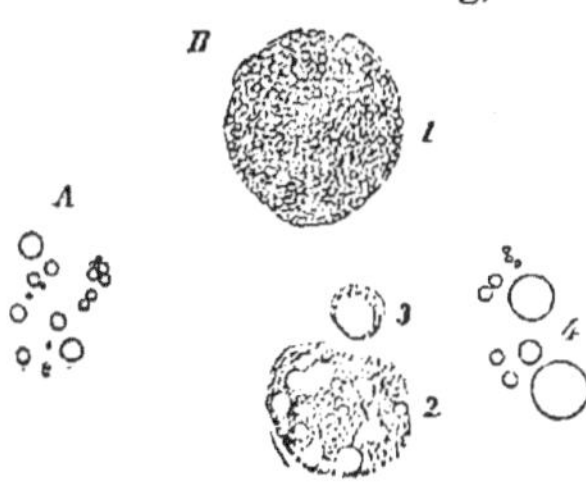

Fig. 163.
A Milchkügelchen aus der Milch einer Stillenden. 560mal vergr. Technik Nr. 145. B Elemente des Colostrum einer Schwangeren, 560mal vergr. 1. ungefärbte Fetttröpfchen enthaltende Zelle, 2. gefärbte kleine Fetttröpfchen enthaltende Zelle, 3. Leucocyt, 4. Milchkügelchen. Technik Nr. 146.

Die Milch besteht mikroskopisch aus einer klaren Flüssigkeit, in welcher 2—5 μ grosse Fetttröpfchen, die Milchkügelchen, suspendirt sind. Aus der Thatsache, dass die Fetttröpfchen nicht zusammenfliessen, hat man auf das Vorhandensein einer feinen (Casëin-)Membran geschlossen. Ausserdem finden sich vereinzelte, Fetttropfen einschliessende Zellen (Leucocyten ?) in der Milch.

Etwas anders sehen die Elemente der vor und in den ersten Tagen nach der Geburt abgesonderten Milch aus. Hier finden sich ausser den Milchkügelchen die sogen. Colostrumkörperchen, kernhaltige Zellen, welche theils kleine, gelblich gefärbte und grössere, ungefärbte Fetttröpfchen, theils nur ungefärbte Fetttröpfchen enthalten.

In welcher Weise die Drüsenepithelien bei der Bildung der Milchkügelchen und der Colostrumkörperchen sich betheiligen, ist noch nicht ganz klar. Sicher ist nur soviel, dass die Drüsenzellen bei der Secretion nicht zu Grunde gehen. Wahrscheinlich ist, dass das Fett in den Drüsenzellen gebildet und mit dem dem Drüsenlumen zugewendeten Abschnitte der Zelle ausgestossen wird.

TECHNIK.

Nr. 132. Schichten der Haut, Knäueldrüsen. Man schneide von der möglichst frischen Haut der Fingerbeere oder des Handtellers oder der Fusssohle Stückchen (von 1—2 cm Seite) mitsammt einer dünnen Schicht des darunter liegenden Fettes aus und lege sie in ca. 30 ccm absoluten Alkohols. Will man das Einrollen vermeiden, so stecke man die Stückchen auf kleine Korktafeln, die Epidermisseite gegen die Korkfläche gekehrt, und lege das Ganze in absoluten Alkohol. Am nächsten Tage nehme man die Stückchen von den Korkplatten und lege sie auf weitere 24 Stunden in frischen absoluten Alkohol. Dann werden die Stücke in ca. 30 ccm Boraxcarmin durchgefärbt (pag. 17), nach 2—3 Tagen entfärbt, dann in ca. 30 ccm 90% Alkohols (eventuell später in Alk. abs.) übertragen und, wenn sie genügend hart sind, geschnitten. Man mache feinere und dickere Schnitte. Letztere sind unerlässlich, wenn man die Ausführungsgänge der Knäueldrüsen in ihrer ganzen Länge erhalten will.[1]) (Fig. 151.) Man sieht die rothen Knäuel schon mit unbewaffnetem Auge. Conserviren in Damarfirniss (pag. 21). Schwache Vergrösserung. An dicken Schnitten sind die Papillen oft undeutlich, weil sie von der rothgefärbten Schleimschicht rings umgeben sind; die schraubenförmig gewundenen Enden der Ausführungsgänge treten erst dann scharf hervor, wenn man das Objekt nur wenig beleuchtet oder den Spiegel zur seitlichen Beleuchtung einstellt (pag. 26 Anmerk.).

Nr. 133. Für Nagelpräparate fixire man das letzte Fingerglied von 8—12jährigen Kindern, bei Erwachsenen dasjenige des kleinen Fingers (womöglich von Frauen), 2—4 Wochen lang in 100—200 ccm Müller'scher Flüssigkeit (pag. 12), härte es dann in ca. 100 ccm allmählig verstärkten Alkohols (pag. 13), entkalke (pag. 14), härte abermals und färbe die dicken Querschnitte mit Haematoxylin (pag. 16). Conserviren in Damarfirniss (pag. 21) (Fig. 152.) Die Substanz des Nagels zeigt oft verschieden gefärbte Schichten. An Nägeln von älteren Leichen löst sich oft die Keimschicht von den Leistchen.

Nr. 134. Nagelelemente erhält man, wenn man ein 1—2 mm breites Stückchen des abgeschnittenen Nagels in einem Reagenzgläschen mit ca. 5 ccm concentrirter Kalilauge über der Flamme bis zu einmaligem Aufwallen erhitzt. Man überträgt dann den Nagel mit einem Tropfen der Lauge auf den Objektträger und schabt etwas von der weichgewordenen Oberfläche desselben ab. Deckglas! Bei starker Vergrösserung findet man Zellen, wie sie Fig. 153 zeigt.

Nr. 135. Haare lege man in einem Tropfen Kochsalzlösung auf einen Objektträger und betrachte sie mit schwachen und starken Vergrösserungen. Am besten sind weisse Haare und Barthaare. Die Haarcuticula des

[1]) Am Besten ist hiefür die Fusssohlenhaut von Kindern, weil die Knäueldrüsengänge hier ganz senkrecht stehen.

Menschen ist sehr fein und lässt die dachziegelartige Zeichnung oft nur sehr unvollkommen erkennen; meist sind nur feingewellte Linien sichtbar. Viele thierische Haare zeigen dagegen die Cuticula sehr schön; z. B. Schafwolle.

Nr. 136. Zur Darstellung der Haarelemente bringe man ein 1—2 cm langes Stück eines Haares in einem Tropfen reiner Schwefelsäure auf den Objektträger und lege ein Deckglas auf. Drückt man nun leicht mit einer Nadel auf das Glas, so lösen sich Fasern von der Rindensubstanz ab, welche aus verklebten Rindenzellen bestehen. Nun erwärme man den Objektträger leicht, drücke dann abermals mit der Nadel, so dass sich das Deckglas etwas verschiebt; man wird alsdann zahlreiche freie Elemente, Oberhautschüppchen und Rindenzellen, wahrnehmen.

Nr. 137. Zur Darstellung der Elemente des Haarbalges (und des Haares) schneide man von einer schnurrbarttragenden menschlichen Oberlippe ein Stück von 2 cm Seite aus und lege es in verdünnte Essigsäure (1 ccm Eisessig zu 100 ccm destill. Wasser). Nach zwei Tagen lassen sich einzelne Haare sammt den Scheiden leicht ausziehen und durch Zerzupfen in einem Tropfen destill. Wassers in ihre Elemente zerlegen. (Fig. 155). Die Zellen der Henle'schen Schicht schwimmen in kleinen Complexen im Präparat und sehen gefensterten Membranen täuschend ähnlich (Fig. 155, *5*.). Nicht selten erhält man Haarbälge, an deren Grund ein Ersatzhaar sich bildet (ähnlich Fig. 158).

Nr. 138. Zu Studien über Haar und Haarbalg fixire man Stückchen (von 2—3 cm Seite) der möglichst frischen Kopfhaut in ca. 200 ccm Müller'scher Flüssigkeit (pag. 12) und härte sie in ca. 100 ccm allmählig verstärkten Alkohols (pag. 13). Längsschnitte, welche bei genügender Feinheit, die ganze Länge des Haarbalges treffen, sind sehr schwer anzufertigen. Man orientire sich zuerst makroskopisch über die Richtung der Haare. Zu Präparaten, wie Fig. 154, sind dicke Schnitte ungefärbt in Glycerin einzuschliessen. Feine Schnitte treffen fast regelmässig nur Stücke des Haarbalges. Leichter ist es, feine Querschnitte zu erzielen; man muss nur darauf achten, genau senkrecht zur Längsrichtung der Haare, nicht parallel der Oberfläche der Haut zu schneiden. Man erhält dann auf einem Schnitt Durchschnitte in verschiedenen Höhen des Haares und Haarbalges. Solche Schnitte färbe man mit dünnem Carmin (pag. 16, *2*) und Haematoxylin (pag. 16, *1*) oder noch besser, zuerst mit Haematoxylin und dann mit Pikrocarmin (pag. 18, *5*) und conservire sie in Damarfirniss (pag. 21). Besonders schön sind die Stellen, an denen die Haarbälge nahe über dem Bulbus durchschnitten sind (Fig. 156).

Nr. 139. Für Haarentwickelung schneide man Stücke (von ca. 2 cm Seite) der Stirnhaut (nicht der behaarten Kopfhaut) eines 5—6 Monate alten menschlichen Embryo aus, spanne sie auf (Nr. 132), fixire sie 14 Tage in 100—200 ccm Müller'scher Flüssigkeit (pag. 12) und härte sie in ca. 100 ccm allmählig verstärkten Alkohols (pag. 13). Durchfärben der Stücke mit Boraxcarmin (pag. 17) ist zu empfehlen.[1]) Man klemme das Stück in Leber und suche möglichst genau in der Richtung der Haarbälge zu schneiden, was viel leichter gelingt, als bei der Kopfhaut Erwachsener. Conserviren in Damarfirniss (pag. 21). Die Schnitte zeigen alle Entwickelungsstadien (Fig. 157). Die Höcker sind nur bei ganz gut erhaltener Epidermis (die bei Embryonen

[1]) Man kann auch die Schnitte mit Haematoxylin färben.

ja oft etwas macerirt ist) zu sehen; man findet sie leichter bei thierischen Embryonen (z. B. beim Rind).

Nr. 140. Für Haarwechsel sind sagittale Durchschnitte der Augenlider neugeborener Kinder geeignet. Behandlung wie Nr. 160.

Nr. 141. Talgdrüsen. Man fixire und härte Nasenflügel neugeborener Kinder in 20—30 ccm absoluten Alkohols; dickere (Fig. 159 *A*) und feinere (Fig. 159 *B*) Schnitte färbe man mit dünnem Carmin (pag. 16 *2*) und mit Hämatoxylin (pag. 16 *1*) und conservire sie in Damarfirniss (pag. 21). Nur selten trifft ein Schnitt Talgdrüse und Haarbalg zugleich. Nasenflügel Erwachsener geben wegen der sehr grossen, mit weiten Ausführungsgängen versehenen Talgdrüsen keine schönen mikroskopischen Bilder. Kleine Talgdrüsen mit Haarbälgen sieht man mit unbewaffnetem Auge beim Abziehen macerirter Epidermis von älteren Leichen.

Nr. 142. Blutgefässe der Haut. Man injicire von der Art. ulnaris (resp. A. tibial. postic.) aus mit Berliner Blau eine ganze Hand (resp. Fuss) eines Kindes, fixire sie in 1—2 Liter Müller'scher Flüssigkeit (pag. 12), schneide nach einigen Tagen Stücke (von 2–3 cm Seite) des Handtellers (resp. der Sohle) aus, welche man 2—4 Wochen in 100—200 ccm Müller'scher Flüssigkeit fixirt und dann in ca. 100 ccm allmählig verstärkten Alkohols (pag. 13) härtet. Es müssen dicke Schnitte angefertigt werden, die man ungefärbt in Damarfirniss conservirt (pag. 21). Die Papillen sind an solchen Schnitten nur an den Capillarschlingen kenntlich. Dem Ungeübten scheint es, als ob die Schlingen sich bis in die Schleimschicht hinein erstreckten.

Nr. 143. Zu Uebersichtspräparaten der Milchdrüse fixire und härte man die Brustwarze und einen Theil (von 3—4 cm Seite) der Drüse in 60—100 ccm absoluten Alkohols. Womöglich nehme man Drüsen von Individuen, die vor nicht zu langer Zeit geboren haben, ferner jungfräuliche Drüsen etc. Senkrecht durch die Warze und in beliebiger Richtung durch die Drüsensubstanz gelegte Schnitte färbe man mit Haematoxylin (pag. 16) und conservire sie in Damarfirniss (pag. 21).

Nr. 144. Für den feineren Bau der Milchdrüse lege man lebenswarme Stückchen der Milchdrüse (von 3—5 mm Seite) eines trächtigen oder säugenden Thieres in 5 ccm der Chromosmiumessigsäure (pag. 13) und härte nach 1—2 Tagen dieselben in ca. 30 ccm allmählig verstärkten Alkohols (pag. 13). Die sehr feinen Schnitte färbe man mit Saffranin (pag. 17), conservire sie in Damarfirniss (pag. 21). (Fig. 161.) Die Bilder sind wegen der kleinen Drüsenzellen (beim Kaninchen) oft schwer verständlich.

Nr. 145. Elemente der Milch. Man bringe einen Tropfen Kochsalzlösung auf einen reinen Objektträger, fange mit einem auf die Brustwarze einer Stillenden aufgelegten Deckglas einen Tropfen herausgedrückter Milch auf und setze das Deckglas auf die Kochsalzlösung. Starke Vergrösserung! (Fig. 163 *A*.)

Nr. 146. Elemente des Colostrum. Man verfahre wie bei Nr. 145 an der Brust einer Schwangeren kurz vor der Geburt. Man vermeide auf das Deckglas zu drücken. Die Kerne der Colostrumkörperchen sind selten ohne Weiteres deutlich zu sehen; auf Zusatz eines Tropfen Pikrocarmin (pag. 24) erscheinen sie als mattrothe Flecke.

X. Sehorgan.

Das Sehorgan besteht aus dem Augapfel (Bulbus oculi), dem Sehnerven, aus den Augenlidern und dem Thränenapparat.

Der Augapfel.

Der Augapfel ist eine Hohlkugel, welche theils geformten, theils flüssigen Inhalt einschliesst. Die Wandung der Hohlkugel besteht aus drei Häuten: 1. der Tunica externa, einer bindegewebigen Haut, welche einen vordern durchsichtigen Abschnitt, die Hornhaut (Cornea), von der übrigen undurchsichtigen Lederhaut (Sclera), unterscheiden lässt; 2. der Tunica media, die, reich an Gefässen, in drei Abschnitte, die Aderhaut (Choroidea), den Strahlenkörper (Corpus ciliare) und die Regenbogenhaut (Iris) zerfällt und 3. der Tunica interna, Netzhaut (Retina), welche die Endapparate des Sehnerven enthält. Der geformte Inhalt des Augapfels besteht aus der Linse und dem Glaskörper.

Tunica externa.

Die Cornea besteht aus fünf Schichten, welche, von vorn nach hinten gezählt, folgende Lagen bilden (Fig. 164): 1. das Hornhautepithel (*1*), 2. die vordere Basalmembran (*2*), 3. die Substantia propria corneae (*3*), 4. die hintere Basalmembran (*4*), 5. das Hornhautendothel (*5*).

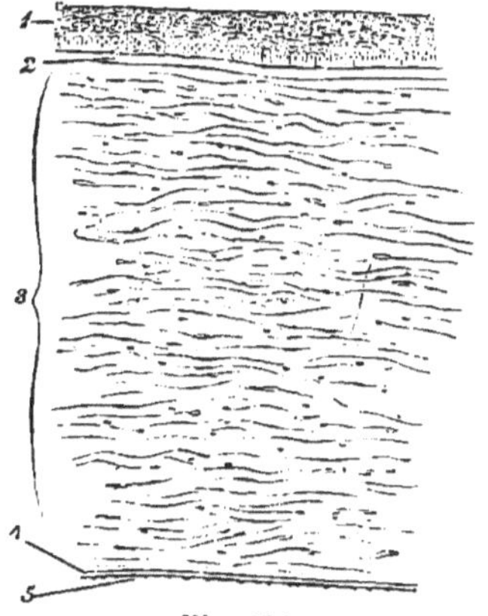

Fig. 164.

Senkrechter Durchschnitt der Hornhaut des Menschen, 100mal vergrössert. 1. Hornhautepithel, 2. vordere Basalmembran, 3 Substantia propria corneae, 4. hintere Basalmembran, 5. Hornhautendothel. Technik Nr. 147 *b*.

Ad 1) Das Hornhautepithel ist ein geschichtetes Pflasterepithel und besteht zu unterst aus einer Lage cylindrischer, scharf contourirter Zellen, welchen drei bis vier (bei Thieren mehr) Lagen rundlicher Zellen folgen, die ihrerseits von mehreren Schichten abgeplatteter, aber noch kernhaltiger Zellen überdeckt werden. Die Dicke des Epithels beträgt beim Menschen 0,03 mm. Am Rande der Hornhaut setzt sich das Epithel in dasjenige der Conjunctiva sclerae fort.

Ad 2) Die vordere Basalmembran (Lamina elastica anterior, Bowman'sche Membran) ist eine beim Menschen deutlich sichtbare, bis zu 0,01 mm dicke Schicht von fast homogenem Aussehen. Sie ist an ihrer Oberfläche mit feinen Zacken und Leisten zur Verbindung mit den Cylinderzellen des Hornhautepithels versehen; an ihrer Unterfläche geht sie allmählig in die Substantia propria corneae über, als deren Modification die vordere Basalmembran gilt.

Ad. 3) Die Substantia propria corneae bildet die Hauptmasse der Cornea. Sie besteht aus feinen, gerade verlaufenden Fibrillen, welche durch eine interfibrilläre Kittsubstanz zu fast gleich dicken Bündeln vereinigt sind; die Bündel werden ihrerseits durch eine interfasciculäre Kittsubstanz zu platten Lamellen verbunden, die in vielen Schichten übereinander gelegen sind und durch eine interlamelläre Kittsubstanz zusammengehalten werden. Die Lamellen sind parallel der Hornhautoberfläche gelagert und verlaufen in senkrecht aufeinander stehenden Meridianen, so dass ein vertikal durch die Mitte der Hornhaut geführter Schnitt abwechselnd längs und quer getroffene Bündel zeigt. Einzelne schräg verlaufende Bündel (sogen. Fibrae arcuatae) verbinden die einzelnen Lagen mit ihren nächstoberen resp. nächstunteren Nachbarn; besonders ausgeprägt finden sich solche Bündel in den vordern Schichten der Substantia propria. In die Kittsubstanz ist ein vielfach (bei manchen Thieren [z. B. beim Frosch] rechtwinkelig,) verzweigtes Kanalsystem eingegraben, die Saftkanälchen („Hornhautkanälchen“), welche an vielen Stellen zu breiteren, ovalen Lücken, den Saftlücken („Hornhautkörperchen“)

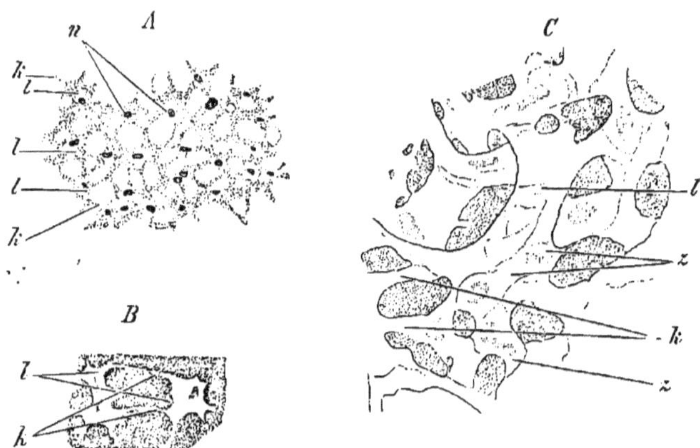

Fig. 165.

A Saftkanälchen (*k*) [illegible] Saftlücken (*l*) der menschlichen Hornhaut von der Fläche gesehen, *n* Kerne der fixen Hornhautzellen. Positives Silberbild, 60mal vergröss. Technik Nr. 152.

B Zwei Saftlücken (*l*) der Ochsencornea durch zwei Saftkanälchen (*k*) mit einander verbunden. Flächenbild. Die Substantia propria ist durch Silber dunkel gekörnt. Negatives Silberbild, 240mal vergrössert.

C Saftkanälchen (*k*) und Saftlücken (*l*) der menschlichen Hornhaut von der Fläche gesehen. Die Substantia propria dunkel, in den hellen Saftlücken sieht man bei *z* die platten, kernhaltigen fixen Hornhautzellen. Negatives Silberbild, 240mal vergrössert. Technik Nr 151.

(Fig. 165) erweitert sind. Letztere liegen zwischen den Lamellen, während die Saftkanälchen ausserdem noch zwischen den Bündeln und wahrscheinlich auch zwischen den Fibrillen verlaufen. Saftlücken und Saftkanälchen enthalten eine seröse Flüssigkeit; ausserdem befinden sich in den Saftlücken auch Zellen und zwar: 1) fixe Hornhautzellen; das sind abgeplattete, der einen Wand der Saftlücken angeschmiegte, mit einem grossen Kern versehene Bindesubstanzzellen (*C z*) und 2) Wanderzellen (Leucocyten).

Ad. 4) Die hintere Basalmembran (Membrana Descemetii, Lamin. elast. poster.) ist eine glashelle, elastische Haut von nur 0,006 mm Dicke. Ihre Hinterfläche ist bei erwachsenen Menschen an der Peripherie der Hornhaut mit halbkugeligen Erhabenheiten, sog. Warzen, besetzt.

Ad. 5) Das Hornhautendothel wird durch eine einschichtige Lage polygonaler, platter, mit leicht prominirenden Kernen versehener Zellen hergestellt.

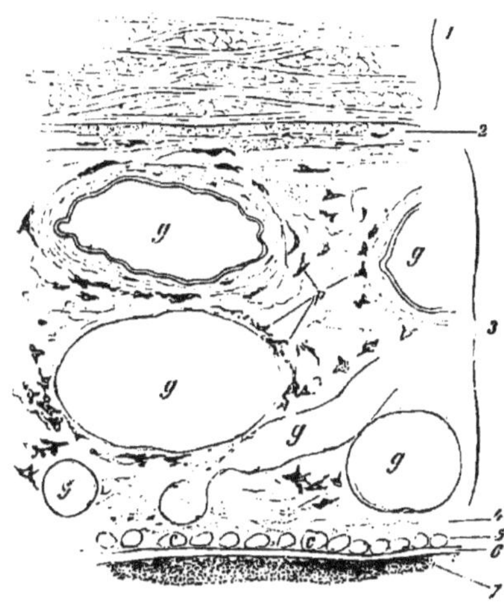

Fig. 166.

Senkrechter Schnitt durch einen Theil der Sclera und die ganze Chorioidea, 100mal vergr. 1. In verschiedenen Richtungen durchschnittene Bündel der Sclera, 2. Lamina suprachorioidea, 3. Schicht der gröberen Gefässe, 4. Grenzschicht der Grundsubstanz, 5. Membrana choriocapillaris, 6. Glashaut, 7. Pigmentepithel, *g* gröbere Gefässe, Pigmentzellen, *c* Querschnitte von Capillaren. Technik Nr. 147 .

Die Sclera besteht vorzugsweise aus Bindegewebsbündeln, welche sich in verschiedenen, hauptsächlich in meridionalen und äquatorialen Richtungen durchflechten. Ausserdem befinden sich daselbst feine elastische Fasern in Netzen angeordnet, sowie glatte Bindesubstanzzellen, welche, wie die fixen Hornhautzellen, in Saftlücken liegen, die in der Sclera nur unregelmässiger gestaltet sind. Zwischen Sclera und Chorioidea befindet sich ein lockeres, reichlich mit elastischen Fasern und verästelten Pigment- und platten pigmentfreien Zellen (Endothelzellen) versehenes Gewebe, welches beim Lösen der Sclera von der Chorioidea theils ersterer, theils letzterer anhaftet, und Lamina suprachorioidea oder Lamina fusca sclerae heisst. Die Dicke der Sclera ist hinten am mächtigsten (1 mm) und nimmt nach vorne zu allmählig ab.

Tunica media.

Die Chorioidea ist durch ihren grossen Reichthum an Blutgefässen ausgezeichnet, welche in zwei Schichten geordnet sind. Die oberflächliche, nach Innen von der Lamina suprachorioidea befindliche Lage, die „Schicht der gröberen Gefässe" (Fig. 166, *3*), enthält die Verästelungen der arteriellen und venösen Gefässe, die in eine aus feinen elastischen Fasernetzen und zahlreichen verästelten Pigmentzellen bestehende Grundsubstanz (Stroma) eingebettet sind. Das Stroma enthält ausserdem als Begleiter der grösseren Arterien fibrilläres Bindegewebe, glatte Muskelfasern und platte, nicht pigmentirte Zellen, die zu feinen Häutchen („Endothelhäutchen") verbunden sind.

Die tiefere Schicht, Membrana choriocapillaris, wird durch ein engmaschiges Netz weiter Capillaren, zwischen denen keinerlei geformte Elemente gelegen sind, gebildet. Zwischen beiden Gefässschichten liegt die meist pigmentlose, aus feinen elastischen Fasernetzen bestehende Grenzschicht der Grundsubstanz; an ihre Stelle treten bei Wiederkäuern und Pferden wellig verlaufende Bindegewebsbündel, welche dem Auge dieser Thiere einen metallischen Glanz verleihen. Diese glänzende Haut ist unter dem Namen Tapetum fibrosum bekannt. Das gleichfalls irisirende Tapetum cellulosum der Raubthiere wird hingegen durch mehrere Lagen platter Zellen, die zahlreiche feine Krystalle enthalten, hergestellt. An die Membrana choriocapillaris schliesst sich die Glashaut, eine strukturlose, bis 2 μ dicke Lamelle, welche auf ihrer äusseren Oberfläche mit einer feinen, gitterförmigen Zeichnung versehen ist. Eine auf der inneren Oberfläche bemerkbare polygonale Felderung wird durch Abdrücke des Retinalpigments hervorgerufen. Die Glashaut steht den elastischen Häuten nahe.

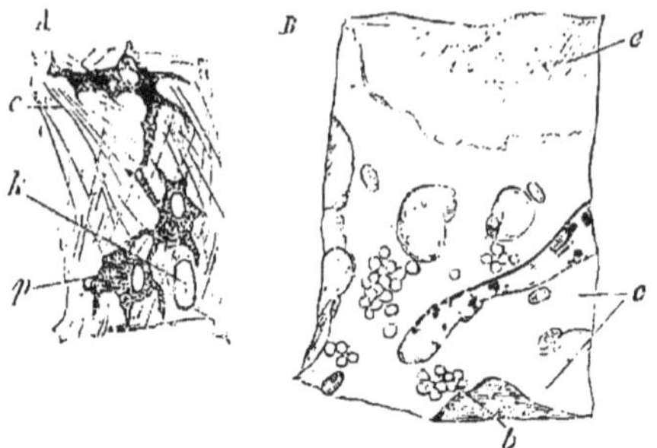

Fig. 167.

A Aus einem Zupfpräparat der menschlichen Chorioidea, 240mal vergr. p Pigmentzellen, e elastische Fasern, k Kern einer platten, nicht pigmentirten Zelle; der Zellenkörper ist hier nicht sichtbar. B Stückchen der menschlichen Choriocapillaris und der anhaftenden Glashaut, 240mal vergr., c weite Capillaren, theilweise noch Blutkörperchen (b) enthaltend, e Glashaut, eine feine Gitterung zeigend. Technik Nr. 148 a.

Das Corpus ciliare wird gebildet von den Processus ciliares und einem diesen aufliegenden musculösen Ring, dem Musculus ciliaris. Die

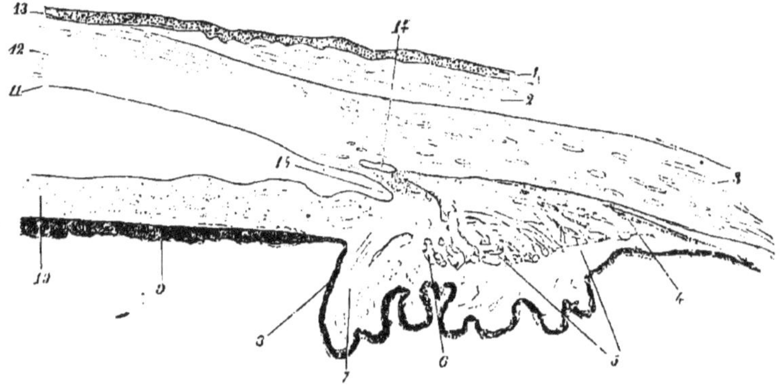

Fig. 168.

Meridionalschnitt durch den rechten Cornealfalz (s. pag. 202) des Menschen, 30mal vergrössert. 1. Epithel, 2. Bindegewebe der Conjunctiva, 3. Sclera, 4., 5., 6., 7. und 8. Corpus ciliare, 4. meridionale, 5. radiäre, 6. circuläre Fasern des M. ciliaris, 7. Processus ciliaris, 8. Pars ciliaris retinae, 9. Pars iridica retinae. 10. Stroma der Iris, 11., 12., 13. Cornea, 11. hintere Basalmembran, 12. Substantia propria, 13. Epithel, 14. Schlemm'scher Kanal, 15. Iriswinkel. Technik Nr. 147 a.

Processus ciliares sind 70 – 80 meridional gestellte Falten, welche von der Ora serrata an niedrig beginnend sich allmählig bis zu einer Höhe von 1 mm erheben und nahe dem Linsenrande plötzlich abfallend enden. Jeder Ciliarfortsatz besteht aus fibrillärem Bindegewebe, das zahlreiche Blutgefässe enthält und einwärts durch eine Fortsetzung der Glashaut, die hier durch sich kreuzende Fältchen gekennzeichnet ist, abgegrenzt wird. Der Musculus ciliaris ist ein ca. 3 mm breiter, vorn 0,8 mm dicker Ring, der an der innern Wand des Schlemm'schen Kanales entspringt. Seine glatten Elemente verlaufen nach drei verschiedenen Richtungen. Wir unterscheiden: 1) meridionale Fasern (Fig. 168 *4*); es sind dies die der Sclera zunächst gelegenen zahlreichen Muskelbündel, welche bis zum glatten Theil der Chorioidea reichen; sie sind unter dem Namen Tensor chorioideae bekannt, 2) radiäre Fasern, den meridionalen zunächst gelegene Bündel, welche von Aussen nach Innen eine immer mehr radiäre (zum Mittelpunkt des Bulbus orientirt) Richtung annehmen und hinten, noch im Bereich des Ciliarkörpers, in circuläre Richtung umbiegen (*5*), 3) circuläre (äquatoriale) Fasern, den sogenannten Müller'schen Ringmuskel. (*6*.)

Die Regenbogenhaut, Iris, besteht aus einem in drei Schichten gesonderten Stroma, das vorn von einer Fortsetzung des Hornhautendothels, hinten von einer modificirten Fortsetzung der Retina überzogen wird. Wir unterscheiden demnach in der Iris fünf Lagen:

1) Das Endothel der vorderen Irisfläche; es besteht, wie das der Hornhaut, aus einer einfachen Lage abgeplatteter, polygonaler Zellen.

2) Die vordere Grenzschicht (reticulirte Schicht); sie besteht aus 3—4 Lagen von Netzen, welche durch sternförmige Bindesubstanzzellen gebildet werden. Dieses dem Reticulum des adenoiden Gewebes ähnliche Netzwerk geht an seiner hinteren Fläche allmählig über in

3) die Gefässschicht der Iris, welche in einem lockeren, von feinen Bindegewebebündeln gebildeten Stroma zahlreiche radiär (zur Pupille) ver-

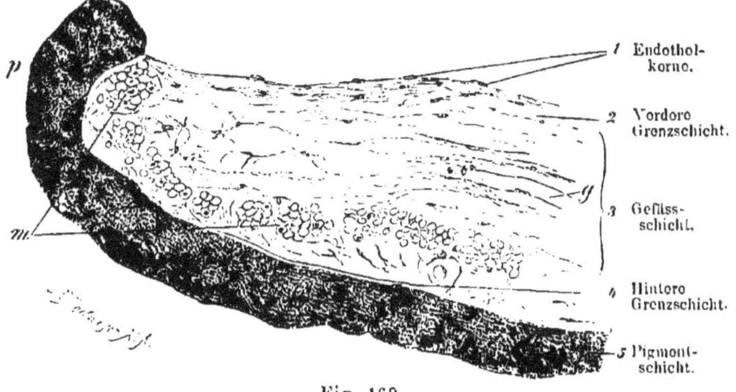

Fig. 169.

Senkrechter Schnitt durch den pupillaren Theil der menschlichen Iris, 100mal vergr. Es ist etwa ein Fünftel der ganzen Irisbreite gezeichnet. *g* Blutgefäss mit dicker Bindegewebsscheide, *m* Musc. sphincter pupillae, quer durchschnitten, *p* Pupillarrand der Iris. Technik Nr. 148 c.

laufende Gefässe enthält. Blutgefässe und Nerven sind mit besonders dicken Bindegewebsscheiden umhüllt. In der Gefässschicht sind glatte Muskelfasern gelegen und zwar a) ringförmig um den Pupillarrand der Iris angeordnete Faserbündel: der bis zu 1 mm breite Musc. sphincter pupillae und b) von diesem in radiärer Richtung ausstrahlende, spärliche Fasern, welche keine zusammenhängende Schicht bilden: der Musc. dilatator pupillae. In der vorderen Grenzschicht und in der Gefässschicht sind in sehr wechselnden Mengen pigmentirte Zellen gelegen, die jedoch bei blauen Augen fehlen.

4) Die hintere Grenzschicht, eine glashelle Membran, welche elastischer Natur ist.

5) Die Pigmentschicht der Iris (Pars iridica retinae); sie wird durch zwei Lagen, deren vordere spindelförmige, deren hintere polygonale Pigmentzellen enthält, gebildet. Beide Lagen sind derart von Pigmentkörnchen durchsetzt, dass ein Erkennen der einzelnen Elemente meist unmöglich ist. Das Pigment fehlt hier nur bei Albinos. Die hintere Fläche der Pigmentschicht soll noch von einem sehr feinen Häutchen, der Limitans iridis, einer Fortsetzung der Limitans interna retinae (pag. 207) überzogen werden.

Cornealfalz. So nennt man die Uebergangsstelle der Sclera in die Cornea, die insofern von besonderem Interesse ist, als daselbst Iris, Cornea und Corpus ciliare an einander stossen. Der Uebergang der Sclera in die Cornea erfolgt ganz direkt; die mehr wellig verlaufenden Sclerabündel gehen continuirlich in die gestreckten Fibrillenbündel der Hornhaut über, das Saftkanalsystem der Sclera communicirt mit dem der Cornea. Die mikroskopisch nicht scharf nachzuweisende Uebergangslinie ist eine schräge, indem die Umwandlung der Sclera in das Corneagewebe in den hinteren Partien der Tunica externa früher erfolgt, als vorn (Fig. 168). Der hinterste Abschnitt der Substantia propria corneae, sowie die hintere Basalmembran stossen in der Peripherie mit dem Ciliarrand der Iris zusammen; die Stelle heisst der Iriswinkel (Fig. 168 *15*). Hier sendet die Iris gegen die Hinterfläche der hinteren Basalmembran bindegewebige Fortsätze, die Irisfortsätze, die, bei Thieren (Rind, Pferd) mächtig entwickelt, das sogen. Ligamentum iridis pectinatum darstellen. Beim Menschen sind diese Fortsätze kaum ausgebildet. Mit den Irisfortsätzen vereinigt sich die hintere Basalmembran, indem dieselbe sich in ihrer ganzen Peripherie in Fasern auflöst, die mit den Irisfortsätzen verschmelzen; diese Fasern erhalten noch Verstärkungen von Seiten der elastischen Sehnen und des intermusculären Bindegewebes des Ciliarmuskels, sowie in geringerem Grade Zuwachs von Seiten der Sclera. Somit betheiligen sich am Aufbau der im Iriswinkel ausgespannten Fasern sämmtliche am Cornealfalz auf einander treffenden Gewebe: Cornea, Sclera, Iris und M. ciliaris; das von der Hinterfläche der hinteren Basalmembran auf die Irisoberfläche sich fortsetzende Endothel hüllt die Fasern ein. Die zwischen den Fasern befindlichen Räume, die, in offener Verbindung mit der vorderen Augenkammer stehend, dieselbe Flüssigkeit wie diese enthalten, werden die Fontana'schen Räume genannt. Sie sind beim Menschen kaum entwickelt.

Tunica interna.

Die Netzhaut, Retina, erstreckt sich von der Eintrittsstelle des Sehnerven bis zum Pupillarrand der Iris und lässt in diesem Bereiche drei Zonen unterscheiden: 1) Die Pars optica retinae, das eigentliche Ausbreitungsgebiet des Nerv. opticus. Dieser allein lichtempfindende Theil der Netzhaut erstreckt sich, den ganzen Augenhintergrund auskleidend, bis nahe an den Ciliarkörper und hört dort mit einer scharfen, gezackten, makroskopisch schon wahrnehmbaren Linie, der Ora serrata, auf. 2) Die Pars ciliaris retinae, von der Ora serrata bis zum Ciliarrand der Iris reichend. 3) Die Pars iridica retinae, welche die Hinterfläche der Iris vom Ciliarrand bis zum Pupillarrand überzieht.

ad 1) Die Pars optica retinae zerfällt in zwei Abtheilungen, eine äussere, die Schicht der Sehzellen (Neuroepithelschicht) und eine innere, die Gehirnschicht; jede dieser Abtheilungen lässt wieder mehrere Lagen unterscheiden und zwar die Neuroepithelschicht drei, die Gehirnschicht fünf; rechnen wir dazu noch die genetisch zur Retina gehörende Pigmentschicht, welche dicht unter der Chorioidea gelegen ist, so ergeben sich neun Schichten, die von aussen nach innen gezählt in folgender Weise angeordnet sind:

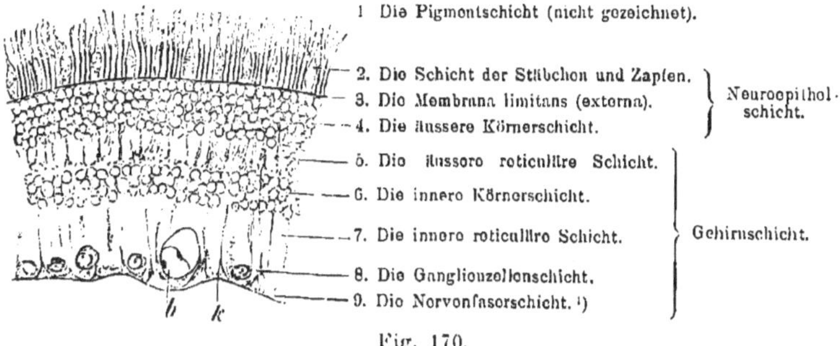

Fig. 170.

Senkrechter Schnitt der Retina des Menschen, 240mal vergrössert. Die Nervenfaserschicht ist quer durchschnitten und nur sehr dünn, da der Schnitt nicht vom Augenhintergrunde stammt. *b* Blutgefässe, *k* Radiärfaserkegel. Technik Nr. 148 c.

Die Elemente vorstehender Schichten sind nur zum Theil nervöser resp. epithelialer Natur; der andere Theil wird durch Stützsubstanz, die indessen nicht bindegewebiger Natur ist (s. Rückenmark pag. 72), gebildet. Die hervorragendsten Elemente der Stützsubstanz sind die Radiärfasern (Müller'sche

[1]) Dazu wird noch die Membr. limitans interna als 10. Lage gezählt, die indessen keine selbständige Haut darstellt (s. Müller'sche Stützfasern).

Stützfasern), welche von der Innenfläche der Retina durch sämmtliche Schichten bis zu den Stäbchen und Zapfen hinaufreichen. Ihr inneres Ende ist durch einen kegelförmigen Fuss, den Radiärfaserkegel (*k*), charakterisirt; indem die verdickten Fasern dieser Kegel sich dicht aneinanderfügen, täuschen sie eine an der inneren Oberfläche der Retina liegende Membran, die sog. Membrana limitans interna (Fig. 171 *l*) vor. Von der Spitze des Kegels an sich immer mehr verschmälernd ziehen die Stützfasern durch die innere reticuläre Schicht (ohne mit dieser Verbindungen einzugehen) in die innere Körnerschicht; hier entsenden sie feine, runde und abgeplattete Fortsätze, hier sind sie auch mit einem Kern versehen (Fig. 171 *n*); von da ziehen die Fasern, überall Stütze abgebend, durch äussere reticuläre und äussere Körnerschicht bis zur Membrana limitans (externa), mit welcher sie sich verbinden. Von der Oberfläche der Membrana limitans ext. erheben sich noch feine Fasern, welche hürdenförmig die Basen der Stäbchen und Zapfen umfassen, die sog. Faserkörbe (Fig. 175 *f*). Zur Stützsubstanz gehören endlich der grösste Theil der beiden reticulären Schichten, sowie die geringen Mengen der Kittsubstanz in der Ganglienzellenschicht.

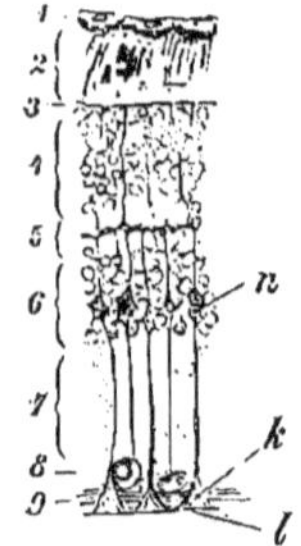

Fig. 171.

Senkrechter Schnitt der Netzhaut eines Kaninchens, 240mal vergr. 1. Pigmentepithel, das Pigment lässt die Gegend des Kernes frei, 2. Schicht der Stäbchen und Zapfen, letztere undeutlich, 3. Membrana limitans externa, 4. äussere Körnerschicht, 5. äussere reticuläre Schicht, 6. innere Körnerschicht, 7. innere reticuläre Schicht, 8. Ganglienzellenschicht, 9. Nervenfaserschicht, *k* kegelförmiger Fuss der Radiärfasern, *n* kernhaltiger Theil derselben, *l* Membrana limitans interna. Technik Nr. 148 *e*.

Die genauere Schilderung der einzelnen Retinaschichten geschieht aus praktischen Gründen in umgekehrter, von Innen nach Aussen zählender Reihenfolge.

Gehirnschicht.

Die Nervenfaserschicht besteht aus nackten Axencylindern, welche zu Bündeln angeordnet sich plexusartig verbinden. An der Eintrittsstelle des N. opticus am dicksten gelagert, breiten sich die Fasern in radiärer Richtung bis zur Ora serrata aus. Während dieses Verlaufes gehen fortwährend Fasern peripherisch zu den nächst höher gelegenen Schichten der Netzhaut. Die radiäre Anordnung der Fasern erleidet eine Störung im Bereich der Macula lutea (pag. 206).

Die Ganglienzellenschicht („Ganglion nervi optici") besteht aus einer einfachen Lage multipolarer Ganglienzellen, welche einen ungetheilten Fortsatz (Axencylinderfortsatz) centralwärts, gegen die Nervenfaserschicht, einen oder mehrere verästelte Fortsätze (Protoplasmafortsätze) peripheriewärts, gegen die innere reticuläre Schicht entsenden (Fig. 175).

Die innere reticuläre Schicht („granulirte Schicht") besteht aus einem sehr feinen Netzwerk der Stützsubstanz, welches wahrscheinlich das Produkt der ihm zunächst liegenden Zellen (die „Spongioblasten" heissen) der inneren Körnerschicht sind. Die innere reticuläre Schicht enthält als Passanten die peripherischen Fortsätze der Ganglienzellen und die centralen Fortsätze innerer Körner sowie die Müller'schen Stützfasern.

Die innere Körnerschicht; ihre „Körner" benannten Elemente sind sehr verschiedener Natur. Die unterste Lage wird durch die Spongioblasten hergestellt, welche nur einen Fortsatz centralwärts schicken, der wahrscheinlich in das feine Reticulum der inneren reticulären Schicht übergeht; die übrigen Lagen bestehen zum Theil aus kleinen bipolaren Ganglienzellen („Ganglion retinae") deren centraler ungetheilter Fortsatz sehr fein ist und sich bis in die innere reticuläre Schicht verfolgen lässt, während der peripherische Fortsatz bis zur äusseren reticulären Schicht zieht, woselbst er sich gabelig theilend der Fläche nach ausbreitet (Fig. 175). Endlich finden sich hier die Kerne der Radiärfasern.

Die äussere reticuläre Schicht („Zwischenkörnerschicht") ist ebenfalls ein feines Netzwerk der Stützsubstanz, welches jedoch einzelne Kerne enthält.

Neuroepithelschicht.

Die Neuroepithelschicht besteht aus zweierlei Elementen: den Stäbchen-Sehzellen und den Zapfen-Sehzellen, die beide dadurch ausgezeichnet sind, dass ihr Kern in der unteren Hälfte der Zelle gelegen ist, während der obere kernlose Abschnitt durch eine durchlöcherte Membran (die Membrana limitans extern.) von dem unteren Theil scharf abgegrenzt wird. Dadurch wird das Bild verschiedener Schichten hervorgerufen; die innere, aus den kernhaltigen Theilen der Sehzellen bestehende Schicht ist als äussere Körnerschicht, die äussere, kernlose Abtheilung als Schicht der Stäbchen und Zapfen bekannt. Zwischen beiden liegt die Membrana limitans.

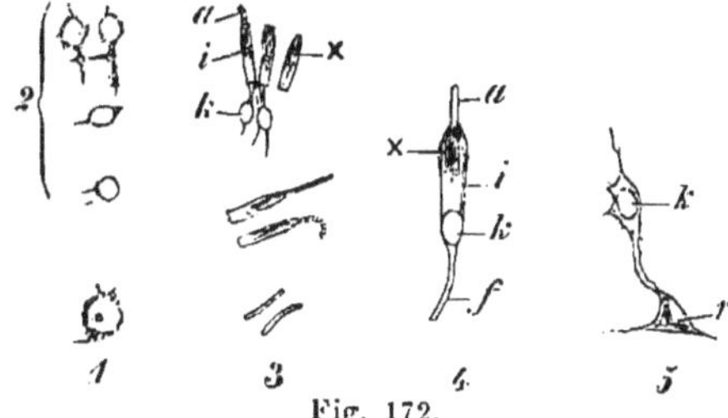

Fig. 172.

Elemente der Retina des Affen isolirt, 240mal vergr. 1. Verstümmelte Ganglienzelle des Gangl. nerv. optic.

2. Elemente der inneren Körnerschicht.

3. Stäbchensehzellen und Fragmente derselben, unten zwei Aussenglieder, von denen das eine eine quere Streifung, den Beginn des Zerfalls in quere Plättchen, zeigt; darüber zwei Stäbchen; Aussenglied des unteren im Zerfall begriffen. Oben vollständigere Stäbchensehzellen, *a* Aussenglied, *i* Innenglied, *k* Stäbchenkorn, × Fadenapparat.

4. Zapfensehzelle, *a* Aussenglied, *i* Innenglied, *k* Zapfenkorn, *f* Zapfenfaser, am unteren Ende abgerissen, × Fadenapparat.

5. Müller'sche Stützfaser (Radiärfaser), *k* Korn derselben, *r* Radiärfaserkegel. Technik Nr. 150.

1. Stäbchensehzellen. Die äusseren Hälften derselben sind die Stäbchen, langgestreckte Cylinder (60 μ lang, 2 μ dick), welche aus einem homogenen Aussenglied und einem feinkörnigen Innenglied bestehen. Die Aussenglieder sind der ausschliessliche Sitz des Sehpurpurs. Das Innenglied besitzt in seinem äusseren Ende einen ellipsoiden faserigen Körper, den Fadenapparat. Die inneren Hälften der Stäbchensehzellen werden Stäbchenfasern genannt; sie sind sehr feine

Fäden, welche mit einer kernhaltigen Anschwellung, dem Stäbchenkorn versehen sind. Der Kern ist durch 1—3 helle Querbänder ausgezeichnet.

2. Zapfensehzellen. Die äusseren Hälften derselben, die Zapfen, bestehen gleichfalls aus einem Aussenglied und einem Innenglied. Die Aussenglieder sind konisch und kürzer als diejenigen der Stäbchen. Die Innenglieder sind dick, bauchig aufgetrieben; die Gesammtgestalt der Zapfen ist somit eine flaschenförmige. Auch das Innenglied der Zapfen enthält einen Fadenapparat. Die inneren Hälften der Zapfensehzellen sind die Zapfenfasern; diese sind breit und sitzen mit kegelförmig verbreitertem Fusse auf der äusseren reticulären Schicht. Die kernhaltige Anschwellung, das Zapfenkorn liegt gewöhnlich dicht nach Innen von der Membr. limitans.

Die Zahl der Stäbchen ist eine viel grössere, als die der Zapfen. Letztere stehen in regelmässigen Abständen, so dass immer je drei bis vier Stäbchen zwischen je zwei Zapfen liegen (Fig. 170).

Das Pigmentepithel besteht aus einer einfachen Lage sechsseitiger Zellen, welche an ihrer äusseren, der Chorioidea zugewendeten Fläche pigmentfrei sind (hier liegt auch der Kern [Fig. 171]), während der innere Abschnitt derselben zahlreiche stabförmige, 1 – 5 μ lange Pigmentkörnchen enthält; von diesem Theil ziehen zahlreiche feine Fortsätze zwischen die Stäbchen und Zapfen. Bei Albinos und am Tapetum (s. oben p. 200) ist das Epithel pigmentfrei.

Der vorstehend geschilderte Bau der Retina erleidet an der Macula lutea und Fovea centralis, sowie an der Ora serrata bemerkenswerthe Modificationen.

Macula lutea und Fovea centralis. Im Bereich der Macula erfahren die Retinaschichten folgende Veränderungen. Feine Opticusfasern verlaufen von der Eintrittsstelle gerade zum nächstgelegenen, medialen Theile der Macula; die über und unter diesen Fasern aus der Eintrittsstelle kommenden dickeren Nervenfasern verlaufen dagegen in aufwärts resp. abwärts convexen Bogen und vereinigen sich am lateralen Rande der Macula. Die Ganglienzellenschicht wird bedeutend dicker, indem die Ganglienzellen statt in einfacher Lage in vielen (bis 9) Lagen übereinander angeordnet sind. Innere reticuläre, innere Körner- und äussere reticuläre Schicht erleiden keine wesentlichen Veränderungen. Die Neuroepithelschicht wird einzig allein durch Zapfensehzellen hergestellt. Schon am Rande der Macula vermindert sich die Zahl der Stäbchensehzellen, in der Macula selbst fehlen sie vollkommen; in Folge dessen sind die Zapfenfasern deutlich sichtbar und werden als Faserschicht beschrieben. Die Zapfenkörner liegen wegen ihrer grossen Menge in mehreren Lagen übereinander.

Gegen die in der Mitte der Macula lutea gelegene Fovea centralis verdünnen sich allmählich die Retinaschichten und hören zum Theil gänzlich auf. Zuerst verschwindet die Nervenfaserschicht, dann die Schicht der Ganglienzellen, weiterhin die innere reticuläre, die innere Körnerschicht und, bis auf einen feinen Saum, die äussere reticuläre Schicht, so dass im Centrum der Fovea (Fundus foveae) nur die Neuroepithelschicht vorhanden ist.

Ein diffuser, gelber Farbstoff durchtränkt nur die Gehirnschicht, fehlt aber in der Neuroepithelschicht, der Fundus foveae ist somit farblos.

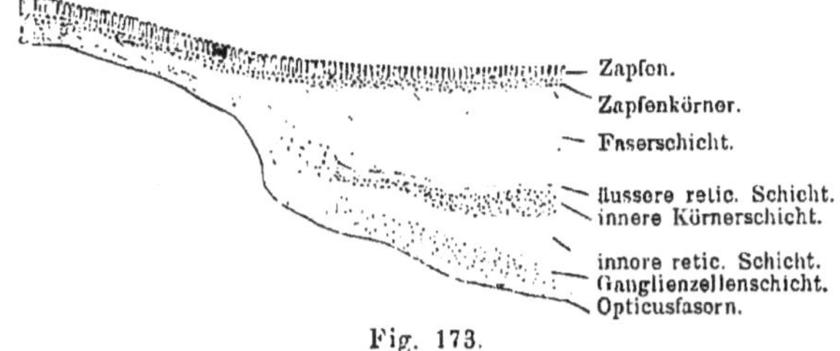

Fig. 173.

Rechte Hälfte eines senkrechten Schnittes durch die Macula lutea und Fovea centralis eines erwachsenen Mannes, 70mal vergr. Rechts sind die verdickten Schichten der Macula sichtbar, die nach links in die Fovea übergehen. Von Opticusfasern sind nur Spuren, von der Membr. limitans extern. ist bei dieser Vergrösserung nichts zu sehen. Die Aussenglieder der Zapfen sind abgebrochen. Technik Nr. 148 *f*.

Im Gebiete der Ora serrata erfolgt sehr rasch eine Abnahme der Retinaschichten. Opticusfasern und Ganglienzellen sind schon vor der Ora verschwunden. Von den Sehzellen verschwinden zuerst die Stäbchensehzellen; die Zapfensehzellen sind noch erhalten, scheinen aber der Aussenglieder zu entbehren. Dann hört die äussere reticuläre Schicht auf, so dass äussere und innere Körnerschicht confluiren, dann verliert sich die innere reticuläre Schicht. Dagegen persistiren und sind stark entwickelt die Müller'schen Stützfasern. Die Ora serrata ist häufig der Sitz seniler Veränderungen. Am häufigsten sind Lücken, die zuerst in der äusseren Körnerschicht auftreten und sich auch weiter auf centrale Schichten ausdehnen können (Fig. 174).

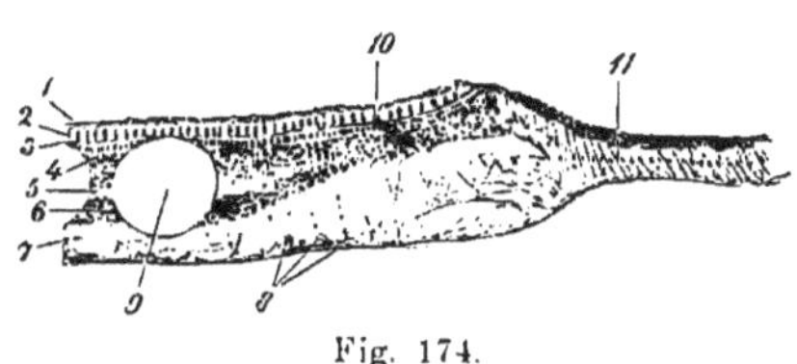

Fig. 174.

Meridionalschnitt der Ora serrata und des angrenzenden Theiles der Pars ciliar. retinae einer 78 Jahre alten Frau, 70mal vergrössert. 1. Pigmentepithel, 2. Zapfen, der Aussenglieder entbehrend, 3. Membr. limit. extern., 4. äussere Körnerschicht, 5. äussere reticuläre Schicht, 6. innere Körnerschicht, 7. innere reticuläre Schicht, 8. Müller'sche Stützfasern, 9. Lücke in der Netzhaut, bei 10. confluiren äussere und innere Körnerschicht und gehen in 11. die Zellen der Pars ciliar. retinae über. Technik Nr. 148 *d*.

ad 2) Die Pars ciliaris retinae besteht aus einer einfachen Lage gestreckter Cylinderzellen (Fig. 174 *11*), welche allmählig aus der zu einer Schicht vereinten äusseren und inneren Körnerschicht hervorgehen. Diese Zellen werden an ihrer centralen Oberfläche von einer Cuticularmembran, einer ächten Membrana limitans interna, welche in den übrigen Abschnitten der Retina nicht vorhanden ist, überzogen; ihre peripherische Oberfläche hängt mit pigmentirten Zellen, einer Fortsetzung des Pigmentepithels, zusammen.

ad 3) Pars iridica retinae s. Pigmentschicht der Iris (pag. 202).

Was den Zusammenhang der Netzhautelemente betrifft, so ist bis jetzt nur festgestellt, dass die Ganglienzellen des Ganglion nervi optici mit den Opticusfasern durch einen Axencylinderfortsatz (Fig. 175 *1*) zusammenhängen; da aber die Zahl der Opticusfasern eine viel grössere als diejenige der Ganglienzellen ist, so müssen noch weitere Verbindungen der Opticusfasern vermuthet werden. Solche könnten entweder mit den Protoplasmafortsätzen der genannten Ganglienzellen (Fig. 175 *2*) oder mit den centralen Fortsätzen der Zellen des Ganglion retinae bestehen (*3*). Ob letztere mit den Protoplasmafortsätzen der Ganglienzellen des Ganglion nervi optici (*4*) zu-

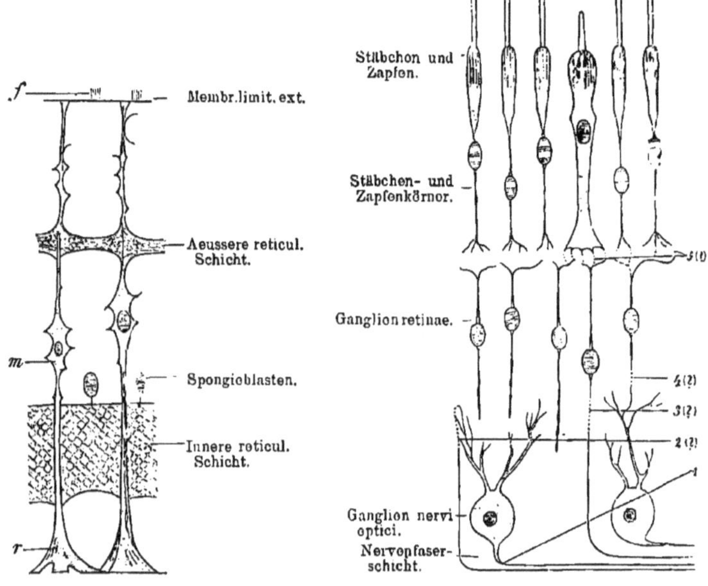

Fig. 175.

Schema, links Stützelemente, rechts nervöse Elemente der Netzhaut; die vermuthlichen Verbindungen letzterer sind durch Punktirung angedeutet. *f* Faserkörbe. *m* kernhaltiger Theil der Müller'schen Stützfaser, *r* Radiärfaserkegel.

sammenhängen, ist fraglich Ein direkter Zusammenhang der Sehzellen mit Nervenfasern oder Ausläufern von Ganglienzellen ist noch nicht mit Sicherheit nachgewiesen. Möglicherweise besteht ein solcher im Gebiet der äusseren reticulären Schicht (5), auf welcher die Enden der Zapfen- und Stäbchensehzellen aufsitzen, und in welcher sich die peripheren Fortsätze der Ganglienzellen des Ganglion retinae ausbreiten. Physiologische Untersuchungen machen im hohen Grade wahrscheinlich, dass die Sehzellen die lichtempfindenden Theile der Netzhaut sind.

Der Sehnerv.

Der Nervus opticus ist in seinem ganzen intraorbitalen Verlauf von Scheiden, welche Fortsetzungen der Gehirnhäute sind, eingehüllt. Zuäusserst befindet sich die aus derben longitudinalen Bindgewebsbündeln bestehende Duralscheide (Fig. 176,*1*); ihr folgt nach innen die sehr zarte Arachnoidealscheide (*2*), welche zahlreiche, verhältnissmässig dicke Bindegewebsbalken nach einwärts zur Pialscheide (*3*) sendet, während die Verbindung mit der Duralscheide nur durch wenige feine Fasern hergestellt wird. Zuinnerst endlich liegt die Pialscheide (*3*), welche den Sehnerven eng umschliesst und zahlreiche, die einzelnen Nervenfaserbündel einhüllende bindegewebige Blätter abgibt. Diese Blätter stehen durch quere Bälkchen mit einander in Verbindung, woraus ein queres Gitterwerk resultirt.

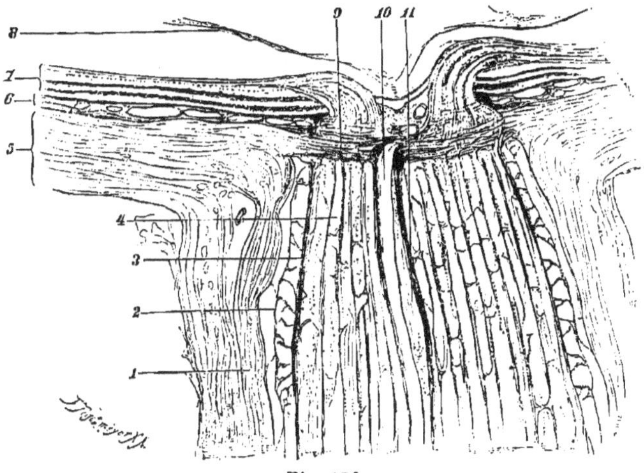

Fig. 176.

Längsschnitt der Eintrittsstelle des N. opticus vom Menschen, 15 mal vergr. 1. Duralscheide, 2. Arachnoidealscheide. 3. Pialscheide, 4. Nervenfaserbündel des N. optic., 5. Sclera, 6. Chorioidea, 7. Retina, 8. abgelöste Membrana hyaloidea, 9. Fasern der Lamina cribrosa; oberhalb derselben ist die Verschmälerung des N. optic. sichtbar, 10. Arteria, 11. Vena centralis retinae, grösstentheils der Länge nach, weiter oben mehrfach der Quere nach durchschnitten. Technik Nr. 147 *d*.

Das Gewebe der Piablätter dringt nicht in die Nervenfaserbündel ein, sondern umhüllt sie nur von aussen. Die Nervenfaserbündel (*4*) bestehen aus feinen, markhaltigen, der Schwann'schen Scheide entbehrenden Fasern; sie werden durch Neuroglia verkittet, welche reich an ovalen Kernen ist. An der Eintrittsstelle des Sehnerven in den Bulbus geht die Duralscheide in die Sclera (*5*) über, die Arachnoidealscheide (*2*) löst sich an ihrem vorderen Ende in Fasern auf, so dass der nach aussen von der Arachnoidealscheide gelegene Subduralraum mit dem nach innen von der Arachnoidealscheide gelegenen Subarachnoidealraum communicirt. Die Pialscheide verschmilzt mit der Sclera, die dort von vielen Löchern für die durchtretenden Nervenfasern durchbohrt ist, L a m i n a c r i b r o s a (*9*). Auch die Chorioidea betheiligt sich, wenn auch in geringerem Masse, an der Bildung der Lamina cribrosa. Die Nervenfasern verlieren an der Eintrittsstelle ihr Mark, wodurch eine bedeutende Verschmälerung des ganzen Nerven bewirkt wird.

In der distalen Hälfte des N. opticus ist in dessen Axe die Arteria und Vena centralis retinae gelegen; das diese Gefässe umhüllende Bindegewebe steht in vielfacher Verbindung mit der Pialscheide sowohl, wie mit der Lamina cribrosa.

Die Linse.

Die Linse besteht aus einer Substantia propria, die an ihrer Vorderfläche vom Linsenepithel, an ihrem ganzen Umfang von der Linsenkapsel umgeben wird. Die Substantia propria lässt eine weichere Rindensubstanz und einen festeren Kern unterscheiden und besteht durchaus aus kolossal in die Länge gezogenen Epithelzellen, den Linsenfasern. Diese haben die Gestalt sechsseitiger, prismatischer Bänder, die an ihrem hinteren Ende kolbig verdickt

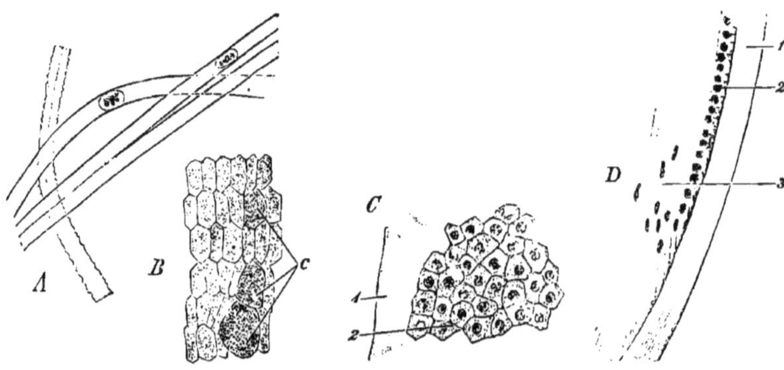

Fig. 177.

Linsenfasern eines neugeborenen Kindes. A Isolirte Linsenfasern, drei haben glatte, eine hat gezähnelte Ränder, 240mal vergr. Technik Nr 156. B Querdurchschnittene Linsenfasern des Menschen, c Durchschnitte kolbiger Enden, 560mal vergr. Technik Nr. 157.

Fig. 178.

Linsenkapsel und Linsenepithel des erwachsenen Menschen. C Von der Innenfläche, Technik Nr. 158a, D von der Seite gesehen, aus einem Meridionalschnitt durch den Linsenäquator. 1. Kapsel, 2. Epithel, 3. Linsenfasern. Technik Nr. 158 b.

sind. Die Linsenfasern der Rindensubstanz haben glatte Ränder und in der Nähe des Aequators einen ovalen Kern. Die Linsenfasern der centralen Linsenpartie haben gezähnelte Ränder und sind kernlos. Sämmtliche Fasern werden durch eine geringe Menge von Kittsubstanz mit einander verbunden, die am vorderen und hinteren Pol der Linse stärker angehäuft ist und bei Maecerationsversuchen zur Bildung des sog. vorderen und hinteren Linsensternes Veranlassung gibt. Alle Linsenfasern verlaufen in meridionaler Richtung vom vorderen Linsenstern beginnend bis zum hinteren Linsenstern; jedoch umgreift keine Linsenfaser die ganze Hälfte der Linse; je näher dem vorderen Pole eine Faser entspringt, desto weiter vom hinteren Pole entfernt findet sie ihr Ende. Das Linsenepithel wird durch eine einfache Lage kubischer Zellen gebildet, welche die vordere Linsenfläche überziehend bis zum Aequator reicht; hier geht das Epithel unter allmähliger Verlängerung seiner Elemente in Linsenfasern über. (Fig. 178 *D.*). Die Linsenkapsel ist eine vorne 11—15 μ, hinten nur 5—7 μ dicke, glashelle elastische Membran, die genetisch theils Cuticularbildung (von den Linsenepithelzellen ausgeschieden), theils bindegewebiger Natur (Umwandlungsprodukt embryonaler Bindegewebshüllen) ist.

Der Glaskörper.

Der Glaskörper (Corpus vitreum) besteht aus einer flüssigen Substanz, Humor vitreus, und Fasern, welche nach allen Richtungen durch die Flüssigkeit ausgespannt sind. Die Oberfläche des Glaskörpers ist von einer stärkeren Haut, der Membrana hyaloidea, überzogen. Ausserdem enthält der Glaskörper auf bestimmte Stellen beschränkte Fibrillen sowie spärliche Zellen. Von letzteren können zwei Formen unterschieden werden: 1) runde, den Leucocyten gleichende Zellen. 2) stern- und spindelförmige Zellen. Helle Blasen (Vacuolen) enthaltende Zellen sind wahrscheinlich Untergangsformen.

Die Zonula ciliaris.

Von der Oberfläche der Membrana hyaloidea erheben sich in der Gegend der Ora serrata feine, homogene Fasern, welche in meridionaler Richtung gegen die Linse ziehen. Sie hängen an der Innenfläche der Ciliarfortsätze und springen von den Spitzen derselben hinüber zum Aequator der Linse, wo sie vor, hinter und an dem Aequator selbst, an der Linsenkapsel ihre Anheftung finden. Die Fasern bilden in ihrer Gesammtheit eine nirgends vollkommen geschlossene Membran, die Zonula ciliaris, das Strahlenbändchen, das Befestigungsmittel der Linse, Als Canalis Petiti wird gewöhnlich der zwischen den an die Vorderfläche und den an die Hinterfläche der Linsenkapsel tretenden Zonulafasern befindliche dreieckige Raum bezeichnet. Andere Autoren verlegen den Petit'schen Kanal zwischen die hinteren Zonulafasern und die vordere Glaskörperfläche. Der Kanal ist weder gegen die hintere Augenkammer, noch gegen den zwischen Strahlenbändchen und Glaskörper befindlichen Spalt vollkommen geschlossen.

Blutgefässe des Augapfels.

Die Blutgefässe des Augapfels sind in zwei scharf getrennte Gebiete gesondert, welche nur an der Sehnerveneintrittsstelle mit einander in Verbindung stehen.

I. Gebiet der Vasa centralia retinae. (Fig. 179). Die A. centralis retinae (*a*) tritt, 15—20 mm vom Augapfel entfernt, in die Axe des Sehnerven und verläuft daselbst bis zur Oberfläche des Sehnerveneintritts. Hier zerfällt sie in zwei Hauptäste, von denen der eine aufwärts, der andere abwärts gerichtet ist, und deren jeder, sich weiter verzweigend, die ganze Pars optica retinae bis zur Ora serrata versorgt. Während des Verlaufes im Sehnerven giebt die Arterie zahlreiche kleine Aeste ab, welche eingeschlossen in die Fortsetzungen der Pialscheide zwischen den Nervenfaserbündeln verlaufen und sowohl mit kleinen, aus dem umliegenden Fettgewebe in die Opticusscheiden eingetretenen Arterien (b), als auch mit Zweigen der Aa. ciliares posticae breves (Fig. 179 bei c) anastomosiren. In der Netzhaut selbst löst sich die Arterie in Capillaren auf, welche bis in die äussere reticuläre Schicht hineinreichen.[1]) Die aus den Capillaren hervorgehenden Venen laufen parallel mit den Zweigen der Arterie und sammeln sich endlich zu einer gleichfalls in der Axe des Sehnerven eingeschlossenen Vena centralis retinae (Fig. 179 *a'*).

Beim Embryo geht ein Zweig der A. centralis retinae, die Arteria hyaloidea, durch den Glaskörper bis zur hinteren Linsenfläche. Diese Arterie bildet sich schon vor der Geburt zurück, der sie einschliessende Kanal jedoch lässt sich noch im Glaskörper des Erwachsenen nachweisen, er heisst der Cloquet'sche Kanal oder der Canalis hyaloideus.

II. Gebiet der Vasa ciliaria. Dasselbe ist dadurch charakterisirt, dass die Venen ganz anders verlaufen wie die Arterien.

1. Von den Arterien versorgen a) die Arteriae ciliares posticae breves (Fig. 179 röm. Zahlen) den glatten Theil der Chorioidea, während b) die Arteriae ciliares posticae longae (Fig. 179 arab. Zahlen) und c) die Arteriae ciliares anticae (Fig. 179 griech. Buchstaben) vornehmlich für Corpus ciliare und Iris bestimmt sind.

Ad a) Die etwa 20 Aeste der Aa. ciliares posticae breves (I) durchbohren in der Umgebung des Sehnerveneintrittes die Sclera; nach Abgabe von Zweigen (II), welche die hintere Hälfte der Scleraoberfläche versorgen, lösen sich die Arterien in ein engmaschiges Capillarnetz auf, die Membrana choriocapillaris (III). Am Opticuseintritt anastomosiren die Arterien mit Aesten der Arter. centralis retin. (Fig. 179 c) und bilden hiedurch den Circulus arteriosus nervi optici; an der Ora serrata bestehen Anastomosen mit rücklaufenden Zweigen der Aa. ciliar. postic. longae und der Aa. ciliar. anticae (letztere Anastomose s. Fig. 179 γ).

Ad b) Die beiden Aa. ciliares posticae longae (*1*) durchbohren die Sclera gleichfalls in der Nähe des Sehnerveneintritts; die eine Arterie zieht an der nasalen, die andere an der temporalen Seite des Augapfels zwischen Choriodea und Sclera bis zum Corpus ciliare, wo jede Arterie in zwei divergirende, längs dem Ciliarrande der Iris verlaufende Aeste sich spaltet; indem diese Aeste mit den Aesten der anderen langen Ciliararterie anastomosiren wird ein Gefässring, der Circulus iridis major (2), gebildet, aus welchem zahlreiche Zweige für den Ciliarkörper (resp. für die Proc. ciliares) (3), sowie für die

[1]) Es ist also nur die Gehirnschicht der Netzhaut gefässhaltig, im Fundus foveae centralis fehlen mit der Gehirnschicht auch die Gefässe.

Iris (4) hervorgehen. Nahe am Pupillarrande der Iris bilden die Arterien einen unvollkommen geschlossenen Ring, den Circulus iridis minor.

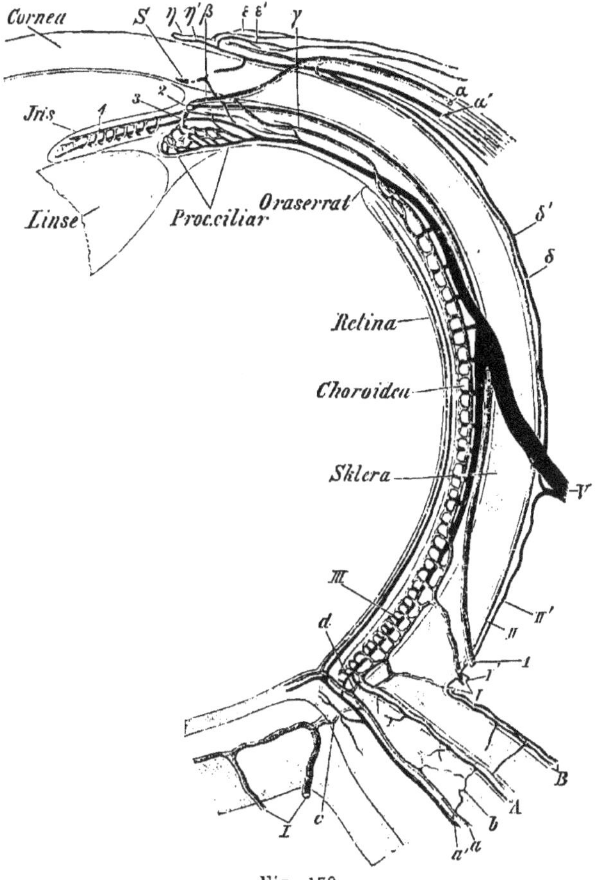

Fig. 179.

Gefässe des Auges, Schema mit Benützung der Darstellung Leber's. Tunica externa gekörnt, Tunica media weiss, Tunica interna und N. opticus gekreuzt gekörnt. Arterien hell, Venen schwarz. Gebiet der Vasa centralia retinae (kleine lateinische Buchstaben). *a* Arteria, *a'* Vena central. retin. *b* Anastomose mit Scheidengefässen. *c* Anastomose mit Aesten der Aa. ciliar. postic. brev. *d* Anastomose mit Chorioidealgefässen. Gebiet der Scheidengefässe (grosse lateinische Buchstaben). *A* Innere, *B* äussere Scheidengefässe. Gebiet der Vasa ciliar. postic brev. (römische Ziffern). *I* Arteriae *I'* Venae ciliar. postic. breves. *II* Arteriellc episclerale, *II'* venöse episclerale Aeste dorselben. *III* Capillaren der Membrana choriocapillaris. Gebiet der Vasa ciliar. post. long. (arabische Ziffern). 1. A. ciliar. post. longa. 2. Circulus iridis major, quer durchschnitten. 3. Aeste zum Corpus ciliare. 4. Aeste für die Iris. Gebiet der Vasa ciliar. ant. (griechische Buchstaben). α Arteria, α' Vena ciliaris antic., β Verbindung mit dem Circulus iridis major, γ Verbindung mit der Membr. choriocapill., δ arterielle, δ' venöse episclerale Aeste, ε arterielle, ε' venöse Aeste zur Conjunctiva sclerae, η arterielle, η' venöse Aeste zum Cornealrande, *V* Vena vorticosa, *S* Querschnitt des Schlemm'schen Kanales.

Ad c) Die Aa. ciliares anticae kommen von den die geraden Augenmuskeln versorgenden Arterien, durchbohren in der Nähe des Cornealrandes die Sclera und senken sich theils in den Circulus iridis major ein (β) und theils versorgen sie den Ciliarmuskel, theils geben sie rücklaufende Aeste zur Verbindung mit der M. choriocapillaris ab (γ). Ehe die vorderen Ciliararterien die Sclera durchbohren, geben sie nach hinten Zweige für die vordere Hälfte der Sclera (δ), nach vorn Zweige zur Conjunctiva sclerae (ε) und zum Cornealrande (η) ab. Die Cornea selbst ist gefässlos, nur am Rande besteht ein in den vorderen Lamellen der Substantia propria gelegenes Randschlingennetz.

2. Sämmtliche Venen verlaufen gegen den Aequator, woselbst sie zu vier (seltener fünf oder sechs) Stämmchen, den Wirtelvenen, Venae vorticosae, zusammentreten, welche sofort die Sclera durchbohren (Fig. 179 *V*) und in eine der Venae ophthalmicae münden. Ausgenommen von diesem Verlauf sind kleine, den Arteriae ciliar. posticae breves und den Art. ciliar. anticae parallel ziehende Venae ciliares posticae breves (Fig. 179 *I'*) und Venae ciliares anticae (Fig. 179 α'); letztere erhalten Zweige aus dem Ciliarmuskel, von dem episcleralen Gefässnetz (Fig. 179 δ'), von der Conjunctiva sclerae (ε') und von dem Randschlingennetz der Hornhaut (η'). Die episcleralen Venen stehen am Aequator auch mit den Ven. vorticosae in Verbindung (bei *V*). Die vorderen Ciliarvenen verbinden sich endlich auch mit dem Schlemm'schen Kanal (*S*). Dieser Kanal ist ein ringförmig um die Hornhaut verlaufender Spalt, der noch in der Sclera gelegen ist. Er wird bald als ein Lymphraum betrachtet, der mit der vorderen Augenkammer in offener Communication steht, bald zu den Venen gerechnet.

Die Lymphbahnen des Augapfels.

Das Auge besitzt keine eigentlichen Lymphgefässe, sondern eine Reihe von untereinander zusammenhängenden Spalträumen; man kann am Auge zwei Complexe solcher Räume unterscheiden, ein vorderes und ein hinteres Gebiet. Zum vorderen Gebiet gehören 1. die Saftkanälchen der Cornea und Sclera; 2. die vordere Augenkammer, welche mit dem Schlemm'schen Kanal und durch die capillare Spalte zwischen Iris und Linse mit 3. der hinteren Augenkammer kommunizirt. Diese letztere steht in offener Verbindung mit 4. dem Petit'schen Kanal. Diese drei letzteren Räume hängen zusammen und lassen sich durch Injection von der vorderen Augenkammer aus füllen. Zum hinteren Gebiete gehören: der Canalis hyaloideus (pag. 212), ferner die zwischen den Opticusscheiden gelegenen Spalten: der Subduralraum und der Subarachnoidealraum, dann der enge Spalt zwischen Chorioidea und Sclera: der Perichorioidealraum und endlich der Tenon'sche Raum, der sich auf der Duralscheide des N. opticus bis zum For. opticum fortsetzt. Diese Räume lassen sich vom Subarachnoidealraum des Gehirnes aus füllen. Der Inhalt der Räume ist ein von den Gefässen geliefertes Filtrat, welches auch den Glaskörper durchtränkt. Die Menge dieser Flüssigkeit ist im Perichorioidealraum, sowie im Tenon'schen Raum normalerweise eine ganz minimale. Diese beiden Räume dienen zur Ermöglichung der Bewegung der Aderhaut resp. des Augapfels und müssen als Gelenkräume aufgefasst werden.

Die Nerven des Augapfels.

Die Nerven des Augapfels durchbohren im Umkreis des Sehnerveneintrittes die Sclera und verlaufen zwischen Sclera und Chorioidea nach vorne; nachdem sie mit Ganglienzellen versehene Bündel an die Chorioidea abgegeben haben, bilden sie einen auf dem Corpus ciliare gelegenen, mit Ganglienzellen untermischten Ringplexus, den Orbiculus gangliosus (ciliaris), von welchem Aeste für den Ciliarmuskel, die Iris und die Hornhaut entspringen. Die für die Hornhaut bestimmten Nerven treten zuerst in die Sclera über und bilden hier ein ringförmig den Cornealrand umgebendes Geflecht, den Plexus annularis, aus welchem Aeste für die Bindehaut und für die Cornea hervorgehen. Letztere verlieren nach dem Eintritt in die Substantia propria corneae ihre Markscheide und durchsetzen als nackte Axencylinder die ganze Hornhaut. Dabei bilden sie Netze, die nach ihrer Lage als Stromaplexus in den tieferen Schichten der Hornhaut, subbasaler Plexus unter der vorderen Basalmembran, subepithelialer Plexus dicht unter dem Epithel beschrieben werden. Von letzterem Plexus erheben sich feinste Nervenfibrillen, die zwischen den Epithelzellen abermals ein sehr feines Geflecht, den intraepithelialen Plexus, bilden, dessen Ausläufer endlich frei zwischen den Epithelzellen enden.

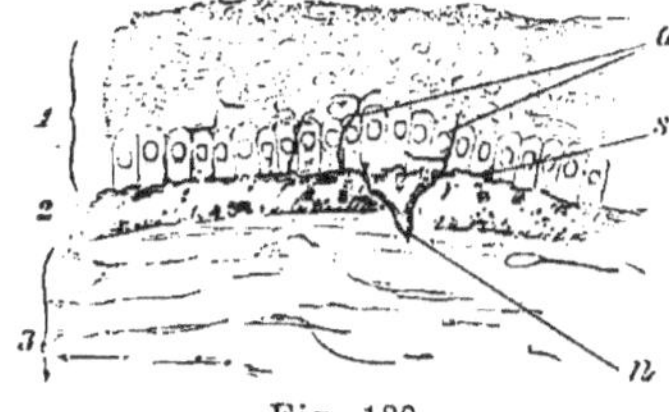

Fig. 180.

Aus einem senkrechten Schnitt durch die menschliche Cornea, 240mal vergrössert. 1. Hornhautepithel, 2. vordere Basalmembran, 3. ein Stückchen der Substantia propria, *n* sich theilender Nerv, die vordere Basalmembran durchbohrend, *s* subepithelialer Plexus unter den Cylinderzellen liegend, *a* zwischen den Epithelzellen aufsteigende Fasern, zum intraepithelialen Plexus gehörig. Technik Nr. 155.

Die Augenlider.

Die Augenlider, Palpebrae, sind Falten der äusseren Haut, welche Muskeln, lockeres und festes Bindegewebe, sowie Drüsen einschliessen. Die äussere Platte des Augenlides behält den Charakter der gewöhnlichen äusseren Haut bei, die innere, dem Augapfel zugekehrte Platte ist dagegen in erheblicher Weise modificirt und heisst Conjunctiva palpebralis. Die äussere Haut des Augenlides überzieht noch den unteren freien Lidrand und geht erst an dessen hinterer Kante, der Lidkante, in die Conjunctiva palpebralis über. Man studirt die Zusammensetzung des Augenlides am Besten an Sagittalschnitten (Fig. 181). Wir treffen von vorne nach hinten gezählt folgende Schichten: 1) Die äussere Haut; sie ist dünn, mit feinen Wollhaaren besetzt, deren Bälge sie einschliesst; in der Cutis finden sich ferner kleine Schweissdrüsen, sowie pigmentirte Bindesubstanzzellen, die bekanntlich andern Stellen der Cutis nicht zukommen. Das subcutane Gewebe ist sehr locker, reich an feinen elastischen Fasern, dagegen arm an Fettzellen, die selbst vollkommen fehlen können. Gegen den Lidrand zu ist die Cutis derber und mit höheren Papillen besetzt. Schräg in den vorderen Lidrand sind in 2—3 Reihen die grossen Wimperhaare, Cilien (*W*), eingepflanzt, deren Bälge bis tief in die Cutis reichen. Die Cilien sind einem raschen Wechsel unterworfen, ihre Lebensdauer wird auf 100 — 150 Tage geschätzt; dem entsprechend findet man häufig Ersatzhaare in verschiedenen Entwickelungsstadien (s. pag. 189). Die Haarbälge der Cilien sind mit kleinen Talgdrüsen ausgestattet, ausserdem nehmen sie die Ausführungsgänge der sog. Moll's'chen Drüsen (*M*) auf, welche in ihrem feineren Bau den Knäueldrüsen gleichen und sich von diesen nur dadurch unterscheiden, dass ihr unteres Ende zu einem nur wenig entwickelten Knäuel verschlungen ist.

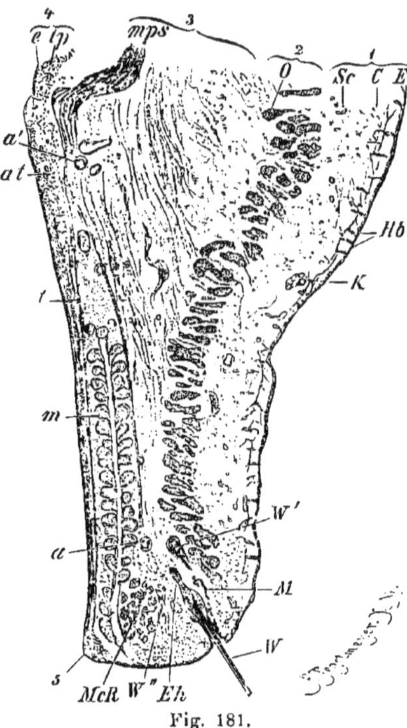

Fig. 181.

Sagittaler Durchschnitt des oberen Augenlides eines halbjährigen Kindes, 10mal vergr. 1. Hauttheil, *E* Epidermis, *C* Cutis. *Sc* subcutanes Gewebe, *Hb* Haarbälge der Wollhaare, *K* Knäueldrüse. *W* Wimperhaar mit Anlage eines Ersatzhaares (*Eh*), *W'*, *W''* Stücke von Wimperhaarbälgen, *M* Stück einer Moll'schen Drüse. 2. Gebiet des M. orbicul palpebr., *O* Querdurchschnittene Bündel dieses Muskels, *McR* M. ciliaris Riolani. 3. Ausstrahl. der Sehne des M. levator palp. sup., *mps* M. palp. sup. 4. Conjunctivaltheil, *e* Conjunctivaepithel, *tp* Tunica propria, *at* acinotubulöse Drüse, *t* Tarsus, *m* Meibom'sche Drüse, deren Ausführungsgang an der Mündung nicht getroffen ist, *a* Querschnitt des Arcus tarseus, *a'* Querschnitt des Arcus tarseus externus. 5. Lidkante, Technik Nr. 160.

2) Hinter dem subcutanen Gewebe liegen die transversalen Bündel des quergestreiften M. orbicularis palpebrarum; die hinter den Cilien liegende Abtheilung dieses Muskels wird Lidrandmuskel, M. ciliaris Riolani (*McR*), genannt.

3) Hinter dem Muskel trifft man auf die Ausstrahlung der Sehne des M. levator palpebrae; ein Theil derselben verliert sich in dem dort befindlichen Bindegewebe (der sog. Fascia palpebralis), ein anderer Theil, welcher auch glatte Muskelfasern, den Müller'schen Augenlidmuskel, M. palpebralis superior (*mps*) einschliesst, setzt sich an den oberen Rand des Tarsus.[1])

4) Der Tarsus (*t*) ist eine derbfaserige, bindegewebige Platte, welche dem Augenlid Festigkeit und Stütze verleiht. Er liegt dicht vor der Conjunctiva

[1]) Im unteren Augenlid enthält die Ausstrahlung des M. rect. inf. gleichfalls glatte Muskelfasern: M. palpebr. inferior.

palpebr., welcher er auch zugezählt wird und nimmt die zwei unteren Drittel der Höhe des ganzen Augenlides ein. In seine Substanz sind die Meibom'schen Drüsen (*m*) eingebettet, langgestreckte Körper, welche aus einem weiten, vor der Lidkante sich öffnenden Ausführungsgang und rings in diesen mündenden, kurz gestielten Bläschen bestehen. Hinsichtlich des feineren Baues stimmen die Meibom'schen Drüsen mit den Talgdrüsen überein. Am oberen Ende des Tarsus, zum Theil noch von dessen Substanz umschlossen, liegen acinöse Drüsen, die im Bau mit der Thränendrüse übereinstimmen; sie werden accessorische Thränendrüsen oder wegen ihrer Mittelstellung zwischen tubulären und acinösen Drüsen, acinotubuläre Drüsen (Fig. 181 *at*) genannt; sie finden sich vorzugsweise in der inneren (nasalen) Hälfte des Augenlides.

Hinter dem Tarsus liegt die eigentliche Conjunctiva, welche aus Epithel (*e*) und einer Tunica propria (*tp*) besteht. Das Epithel ist geschichtetes Cylinderepithel, mit mehreren Lagen rundlicher Zellen in der Tiefe und einer Lage meist kurzer cylindrischer Zellen an der Oberfläche. Letztere tragen einen schmalen hyalinen Cuticularsaum. Auch Becherzellen finden sich in wechselnder Anzahl. An der Lidkante geht das Epithel allmählig in das geschichtete Pflasterepithel über, das sich zuweilen weit auf die Conjunctiva palpebr. erstreckt. Der untere Theil der Conjunctiva palpebr. ist glatt. Im oberen Theil dagegen bildet das Epithel unregelmässig buchtige Einsenkungen, die „Conjunctivabuchten," die, individuell sehr verschieden entwickelt, in höheren Graden der Ausbildung auf Durchschnitten das Bild von Drüsen gewähren können. Die Tunica propria conjunctivae besteht aus Bindegewebe, Plasmazellen in verschiedener Menge und aus lymphoiden Zellen, deren Anzahl gleichfalls sehr wechselnd ist. Bei Thieren, besonders bei Wiederkäuern bilden die letzteren wahre Knötchen, sog. Trachomdrüsen, von deren Kuppe aus Leucocyten durch das Epithel auf die Oberfläche wandern; auch beim Menschen ist die Durchwanderung von Leucocyten, jedoch nur in geringerem Grade nachweisbar. Im Gebiete der Conjunctivabuchten wird die Tunica propria durch die oben erwähnten Epitheleinsenkungen in Papillen abgetheilt, daher auch der Name „Papillarkörper".

Die Conjunctiva palpebralis springt oben (am unteren Augenlid unten) auf den Augapfel über, dessen Vorderfläche sie überzieht. An der Umschlagsstelle, dem Fornix conjunctiva, findet sich unter der Tunica propria ein aus Bindegewebsbündeln bestehendes, lockeres subconjunctivales Gewebe. Das Epithel ist dasselbe wie am Lidtheil der Conjunctiva; die Tunica propria ist ärmer an Leucocyten, enthält jedoch auch beim Menschen normaler Weise kleine Knötchen in verschiedener Anzahl (bis zu 20) und einzelne Schleimdrüsen. Die Conjunctiva sclerae ändert sich insofern, als ihr Epithel in einiger Entfernung vom Hornhautrande geschichtetes Pflasterepithel wird, das sich in jenes der Cornea fortsetzt (s. auch Fig. 168).

Das rudimentäre dritte Augenlid (Plica semilunaris) besteht aus Bindegewebe und einem geschichteten Pflasterepithel. Die Caruncula

lacrymalis gleicht im feineren Baue der äusseren Haut (nur das Stratum corneum fehlt) und enthält feine Haare, Talg- und Schweissdrüsen.

Die **Blutgefässe** der Augenlider gehen von Stämmchen aus, welche vom äusseren und inneren Augenwinkel aus herantretend einen Bogen am Lidrande, **Arcus tarseus** (Fig. 181 *a*) und einen zweiten Bogen am oberen Ende des Tarsus, den **Arcus tarseus externus** (*a'*) bilden. Sie verbreiten sich im Hauttheil, umspinnen die Meibom'schen Drüsen, durchsetzen den Tarsus um ein unter dem Conjunctivaepithel liegendes Capillarnetz zu speisen. Sie versorgen ferner den Fornix conjunctivae, die Conjunctiva bulbi und anastomosiren mit den Art. ciliar. anticae.

Die **Lymphgefässe** bilden in der Conjunctiva tarsi ein sehr dichtes, an der Vorderseite des Tarsus dagegen ein sehr dünnes Netz. Die Lymphgefässe der Conjunctiva bulbi enden nach den Angaben der einen Autoren am Hornhautrande geschlossen, nach anderen Angaben reichen sie mit feinen Ausläufern in das Gewebe der Hornhaut und stehen durch diese mit dem Saftkanalsystem in Zusammenhang.

Die **Nerven** bilden am Lidrande einen reichen Plexus; in der Conjunctiva bulbi enden die Nerven in Endkolben (s. pag. 83), die dicht unter dem Epithel liegen.

Das Thränenorgan.

Die **Thränendrüse** ist eine mit mehreren Ausführungsgängen versehene acinöse Drüse. Die Ausführungsgänge (Fig. 182 *B*) sind mit einem zweischichtigen cylindrischen Epithel ausgekleidet und setzen sich in lange Schaltstücke, enge mit niedrigem Epithel ausgekleidete Gänge, fort (*A s, s'*). Diese endlich gehen in Acini über, die mit Eiweissdrüsenzellen ausgekleidet sind.

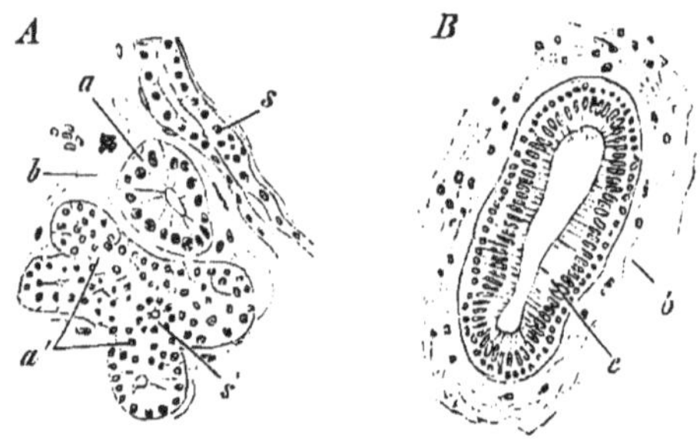

Fig. 182.
Aus einem feinen Durchschnitt der Thränendrüse des Menschen, 210mal vergr. A Drüsenkörper, *a* Acinus, in der Mitte durchschnitten, *a'* Gruppe von grösstentheils am Rande getroffenen Acinis, das Lumen eines Acinus nur unten sichtbar, *s* Schaltstück mit (oben links) kubischen, (unten rechts) platten Epithelzellen, *s'* Schaltstück, im Querschnitt, mit ziemlich hohen Cylinderzellen ausgekleidet. *b* Bindegewebe. B Querschnitt des Ausführungsganges, *c* zweischichtiges Cylinderepithel, *b* Bindegewebe. Technik Nr. 161.

Die Wandung der **Thränenkanälchen** besteht aus geschichtetem Pflasterepithel, aus einer Tunica propria, die reich an elastischen Fasern und unter dem Epithel auch reich an zelligen Elementen ist und aus grösstentheils longitudinal verlaufenden quergestreiften Muskelfasern.

Thränensack und Thränennasengang bestehen aus einem zweischichtigen Cylinderpithel, einer Tunica propria, welche vorzugsweise adenoiden Charakters ist und von dem darunter befindlichen Periost durch ein dichtes Geflecht von Venen getrennt wird.

TECHNIK.

Nr. 147. Der frische Augapfel wird vorsichtig aus der Augenhöhle geschnitten, wobei der N. opticus in möglichster Länge zu erhalten ist; dann werden mit der Scheere die anhängenden Muskeln und das Fett entfernt und am Aequator mit einem scharfen Rasirmesser ein alle Augenhäute durchdringender, ca. 1 cm langer Einschnitt gemacht. Nun legt man den Bulbus in ca. 150 ccm 0,05"/0iger Chromsäurelösung (pag. 12) ein; nach 12 - 20 Stunden wird der Bulbus von dem bereits gemachten Einschnitt aus mit einer Scheere vollkommen in eine vordere und hintere Hälfte getrennt und die Flüssigkeit gewechselt. Nach weiteren 12—20 Stunden wasche man und härte die Stücke in ca. 100 ccm allmählig verstärkten Alkohols (pag. 13).

Nr. 147 a. Von der vorderen Bulbushälfte wird die Linse vorsichtig herausgehoben und zu Schnitten verwendet (Nr. 157); dann wird ein Quadrant ausgeschnitten und sammt dem daranhängenden Corpus ciliare und der Iris in Leber eingeklemmt und zu Präparaten über Cornealfalz geschnitten. Die dicken Schnitte färbe man mit Haematoxylin (pag. 16) und conservire sie in Damarfirniss (pag. 21) (Fig. 168).

Nr. 147 b. Aus den übrigen drei Vierteln der vorderen Bulbushälfte wird ein Stück Cornea von 5—10 mm Seite herausgeschnitten und dieses in Leber eingeklemmt zu Präparaten über die Schichten der Hornhaut verarbeitet. Die abwechselnden Lamellen der Substantia propria sind nur gut an ungefärbten, in verdünntem Glycerin conservirten Schnitten zu sehen (Fig. 164).

Nr. 147 c. Aus der hinteren Augenhälfte schneide man ein alle drei Häute umfassendes Stückchen von 5—10 mm Seite und fertige davon nicht zu feine Schnitte zum Studium der Schichten der Sclera und Chorioidea (Fig. 166) an. Färben mit Haematoxylin (pag. 16) und conserviren in Damarfirniss (pag. 21). Beim Schneiden löst sich die Retina meist ab.

Nr. 147 d. Zur Darstellung von Präparaten über die Eintrittsstelle des N. opticus schneide man im Umkreis der Eintrittstelle, etwa 5 mm von derselben entfernt, alle Augenhäute durch, klemme sie mit dem ca. 1 cm langen N. opticus in Leber und fertige nicht zu dünne Schnitte an. Dabei setze man das Messer so an, dass dasselbe zuerst Retina, dann Chorioidea, Sclera und N. opticus der Länge nach trifft. Färben mit dünnem Carmin und mit Haematoxylin (pag. 16) und conserviren in Damarfirniss (pag. 21). Möglichst schwache Vergrösserung (Fig. 176).

Nr. 148. Der frische Bulbus wird nach der in Nr. 145 angegebenen Weise herausgenommen, am Aequator eingeschnitten [1]) und in 100—200 ccm Müller'scher Flüssigkeit eingelegt; nach 12—20 Stunden zerlege man ihn mit der Scheere in eine vordere und hintere Hälfte. Nach 2—3 Wochen werden beide Hälften vorsichtig in (langsam fliessendem) Wasser 1—2 Stunden ausgewaschen. Dann schneide man ein alle Häute umfassendes Stückchen von ca. 8 mm Seite heraus, welches man zu

Nr. 148 a. Zupfpräparaten der Chorioidea verwendet. In einem Tropfen verdünnten Glycerin conservirte Fetzen der Chorioidea zeigen bald grössere Gefässe, bald die Capillaren der Choriocapillaris, bald ver-

[1]) Man kann auch den uneröffneten Bulbus 2—3 Wochen in der Müller'schen Flüssigkeit liegen lassen und erst dann nach dem Auswaschen vor dem Einlegen in Alkohol die Halbirung vornehmen.

ästelte Pigmentzellen und elastische Fasern, bald die Glashaut, deren Gitterung oft nur wenig deutlich zu sehen ist. Man kann isolirte Häutchen mit Haematoxylin färben (pag. 16) (Fig. 167) und in Damarfirniss conserviren (pag. 21), doch werden dabei die feinen Strukturen undeutlich.

Nr. 148 b. Ferner wird das Stückchen zur Darstellung der Retinaelemente verwendet; man zerzupfe ein Stückchen der Retina in einem Tropfen der Müller'schen Flüssigkeit vorsichtig mit Nadeln. Neben vielen Bruchstücken der Elemente wird man auch mehr oder weniger gut erhaltene Theile finden. Die Augen des Menschen haben sehr schöne, grosse Zapfen, während diejenigen vieler Säugethiere nur klein sind. Leider sind die menschlichen Augen, wenn sie zur Untersuchung gelangen, meist nicht mehr in genügend frischem Zustand; die Aussenglieder sowohl der Zapfen als der Stäbchen sind äusserst zart und zerfallen rasch nach dem Tode in quere Plättchen, dabei krümmen sie sich hirtenstabförmig, später gehen sie ganz verloren. Wer schöne Zapfen sehen will, untersuche nach der eben angegebenen Methode Augen von Fischen. (S. ferner Nr. 149 und Nr. 150).

Nr. 148 c. Die übrigen Theile des Bulbus werden aus dem Wasser in ca. 80 ccm allmählig verstärkten Alkohols (pag. 13) gebracht. Nach vollendeter Härtung schneide man die Iris aus, klemme sie in Leber und mache meridionale Durchschnitte, welche man mit Haematoxylin färbt (pag. 16) und in Damarfirniss (pag. 21) conservirt (Fig. 169).

Nr. 148 d. Ferner schneide man ein ca. 1 cm langes Stück der Retina, welches die makroskopisch als eine gewellte Linie sichtbare Ora serrata in sich fasst, aus, klemme es in Leber ein und mache meridionale Schnitte, die man gleichfalls mit Haematoxylin färbt (pag. 16) und in Damarfirniss (pag. 21) conservirt (Fig. 174.)

Nr. 148 e. Ebenso verfährt man mit einem Stücke Retina, welches man am Besten aus dem Augenhintergrund nimmt, weil daselbst die Opticusfaserschicht am dicksten ist. Die Müller'schen Stützfasern sieht man in ihrer ganzen Länge nur auf genau senkrechten Schnitten (Fig. 170 und Fig. 171).

Nr. 148 f. Auf gleiche Weise werden Meridionalschnitte durch die Macula und Fovea[1]) behandelt (Fig. 173). Es ist nicht schwer, Schnitte der Macula, dagegen sehr schwer, genügende Schnitte durch die sehr zarte Fovea anzufertigen. Man löse die an jener Stelle der Chorioidea fester anhaftende Retina nicht von der Chorioidea, sondern schneide Chorioidea und Retina zusammen.

Nr. 149. Will man Elemente der Retina frisch untersuchen, so wähle man noch warme Augen soeben getödteter Thiere. Der Bulbus wird am Aequator halbirt, der Glaskörper aus der hinteren Augenhälfte sorgfältig herausgenommen, von der ganz durchsichtigen Retina werden kleine Stückchen von ca. 3 mm Seite ausgeschnitten und in einem Tropfen der Glaskörperflüssigkeit auf dem Objektträger leicht zerzupft. Dann bringe man 2 dünne Papierstreifchen zu Seiten des Präparates (p. 24) und setze ein Deckglas auf. Isolirte Elemente wird man nur sehr vereinzelt finden, dagegen erhält man nicht selten recht hübsche Flächenbilder, an denen Stäbchen und Zapfen im optischen Querschnitt, erstere als kleinere, letztere als grössere Kreise wahr-

[1]) Von Thieren besitzen nur Affen eine gelbe Macula und eine Fovea centralis. Dagegen kommt eine nicht gelb pigmentirte, ähnlich der Macula gebaute Stelle, die „Area centralis", der Katze, dem Schaf (wahrscheinlich allen Säugethieren) zu.

zunehmen sind. Hat man gleichzeitig ein Stückchen Pigmentepithel auf den Objektträger gebracht, so treten die regelmässig sechseckigen Zellen desselben schon bei schwacher Vergrösserung deutlich hervor. Die hellen Flecke in den Zellen sind deren Kerne (Fig. 9). Auch diese Zellen sind sehr vergänglich und verlieren bald ihre scharfen Contouren; Molecularbewegung der Pigmentkörnchen ist hier sehr häufig zu beobachten.

Nr. 150. Die beste Methode zur Isolirung der Retinaelemente ist folgende: Man lege das uneröffnete, von Fett und Muskeln befreite Auge[1]) in 1 %ige Osmiumlösung; nach 24 Stunden durchschneide man dasselbe am Aequator und lege es zur Maceration auf 2—3 Tage in destillirtes Wasser. Dann schneide man ein Stückchen Retina von ca. 2 mm Seite mit der Scheere aus und zerzupfe es in einem Tropfen Wasser. Man kann auch mit Pikrocarmin unter dem Deckglas färben (pag. 24) und in verdünntem Glycerin conserviren (pag. 24). Mit starken Vergrösserungen findet man ausser vielen Bruchstücken, deren Zugehörigkeit nicht immer mit Sicherheit zu erkennen ist, Elemente, wie sie in Fig. 172 abgebildet sind.

Nr. 151. Saftlücken und -kanälchen der Hornhaut. Man nehme ein möglichst frisches Auge; von thierischen Augen sind Ochsenaugen (aus dem Schlachthaus zu beziehen) am meisten zu empfehlen. Man kratze mit einem steil aufgesetzten Skalpell das Epithel der Hornhaut weg, spüle alsdann mit einem Strahl destillirten Wassers die Hornhautoberfläche ab, durchschneide das Auge vor den Ansätzen der Augenmuskeln und lege die vordere, die ganze Hornhaut enthaltende Hälfte auf die Epithelseite; dann entferne man mit Pincette und Scalpell das Corpus ciliare, Linse, Iris, so dass nur mehr der vorderste Theil der Sclera und die Cornea übrig bleiben, welche in ca. 40 ccm einer 1 %igen Lösung von Argent. nitr. eingelegt werden. Das Ganze wird auf 3—6 Stunden in's Dunkle gestellt und nach Ablauf derselben in ca. 50 ccm destill. Wassers dem Sonnenlichte ausgesetzt. (Siehe weiter p. 18.) Von dem in ca. 50 ccm allmählig verstärkten Alkohols (p. 13) gehärteten Objekte werden Flächenschnitte angefertigt, die am leichtesten gelingen, wenn man die Cornea über den linken Zeigefinger stülpt. Es empfiehlt sich, die Schnitte von der hinteren Hornhautfläche zu nehmen, da die Lücken und Kanälchen daselbst regelmässiger sind. Die Schnitte können mit Haematoxylin gefärbt (pag. 16) und in Damarfirniss conservirt (pag. 21) werden. Die Bilder sind negativ, die Lücken und Kanälchen weiss auf braunem oder braungelbem Grunde (Fig. 165 *B*). Man beachte besonders die meist etwas dünneren Ränder der Schnitte. Bei Haematoxylinfärbung sieht man die mattblauen grossen Kerne der fixen Hornhautzellen; die Contouren der Zellen selbst sind nur selten wahrzunehmen. (Fig. 165 *C*.)

Nr. 152. Um positive Bilder zu erhalten (die Hornhautlücken und Kanälchen sind dann schwarz gekörnt auf hellem Grunde), bringe man die wie in Nr. 151 behandelte Hornhaut aus der 1 %igen Silberlösung, statt in destill. Wasser, direkt auf ca. 5 Minuten in 100 ccm destill. Wassers + 3 gr Kochsalz, übertrage sie dann auf ca. 5 Min. in ca. 50 ccm destill. Wassers, das

[1]) Es empfiehlt sich, das Auge kleiner Thiere zu nehmen, z. B. eines kleinen Molches (Triton taeniatus), dessen Sclera dünn ist und die Osmiumlösung leicht eindringen lässt. Zu einem solchen Auge sind 1—2 ccm der Osmiumlösung hinreichend. Die Form der Stäbchen ist allerdings von den Stäbchen der Säuger verschieden; sie sind dick und mit langen Aussengliedern versehen; die Zapfen sind klein.

man mehrmals wechselt und setze sie dann dem Sonnenlichte zur Reduction aus. Die Weiterbehandlung ist die gleiche wie in Nr. 151. (Fig. 165 A.)

Diese Methode ist mir öfter fehlgeschlagen; sicherere Resultate gibt

Nr. 153. Vergoldung der Hornhautlücken und -kanälchen nach einer von dem pag. 19 angegebenen Verfahren etwas abweichenden Methode. Eine frische Citrone wird ausgepresst und der Saft durch Flanell filtrirt. Nun tödte man das Thier [1]) und lege die ausgeschnittene Cornea 5 Minuten lang in den Saft, woselbst sie durchsichtig wird. Dann wird die Hornhaut in ca. 5 ccm destill. Wassers kurz (1 Minute) ausgewaschen und in ca. 10 ccm der 1 %igen Goldchloridlösung (pag. 5) auf 15 Minuten ins Dunkele gestellt. Darauf wird die Hornhaut mit Glasstäben in ca. 10 ccm destill. Wassers übertragen, kurz ausgewaschen, und in 50 ccm destill. Wassers, dem 2 Tropfen Eisessig zugesetzt sind, dem Tageslichte ausgesetzt. Nach 24 — 48 Stunden ist die Reduction (s. pag. 19) vollendet; das Objekt wird in ca. 10 ccm 70 %igen Alkohols eingelegt und ins Dunkele gestellt. Am nächsten Tage schneide man ein Stückchen der Hornhaut heraus und ziehe mit Scalpell und Nadel, die man immer am Rande des Objektes ansetzt, feine Lamellen ab. Das gelingt bei einiger Aufmerksamkeit ohne grosse Mühe. Die Lamellen werden in Damarfirniss eingeschlossen (pag. 21) und bieten sehr schöne Bilder.

Nr. 154. Nerven und Blutgefässe der frischen Hornhaut. Man schneide von einem Ochsenauge Cornea und den angrenzenden Theil der Sclera vor den Ansätzen der Augenmuskeln ab, entferne mit Scalpell und Pincette das Corpus ciliare, Iris und Linse, schneide alsdann einen Quadranten der Hornhaut aus, lege ihn mit der Epithelseite nach oben auf einen Objektträger und bedecke ihn mit einem Deckglas; als Zusatzflüssigkeit verwende man einige Tropfen der Glaskörperflüssigkeit. Das sehr dicke Präparat untersuche man mit schwacher Vergrösserung. Die schlingenförmig umbiegenden Blutgefässe sind bei Einstellung des Tubus auf die oberflächlichen Hornhautschichten (Heben des Tubus) am Scleralrande zu finden; sie enthalten meist noch Blutkörperchen. Markhaltige Nerven findet man ebendaselbst, wie auch in tieferen Schichten. Sie sind zu ganzen Bündeln geordnet und lassen sich nur eine kurze Strecke weit in der Hornhaut selbst verfolgen. Die lang gestreckten Pigmentstreifen, die an den Ochsenaugen sich finden, haben nichts mit Nerven zu thun.

Den feineren Verlauf der Nerven erforscht man, indem man die

Nr. 155. Nerven der Hornhaut vergoldet. Die ausgeschnittene frische Hornhaut wird von Corpus ciliare und Iris befreit und nach den (pag. 19, 8) angegebenen Regeln vergoldet. Nach vollendeter Härtung mache man Flächenschnitte, welche Epithel und die obersten Hornhautschichten enthalten, und senkrecht zur Dicke der Hornhaut gerichtete Schnitte, welche man in Damarfirniss conservirt (Fig. 180).

Nr. 156. Linsenfasern. Der Bulbus wird hinter dem Aequator mit einer Scheere aufgeschnitten, Glaskörper und Linse werden herausgenommen; dabei bleibt das die Ciliarfortsätze überziehende Pigment am Linsenrande hängen. Man löse nun die Linse vom Glaskörper und lege sie in 50 ccm Ranvier'schen Alkohols (pag. 4). Nach ca. 2 Stunden sticht man mit Nadeln an der vorderen und hinteren Linsenfläche ein und zieht die Kapsel an einer kleinen

---

[1]) Besonders zu empfehlen sind Frösche, deren Hornhautkanälchen sehr regelmässig sind und deren Hornhautlamellen sich leicht abziehen lassen.

Stelle etwas ab; das gelingt leicht; bleiben an der Kapsel Linsenfasern hängen, so schadet das nicht. Beim Einstechen hat sich eine trübweisse Flüssigkeit aus der Linse entleert. Dann schüttele man den Alkohol und lasse die Linse weitere 10 oder mehr (—40) Stunden liegen. Man kann nach Ablauf dieser Zeit die Linse in dem Alkohol leicht in schalenförmige Stücke zerlegen, ein kleiner Streifen eines solchen Stückes wird in einem kleinen Tropfen Kochsalzlösung auf dem Objektträger zerzupft (pag. 9). Deckglas unter Vermeidung von Druck auflegen. Will man die Fasern conserviren, so färbe man mit Pikrocarmin (färbt meist in wenigen Minuten) (pag. 24) und setze dann angesäuertes dünnes Glycerin unter das Deckglas. (Fig. 177 *A*).

Nr. 157. Linsenfasern im Querschnitt. Man lege eine Linse in 50 ccm 0,05% Chromsäure Man muss auf den Boden des Gefässes etwas Watte legen, sonst klebt die Linse an und platzt. Das Ankleben lässt sich auch verhindern durch öfteres Schütteln des Gefässes. Nach 24—48 Stunden spalte man mit Nadel die Linse in schalenförmige Stücke, übertrage dieselben nach weiteren 10—15 Stunden in 30 ccm. 70% Alkohols, der am nächsten Tage durch ebensoviel 90% Alkohols ersetzt wird. Nun schneide man mit einer Scheere die Schalen in der Gegend des Aequator durch und klemme ein Stück so in Leber, dass die ersten Schnitte die dem Aequator zunächst liegende Zone treffen. Hat der Schnitt, der gar nicht dünn zu sein braucht, die Fasern quer getroffen, so erscheinen dieselben als scharf begrenzte Sechsecke; ist dagegen der Schnitt zu schräg geführt worden, so sind die einzelnen Fasern durch unregelmässig gezackte Linien von einander getrennt oder gar theilweise der Länge nach getroffen. Die Schnitte werden von der Klinge direkt auf den Objektträger gebracht und in verdünntem Glycerin conservirt. (Fig. 177 *B*).

Nr. 158. Für Präparate der Linsenkapsel und des Linsenepithels lege man von Muskeln und Fett befreite Bulbi in 100—200 ccm Müller'scher Flüssigkeit. Will man

Nr. 158 a. Flächenpräparate der Linsenkapsel und des Epithels herstellen, so schneide man nach 2—3 Tagen das Auge auf, nehme die Linse heraus, ziehe mit einer spitzen Pincette ein Stückchen der vorderen Linsenkapsel ab, lege dasselbe auf ca. 5 Minuten in ein Uhrschälchen mit destillirtem Wasser, das man einmal wechselt, und färbe es dann mit Haematoxylin (pag. 16). Einschluss in Damarfirniss (pag. 21). Die Kapsel ist homogen lichtblau gefärbt, die Kerne und die Contouren der Epithelzellen treten scharf hervor (Fig. 178 *C*). Will man die Linsenkapsel allein haben, so ziehe man ein Stückchen der hinteren Linsenkapsel ab.

Nr. 158 b. Zur Herstellung von Schnitten durch Kapsel und Epithel lasse man den Augapfel ca. 14 Tage in der Müller'schen Flüssigkeit liegen, nehme alsdann die Linse heraus, bringe sie auf 1 Stunde in (womöglich fliessendes) Wasser und härte sie in ca. 50 ccm allmählig verstärkten Alkohols (pag. 16). Man mache meridionale Schnitte durch die Vorderfläche und durch den Aequator der Linse, welche man mit Haematoxylin färbt (pag. 16) und in Damarfirniss (pag. 21) conservirt (Fig. 178 *D*).

Nr. 159. Zu Studien über die Gefässe des Auges sind besonders Flächenpräparate zu verwenden. Oeffnet man ein frisches Auge am Aequator, so sieht man makroskopisch den Verlauf der A. central. retinae. Zur Darstellung der Gefässe der Choroidea lege man den von Fett und Muskeln vollkommen befreiten Augapfel auf einen kleinen Glastrichter, den man in eine niedrige Glasflasche gesteckt hat, und trage vorsichtig, am Aequator beginnend, mit Scheere und Pincette die Sclera ab; bei einiger Uebung gelingt es, die ganze [1]) Sclera bis nahe hinter die Ora serrata und bis zur Opticuseintrittsstelle zu entfernen, ohne die Chorioidea zu verletzen; man muss sich nur hüten, zu reissen; alle festeren, die Sclera mit der Chorioidea verbindenden Stränge (der Vv. vorticosae) müssen abgeschnitten werden. Dann entfernt man durch vorsichtiges Streichen mit einem in Wasser getauchten Pinsel die der Chorioidea noch anhaftenden Theile der Lamina suprachorioidea; durch diese Manipulation wird der Verlauf der gröberen Gefässe vollkommen deutlich. Soweit lassen sich die Untersuchungen auch am nichtinjicirten Auge vornehmen (vergl. ausserdem Nr. 148 a). Für die Gefässe des Corpus ciliare und der Iris verwende man injicirte, in Müller'scher Flüssigkeit fixirte und in Alkohol gehärtete Augen, welche man vor dem Aequator halbirt. Iris und Corpus ciliare lassen sich leicht von der Sclera abziehen; man conservire sie nach Wegnahme der Linse in Damarfirniss (pag. 21). Man untersucht am Besten zuerst mit der Lupe.

Nr. 160. Man fixire das obere Augenlid eines Kindes in ca. 100 ccm 0,5 % Chromsäure 1—3 Tage und härte es nach 2stündigem Auswaschen in (womöglich fliessendem) Wasser in ca. 50 ccm allmählig verstärkten Alkohols (pag. 16). Zu Uebersichtspräparaten mache man dicke (Fig. 181), zur Darstellung feinerer Einzelheiten dünne Schnitte (Fig. 26 *C*). Färbung mit Haematoxylin gelingt anfangs schwer, leichter nach mehrmonatlichem Liegen der Stücke in Alkohol (vergl. auch pag. 16 Anmerk. 1). Einschluss in Damarfirniss (pag. 21).

Nr. 161. Thränendrüse. Die untere Thränendrüse ist beim Menschen leicht, ohne eine äusserlich sichtbare Verletzung zu setzen, vom Fornix conjunctivae aus herauszunehmen. Beim Kaninchen ist die Drüse nur klein, frisch blassem Muskelfleische ähnlich; man verwechsle sie nicht mit der im medialen Augenwinkel gelegenen Harder'schen Drüse. Behandeln wie Nr. 94 Selbst kleinste 1 □mm grosse Schnittchen sind noch tauglich. Ausführungsgang und Acini sind leicht zu sehen; sehr schwer dagegen die Schaltstücke, deren Epithel, von sehr verschiedener Höhe, zuweilen so niedrig ist, dass man sich vor Verwechslung mit Blutcapillaren in Acht nehmen muss.

XI. Das Gehörorgan.

Das Gehörorgan besteht aus drei Abtheilungen; die innerste, inneres Ohr, schliesst in sich den Endapparat des Hörnerven; die beiden anderen Abtheilungen, Mittelohr und äusseres Ohr sind nur Hülfsapparate.

Inneres Ohr.

Dasselbe besteht aus zwei häutigen Säckchen, die durch einen feinen Gang, den Ductus endolymphaticus, mit einander communiciren. Das eine Säckchen, der Utriculus (Sacculus ellipticus), steht mit häutigen Röhren, den Bogengängen, in Verbindung, deren jede an der Einmündungs-

[1]) Anfänger mögen sich begnügen, nur einen Quadranten der Sclera zu entfernen.

stelle in das Säckchen je eine Erweiterung, die Ampulle, besitzt. Das andere Säckchen, der Sacculus (Sacculus sphaericus), hängt mit einem langen, spiralig aufgewickelten, häutigen Schlauche, der Schnecke, zusammen.

Säckchen, Bogengänge und Schnecke heissen das häutige Labyrinth. Dasselbe ist in ähnlich gestalteten Hohlräumen des Felsenbeins, dem knöchernen Labyrinth, eingeschlossen, füllt aber dieses nicht vollkommen aus. Der nicht ausgefüllte Raum wird von einer wässerigen Flüssigkeit, der Perilymphe, eingenommen. Eine ähnliche Flüssigkeit, die Endolymphe, ist im Innern des häutigen Labyrinthes enthalten.

Während beide Säckchen, sowie die Bogengänge einen übereinstimmenden Bau zeigen, ist die Schnecke so wesentlich verschieden, dass sie eine gesonderte Beschreibung erheischt.

Sacculus, Utriculus, Bogengänge.

Ihre Wandung besteht aus drei Lagen. Zu äusserst liegt ein an elastischen Fasern reiches Bindegewebe; dann folgt eine feine, mit kleinen Warzen besetzte Glashaut, deren Innenfläche endlich mit einem einschichtigen Pflasterepithel überzogen ist. Dieser einfache Bau ändert sich an den Ausbreitungsstellen des Hörnerven, welche an den beiden Säckchen Maculae, an den Ampullen der Bogengänge Cristae acusticae heissen. Bindegewebe und Glashaut werden hier dicker, das Pflasterepithel wird schon im Umkreis der Maculae (resp. Cristae) zu einem Cylinderepithel und dieses geht in das Neuroepithel der Macula selbst über. Das Neuroepithel ist gleichfalls einschichtig und besteht aus zwei Arten von Zellen: 1) aus den Fadenzellen, das sind lange, die ganze Höhe der Epithels einnehmende Zellen, die sowohl am oberen wie am unteren Ende etwas verbreitert sind und einen ovalen Kern enthalten; sie gelten als Stützzellen. 2) Aus den Haarzellen, das sind ovale, nur die obere Hälfte des Epithels einnehmende Zellen, welche an ihrem unteren Abschnitt einen grossen kugeligen Kern enthalten und auf ihrer freien Oberfläche ein zu einem „Hörhaar“ verklebtes Bündel feiner Fäden tragen. Mit den Haarzellen stehen Nervenfasern in Verbindung und zwar in der Weise, dass die markhaltigen Aeste des Ramus vestibularis nervi acustici beim Eintritt in das Epithel ihre Markscheide verlieren und als nackte Axencylinder an die Haarzellen sich anlegen, ohne jedoch in dieselben einzudringen. Die Haarzellen sind somit die Endapparate des Hörnerven. Die beiden Maculae acusticae sind von einer weichen Substanz (einer Cuticula?) bedeckt, welche zahllose, 1—15 μ grosse, prismatische Krystalle, die Otolithen, einschliesst. Auch auf den Cristae acusticae findet sich eine eigenthümliche Bildung, die sog. Cupula, deren normales Vorkommen jedoch fraglich ist. Möglicher Weise ist sie, durch die Anwendung der fixirenden Flüssigkeiten entstanden, ein Gerinnungsprodukt.

Fig. 183. Otolithen aus dem Sacculus eines neugeborenen Kindes, 560mal vergrössert. Technik Nr. 162.

Säckchen und Bogengänge sind durch bindegewebige Stränge (Ligamenta sacculorum et canaliculorum) an die mit einem dünnen Periost und platten Endothelzellen ausgekleidete Innenfläche des knöchernen Labyrinthes befestigt.

Schnecke.

Auch die häutige Schnecke, der **Ductus cochlearis**, füllt nicht den ganzen Binnenraum der knöchernen Schnecke aus. Sie liegt mit der einen Wand der äusseren [1]) knöchernen Schneckenwand (Fig. 184 *K.*) an; die obere (vestibulare) Wand, **Lamina Reissneri**, grenzt gegen die Scala vestibuli, die untere, (tympanale), **Lamina spiralis membranacea** gegen die Scala tympani. Der Winkel, in welchem vestibulare und tympanale Wand zusammenstossen, liegt auf dem freien Ende der Lamina spiralis ossea auf. Dort ist das Bindegewebe des Ductus cochlearis besonders stark entwickelt und stellt einen Wulst, **Limbus s. crista spiralis** dar, welcher breit auf der Lamina spiralis ossea aufsitzt und mit einem auswärts sich zuschärfenden Rande endet. Dieser Rand wird **Labium vestibulare**, der freie Rand der Lam. spiral. ossea **Labium tympanicum** [2]) genannt; zwischen beiden verläuft der **Sulcus spiralis internus** (Fig. 190). Die inneren Flächen des Ductus cochlearis sind von einem, an den einzelnen Orten sehr verschieden beschaffenen Epithel überzogen; die der Scala vestibuli resp. tympani zugekehrten äusseren Flächen werden von einer feinen Fortsetzung des Periostes, welches die beiden Scalae auskleidet, bedeckt. An der äusseren Schneckenwand verdickt sich das Periost zu einem mächtigen, auf dem Querschnitt halbmondförmigen Streifen, dem **Ligamentum spirale**, das sowohl über wie unter die Ansatzfläche des Ductus cochlearis hinausreicht (Fig. 184).

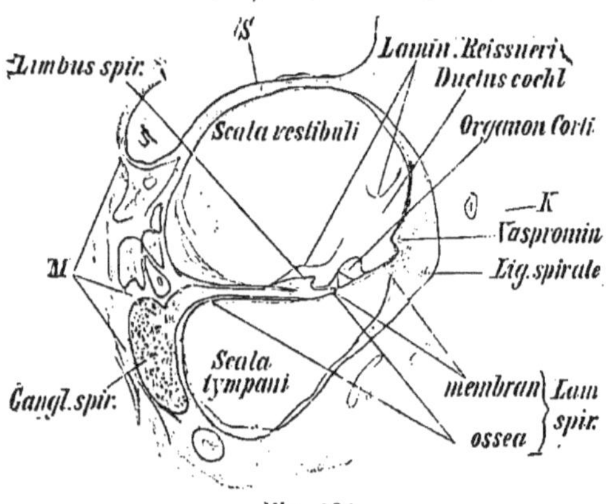

Fig. 184.

Durchschnitt der zweiten Schneckenwindung eines neugeborenen Kindes, 25mal vergrössert. *K* Aeussere knöcherne Schneckenwand. *M* Knöcherne Schneckenaxe (Modiolus), schräg angeschnittene Längskanälle enthaltend. *S* Knöcherne Scheidewand zwischen zweiter und dritter (halber) Schneckenwindung. Die Reissner'sche Membran ist durchgerissen, das obere Stück nach aufwärts geschlagen. Die Membr. tectoria war nicht zu sehen. Technik Nr. 164.

---

[1]) Ich folge hiemit der üblichen Beschreibung, bei welcher die Schnecke der Art aufgestellt wird, dass die Basis abwärts, die Kuppel aufwärts gerichtet ist; demnach ist „innen“ = der Schneckenaxe näher, „aussen“ = peripherisch.

[2]) Diese Namen stammen noch aus der Zeit, in welcher man den Limbus spiralis zur Lamina spiralis ossea rechnete.

Nach dieser allgemeinen Uebersicht muss der feinere Bau der drei Wände der häutigen Schnecke erörtert werden. Zwei derselben, die äussere und die vestibulare Wand sind verhältnissmässig einfach gebaut, die dritte, tympanale Wand dagegen zeigt einen äusserst complicirten Bau.

a) Aeussere Wand und Ligamentum spirale bestehen zusammen aus Epithel und Bindegewebe. Letzteres ist zunächst dem Knochen derbfaserig (Periost) und geht dann in lockeres Bindegewebe über, welches die Hauptmasse des Lig. spirale ausmacht. Das Epithel besteht aus einer Lage kubischer Epithelzellen. Ein dichtes Netz von Blutgefässen, die Stria vascularis, nimmt drei Viertel der Höhe der äusseren Schneckenwand ein und begrenzt sich nach abwärts durch eine stärker gegen das Schneckenlumen vorspringende Vene, das Vas prominens (Prominentia spiralis) (Fig. 184). Die Capillaren der Stria vasc. liegen dicht unter dem Epithel; sie sind die Quelle der Endolymphe.

b) Die vestibulare Wand, Reissner'sche Membran (Fig. 184), besteht aus einer Fortsetzung des Periosts der Scala vestibuli d.i. aus einem Endothel und einem feinfaserigen Bindegewebe, welches auf der dem Ductus zugekehrten Seite mit einer einfachen Lage polygonaler Epithelzellen bekleidet ist.

c) Die tympanale Wand zerfällt in zwei Abschnitte 1) in den Limbus spiralis mit dem freien Rande der Lamina spiralis ossea und 2) in die Lamina spiralis membranacea.

Ad 1) Der Limbus spiralis besteht aus einem derben, an spindelförmigen Zellen reichen Bindegewebe, welches nach unten mit dem Periost der Lamina spiralis ossea verwachsen ist, an der freien Oberfläche aber sonderbar gestaltete Papillen besitzt. Sie haben die Form unregelmässiger Halbkugeln; gegen das Labium vestibulare wachsen sie zu schmalen, langen Platten, den Huschke'schen Gehörzähnen, aus (Fig. 185 und Fig. 188), die in einfacher Reihe neben einander liegen. Eine einfache Lage stark abgeplatteter Epithelzellen überzieht die Oberfläche des Limbus und geht an der Kante des Labium vestibulare in das kubische Epithel des Sulcus spiralis über (Fig. 188 *A*).

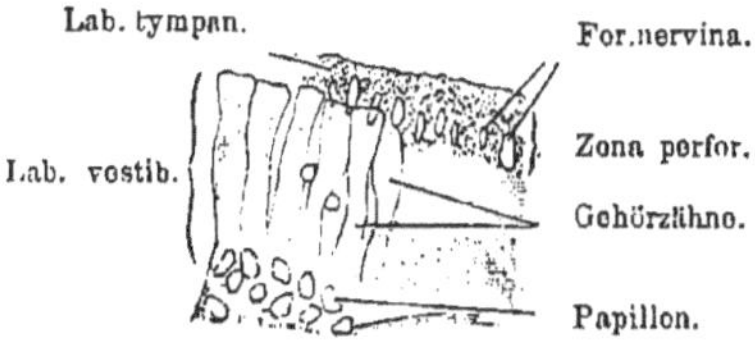

Fig. 185.

Aus einem Flächenpräparat der Lam. spiral. der Katze, 240mal vergrössert. Lab. vestib. von oben gesehen, zwischen den Gehörzähnen sieht man zwei Kerne der Epithelzellen. Links ist der Tubus auf die Höhe der Gehörzähne, rechts auf die Ebene der Zona perforata eingestellt. Technik Nr. 163.

Der freie Rand der Lam. spiral. ossea ist an seiner oberen Fläche von einer einfachen Reihe schlitzförmiger Oeffnungen, Foramina nervina (Fig. 185) durchbrochen, durch welche die in die knöcherne Lamina eingeschlossenen Nerven hervortreten, um in das Epithel der Lam. spiral. membran. einzudringen. Deshalb heisst diese Zone der knöchernen Lamina spiralis Zona (Habenula) perforata.

Ad 2) Die **Lamina spiralis membranacea** besteht aus der Membrana basilaris, d. i. einer Fortsetzung des Limbus spiralis sowie des Periostes der Lamina spiralis ossea, ferner aus der tympanalen Belegschicht, die eine Fortsetzung des Periostes der Scala tympani ist, welche die Unterfläche der Membrana basilaris bekleidet und endlich aus dem Epithel des Ductus cochlearis, welches der Oberfläche der Membr. basil. aufsitzt.

Fig. 186.

Aus einem Flächenpräparat der Lamina spiral. membran. der Katze, 240mal vergr. Schichten der Zona pectinata bei wechselnder Einstellung des Tubus gezeichnet. *e* Hohe Einstellung auf das indifferente Epithel (Claudius'sche Zellen) des Ductus cochlearis. *f* Mittlere Einstellung auf die Fasern der Membr. bas. *b* Tiefe Einstellung auf die Kerne der tympanalen Belegschicht. Technik Nr. 163.

Die **Membrana basilaris** besteht aus einer strukturlosen Haut, welche starre, ganz gerade, vom Labium tympan. bis zum Lig. spirale verlaufende Fasern, sowie oblonge Kerne enthält. Dadurch erhält die Membran ein feinstreifiges Aussehen (Fig. 186 *f*).

Die **tympanale Belegschicht** besteht aus einem feinen, Spindelzellen enthaltenden Bindegewebe, dessen Fasern auf der Faserrichtung der Elemente der Membr. basil. senkrecht stehen (Fig. 186 *b*).

Das **Epithel** ist auf dem der Schneckenaxe zugekehrten Seite zum Neuroepithel, dem **Corti'schen Organ**, entwickelt, während die äussere dem Lig. spirale zugekehrte Hälfte aus indifferenten Epithelzellen besteht. Man theilt die Lam. spiral. membr. in zwei Zonen: eine innere, vom Corti'schen Organe bedeckte, **Zona tecta**, und eine äussere, **Zona pectinata** [1]).

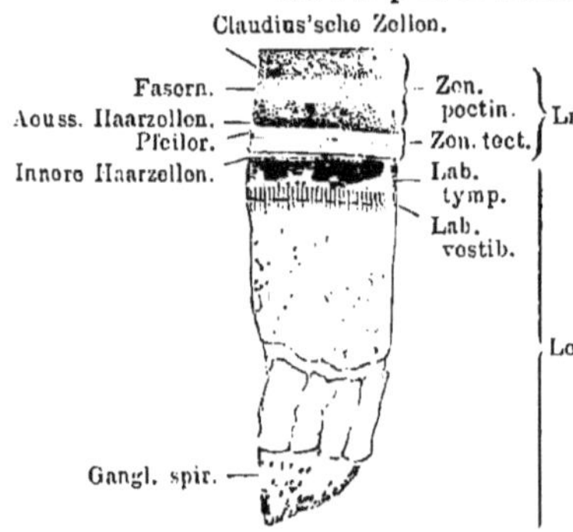

Fig. 187.

Lamina spiralis der Katze von der vestibularen Fläche aus gesehen. Die Membr. tectoria ist entfernt. 50mal vergr. *Lo* Lamina spiralis ossea in der inneren Hälfte mehrfach gesprungen und zerbrochen; am hinteren Rand derselben ragen Zellen des Ganglion spirale vor. *Lm* Lamina spir. membranacea. Die Claudius'schen Zellen sind theilweise abgefallen, so dass man die Fasern der Membr. basilaris als feine Streifung sieht. Technik Nr. 163.

Die auffallendste Bildung des Corti'schen Organes sind die **Pfeilerzellen**, eigenthümlich geformte, grösstentheils starre Gebilde, die in zwei Reihen in der ganzen Länge des Ductus cochlearis stehen. Die innere Reihe bilden die **Innenpfeiler**, die äussere die **Aussenpfeiler** (Fig. 188). Indem beide schräg gegeneinander geneigt sind, bilden sie einen Bogen, den **Arcus spiralis**, welcher einen mit der Basis gegen die Membr. basilaris gerichteten dreiseitigen Raum, den **Tunnel**, überbrückt. Der Tunnel ist nichts anderes als ein sehr grosser Intercellularraum, der mit einer weichen Masse, Intercellularsubstanz, erfüllt ist. Hinsichtlich des feineren Baues der Pfeilerzellen ist folgendes zu beachten: Die inneren Pfeilerzellen sind

[1]) Von den durchschimmernden Streifen der Membr. basilaris so genannt.

starre Bänder, an denen wir einen dreiseitig verbreiterten Fuss, einen schmalen Körper und einen, auswärts concaven Kopf unterscheiden. Der Kopf trägt eine schmale „Kopfplatte" (Fig. 188). Körper und Fuss der Zelle sind von wenig Protoplasma umgeben, das nur aussen vom Fuss in der Umgebung des Kernes in etwas grösserer Menge vorhanden ist. Die äusseren Pfeilerzellen zeigen dasselbe Detail; nur ist der kernhaltige Theil einwärts vom Fuss gelegen

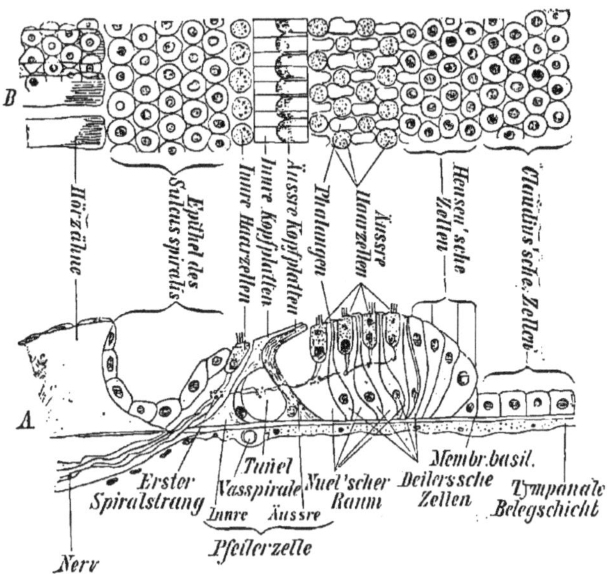

Fig. 188.

Schema des Baues der tympanalen Wand des Schneckenkanales, *A* von der Seite, *B* von der Fläche gesehen; bei letzterer Ansicht ist die Einstellung des Tubus auf die freie Oberfläche gewählt. Es ist einleuchtend, dass das in anderen Ebenen liegende Epithel des Sulcus spiralis, sowie die Claudius'schen Zellen nur durch Senken des Tubus scharf eingestellt werden können. Die Membrana tectoria ist nicht eingezeichnet. Die Spiralnervenstränge (s. pag. 231) sind durch Punkte angedeutet.

der rundliche Gelenkkopf ruht in dem concaven Ausschnitt des Innenpfeilers, die (breitere) Kopfplatte wird von der Kopfplatte des Innenpfeilers grösstentheils bedeckt. Nach Innen von den Innenpfeilern liegt eine einfache Reihe von Zellen, die inneren Haarzellen, kurzcylindrische, mit der abgerundeten Basis nicht bis zur Membr. basilaris reichende Zellen, die an ihrer freien Oberfläche ca. 20 starre Haare tragen. Nach Innen von den inneren Haarzellen liegt das kubische Epithel des Sulcus spiral. intern. Nach Aussen von den Aussenpfeilern liegen die äusseren Haarzellen; sie gleichen den inneren Haarzellen, nur sind sie durch einen dunklen, in der oberen Hälfte der Zelle gelegenen Körper, den (Hensen'schen) Spiralkörper, charakterisirt[1]). Die äusseren Haarzellen sind nicht in einfacher, sondern in mehrfachen

[1]) Im Schema (Fig. 188 *A*) durch einen dunklen, dicht unter den Hörhaaren gelegenen Fleck angedeutet.

(gewöhnlich 4) Reihen angeordnet; sie liegen nicht nebeneinander, sondern werden auseinander gehalten durch die Deiters'schen Zellen; das sind gestreckte Zellen, die einen starren Faden enthalten und an ihrem oberen Ende je einen cuticularen Aufsatz tragen; dieser hat die Gestalt einer Finger-Phalanx; die zwischen den Phalangen frei bleibenden Lücken werden durch die oberen Enden der äusseren Haarzellen ausgefüllt (Fig. 188). Die Deiters'schen Zellen sind Stützzellen, die viele Uebereinstimmung mit den Pfeilerzellen zeigen; wie diese bestehen sie aus einem starren Faden und einem protoplasmatischen Theil, wie diese haben sie eine Kopfplatte (hier Phalanx genannt). Der Unterschied besteht nur darin, dass die Umwandlung in starre Theile bei den Deiters'schen Zellen nicht so weit vorgeschritten ist. Indem die Phalangen unter sich zusammenhängen, bilden sie eine zierlich genetzte Membran, die Membrana reticularis.

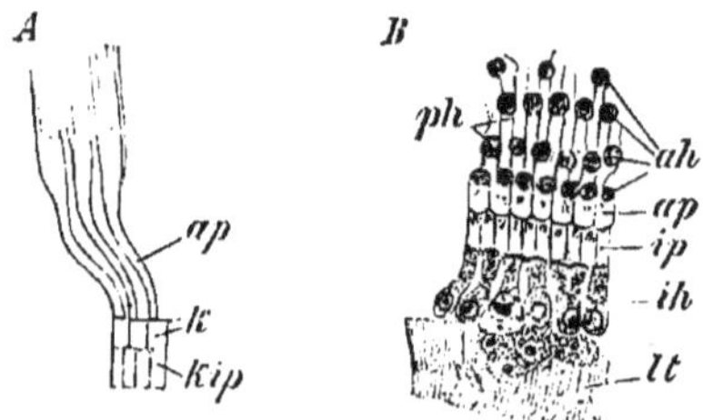

Fig. 189.

Aus einem Flächenpräparat der Lam. spir. membran. der Katze, 240mal vergrössert. *A* Aeussere Pfeiler. *k* Kopfplatten derselben bei hoher Einstellung. *ap* Körper und Fussenden derselben unter allmähligem Senken des Tubus gezeichnet. *kip* Stücke der Kopfplatten der inneren Pfeiler. *B*, *lt* Labium tympanic. theilweise bedeckt vom Epithel des Sulc. spiral. *ih* innere, *ah* äussere Haarzellen, zwischen diesen die Phalangen *ph*, die Membr. reticularis bildend. *ap* Kopfplatten der äusseren, *ip* der inneren Pfeiler. Technik Nr. 163.

Die äusseren Haarzellen reichen nicht bis zur Membr. basil. herab, füllen also nur die obere Hälfte der Räume zwischen den Deiters'schen Zellen aus, die unteren Hälften dieser Räume bleiben frei; wir nennen sie die Nuel'schen Räume, oder, da sie ja miteinander zusammenhängen, den Nuel'schen Raum (Fig. 188 *A*). Auch der Nuel'sche Raum hat die Bedeutung eines Intercellularraumes und steht mit dem Tunnel in Verbindung.

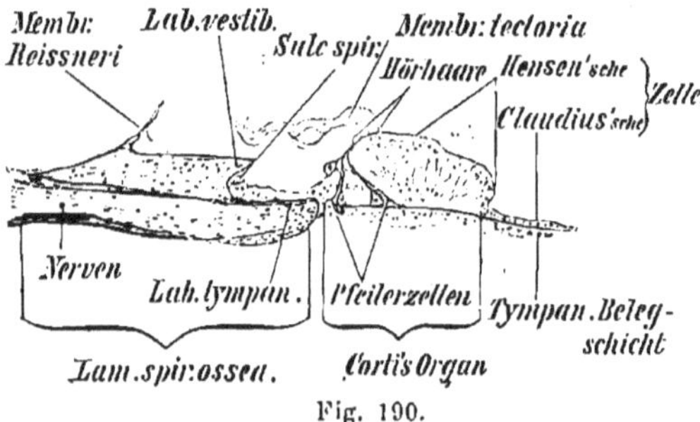

Fig. 190.

Senkrechter radiärer Schnitt durch die peripherische Hälfte der Lam. spiral. ossea und durch die Lam. spir. membr. eines neugeborenen Kindes, m : . vergrössert. Die Membr. tectoria war von ihrer Anheftungsstelle am Labium vestibulare abgerissen. Technik Nr. 161.

Nach aussen von der letzten Reihe Deiters'scher Zellen liegen die Hensen'schen Zellen, langgestreckte Cylinder, die unter allmähliger Abnahme ihrer Höhe in das indifferente Epithel des Ductus cochlearis übergehen, dessen Elemente, soweit sie noch die Membr. basilaris bedecken, die Claudius'schen Zellen heissen (Fig. 190).

Ueber dem Sulcus spiralis und dem Corti'schen Organ liegt eine weiche elastische Cuticularbildung, die Membrana tectoria (Fig. 190). Sie ist am Labium vestibulare befestigt und reicht bis zur äussersten Reihe der Haarzellen.

Der Ramus cochlearis des Nervus acusticus dringt bekanntlich in die Axe der Schnecke ein und gibt in spiralig fortlaufender Linie Aeste ab, welche gegen die Wurzel der Lamin. spiral. ossea ziehen; hier erfahren die Nervenfaserbündel eine Einlagerung zahlreicher Ganglienzellen, wodurch ein die ganze Peripherie der Schneckenaxe umwindendes Ganglion spirale (Fig. 184) gebildet wird; von da aus verlaufen die in die Lamin spiral. ossea eingeschlossenen, einen weitmaschigen Plexus bildenden Nervenbündel gegen den Limbus tympanicus, wo die Fasern unter Verlust ihrer Markscheide durch die Foramina nervina (pag. 227) treten und im Epithel enden. Das geschieht in der Weise, dass sie in spiraligen Strängen verlaufen, von denen der erste nach Innen von der inneren Pfeilerzelle (Fig. 188 *A*), der zweite im Tunnel, der dritte zwischen äusserer Pfeilerzelle und erster Deiters'scher Zelle, die übrigen drei zwischen den Deiters'schen Zellen verlaufen. Von diesen Strängen aus ziehen feine Fasern zu den Haarzellen, an (nicht in) denen sie enden.

Die Arterien des Labyrinthes stammen aus der A. auditiva und aus der A. stylomastoidea, welche durch die Fenestra rotunda einen Ast zur Schnecke schickt. Aus der A. auditiva gehen hervor: 1) Aeste zu den Säckchen und den Bogengängen, welche ein im Allgemeinen weitmaschiges, an den Maculae und Cristae dagegen ein dichtes Gefässnetz speisen, 2) ein Schneckenast, der Zweige zu dem weitmaschigen Nervenplexus (pag. 231), Zweige zur Reissner'schen Membran und endlich Zweige zur knöchernen Schneckenwand abgibt, welch' letztere die Stria vascularis (pag. 227) versorgen. Die Venen sammeln sich zum Vas prominens (Fig. 184) und Vas spirale (Fig. 188 *A*), welch' letzteres wahrscheinlich durch den Aquaeductus cochleae in die Vena jugul. intern. sich ergiesst.

Lymphbahnen. Die im Innern des häutigen Labyrinthes befindliche Endolymphe steht in keiner offenen Verbindung mit den Lymphgefässen. Dagegen findet die Perilymphe (s. pag. 225) durch den Aquaeductus cochleae Abfluss in ein die Vena jugul. int. begleitendes Lymphgefäss.

Mittelohr.

Die Schleimhaut der Paukenhöhle ist innig mit dem darunter liegenden Periost verwachsen. Sie besteht aus dünnem Bindegewebe und einem einschichtigen kubischen Epithel, das manchmal am Boden, zuweilen auch in grösseren Bezirken der Paukenhöhle Flimmerhaare trägt. Drüsen (kurze, 0,1 mm lange Schläuche) kommen nur spärlich in der vorderen Hälfte der Paukenhöhle vor. Die Schleimhaut der Ohrtrompete besteht aus fibrillärem (in der Nähe der Pharynxmündung zahlreiche Leucocyten enthaltendem) Bindegewebe und einem geschichteten, cylindrischen Flimmerepithel; der durch die Flimmerhaare erzeugte Strom ist gegen den Rachen gerichtet. Schleimdrüsen finden sich besonders reichlich in der pharyngealen Hälfte der Tube. Der Knorpel der Ohrtrompete ist da, wo er sich an die knöcherne Tube anschliesst, hyalin und hie und da mit Einlagerungen starrer (nicht elastischer) Fasern versehen (vergl. pag. 51); weiter vorn enthält die Grundsubstanz des Knorpels dichte Netze elastischer Fasern. Die Blutgefässe bilden in der Paukenhöhlenschleimhaut ein weitmaschiges, in der Tube ein engmaschiges, oberflächliches und ein tiefes, die Schleimdrüsen umspinnendes Capillarnetz. Die Lymphgefässe verlaufen in der Paukenhöhle im Periost. Ueber die Endigungen der Nerven fehlen noch genauere Angaben.

Aeusseres Ohr.

Das Trommelfell besteht aus einer Bindegewebsplatte („Lamina propria"), deren Faserbündel an der lateralwärts gekehrten Oberfläche radiär verlaufen und mit dem Periost des Sulcus tympanicus zusammenhängen; an der der Paukenhöhle zugekehrten Oberfläche sind die Faserbündel circulär geordnet. Das Trommelfell wird innen von der Paukenhöhlenschleimhaut, aussen von der Auskleidung des äusseren Gehörganges (äussere Haut) überzogen. Beide Ueberzüge haften sehr fest an der Lamina propria, sind glatt und tragen keine Papillen. Da, wo der Hammer dem Trommelfell anliegt, ist er mit einem Ueberzug hyalinen Knorpels versehen.

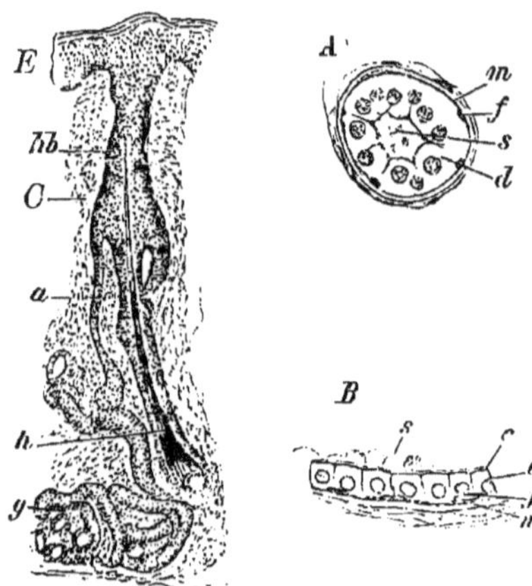

Fig. 191.

Aus einem senkrechten Schnitt durch die Haut des äusseren Gehörgangs eines neugeborenen Kindes, 50mal vergrössert. *E* Epidermis aus einem dünnen Stratum corneum (gestreift) und einem dickeren Stratum mucosum bestehend. *C* Gewebe der Cutis. *hb* Haarbalg, ein junges Haar *h* enthaltend. *g* Ohrschmalzdrüsenknäuel, mit dem dünneren Ausführungsgange *a* in den Haarbalg mündend. Technik Nr. 166.

Fig. 192

A Ein Querschnitt des Knäuelkanals, ebendaher.
B Längsschnitt eines Knäuelkanals aus dem Gehörgang eines 12jähr. Knaben, 240mal vergrössert.
s Secret, *c* Cuticularsaum, *d* Drüsenzellen, *f* Kerne glatter Muskelfasern, *m* Membrana propria. Technik Nr. 166.

Der äussere Gehörgang wird von einer Fortsetzung der äusseren Haut ausgekleidet, welche durch einen grossen Reichthum eigenthümlicher Knäueldrüsen, der Glandulae ceruminosae (Ohrschmalzdrüsen), ausgezeichnet ist. Dieselben stimmen in manchen Beziehungen mit den gewöhnlichen grösseren Knäueldrüsen („Schweissdrüsen") der Haut überein; sie besitzen wie diese einen mit mehreren Lagen von Epithelzellen ausgekleideten Ausführungsgang; die Kanäle des Knäuels selbst haben eine einfache Lage meist kubischer Drüsenzellen, welchen glatte Muskelfasern und eine ansehnliche

Membrana propria aussen anliegen (Fig. 192); sie unterscheiden sich von den Schweissdrüsen dadurch, dass die Knäuelkanäle ein sehr grosses Lumen haben, das besonders beim Erwachsenen stark erweitert ist, dass die Drüsenzellen viele Pigmentkörnchen und Fetttröpfchen enthalten und häufig einen deutlichen Cuticularsaum tragen. Die Ausführungsgänge sind eng und münden in die Haarbälge.

Das Secret, das Ohrschmalz (Cerumen), besteht aus Pigmentkörnchen, Fetttropfen und fetterfüllten Zellen; letztere stammen wahrscheinlich aus den Haarbalgdrüsen.

Der Knorpel des knorpeligen Gehörganges und der Ohrmuschel ist elastischer Knorpel.

Die Gefässe und Nerven verhalten sich so wie in der äusseren Haut, nur am Trommelfell zeigen sie besondere Eigenthümlichkeiten. Dort steigt eine Arterie neben dem Hammergriff herab, welche sich in radiär verlaufende Aeste auflöst; der Rückfluss erfolgt durch ebenfalls dem Hammergriff entlang verlaufende Venen. Diese Gefässe liegen in dem von der äusseren Haut gelieferten Ueberzug des Trommelfells. Auch der Schleimhautüberzug des Trommelfells ist mit einem dichten Capillarnetz versehen, welches durch durchbohrende Aestchen mit dem Hautgefässnetz anastomosirt.

Lymphgefässe finden sich vorzugsweise in der Hautschicht des Trommelfelles.

Die Nerven bilden feine, unter beiden Ueberzügen verlaufende Geflechte.

TECHNIK.

Grundbedingung ist genaue Kenntniss der makroskopischen Anatomie des Labyrinthes. Die Schwierigkeiten, die Misserfolge beruhen zum guten Theile auf ungenauer Kenntniss der Anatomie des knöchernen Labyrinthes. Zu Beginn der Präparation müssen alle Theile, die lateral vom Promontorium liegen (Os tympanic. und Gehörknöchelchen), entfernt werden, so dass dieses deutlich vorliegt.

Nr. 162. Otolithen. Man meissele das Promontorium, vom oberen Rande der Fenestra stapedii angefangen bis zum unteren Rande der Fenestra rotunda, weg. Dann erblickt man — besonders wenn man das Felsenbein unter Wasser betrachtet — die weissen Flecken (Maculae) im Sacculus und Utriculus. Man hebe nun mit einer feinen Pincette die Säckchen heraus und breite ein Stückchen davon auf dem Objektträger in verdünntem Glycerin aus. Die Otolithen sind in grosser Menge vorhanden, sind aber sehr klein, so dass ihre Gestalt erst bei starken Vergrösserungen (240mal) deutlich erkennbar wird. Man hüte sich, zu dickes Glycerin zu nehmen, in welchem die Otolithen vollkommen unsichtbar werden (Fig. 183).

Bei dem Herausheben der Säckchen ziehen sich nicht selten Stücke der Bogengänge mit heraus, die man mit Pikrocarmin (pag. 18) färben und in verdünntem Glycerin (pag. 5) conserviren kann. Man sieht nur das Epithel und hie und da an optischen Querschnitten die feine Glashaut; das Bindegewebe ist sehr spärlich.

Nr. 163. Flächenpräparate der Schnecke. Man erinnere sich, dass die Basis der Schnecke im Grunde des inneren Gehörganges liegt und dass die Spitze gegen die Tube gekehrt ist, dass also die Schneckenaxe horizontal und quer zur Längsaxe der Felsenbeinpyramide steht.

Man meissele den freien Theil der Schnecke auf, d. h. man entferne das Promontorium dicht vor der Fenestra rotunda, öffne die Spitze der Schnecke und lege dann das von überflüssiger Knochenmasse thunlichst befreite Präparat in 20 ccm 0,5 %iger Osmiumsäure (5 ccm 2% Osmiumsäure zu 15 ccm Aq. dest.). Nach 12—20 Stunden wässere man das Präparat ca. 1 Stunde lang aus und bringe es dann in 200 ccm Müller'scher Flüssigkeit (pag. 12). Nach 3—20 Tagen (oder später) breche man die Schnecke vollends auf und betrachte sie nun unter Wasser. Man sieht da die Lamin. spiral. ossea und membranacea als ein feines Blättchen, resp. Häutchen, an der Schneckenaxe befestigt; nun breche man mit einer feinen Pincette ein Stückchen der Lamin. spiral. ossea ab, hebe dasselbe nicht mit der Pincette, sondern vorsichtig mit Nadel und Spatel aus der Flüssigkeit und bringe es mit einigen Tropfen verdünnten Glycerins auf den Objektträger. Man thut gut, den axialen Theil der Lam. spiral. ossea auf dem Objektträger mit Nadeln abzubrechen, da das verhältnissmässig dicke Knochenblatt das Auflegen des Deckglases erschwert. Die vestibuläre Fläche der Laminae muss nach oben gerichtet sein; man erkennt das daran, dass bei hoher Einstellung des Tubus die Gehörzähne (Fig. 185) zuerst sichtbar sind, während die anderen Theile erst beim Senken des Tubus (bei tieferer Einstellung) deutlich werden. Bei schwacher Vergrösserung sind anfangs nur die Interstitien der Gehörzähne als dunkle Striche sichtbar (Fig. 187 Lab. vestib.); die Papillen sind auch bei starken Vergrösserungen nicht sofort zu erkennen, sondern werden erst am zweiten und dritten Tage deutlich. Die Hauptschwierigkeit liegt nicht in der Anfertigung, sondern in der richtigen Beobachtung des Präparates; bei der geringsten Tubushebung resp. Senkung ändert sich sofort das Bild. In Fig. 188 *B* ist in schematischer Weise die Lamin. spiral. membr. von oben her betrachtet in hoher Einstellung gezeichnet, man sieht also nur die freie Oberfläche der in *A* von der Seite gezeichneten Gebilde. Es leuchtet ein, dass bei einer Senkung des Tubus z. B. nicht mehr die Kopfplatten der Pfeilerzellen, sondern deren Körper (als Kreise im optischen Querschnitt) sichtbar sein werden, eben so verschwindet die Membr. reticularis, die nur bei ganz hoher Einstellung sichtbar ist. Man kann noch färben mit Pikrocarmin (pag. 24) und conserviren in verdünntem Glycerin. Vorstehende Angaben beziehen sich auf das Gehörorgan des Menschen (Kinderlabyrinthe sind zu empfehlen) und der Katze.

Nr. 164. Um Schnitte durch die knöcherne und häutige Schnecke anzufertigen, meissele man die Schnecke eines Kindes[1]) aus dem Labyrinth. Die compakte Knochensubstanz der Schnecke ist von so weicher schwammiger Knochensubstanz umgeben, dass sich letztere auch mit einem starken Federmesser entfernen lässt; hat man so im Groben die Form der Schnecke hergestellt, so lege man mit einem Meissel an 2—3 Stellen der Schnecke kleine, ca. 1 qmm grosse Oeffnungen an, um das Eindringen der Fixirungsflüssigkeit zu erleichtern. Dann bringe man die Schnecke in 15 ccm destill. Wassers + 5 ccm der 2%igen Osmiumsäure. Nach 24 Stunden wird

[1]) Von thierischen Schnecken sind die des Meerschweinchens und der Fledermaus deswegen zu empfehlen, weil solche Schnecken nicht in schwammige Knochensubstanz eingebettet sind und ohne weiteres Abmeisseln und Oeffnen sofort eingelegt werden können.

das Objekt herausgenommen, eine Viertelstunde in (womöglich fliessendes) Wasser gelegt und dann in ca. 60 ccm allmählig verstärkten Alkohols (pag. 13) gehärtet. Nach vollendeter Härtung wird die Schnecke entkalkt und zwar in Chlorpalladium-Salzsäure. Man stelle sich folgende Mischung dar: Von einer 1%igen Chlorpalladiumlösung giesse man 1 ccm zu 10 ccm Salzsäure und füge 1000 ccm destillirten Wassers hinzu. Die Schnecke wird in ca. 100 ccm dieser Mischung eingelegt, die Mischung öfter gewechselt. Nach vollendeter Entkalkung (pag. 14) wird das Objekt nochmals gehärtet und in Klemmleber eingebettet geschnitten. Die Schnitte müssen die Axe der Schnecke der Länge nach enthalten, werden mit Pikrocarmin gefärbt (pag. 18) und in Damarfirniss conservirt (pag. 21). Es ist nicht sehr schwer, Uebersichtspräparate zu erhalten. Die Membr. Reissneri ist gewöhnlich eingerissen, so dass Ductus cochlearis und Scala vestibuli einen gemeinsamen Raum bilden (Fig. 184). Das Corti'sche Organ lässt meist zu wünschen übrig; nur feine Schnitte, welche das Organ senkrecht getroffen haben, geben völlig klare Bilder; meist enthält ein Schnitt mehrere innere und äussere Pfeiler, zum Theil nur Bruchstücke solcher, die Hensen'schen Zellen sehen blasig gequollen aus (Fig. 190), so dass die Orientirung dem Anfänger viele Schwierigkeiten bereitet.

Nr. 165. Um Querschnitte der Ohrtrompete (Knorpel und Schleimhaut) zu erhalten, orientire man sich zunächst über die schräg median vor- und abwärts gerichtete Stellung der Tube. Man schneide die ganze pharyngeale Abtheilung der Tube sammt umgebenden Muskeln heraus, fixire das Stück in 200—300 ccm Müller'scher Flüssigkeit, wasche es nach 3—6 Wochen in (womöglich fliessendem) Wasser aus, und härte es in ca. 100 ccm allmählig verstärkten Alkohols (pag. 13). Man kann die Schnitte mit Haematoxylin färben (pag. 16) und in Damarfirniss (pag. 21) einschliessen. Vorzugsweise als Uebersichtspräparate mit ganz schwachen Vergrösserungen zu betrachten.

Nr. 166. Ohrschmalzdrüsen. Man schneide das Ohr mit dem knorpeligen Gehörgang dicht am knöchernen Gehörgang ab, schneide vom knorpeligen Gehörgang ca. 1 □ cm grosse Stücke aus, die man in ca. 30 ccm absoluten Alkohols einlegt. Schon am nächsten Tage kann man Schnitte anfertigen, die ziemlich dick (— 0,5 mm) sein müssen, wenn man Knäuel und Ausführungsgang zusammen treffen will (Fig. 191). Kernfärbung mit Haematoxylin (pag. 16). Man betrachte auch feinere, ungefärbte Schnitte in verdünntem Glycerin; hier kann man die Fett- und Pigmentkörnchen sehen. Ganz besonders sind Präparate neugeborener Kinder zu empfehlen; bei Erwachsenen sind die Kanäle stark erweitert und geben keine schönen Uebersichtsbilder. Dagegen sieht man bei mehr Erwachsenen die Cuticula der Drüsenzellen gut, die ich bei Neugeborenen vermisse (vergl. Fig. 192).

XII. Geruchsorgan.

In diesem Capitel soll der Bau der gesammten Nasenschleimhaut beschrieben werden. Die eigentliche Riechschleimhaut ist nur auf die vorderen zwei Drittel der oberen und mittleren Muschel, sowie auf den entsprechenden Theil der Nasenscheidewand beschränkt; die übrigen Partien der Nasenhöhle (die Nebenhöhlen inbegriffen) sind mit respiratorischer Schleimhaut überzogen. Ausgenommen hiervon ist der im Bereich der beweglichen Nase befindliche

Abschnitt (Vestibulum nasi), welcher mit einer Fortsetzung der äusseren Haut bekleidet ist. Wir haben demnach drei, im Bau differente Abschnitte der Nasenschleimhaut zu unterscheiden.

1. Regio vestibularis.

Die Schleimhaut besteht aus einem geschichteten Pflasterepithel und aus einer papillentragenden Tunica propria, in welche zahlreiche Talgdrüsen und die Haarbälge der steifen Nasenhaare (Vibrissae) eingesenkt sind.

2. Regio respiratoria.

Die Schleimhaut besteht aus einem geschichteten flimmernden Cylinderepithel (Fig. 12), das bald viele, bald wenige Becherzellen enthält, und einer ansehnlichen, an der unteren Nasenmuschel bis zu 4 mm dicken Tunica propria, welche sich aus fibrillärem Bindegewebe und verschieden grossen Mengen von Leucocyten aufbaut; letztere sind zuweilen zu Solitärknötchen zusammengeballt. Auch hier findet eine Durchwanderung von Leucocyten durch das Epithel in die Nasenhöhle statt (vergl. pag. 123).

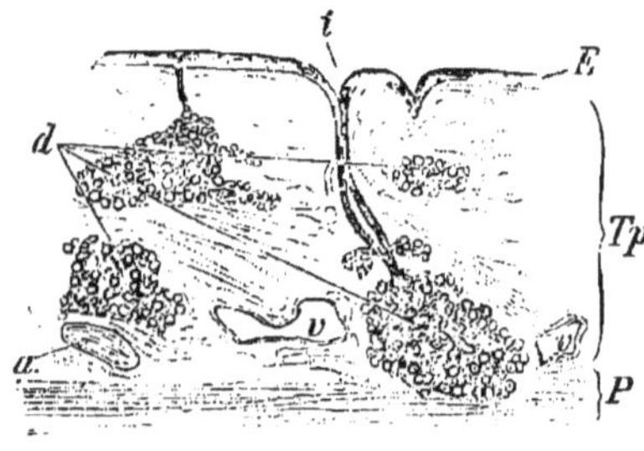

Fig. 193.

Dicker Schnitt senkrecht durch die Schleimhaut der menschlichen Nasenscheidewand; Regio respiratoria, 20mal vergrössert. *E* Epithel. *Tp* Tunica propria. *P* Periost des Vomer. *d* Traubige Drüsen; bei zweien ist der Ausführungsgang getroffen. *t* Trichterförmige Vertiefung, *a* Arterien. *v* Venen. Technik Nr. 168.

Die Tunica propria des Menschen schliesst traubenförmige Drüsen (*d*) ein, die theils Schleim-, theils Eiweissacini enthalten, also gemischte Drüsen sind (vergl. pag. 134). Sie münden nicht selten in trichterförmige Vertiefungen (*t*) ein, welche von einer Fortsetzung des Oberflächenepithels ausgekleidet und an der unteren Muschel mit unbewaffnetem Auge wahrnehmbar sind. In den Nebenhöhlen der Nase ist Epithel wie Tunica propria bedeutend dünner (— 0,02 mm), sonst von gleichem Bau; nur spärliche und kleine Drüsen finden sich daselbst.

3. Regio olfactoria.

Die Schleimhaut dieser Gegend ist durch ihre gelblichbraune Färbung schon makroskopisch von der röthlichen Schleimhaut der Regio respiratoria unterscheidbar. Sie besteht aus einem Epithel, dem Riechepithel, und aus einer Tunica propria. Bezüglich des feineren Baues des R i e c h e p i t h e l s sind unsere Kenntnisse noch sehr lückenhaft, hinsichtlich der Deutungen der einzelnen Elemente bestehen bedeutende Meinungsverschiedenheiten. Sicher ist, dass im Riechepithel zwei Zellenformen vorkommen. Die eine Form (Fig. 194 *st*) ist in der oberen Hälfte cylindrisch und enthält hier gelbliches

Pigment und kleine, oft in Längsreihe, gestellte Körnchen; das obere Ende scheint besonders modificirt; der an Schnitten zu Tage tretende Saum (Fig. 196 *s*) wird von den einen Autoren für eine dem Cuticularsaum der Darmepithelien ähnliche Bildung („Membrana limitans olfactoria"), von Anderen für feine Flimmerhärchen, von noch Anderen für kleine Zapfen austretenden Schleimes (Fig. 194 *s*) erklärt. Die untere Hälfte ist schmäler, am Rande mit Zacken und Einbuchtungen versehen, das untere Ende ist gegabelt und soll mit den gegabelten Enden benachbarter Zellen sich zu einem protoplasmatischen Netzwerk verbinden. Diese Zellen heissen S t ü t z z e l l e n. Ihre meist ovalen Kerne liegen in e i n e r Höhe und nehmen auf senkrechten Schnitten eine schmale Zone, die Z o n e der o v a l e n K e r n e (Fig. 195 *zo*) ein. Die zweite Form (Fig. 194 *r*) besitzt nur in der Umgebung des meist runden Kernes eine grössere Menge Protoplasmas; von da erstreckt sich nach oben ein schmaler cylindrischer, härchentragender, nach unten ein unmessbar feiner Fortsatz. Diese Zellen heissen R i e c h z e l l e n. Ihre mit Kernkörperchen versehenen runden Kerne liegen in verschiedenen Höhen und nehmen eine breite Zone, die Z o n e der r u n d e n K e r n e (Fig. 195 *zr*) ein. Ausser diesen beiden Formen gibt es Zwischenformen, die bald mehr den Stützzellen, bald mehr den Riechzellen sich nähern. An der Grenze des Epithels gegen das Bindegewebe ist ein mit Kernen versehenes protoplasmatisches Netzwerk, die sog. B a s a l z e l l e n (Fig. 196 *b*), gelegen.

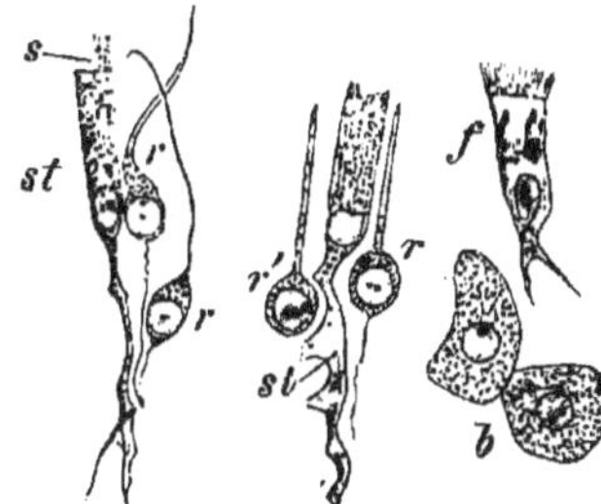

Fig. 194.

Isolirte Zellen der Regio olfactoria des Kaninchens. 560mal vergr. *st* Stützzellen, *s* austretende Schleimzapfen, die Flimmerhaaren ähnlich sind. *r* Riechzellen, bei *r'* ist der untere Fortsatz abgerissen. *f* Flimmerzelle. *b* Zellen der Bowman'schen Drüsen. Technik Nr. 167.

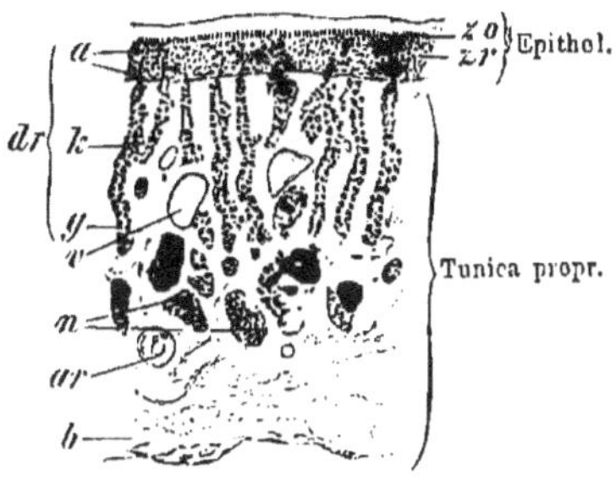

Fig. 195.

Senkrechter Schnitt der Regio olfactoria des Kaninchens, 50mal vergrössert. *zo* Zone der ovalen, *zr* Zone der runden Kerne. *dr* Bowman'sche Drüsen. *a* Ausführungsgang. *k* Körper. *g* Grund der Drüse. *n* Querschnitte der Aeste des N. olfactorius. *v* Venen. *ar* Arterie. *b* Querdurchschnittene Bindegewebsbündel. Technik Nr. 169.

Die T u n i c a p r o p r i a stellt einen aus starren Bindegewebsfasern gewebten, mit feinen elastischen Fasern untermengten lockeren Filz dar, welcher bei manchen Thieren (z. B. bei der Katze) gegen das Epithel zu einer strukturlosen Haut verdichtet ist. Zahlreiche Drüsen, die sog. B o w m a n ' s c h e n D r ü s e n, sind in der Tunica propria eingebettet; es sind entweder einfache oder (z. B. beim Menschen) verästelte Schläuche, an denen man einen im Epithel gelegenen Ausführungsgang (Fig. 195 *a*), einen Drüsenkörper und einen Drüsengrund unterscheidet. Die Zellen des Drüsenkörpers sind pigmentirt. Die Bowman'schen Drüsen (auch diejenigen des Menschen) sind bis vor Kurzem für Eiweissdrüsen gehalten worden. In neuester Zeit hat man sie für Schleimdrüsen erklärt. Die Tunica propria ist ferner Trägerin der Verästelungen des N. olfactorius. Die Aeste desselben werden von Fortsetzungen der Dura mater bekleidet und bestehen durchaus aus marklosen Fasern, die sehr leicht in Fibrillen zerfallen; die Fasern ziehen in flachen Bogen gegen das Epithel, dringen in dieses ein und endigen auf eine noch unbekannte Weise. Nach fast allgemein acceptirter Meinung hängen die Fibrillen des Olfactorius mit den feinen unteren Fortsätzen der Riechzellen zusammen; ein direkter Beweis hiefür fehlt jedoch. Nach anderer Anschauung gehen die Olfactoriusfasern in das Netz der „Basalzellen" über, die wiederum in direkter Verbindung mit den Stützzellen sowohl, wie mit den Riechzellen stehen. Nach dieser Auffassung würden Stütz- wie Riechzellen geruchspercipirende Elemente sein.

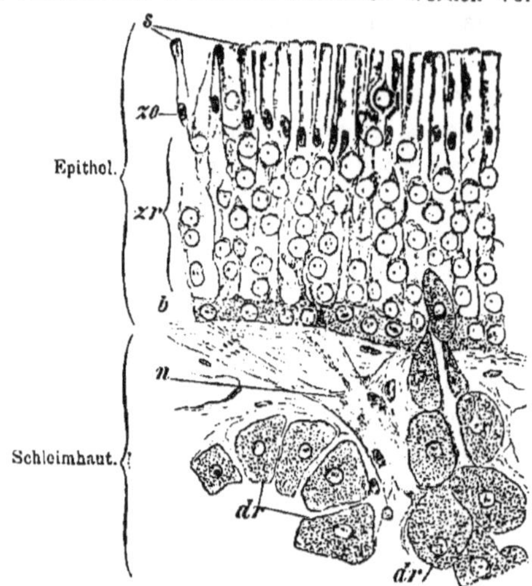

Fig. 196.
Senkrechter Schnitt durch die Regio olfact. des Kaninchens, 560mal vergrössert. *s* Saum. *zo* Zone der ovalen, *zr* Zone der runden Kerne. *b* „Basalzellen". *dr* Stücke der Bowman'schen Drüsen, an dem rechten ist der unterste Theil des Ausführungsganges getroffen. *n* Ast des Nervus olfactorius. Technik Nr. 169.

Von den Blutgefässen der Nasenschleimhaut verlaufen die Arterienstämmchen in den tieferen Schichten der Tunica propria (Fig. 193 u. 195); sie speisen ein bis dicht unter das Epithel reichendes Capillarnetz; die Venen sind durch ihre ansehnliche Entwicklung ausgezeichnet (Fig. 193), sie bilden besonders am hinteren Ende der unteren Muschel ein so dichtes Netzwerk, dass die Tunica propria daselbst cavernösem Gewebe ähnlich ist.

Die Lymphgefässe bilden in den tieferen Schichten der Tunica propria gelegene grobmaschige Netze. Injectionen von Lymphgefässen der Regio olfactoria vom Subarachnoidealraum aus erklären sich durch die Scheiden, welche die durch die Lamina cribrosa des Siebbeins tretenden Olfactoriusäste von den Hirnhäuten erhalten.

Markhaltige Zweige des Trigeminus sind sowohl in der Regio respiratoria wie olfactoria nachzuweisen.

TECHNIK.

Nr. 167. Riechzellen. Man durchsäge den Kopf eines soeben getödteten Kaninchens in der Medianlinie. Die Riechschleimhaut ist an ihrer braunen Farbe leicht kenntlich. Ein Stückchen von ca. 5 mm Seite wird sammt der dazu gehörigen knöchernen Muschel mit einer kleinen Scheere vorsichtig ausgeschnitten und in 20 ccm Ranvier'schen Alkohols (pag. 4) eingelegt. Nach 5—7 Stunden übertrage man dasselbe in 5 ccm Pikrocarmin, am nächsten Tage in 10 ccm destill. Wassers. Nach etwa 10 Minuten wird das Stückchen herausgenommen und leicht auf einen Objektträger gestossen, auf welchen man einen Tropfen verdünnten Glycerins gesetzt hat. Umrühren mit der Nadel ist zu vermeiden, das Deckglas vorsichtig aufzulegen. Man sieht, ausser vielen Bruchstücken von Zellen, viele gut erhaltene Stützzellen; an den Riechzellen fehlt häufig der äusserst feine centrale Fortsatz. (Fig. 194.)

Nr. 168. Zu Präparaten der Schleimhaut der Regio respiratoria umschneide man Stückchen von 5—10 mm Seite auf der unteren Hälfte des Septum narium, ziehe sie ab und fixire und härte sie in ca. 20 ccm absoluten Alkohols (pag. 11). Zu feineren Schnitten verwende man die Nasenschleimhaut des Kaninchenkopfes (Nr. 167), klemme die Stückchen in Leber ein (pag. 15) und färbe die Schnitte mit Haematoxylin (pag. 16). Conserviren in Damarfirniss (pag. 21). Zu Uebersichtsbildern genügt auch die Schleimhaut menschlicher Leichen, welche in gleicher Weise behandelt wird, nur mache man dicke, ungefärbte Schnitte, die man in unverdünntem Glycerin conservirt (Fig. 193).

Nr. 169. Zu Präparaten der Schleimhaut der Regio olfactoria löse man Stückchen (von 3—6 mm Seite) der braunen Riechschleimhaut vom oberen Theil des Septum des Kaninchens (Nr. 167) und lege sie auf 3 Stunden in 20 ccm Ranvier'schen Alkohols (pag. 4), welcher die Elemente des Riechepithels etwas lockert; alsdann übertrage man die Stückchen vorsichtig in 3 ccm 2%iger Osmiumlösung + 3 ccm destill. Wassers und stelle das Ganze auf 15—24 Stunden ins Dunkle. Nach Ablauf derselben werden die Stückchen auf eine halbe Stunde in 20 ccm destillirten Wassers gelegt und dann in 30 ccm allmählig verstärkten Alkohols gehärtet (pag. 13). Die gehärteten Stücke werden in Leber geklemmt und geschnitten, die Schnitte 20—30 Secunden mit Haematoxylin (pag. 16) gefärbt und in Damarfirniss eingeschlossen (pag. 21).

Will man gute Bilder der Drüsen erhalten (Fig. 195), so mache man dicke, quer zum Verlauf der Nervenfasern gerichtete Schnitte. Für die Darstellung der Nervenfasern und des Epithels empfiehlt es sich, dünne längs des Nervenfaserverlaufes gerichtete Schnitte zu machen (Fig. 196)

XIII. Geschmacksorgan.

Die Endäste des N. glossopharyngeus enthalten theils markhaltige, theils marklose Fasern; während erstere mit einander anastomosiren und im Bindegewebe (z. Th. in Endkolben) ihre Endigung finden, dringen die marklosen Fasern in das Epithel und enden daselbst entweder frei (nach dem sie vorher ein Netzwerk gebildet hatten) (Fig. 197) oder in besonderen Endapparaten, den Geschmacksknospen (Schmeckbechern). Das sind länglich ovale, ca. 80 μ lange, 40 μ breite Körper, welche vollkommen im Epithel eingebettet sind; sie sitzen mit der Basis auf der Tunica propria auf, das obere Ende reicht bis zur Epitheloberfläche, welche hier eine kleine, oft trichterförmige Vertiefung, den Geschmacksporus (p), zeigt. Jede Geschmacksknospe besteht aus zwei Arten langgestreckter Epithelzellen; die einen sind entweder von überall gleicher Breite, haben dann die Gestalt von Fassdauben, oder sie sind an ihrem basalen Ende verjüngt, zuweilen gabelig getheilt, während das obere

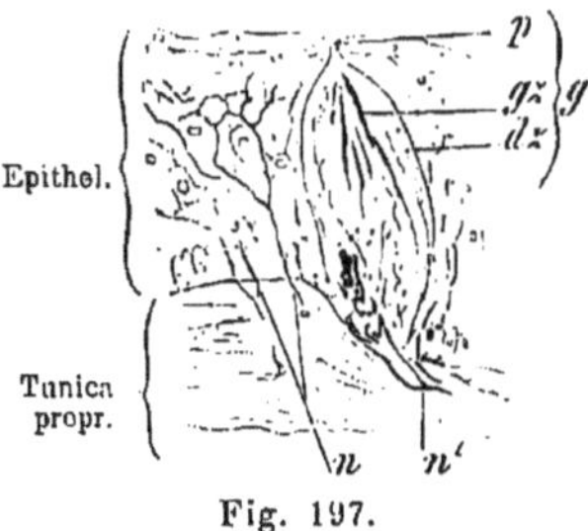

Fig. 197.
Aus einem senkrechten Schnitt durch die Pap. circumvallata eines Affen (Hapale), 240mal vergr. *n* Nervenfasern frei endigend. *n*¹ Nervenfasern eindringend in *g* die Geschmacksknospe. *gz* Geschmackszellen. *dz* Deckzellen. *p* Geschmacksporus. Technik Nr. 172.

Fig. 198.
Aus einem senkrechten Schnitt durch die Papilla foliata des Kaninchens, 560mal vergrössert. *g* Geschmacksknospe. *s* Stiftchen der Geschmackszellen. *p* Geschmacksporus. Technik Nr. 171.

Ende zugespitzt ausläuft. Diese Zellen bilden die Hauptmasse der Geschmacksknospe, sind vorzugsweise in der Peripherie der Knospe gelegen und heissen Deckzellen. Sie dienen zur Stütze und Hülle der Geschmackszellen (Schmeckzellen), welche die eigentlichen Sinnesepithelien sind. Die Geschmackszellen sind schmal, nur in der Mitte, wo der Kern sitzt, etwas verdickt. Der obere Abschnitt ist cylindrisch oder — und das ist häufiger — kegelförmig und trägt an seinem freien Ende ein glänzendes Stiftchen (Fig. 198 *s*), eine Cuticularbildung. Der untere Abschnitt ist feiner, bei Einwirkung mancher Reagentien mit Knötchen besetzt; man glaubt, dass dieser Abschnitt mit den Nervenfasern zusammenhängt, obwohl ein solcher Zusammenhang noch nicht nachgewiesen worden ist.

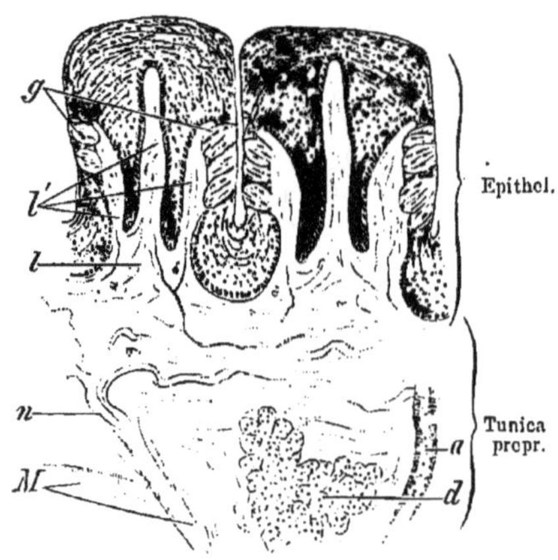

Fig. 199.
Senkrechter Durchschnitt durch zwei Leistchen der Papilla foliata des Kaninchens, 80mal vergrössert. Jedes Leistchen (*l*) trägt drei secundäre Leistchen (*l'*). *g* Geschmacksknospen. *n* Markhaltiger Nerv. *d* Eiweissdrüse. *a* Stück eines Ausführungsganges einer solchen. *M* Muskelfasern der Zunge. Technik Nr. 171.

Die Geschmacksknospen finden sich vorzugsweise an den Seitenwänden der Papillae circumvallatae (vergl. auch Fig. 95) und der Leistchen der Papillae foliatae (Fig. 199) (s. auch pag. 122), in geringerer Zahl auf den Papillae fungiformes, am weichen Gaumen und auf der hinteren Kehldeckelfläche.

TECHNIK.

Nr. 170. Zur ersten Orientirung über Zahl und Lage der Geschmacksknospen sind die in Nr. 79 angegebenen Methoden ausreichend. Als passende Objekte sind die Papillae circumvallatae eines beliebigen Thieres (vergl. auch Fig. 95) und die Papilla foliata des Kaninchens zu empfehlen. Letztere ist eine erhabene Gruppe paralleler Schleimhautfalten, welche sich am Seitenrande der Zungenwurzel befindet. Schon mittelfeine, senkrecht zur Längsaxe der Falten gerichtete Schnitte lassen bei schwachen Vergrösserungen die Geschmacksknospen als helle Flecke erkennen.

Nr. 171. Zum Studium des feineren Baues der Geschmacksknospen trage man mit einer flachen Scheere die Papilla foliata eines soeben getödteten Kaninchens so ab, dass möglichst wenig Muskelsubstanz anhängt. Das Stückchen wird mit Igelstacheln auf einen Korkstöpsel gesteckt (die Muskelseite gegen den Kork gekehrt) und ca. 1 Stunde Osmiumdämpfen ausgesetzt (s. weiter pag. 13). Feine Schnitte des in Leber eingeklemmten, gehärteten Präparates werden ca. 30 Secunden in Haematoxylin gefärbt (pag. 16) und in Damarfirniss eingeschlossen (pag. 21) (Fig. 198).

Nr. 172. Zur Darstellung der Nerven schneide man eine Papilla circumvallata (ohne Wall, nur das kugelige Wärzchen) mit einer Scheere aus, lege sie auf 10 Minuten in den filtrirten Saft einer frisch ausgepressten Citrone, bringe die Papille in 5 ccm einer 1 %igen Goldchloridlösung und stelle das Ganze auf 1 Stunde ins Dunkle. Dann hebe man die Papille mit Holzstäbchen aus der Goldlösung, bringe sie in ein Uhrschälchen mit destillirtem Wasser, bewege zum Abspülen die Papille darin etwas hin und her und übertrage sie endlich in 20 ccm destill. Wassers, dem 3 Tropfen Essigsäure zugesetzt sind. Darin setzt man die Papille dem Tageslicht aus, bis die Reduction vollendet ist (gewöhnlich nach 2 Tagen). Dann härte man die Papille im Dunkeln in ca. 30 ccm allmählig verstärkten Alkohols (pag. 13). Die Schnitte durch das eingeklemmte Objekt müssen möglichst fein gemacht werden. Einschluss in Damarfirniss (pag. 21). Die Nervenfasern sind dunkelroth bis schwarz, auch die Geschmackszellen färben sich dunkel (vergl. Fig. 197). Die Papilla foliata des Kaninchens ist zu solchen Präparaten nicht geeignet.

Namens- und Sachregister.

C.

D.

E.

N.

Q.

R.

S.

Berichtigungen.

Seite 35 Fig. 9 ist zu lesen Technik Nr. 148 b statt 146 b.
Seite 56 Fig. 12 ,, ,, ,, ,, ,, 168 ,, 166.
Seite 47 Fig. 26 ,, ,, ,, ,, ,, 160 ,, 157.
Seite 79 Fig. 57 ist im Text zu lesen „rechten unteren" statt „linken oberen".